四川省产教融合示范项目系列教材

工程机械液压技术

王海波　漆　俐　杜　润◎主编
侯　刚　王　伟◎主审

西南交通大学出版社
·成　都·

图书在版编目（CIP）数据

工程机械液压技术 / 王海波，漆俐，杜润主编. --
成都：西南交通大学出版社，2023.12
四川省产教融合示范项目系列教材
ISBN 978-7-5643-9679-4

Ⅰ. ①工… Ⅱ. ①王… ②漆… ③杜… Ⅲ. ①工程机械 - 液压传动 - 教材 Ⅳ. ①TH137

中国国家版本馆 CIP 数据核字（2023）第 253103 号

四川省产教融合示范项目系列教材
Gongcheng Jixie Yeya Jishu
工程机械液压技术
王海波　漆　俐　杜　润　主编

责任编辑　李　伟
封面设计　吴　兵

出版发行　西南交通大学出版社
（四川省成都市金牛区二环路北一段 111 号
西南交通大学创新大厦 21 楼）
邮政编码　610031
营销部电话　028-87600564　　028-87600533
网址　http://www.xnjdcbs.com
印刷　四川森林印务有限责任公司

成品尺寸　185 mm × 260 mm
印张　18
字数　451 千
版次　2023 年 12 月第 1 版
印次　2023 年 12 月第 1 次
书号　ISBN 978-7-5643-9679-4
定价　49.00 元

课件咨询电话：028-81435775
图书如有印装质量问题　本社负责退换

PREFACE 前言

工程机械是国家基础建设的主要设备，广泛应用于矿山、公路、铁路、机场、水利、房地产以及其他公共设施的建设中，特别是在重大工程施工中发挥着重要作用。工程机械行业是国民经济的支柱产业，是国家重大装备制造业，更是国家综合经济实力的象征。

液压技术在工程机械中应用非常广泛，尤其是高性能液压元件以及为适应不同机型和工况所组成的高性能液压控制系统，是工程机械稳定、高效运行必不可少的支撑。液压传动与控制是工程机械基础性技术，是各主机产业升级、技术进步的重要保障，是工程机械的核心技术之一。

有关液压传动与控制的教材和专著已有很多，对液压泵和液压控制阀的结构、原理、特性分析及常用回路等基础性液压知识已有详尽介绍。但针对工程机械液压技术的专业书籍尚不多见，且内容也不全面，本书即以此而编写。本书共分为 8 章，以工程机械应用的液压技术为主，介绍了变量泵的压力、流量、功率控制及复合控制；多路阀、插装阀的结构及其在工程机械上的应用；工程机械工作装置和底盘部分常用机构液压回路；典型工程机械整机液压系统分析等内容。

本书由西南交通大学机械工程学院工程机械系王海波、漆俐、杜润共同编写，由贵阳海之力液压有限公司高级工程师侯刚、博世力士乐（常州）有限公司高级工程师王伟主审。具体编写分工如下：第 1、2、3 章由王海波编写，第 4、5、6 章由漆俐编写，第 7、8 章由杜润编写。

本书由浅入深，力求通俗易懂，对复杂的液压系统进行了简化及分步讲解，可以作为机械类本科生专业课程教材、在职液压技术人员的培训教材，还适合机械类从业人员，特别是工程机械和农业机械的液压设计师等参考使用。

本书在编写过程中得到了许多专家、同仁的大力支持，感谢西南交通大学王少华、黄松和、吴晓、丁君军对本书出版的大力支持，也特别感谢贵阳海之力液压有限公司高级工程师侯刚、博世力士乐（常州）有限公司高级工程师王伟对本书编写提出的宝贵意见和建议。感谢研究生李金键、黄凡、黄晓烽、刘祎喆、徐世明和 Amin Issa Alsaid Hammed 参与本书液压图的绘制。同时，编者参考了同类教材和有关文献，引用了力士乐、恒立、川崎、三一重工等公司的部分产品样本资料，在此谨向他们表示衷心的感谢。

本书的出版得到了四川省产教融合示范项目——“交大-九州电子信息装备产教融合示范”的资助。

由于编者经验不足、水平有限，书中难免存在不足之处，恳请广大师生、读者提出宝贵意见，以便及时修订。

编 者

2023 年 5 月

工程机械液压技术实例

CONTENTS

目 录

第1章　液压传动与控制基础知识

1.1　液压传动与控制基本概念

一部完整的机器通常由原动机、传动系统、控制系统、工作装置四大部分组成。原动机为整机提供动力；传动系统把原动机的动力传递到执行机构，为走行、作业、转向、制动及控制系统提供动力。常见的传动类型分为机械传动、电气传动、流体传动三种，能量或动力传递的方式及介质通常用作区别不同传动类型的判断依据，如图 1-1 所示。

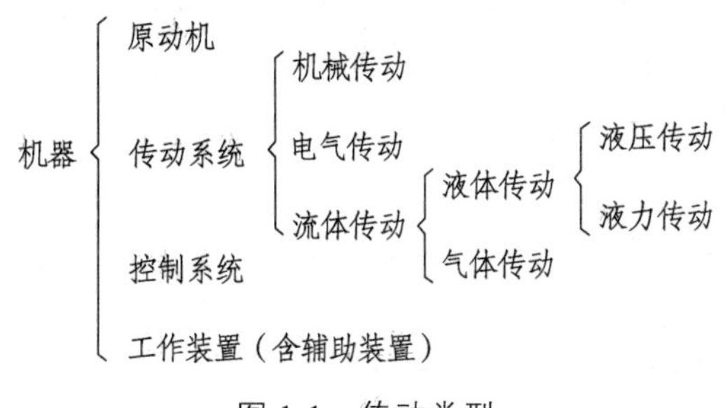

图 1-1　传动类型

流体传动是以流体为工作介质，应用帕斯卡原理进行能量传递的传动，包括气体传动和液体传动。气体传动是以气体为工作介质的流体传动，液体传动是以液体为工作介质的流体传动。液体传动系统指的是在一个或多个环节以液体作为工作介质进行能量传递和控制的传动系统，系统中的能量在传递过程中经过多次转换，转换的能量形式有机械能和液体能等。液体能的主要形式有位能、压力能和动能，依靠液体的动能来传递能量的液体传动称为液力传动，依靠液体的压力能实现能量传递的系统称为液压传动（帕斯卡原理）。

1.1.1　液压传动的特点

与其他传动形式相比，液压传动的主要特点如下：

1. 优　点

（1）功率密度大，结构紧凑。在同等功率下，液压传动系统比机械等其他传动系统的体积小、质量轻。

（2）无级调速。液压装置可实现大范围速度内的无级调速。

（3）传动平稳。液压装置在传递能量的过程中较为平稳，由于质量轻、惯性小等特点，可适应快速反应或者频繁换向等工况。

（4）易标准化、易控制。液压装置实现了标准化设计，其制造和使用均十分方便，且对系统中压力、流量和方向的控制容易，同时可与其他如电气控制相结合，易于实现自动化。

（5）自润滑、寿命长。液压装置的工作介质一般为液压油，可对系统中的零部件随时进行润滑，降低了零部件的损耗，提升了工作装置的寿命。

2. 缺　点

（1）对温度较敏感。液压传动系统在运行过程中如果发热量较大或者环境温度较高，将对其性能造成较大影响。

（2）密封要求较高。较高的密封要求直接造成液压装置零部件的加工精度和密封件的选用十分严格。

（3）传动比不精确、传动效率低。液压传动系统工作介质的性能造成了液压传动的传动比精度较低、传动效率较低。

（4）发生故障不易检查。液压传动系统发生故障的原因多种多样，一般情况无法直接观察，检修过程较为烦琐。

1.1.2　液压系统的分类

液压控制是采用液压控制元件和液压执行元件，根据液压传动原理建立起来的控制系统，使液压系统能实现其特定的功能。液压系统控制理论按研究对象的不同分为两大类：研究连续控制系统运动规律的理论，一般称为连续控制；研究断续自动控制系统运动规律的理论，称为开关控制或逻辑控制。

图 1-2 为液压连续控制系统的两种基本控制方式：开环液压控制和闭环液压控制。图 1-2（a）为开环液压控制系统，输出端没有反馈信号。图 1-2（b）为闭环液压控制系统，输出端有检测并反馈，为反馈闭环控制。反馈控制的基本原理是利用控制装置将被控制对象的输出信号回输到系统的输入端，并与指令输入信号进行比较，形成偏差信号，以产生对被控制对象的控制作用，使系统的输出量与指令之差保持在容许的范围内。

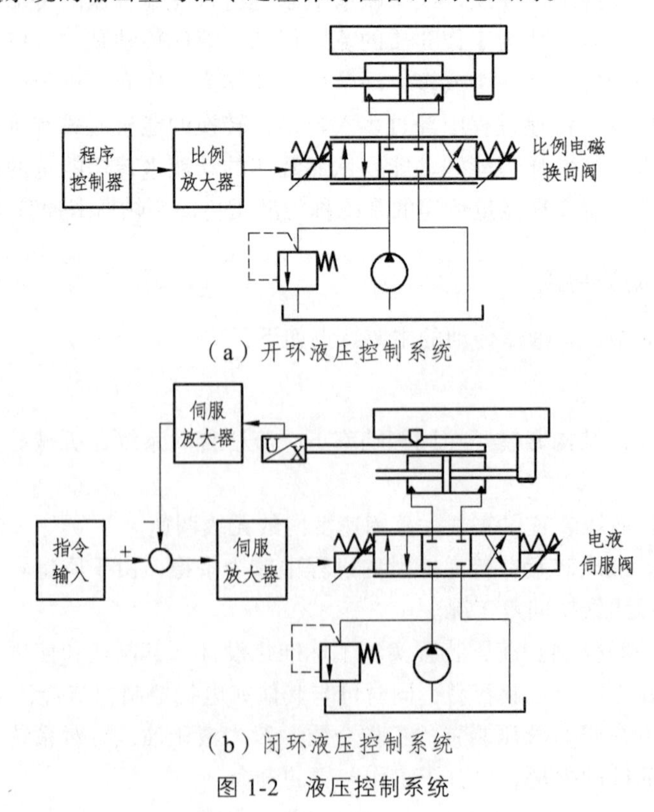

（a）开环液压控制系统

（b）闭环液压控制系统

图 1-2　液压控制系统

液压闭环控制系统有多种分类方法。

1. 按照控制系统完成的任务分类

按照控制系统完成的任务类型，液压控制系统可以分为液压伺服控制系统（简称液压伺服系统）和液压调节控制系统。

2. 按照控制系统各组成元件的线性情况分类

按照控制系统是否包含非线性组成元件，液压控制系统可以分为线性系统和非线性系统。

3. 按照控制系统各组成元件中控制信号的连续情况分类

按照控制系统中控制信号是否均为连续信号，液压控制系统可以分为连续系统和离散系统。

4. 按照被控物理量分类

按照被控物理量不同，液压控制系统可以分为位置控制系统、速度控制系统、力控制系统和其他物理量控制系统。

5. 按照液压控制元件或控制方式分类

按照液压控制元件类型或控制方式不同，液压控制系统可以分为阀控系统（节流控制方式）和泵控系统（容积控制方式）。进一步按照液压执行元件分类，阀控系统可分为阀控液压缸系统和阀控液压马达系统；泵控系统可分为泵控液压缸系统和泵控液压马达系统。

6. 按照控制信号传递介质分类

按照控制信号传递介质不同，液压控制系统可分为机械液压控制系统（简称机液伺服系统或机液伺服机构）、电液控制系统、气液控制系统等。

1.2 工程机械液压系统的组成

工程机械作为一种高度集成化的机电液一体化工程装备，液压传动及控制应用广泛，比如装载机转向驱动常用液压传动，转向控制为反馈控制；工作装置驱动采用液压传动；制动系统常用液压、气压传动或液气压复合传动。随着液压技术的发展，工程机械产品液压化程度越来越高，有许多中小型产品已全液压化，如挖掘机的全液压传动与控制。

工程机械液压系统通常由五大部分组成，如图 1-3 所示。

（1）动力源：将机械能转换成液体压力能的元件，如液压泵组件。

（2）执行元件：把液体的压力能转换成机械能以驱动工作机构的元件，如液压缸、液压马达，工程机械一般有多个执行元件。

（3）控制元件：对系统中油液压力、流量、方向进行控制和调节的元件，以及进行信号转换、逻辑运算和放大等功能的信号控制元件，如压力、方向、流量控制阀及伺服阀等。

（4）辅助元件：上述三个组成部分以外的其他元件，如管道、管接头、油箱、滤油器、蓄能器、油雾器、消声器等。

（5）工作介质：液压油，进行能量和信号的传递。

下面以 TY320 推土机工作装置液压系统（见图 1-4）为例，说明工程机械液压传动系统的组成及各部分完成的功能。

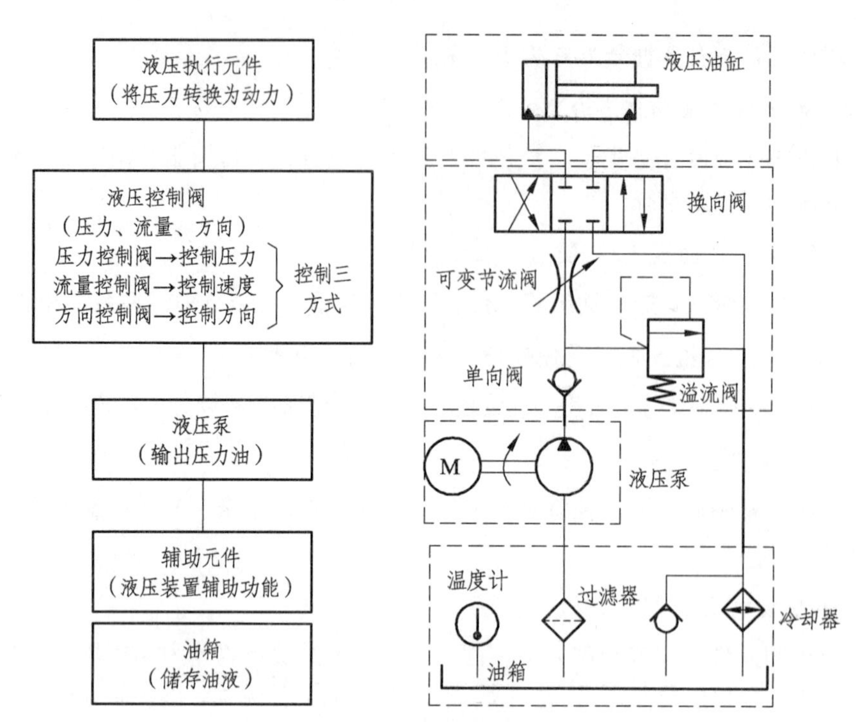

图 1-3　液压回路组成

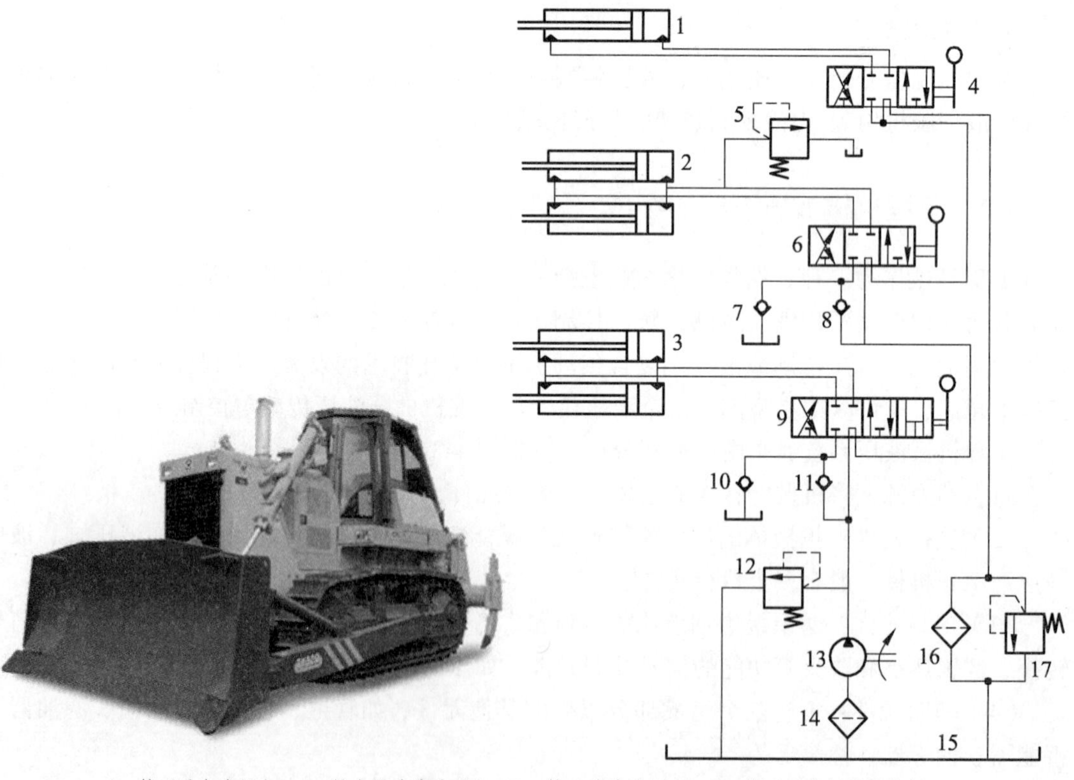

1—铲刀垂直液压缸；2—松土器升降液压缸；3—铲刀升降液压缸；4—铲刀垂直倾斜操纵阀；
5，12，17—溢流阀；6—松土器升降操纵阀；7，10—补油单向阀；8，11—止回单向阀；
9—铲刀升降操纵阀；13—液压泵；14，16—过滤器；15—油箱。

图 1-4　TY320 推土机工作装置液压系统

图示 TY320 推土机工作装置液压传动系统的动力由动力元件液压泵 13 提供；铲刀垂直液压缸 1、松土器升降液压缸 2、铲刀升降液压缸 3 为推土机工作装置液压系统中的执行元件；二种液压缸的工作顺序及系统压力由控制元件控制，控制元件包括铲刀垂直倾斜操纵阀 4、松土器升降操纵阀 6、铲刀升降操纵阀 9 三种主控制阀以及多个溢流阀、单向阀。三种主换向阀为滑阀，均采用手柄控制，控制三种液压缸实现不同动作。溢流阀 5 用于控制松土器升降液压缸 2 大腔的压力；溢流阀 17 用于防止过滤器 16 堵塞造成回油油路压力过大；单向阀 8 和 11 用于防止油液回流；单向阀 7 和 10 用于对液压缸进行从油箱直接补油，防止因自重造成液压缸因下降速度过快，供油不足，在吸油腔形成局部真空而产生气蚀现象；过滤器 14、16 和油箱 15 等作为系统中的辅助元件，用于液压传动系统进油和回油油路的油液过滤、油液清洁，降低了零部件损耗，提高了液压传动系统的寿命；工作介质液压油随着系统运行，将能量传递至执行元件，完成既定动作，同时对系统中的零部件进行润滑，带走磨屑。

1.3 基本液阻网络

液阻，从广义上来说，凡是能局部改变液流的过流面积使液流产生压力损失，或在压差一定的情况下，分配调节流量的液压阀阀口以及类似的结构。如薄壁小孔、短孔、细长孔、缝隙等，都称之为液阻。

液阻的本质性能体现在两个方面：隔压是其阻力特性，液阻前后的压力可以差别很大；限流是其控制特性，改变液阻的大小可以改变通过的流量。

1.3.1 液阻结构与连接方式

液压系统中，从动力元件出口泵出的高压油液经过一系列方向、流量等控制元件后，在不考虑压力控制元件的情况下，一般会产生压力损失，随着系统功能逐渐复杂，压力损失逐渐增加，有时甚至达到几兆帕的压力损失，所以工作介质在流经液阻元件时，出口压力往往小于进口压力。通过液阻元件的流量 q 和进出口压差 Δp 之间的关系一般表示为

$$q = kA\Delta p^{m} \tag{1-1}$$

式中 k——液阻系数，与过流通道形状和工作介质性质有关；

A——液阻过流截面面积；

m——与液阻结构形式相关的指数。

液阻的主要类型包括两种：静态液阻 R 和动态液阻 R_{d}。静态液阻指液阻元件两端压差和过流流量之间的比值；动态液阻指液阻元件两端压差的微分与过流流量微分之间的比值。两种液阻的计算公式如表 1-2 所示。

表 1-2 静态液阻和动态液阻

液阻类型	
静态液阻/（N·s/m^5）	动态液阻/（N·s/m^5）
$R = \Delta p / q$	$R_{\mathrm{d}} = \mathrm{d}\Delta p / \mathrm{d}q$

在液阻元件的流量 q 和进出口压差 Δp 之间的计算公式中，指数 m 的大小与液阻的结构形式有关，常见的液阻结构形式主要有三种，其结构特点和流量压力特性如表 1-3 所示。

表 1-3　常见的液阻结构形式

结构类型	薄刃型	细长孔型	混合型
长径比 L/d	$\leqslant 0.5$	$\geqslant 4$	$2\sim4$
液阻形式			
流量-压力特性	$q=c_{\mathrm{d}}A\sqrt{\dfrac{2}{\rho}\Delta p}$	$q=\dfrac{\pi d^4}{128\mu L}\Delta p$	$q=c\sqrt[3]{\Delta p^2}$
静态液阻	$R=\dfrac{\Delta p}{q}=\dfrac{\sqrt{\Delta p}}{c_{\mathrm{d}}A\sqrt{2/\rho}}$	$R=\dfrac{128\mu L}{\pi d^4}$	$R=\dfrac{\sqrt[3]{\Delta p}}{c}$
动态液阻	$R_{\mathrm{d}}=\dfrac{\mathrm{d}\Delta p}{\mathrm{d}q}=\dfrac{2\sqrt{\Delta p}}{c_{\mathrm{d}}A\sqrt{2/\rho}}$	$R_{\mathrm{d}}=\dfrac{128\mu L}{\pi d^4}$	$R_{\mathrm{d}}=\dfrac{3\sqrt[3]{\Delta p}}{2c}$

上述液阻计算公式中：c_{d} 为液阻的流量系数，而系数 c 是一个与液阻通流孔长度 L（m）、液阻直径 d（m）（薄刃型结构中指小孔直径）、液压油的运动黏度 ν（$\mathrm{m^2/s}$）相关的参数，其计算公式为

$$c=\left(\frac{\pi^2 d^2}{224\rho}\sqrt{\frac{4}{\pi L\nu}}\right)^{2/3} \tag{1-2}$$

当多个液阻元件在使用时，最简单的组合形式主要有两种，分别为串联与并联，两种不同组合形式的液阻所表达的流量特性也存在区别。以圆孔的薄刃型液阻结构为例，其流量表达式见表 1-3，与液阻过流通道形状和液体性质有关的参数 k 的表达式为

$$k=c_{\mathrm{d}}\frac{\pi}{4}\sqrt{\frac{2}{\rho}} \tag{1-3}$$

用系数 k、流量 q 和液阻孔径 d 表示的液阻 R 表达式为

$$R=\frac{\Delta p}{q}=\frac{q}{k^2 d^4} \tag{1-4}$$

串联和并联液阻结构的合液阻、流量、压差等参数表达式如表 1-4 所示。

表 1-4　串联与并联液阻网络特性

结构类型	串　联	并　联
等效液阻 R	R_1+R_2	$\dfrac{R_1R_2}{R_1+R_2}$
等效通流孔直径 d	$\left[\dfrac{(d_1d_2)^4}{d_1^4+d_2^4}\right]^{1/4}$	$\sqrt{d_1^2+d_2^2}$

续表

结构类型	串　联	并　联
液阻前后压差 Δp_x	$\Delta p_1=\dfrac{1}{1+\left(\dfrac{d_1}{d_2}\right)^4}\Delta p$ $\Delta p_2=\dfrac{1}{1+\left(\dfrac{d_2}{d_1}\right)^4}\Delta p$	—
液阻流量 q_x	—	$q_1=\dfrac{1}{1+\left(\dfrac{d_2}{d_1}\right)^2}q$ $q_2=\dfrac{1}{1+\left(\dfrac{d_1}{d_2}\right)^2}q$

1.3.2　基本桥路

单个复杂液阻网络通常由多个基本网络组合而成，基本液阻桥路网络主要分为三类：半桥液阻网络、全桥液阻网络和 π 桥液阻网络，三种基本液阻桥路网络具有不同的液阻特性。

1. 半桥液阻网络

半桥液阻网络，在同一回路中，进油与回油油路上各存在一个液阻，液阻形式可以是固定阻值，也可以是可变阻值。典型的半桥液阻网络如图 1-5（a）、（b）所示的锥阀和固定液阻控制的单作用单活塞杆液压缸。图 1-5（a）所示的液压缸单活塞杆一端作用压力为 p_1 的液压油，预置平衡的活塞杆另一端作用有负载力 F_L 和弹簧力。在该液阻网络中，R_1 是固定阻值液阻，锥阀口是可变阻值液阻 R_2，液阻网络的输入压力为 p_0，输出压力为 p_1。图 1-5（b）为液阻符号表示的该液阻网络。

对于半桥液阻网络，其形式有多种类型，按液阻是否可变和它们之间的不同排列方式，半桥液阻网络可以分为 A、B、C、D 四种类型，四种半桥液阻网络原理如图 1-5（c）、（d）、（e）、（f）所示。

这四种半桥液阻网络的共同点是：只有一个输入控制口，一个输出控制口，可以控制单作用单杆液压缸，并且有部分液压油流回油箱，产生能量损失。目前，半桥液阻网络主要用于先导控制、变量控制、驱动阀芯阀杆，也用于液阻网络的分压，一般不会用作主油路驱动油缸。

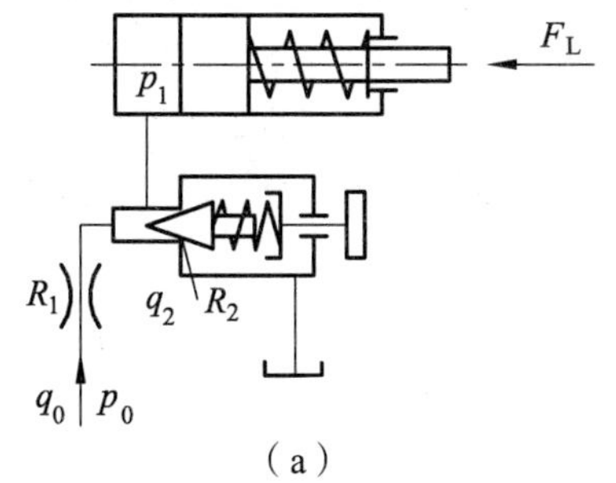

（a）

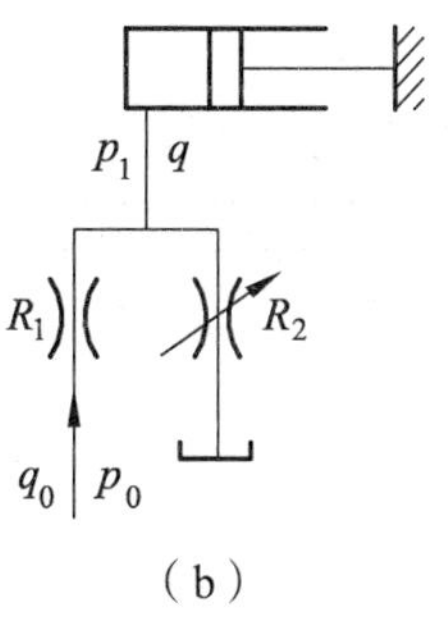

（b）

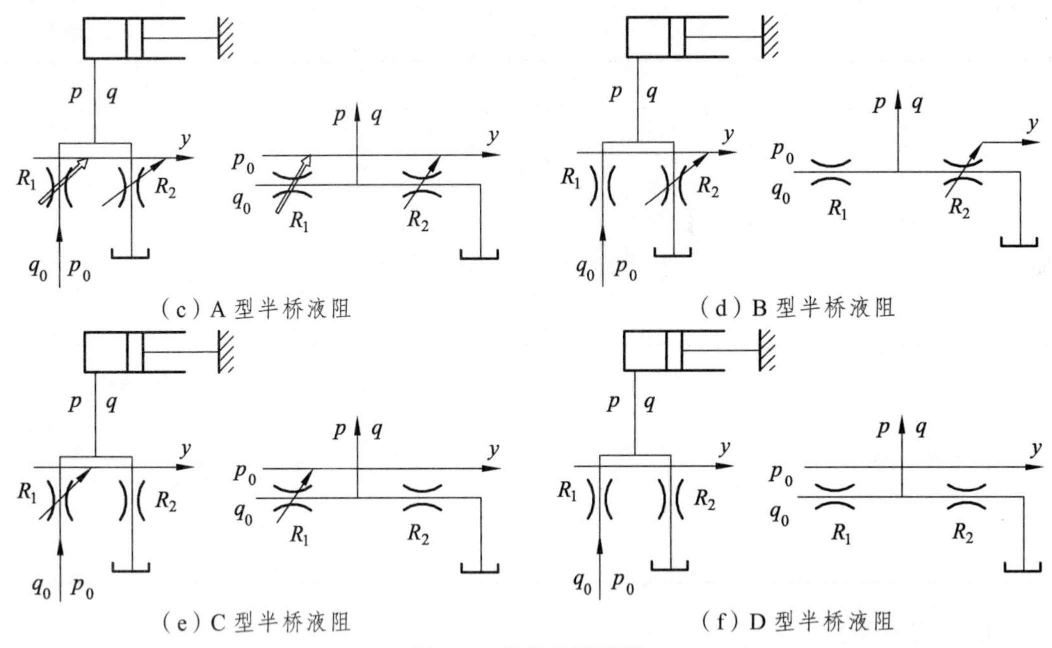

图 1-5　半桥液阻网络

2. 全桥液阻网络

如图 1-6 所示的全桥液阻网络，图 1-6（a）为 4 通滑阀控制的双活塞杆对称液压缸，图中，滑阀阀芯与阀体之间形成 4 个阀口，每个阀口就是一个液阻，因此，共形成 4 个阻值可控的液阻 R_1、R_2、R_3、R_4。p_0 为滑阀的输入，p_1、p_2 为滑阀的输出，4 通滑阀形成的液阻网络用可变液阻符号表示，如图 1-6（b）所示。图 1-6（c）是类似于电路桥式回路的表示方法，其效果等同于图 1-6（b），4 通滑阀的 4 个液阻阻值的大小由移动阀芯控制。

全桥液阻网络一般由两个半桥液阻网络组成，其类型有多种，不同全桥液阻网络的区别主要在于液阻的变化与否和相互之间的组合，最终对外展现出特殊的液阻特性。其实全桥液阻网络可以看成是半桥的组合，比如 A+A 型、A+B 型、A+C 型、A+D 型、B+B 型、C+C 型等（全桥液阻网络），其共同特点是：有一个输入控制口，两个输出控制口，可以控制双作用液压缸或液压马达的双向运动，同时有部分液压油通过液阻流回油箱，产生能量损失。目前，全桥液阻网络广泛应用于伺服阀的先导级和主级的控制回路中。

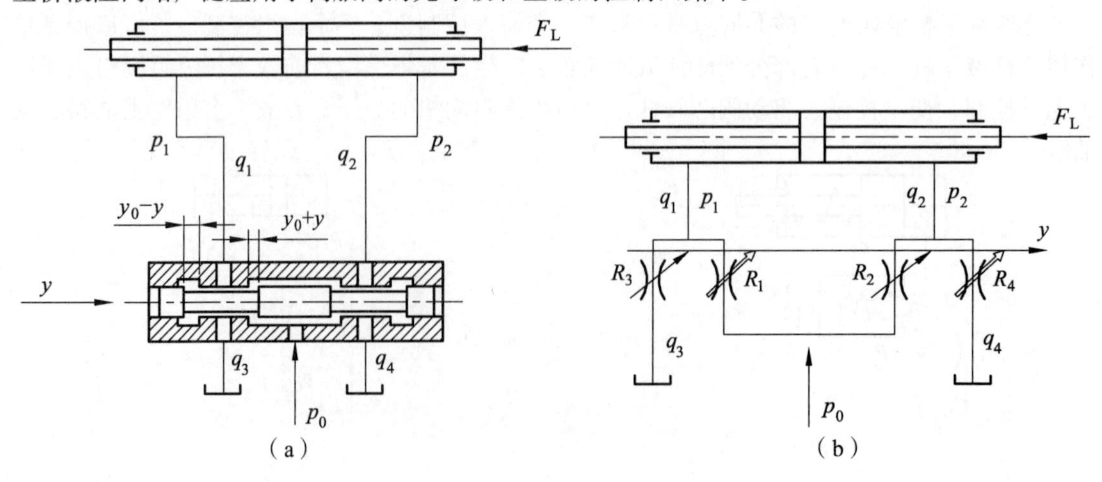

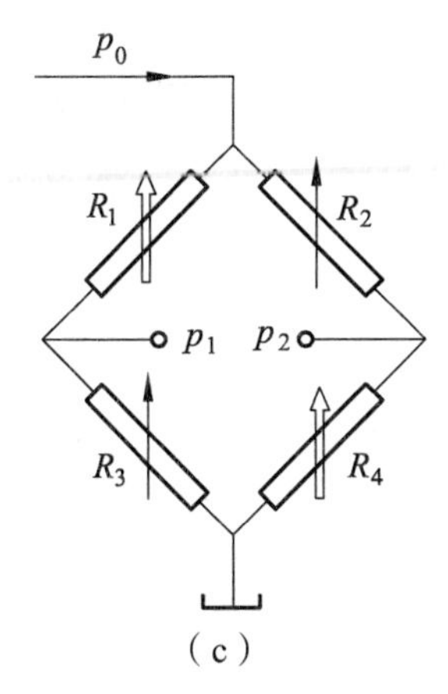

(c)

图 1-6　全桥液阻网络

3. π 桥液阻网络

π 桥液阻网络一般指由三个液阻 R_1、R_2、R_3 组成的桥式液阻网络，因其原理图类似希腊字母 π 而得名。π 桥液阻网络有一个输入控制口，两个输出控制口，与半桥液阻网络的分类方式类似。根据 R_1、R_2、R_3 三个液阻阻值是否可变，π 桥液阻网络可分为 A、B、C、D、E、F、G 七种类型，如图 1-7 所示。

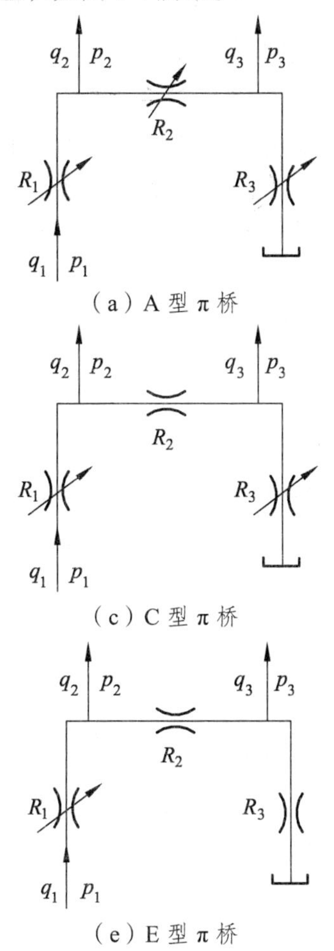

(a) A 型 π 桥

(c) C 型 π 桥

(e) E 型 π 桥

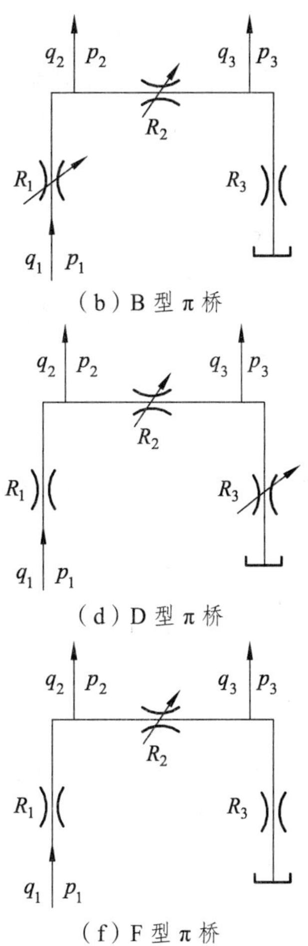

(b) B 型 π 桥

(d) D 型 π 桥

(f) F 型 π 桥

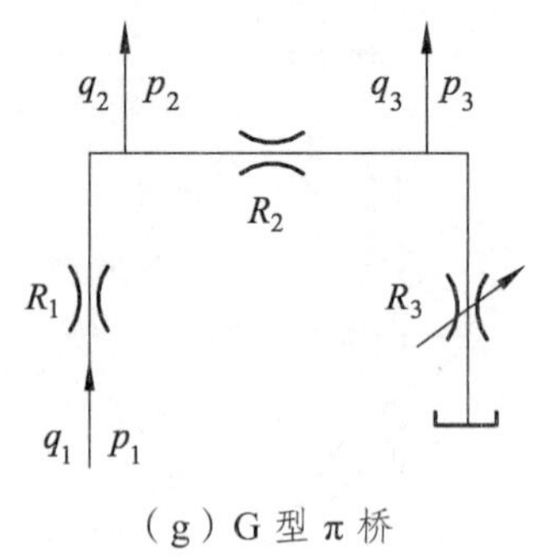

（g）G 型 π 桥

图 1-7　π 桥液阻网络

π 桥液阻网络可以单独控制非对称液压缸的双向运动，与复位弹簧配合使用时也可以控制对称液压缸的双向运动。

1.4　液压传动的工作介质

1.4.1　液压传动系统对工作介质的要求

在液压传动系统中，能量从动力元件传递至执行元件需要依靠工作介质，液压传动系统的工作介质通常采用液压油，为适应不同工作环境的需求，需要采用不同性质的液压油。一般而言，为了保证所设计的液压传动系统能够正常可靠地运行，对系统工作介质液压油有以下要求。

1. 黏　性

在液压传动系统中，工作介质液压油的黏性直接影响动力元件泵的容积效率和机械效率，上述两种效率直接决定液压系统的性能。若要液压传动系统能够保持较高的工作效率，需要兼顾泵的容积效率和机械效率，故一般液压油的黏度选取范围为 $2°E_{50} \sim 8°E_{50}$。同时，液压油黏度受温度影响较大，温度的变化将直接导致液压油黏度的变化，这种变化不可避免，但一般要求液压油黏度对温度的变化具有低敏感性，即液压油要有良好的黏温性能。

2. 润　滑

液压油的主要作用是传递能量，同时在系统的运行过程中发现，如果液压油没有良好的润滑能力，系统中相互接触且存在频繁相对位移的元件磨损较为严重。随着系统元件和零部件的损耗，系统的工作性能将大大降低。故需要在液压油中添加抗磨剂，提高液压油的抗磨性，减少系统元件和零部件不必要的磨损，提高系统的使用寿命。

3. 防锈和抗腐蚀性

液压传动系统中的大部分零件和元件均为金属材质，为了得到良好的性能和成本控制，钢质材料使用较为普遍。零部件在不可避免与水和空气接触的情况下极易发生锈蚀，锈蚀产生的金属颗粒杂质在系统中作为磨粒会进一步加剧系统元件和零部件的磨损。在液压油中添加防锈剂可有效减缓系统中元件和零部件的锈蚀速度，保持油液的清洁性，提高系统的使用寿命。

4. 抗氧化和热稳定性

由于液压油在工作过程中，大多数情况均不为绝对密闭空间，其与空气或多或少会直接接触。液压油在与空气接触后被空气中的氧化成分氧化，发生化学反应，产生沉淀，加剧系统磨损、污染油液、堵塞元件，进而造成系统无法正常工作。液压油中的成分易与空气发生反应，尤其在温度较高时将进一步加剧反应的程度，同时液压油中的一些成分在高温条件下会直接进行分解。所以，为了保持液压油的性质稳定，一方面需要在液压油中加入抗氧化剂，降低液压油与空气接触后的氧化反应程度；另一方面，需要提高液压油在高温条件下的稳定性。

5. 抗泡沫性

液压传动系统中混入油液中的空气一般会引起噪声、振动等现象。降低液压油中气泡对液压系统运行的影响主要有两个方面：第一，可以增加液压油对产生气泡的抗性，即抗泡沫性；第二，增加液压油释放气泡的能力，即空气释放性。

6. 抗乳化性

液压油的乳化指的是水油混合物在剧烈搅动下所形成的一种水油乳化液。液压油中因混入水所形成的乳化液将导致系统中元件和零部件发生锈蚀，生成沉淀或腐蚀性物质，简而言之，油水乳化液会直接影响液压传动系统中的元件、零部件以及系统本身的正常工作，且会加剧系统损坏，故需要提高液压油的抗乳化能力，即抗乳化性。通过降低液压油与水之间的溶解，进而使液压油具有良好的水解安定性。

7. 压缩性和抗剪切性

为了使液压传动系统能够高效率地传递能量，同时具备较快的响应速度，处于受压状态的液压油在受压初始阶段，其体积变化应尽可能小，即液压油的可压缩性尽可能小。

液压传动系统在工作过程中，不同元件或者单个元件不同结构之间的频繁接触分离会对液压油中的高分子聚合物产生较大的剪切作用，进而破坏聚合物的分子链。液压油中的高分子聚合物是保证液压油具有一定黏度的关键，切断聚合物的分子链会导致液压油的黏度下降，直接影响液压系统中元件的容积效率和机械效率，故需要提高液压油的抗剪切能力。

8. 洁净性和过滤性

液压油进入传动系统前必须保证其具有较高的洁净性，不能混入固体颗粒或其他杂质；液压油中的杂质会对系统中的精密元件造成较大影响。液压油中混入杂质后，通常采用系统过滤对其进行清除，对于开式液压系统，一般采用进油过滤和回油过滤等多种方式组合过滤，确保系统中油液的清洁性。

9. 阻燃性

不同工作环境下，对工程机械液压传动系统的要求不同，处于高温或接触明火的液压系统要求易燃的工作介质液压油具备一定的阻燃性能，以免发生安全事故。

10. 其　他

由于应用液压系统的装备所处的工作环境多样，一般根据不同的工作环境特点，液压系统的工作介质需要具备不同的特性，以满足需求，比如水下、高空等特殊环境。

综上所述，虽然对于液压油而言，可以通过添加不同的添加剂使其具备一定的特性，但同时具备上述所有特点的油液是不存在的，在选用液压油的种类时，需要根据特定的需求，选取对应种类的液压油。

1.4.2 液压传动系统工作介质的分类和选用

上一小节介绍了液压传动系统工作介质液压油的一些特性，下面对系统介质液压油的种类和选用方法进行介绍。

1. 液压油的分类

液压油作为一般液压系统中常用的工作介质，为了适应不同的使用场合，液压油被分为不同种类，分类的依据一般有液压油的用途、组成、使用温度范围、特性、使用压力等，不同的液压油分类标准反映了液压系统在自身发展过程中对工作介质的不同特性和各种性能要求。目前，我国使用的液压油分类标准为 GB/T 7631.2—2003，同时在后续的标准补充文件中对液压油的性能进行了进一步的明确。液压油的分类如表 1-5 所示。

表 1-5　液压油的分类

<table>
<tr><td rowspan="13">液压油（H）</td><td>应用范围</td><td>适用系统</td><td>具体应用</td><td>组成和特性</td><td>产品符号 L-</td></tr>
<tr><td rowspan="12">液压系统</td><td rowspan="12">流体静压系统</td><td rowspan="6">石油型</td><td>无抗氧化剂的精制矿油</td><td>HH</td></tr>
<tr><td>防锈和抗氧化性的精制矿油</td><td>HL</td></tr>
<tr><td>改善抗磨性的 HL 油</td><td>HM</td></tr>
<tr><td>改善黏温性的 HL 油</td><td>HR</td></tr>
<tr><td>改善黏温性的 HM 油</td><td>HV</td></tr>
<tr><td>无特定难燃性的合成液</td><td>HS</td></tr>
<tr><td>液压导轨系统</td><td>HM 油，具有黏滑性</td><td>HG</td></tr>
<tr><td rowspan="5">难燃型</td><td>水包油乳化液（O/W）</td><td>HFAE</td></tr>
<tr><td>油包水乳化液（W/O）</td><td>HFB</td></tr>
<tr><td>含聚合物的水溶液</td><td>HFC</td></tr>
<tr><td>磷酸酯液</td><td>HFDR</td></tr>
<tr><td>其他</td><td></td></tr>
</table>

同时满足各项特殊性能的液压油是不存在的，目前广泛使用的液压设备均采用石油基液压油。为了满足不同液压系统对油液某些方面的特殊需求，一般向液压油中添加各种成分，使得油液具有目标性能。常用的添加剂分为两大类：一类为物理添加剂，比如增黏剂、抗磨剂和防爬剂等；另一类为化学添加剂，比如抗氧化剂、防锈剂、消泡剂和降凝剂等。加入上述不同添加剂后，石油基液压油的某方面性能可以得到有效提升，进而适应液压系统的需求。添加剂的种类在添加时有严格要求，加入同一种油液中的添加剂两两之间不得发生有害反应，尽量保证油液的优异性能，这也是不存在具备所有特殊性能油液的原因所在。

石油基的液压油一般分为四类：机械油、汽轮机油、普通液压油和专用液压油。机械油常用于压力较低且要求不高的液压系统；汽轮机油性能比机械油稍加优异，具有较好的氧化安定性和抗乳化性；普通液压油具备一般的优异性能，比如抗氧化性、防锈性等，满足一般的性能需求，在要求不高的普通液压系统中用途较为广泛；专用液压油在某一两个方面的性能尤为突出，对液压油的某一个性能有较高需求的液压系统一般选用专用液压油，比如抗磨液压油、低温液压油、高黏度指数液压油等。

难燃型液压液分为两大类：含水液压液和合成液压液。含水液压液的分类指标为液压液的含水体积分数，一般以 80%为分界线，含水体积分数大于 80%的液压液为高含水液压液，包括水包油乳化液（L-HFAE）和水的化学溶液（L-HFAS）；含水体积分数小于 80%的液压液包括油包水乳化液（L-HFB）、含聚合物水溶液和水-乙二醇液（L-HFC）。合成液压液以磷酸酯无水合成液（L-HFDR）为代表，还包括其他类的合成液压液，比如氯化氢无水合成液（L-HFDS）等。

除了上述介绍的液压系统工作油液，近年来，为了进一步满足更为特殊的工作环境，比如深水、海洋等，以纯水或者海水为工作介质的液压系统技术正在研究中。此外，为了获得更加特殊的电性能油液，多国相关领域的学者正在研究一种电流变流体（ERF）的特殊液体介质。

2. 液压油的选用

液压油作为液压系统中较为关键的工作介质，其质量决定了液压系统对不同工作环境的适应能力，同时对系统中元件进行润滑，降低元件的损耗，延长系统的寿命和可靠性，故正确选用液压油对液压系统至关重要。

选择液压油时需要考虑的各种因素主要包括以下 4 个方面，分别为系统工作条件、系统工作环境、油液自身质量和经济性。

系统工作条件主要由系统的各项参数决定，比如系统压力的范围，液压油在使用压力等级上有明确分类，使用压力范围是选择液压油的重要决定因素；系统温度的范围，对液压油的黏度、黏温性、热稳定性等性能的影响较大。

系统工作环境主要为外在环境对液压系统所提出的硬性约束，比如噪声控制、环境污染、高温高寒、是否有毒有味等。对于噪声控制，由于液压油中气泡的存在是系统运行产生噪声和振动的主要因素，故为了控制噪声，需要液压油对空气的溶解性和消泡性有明显优势，通过减少液压油中的空气来降低系统运行过程中所产生的噪声和振动。其他成分的限制要求决定了液压油对环境的影响。

油液自身质量方面主要包括油液的防腐、抗腐蚀、剪切稳定性、氧化稳定性、抗水解、过滤性能、物理特性、对金属和密封件的相容性等方面的能力。

在满足上述限制因素的基础上，还需考虑油液的经济性。经济性主要包括油液的价格、使用寿命、维护与更换成本等。

在上述液压油选择过程中需要考虑的诸多因素中，多项因素最终反映到液压油中就是油液黏度的变化，且液压系统中的元件对液压油黏度变化最为敏感的是动力元件液压泵。相同系统温度条件下，不同液压泵的许用黏度范围存在区别，液压泵的最佳使用黏度需要通过试验判断，在许用黏度范围内，最佳使用黏度一般接近最小黏度。根据液压系统温度范围选用油液种类的黏度等级如表 1-6 所示。

表 1-6　根据工作温度范围的液压油黏度等级

泵的类型	40 °C 黏度/（mm^2/s）		液压油牌号
	系统工作温度 5～40 °C	系统工作温度 40～80 °C	
叶片泵（<7 MPa）	30～50	40～75	HH 油：32、46、68
叶片泵（>7 MPa）	50～70	55～90	HM 油：46、68、100
螺杆泵	30～50	40～80	HL 油：32、46、68
齿轮泵	30～70	95～165	HL/HM 油：32、46、68、100、150
径向柱塞泵	30～50	65～240	HL/HM 油：32、46、68、100、150
轴向柱塞泵	40	70～150	HL/HM 油：32、46、68、100、150
液压油的选用中，HL 油适用于中低压系统，HM 油适用于高压系统			

选择合适的液压油通常需要经历以下几个步骤：

（1）明确液压油的特性需求，比如黏度、密度、体积模量、压力范围、温度范围、润滑性、阻燃性、相容性等。

（2）根据产品样本，选择符合要求的工作介质类型。

（3）对存在的多项特性要求，综合考虑、权衡各项参数的影响，调整各个参数的比重。

（4）联系供货商，最终确定工作介质。

经过上述对液压油种类、特性的选择后，在液压油的运输过程和液压系统正常运行时，均需要对油液的性质进行检查，确保液压油的参数稳定，符合系统要求，避免出现由于液压油的原因造成系统元件损坏，引起不必要的损失。

1.4.3　液压传动系统工作介质的污染与控制

无数液压系统故障案例证明，液压系统油液的污染是系统发生故障的主要原因。由于油液在系统中流经绝大部分元器件，油液的污染将直接影响相关元器件的使用性能，严重的将造成元器件发生故障，进而引起系统级故障，大大降低系统元器件和整个系统的设计寿命，所以在液压系统设计时对液压油的选用以及液压系统使用时对液压油的过滤清理和维护都极其重要。

1. 污染物种类及来源

对于正常工作的液压系统，主要的污染物分为以下几种：固体颗粒、水、空气、溶剂、微生物等。上述污染物中，固体颗粒污染物会加速系统中元器件的磨损，其他污染物会降低液压油的相关性能，或者与液压油中的某些成分发生化学反应，引起液压油变质。故针对存在的污染物，需要明确污染物进入液压系统的途径。液压油中污染物来源如表 1-7 所示。

表 1-7　液压油中的污染物

外界侵入的污染物			工作过程中产生的污染物	
液压油运输过程中带来的污染物	液压系统组装时遗留的污染物	从系统周围环境中混入的污染物	液压系统中元器件相对运动磨损时产生的污染物	液压油自身发生物理化学性能变化时产生的污染物

2. 污染度等级

液压系统中油液污染度指单位体积工作介质中固体颗粒污染物的含量，即工作介质中所含固体颗粒的浓度。对于油液中污染物等级划分标准，国际和国内分别制定了相关标准文件，我国现行的标准是 GB/T 14039—2002《液压传动 油液固体颗粒污染等级代号》（ISO 4406：1999），国际上采用的有 NAS 1638 等，如表 1-8 和表 1-9 所示。

表 1-8 ISO 4406 油液颗粒污染物等级（1 mL 所含颗粒数）

颗粒数	等级	颗粒数	等级	颗粒数	等级
0.002 5 ~ 0.005	00	1.3 ~ 2.5	8	640 ~ 1 300	17
0.005 ~ 0.01	0	2.5 ~ 5	9	1 300 ~ 2 500	18
0.01 ~ 0.02	1	5 ~ 10	10	2 500 ~ 5 000	19
0.02 ~ 0.04	2	10 ~ 20	11	5 000 ~ 10 000	20
0.04 ~ 0.08	3	20 ~ 40	12	10 000 ~ 20 000	21
0.08 ~ 0.16	4	40 ~ 80	13	20 000 ~ 40 000	22
0.16 ~ 0.32	5	80 ~ 160	14	40 000 ~ 80 000	23
0.32 ~ 0.64	6	160 ~ 320	15	80 000 ~ 160 000	24
0.64 ~ 1.3	7	320 ~ 640	16	—	—

表 1-9 NAS 1638 污染度分级标准（100 mL 所含颗粒数）

颗粒尺寸范围/μm					污染物等级
5 ~ 15	15 ~ 25	25 ~ 50	50 ~ 100	>100	
125	22	4	1	0	0
250	44	8	2	0	0
500	89	16	3	1	1
1 000	178	32	6	1	2
2 000	356	63	11	2	3
4 000	712	126	22	4	4
8 000	1 425	253	45	8	5
16 000	2 850	506	90	16	6
32 000	5 700	1 012	180	32	7
64 000	11 400	2 025	360	64	8
128 000	22 800	4 050	720	128	9
256 000	45 600	8 100	1 440	256	10
512 000	91 200	16 200	2 880	512	11
1 024 000	182 400	32 400	5 760	1 024	12

3. 污染物的控制

污染物作为液压油中无法彻底清除的有害成分，为了降低污染物对液压油性能的影响，常见的控制液压系统污染物措施有以下几种：

（1）组装前严格清洗液压元件和系统。清洗系统元件作为液压系统组装前必不可少的一个步骤，可以有效减少元器件残留污染物进入液压系统。液压元件如泵、阀、过滤器等在出厂前均需要进行测试试验，由于试验重复多次，无法确保元件中残留的脏油或者通过其他途径进入其中的杂物已经被清理干净，故在液压系统组装前需要经过一次或者两次清洗，保证各元器件中残留的污染物已经清理干净。常见的清理方式是使用汽油清洗零部件，清洗完毕后使用高压气枪吹净残余油液。

（2）做好密封，避免污染物从外界侵入。针对组装完毕的液压系统，确保密封完毕，特别是在外界环境和内部环境中往复运动的部件，比如油缸活塞杆处等易于发生污染物入侵系统的位置做好防护措施，常见的如活塞杆防尘圈、油箱的空气滤清器等。密封一方面可以有效防止杂物入侵，另一方面可以防止空气入侵，以免影响系统的正常运行。

（3）有效过滤。在做好清洗和密封的前提下，液压系统中元件结构间磨损产生磨粒等杂质不可避免，针对系统内部产生的污染物，需要使用过滤器进行过滤，尤其在系统进油处和回油处应增设过滤器。

（4）控制工作介质温度。液压系统中部分能量损失以热能的形式发散，最直观的表现是工作介质温度明显上升，温度上升对工作介质的影响较大，特别是介质的黏度和化学性能等。不同的液压系统对工作介质的适宜温度范围不同，需要根据需要进行设计。一般情况下，工作介质温度上升弊大于利，在系统中增设散热器等元件控制系统温度是有效的措施之一。

（5）定期检查和更换工作介质。工作介质作为液压系统中关键的能量传递介质，其工作环境较为恶劣，定期检查和更换工作介质可以及时发现系统介质的情况，有效避免关键元件的损坏；同时更换工作介质可以延长液压系统的有效寿命。值得一提的是，一旦发现液压系统工作介质被污染，更换工作介质前需要对整个系统进行仔细清洗。

复习思考题

1. 传动类型有哪几种？液压传动与其他传动形式相比，有什么优缺点？
2. 工程机械液压传动由哪几部分组成？各部分的作用是什么？
3. 名词解释：液压传动、液压控制。
4. 液压传动对液压油有哪些方面的要求？工程机械液压油的选择应考虑哪些因素？
5. 工程机械在使用过程中如何防止液压油被污染？

第2章 液压动力源及控制

液压源是液压系统的动力提供设备，包括原动机和液压泵，泵输出的实际流量是由原动机驱动泵的转速和泵的排量共同决定的。在工程机械应用中，越来越注重柴油机和液压泵的联合调节。一些公司开发了柴油机液压联合控制器，使系统保持在最佳工况点，从而实现节能。

液压泵根据排量是否可调分为定量泵和变量泵两大类。不同结构形式的变量泵变量形式不同，如单叶片泵、径向柱塞泵可以通过改变定子和转子的偏心距来改变泵的排量，而轴向柱塞泵则通过改变斜盘或缸体的倾角来改变泵的排量。本章变量泵的排量控制如没有特殊说明，均以轴向柱塞泵为例。液压伺服控制系统能够很容易地实现轴向柱塞泵排量的调节，即在泵的转速不变的情况下调节泵的输出流量。

近些年，随着科学技术的发展和节能减排要求的不断提高，采用变量泵的节能型液压系统越来越多，对变量泵的需求也相应增加，其品种的发展也相当迅速。变量泵的主要技术特征是能够改变泵的排量，因此变量泵节能减排的主要途径是最大限度地减少系统无谓的流量损失。这些损失包括系统不操作时的空载流量损失，系统达到安全阀开启压力后的溢流损失，执行元件不需要最大流量时的旁路溢流损失（即未准确提供执行元件所需要的流量）等。另外，变量泵尤其是柱塞泵可以承受很高的压力，功率密度大（即相同液压功率时泵的流量小、体积小、质量轻），流量损失相对较小。同时，系统压力的提高、流量的减小也使得执行元件和系统附件的尺寸减小和质量减轻，乃至液压油箱的油量都会减少。

液压泵的变量控制原理是指对泵排量控制器进行调节和控制。泵排量控制器的形式多种多样，控制和组合方式也各有不同，可以从不同角度对变量泵进行分类。

（1）按照变量液压系统是否有反馈，可将其分为开环控制和闭环控制。开环控制是指变量泵的输出值不直接反馈到指令信号处，它与自动控制原理中开环控制原理基本相同。闭环控制是指变量泵的输出参数（如流量、压力等）以某种方式反馈到指令信号处，两者的偏差信号用于泵的排量控制，它与自动控制原理中闭环控制的原理基本相同。

（2）按照泵排量控制器能量的来源，可将其分为外控式和内控式。外控式是指变量控制压力油或控制力来自变量泵的外部，通常由一套控制油源给变量机构提供液压力，而控制油源不受泵本身的负载和压力波动的影响，压力和流量比较稳定，可实现双向变量。内控式是指变量泵利用自身输出的压力油或泵内部某些部件产生的控制力使变量机构动作，泵运行时的压力脉动可能影响变量机构的稳定性，不能实现双向变量。不能实现双向变量的原因是，当泵斜盘由正向倾角偏转到反向倾角时，必须经过零排量工况，但此时泵没有输出，变量机构就不能继续运动，泵斜盘不能实现反向偏转。由此可知，双向变量泵一定是外控式油源，内控式油源只能用于单向变量泵。单向变量泵采用自身的内控油源时可以采用定值减压阀、定值溢流阀等技术手段使得变量油源的压力稳定；另外，利用单向变量泵自身的内控油源信号反馈，还可以简化控制程序。

（3）按照变量机构的操纵力形式，工程机械上大多采用手动式、液控式和电液式。手动式变量机构的结构最简单，由人力来克服变量机构运动的阻力，但其不能在工作状态下实现变量，而只能在停机或工作压力较低的情况下实现变量，且不能实现远程控制，这种变量形式在工程机械中几乎没有应用，不在本章讨论之列。如果在工程机械上应用，一般也都是手动伺服控制，通过伺服阀来控制伺服缸，带动变量机构运动，实现在运行中对泵的排量进行控制。更多的是通过机械杠杆带动伺服阀对伺服缸进行控制，一并归为手动式。液控式是指通过先导阀输出定值控制油压控制伺服阀，再由伺服阀来控制伺服缸，推动变量机构运动。简单的液控为开环控制，也可用泵的输出量作为反馈形成闭环控制。电液式是指用电液伺服阀或者电液比例阀控制伺服缸的运动，进而实现对变量泵的控制。它的调节速度与调节精度高，便于实现远程控制与自动控制，但其结构比较复杂，对油质的要求较高，且价格较贵。

（4）按照变量泵的控制功能，可将其分为排量控制、流量控制、压力控制和功率控制。排量控制是指利用变量机构的位置控制作用，使泵的排量和输入信号成比例。其他三种控制方式是针对泵的基本输出参数，如压力、流量、功率进行控制，利用泵的出口压力、流量或者是反映流量大小的压差与输入信号相比较，通过对变量机构位置的控制作用来确定泵的排量，从而形成压力控制（恒压控制等）、流量控制（正流量、负流量、负荷传感控制、最大流量二段控制、电子调节流量控制等）和功率控制（恒功率控制、全功率控制、电控功率调节等）。这三种控制方式都是在排量控制的基础上按照特定的调节要求来实现的，排量调节是进行变量控制的基础和根本。本书把与发动机转速感应控制有关的单列一类，本质属功率控制。

2.1 原动机

目前，绝大多数固定设备液压系统使用电动机，多以电动机作为原动机。对于移动式工程机械，因其功率大，主要以柴油机作为原动机。

1. 电动机

固定液压系统普遍使用交流电动机，可以通过继电器和保护装置直接与交流电网相连接，其结构简单，能效很高，可以达到 85% 左右，且价格相对较低。交流异步电动机的转速 $n=60f(1-s)/P$，通过变频器改变交流电的频率 f 或极对数 P，可以改变电动机的转速，分别称为变频、变极。变频驱动，可以获得很好的调速效果，但应用受限于价格和转矩限制等。液压泵的变频驱动具有很大的发展潜力，在 2013 年的汉诺威工业博览会上，几乎所有世界级公司都展出了变频调速组合泵站，如派克、布赫等。力士乐则展出了 FCP（基本型）、DFEn（改进型）、SvP（高性能型）三种性能级别的变频调速组合泵，如图 2-1 所示。

图 2-1　一个变频电动机同时驱动两个变量泵和一个定量泵

伴随着变频驱动的发展，高速电动机的研发也取得了长足的进步。高速电动机使用的铜铁量与常规电动机相同，转矩相近，但由于其转速高，输出功率可以成倍增长。目前，德国已开始系列生产转速最高可达 22 500 r/min 的高速电动机。其体积与 2 kW 常规电动机相同，功率已可达到 22 kW，功率质量比已达到 2 ~ 3 kW/kg。因此，其动态特性也得到了较大的改善，而且高速电动机加减速器的成本甚至比相同功率的常规电动机还低。

今后，随着变频器-电动机一体化、高速化、控制高性能化、数字化的实现，高速变频驱动定会在液压领域中获得更广泛的应用。

2. 内燃机

1）液压泵取力方式

移动式机械中驱动液压泵普遍使用的发动机是内燃机，其中工程机械为柴油机。工程机械工作装置几乎全液压化，行走装置也部分液压化。对于移动式工程机械，发动机需要为液压系统提供原动力，通常有以下几种取力方式：

（1）发动机→分动器（取力器）→液压泵。如图 2-2 所示为采用机械式传动的轮式挖掘机传动简图，在主离合器后面配置一部分动器 3，分动器多轴分力驱动液压泵，为其液压系统提供动力。

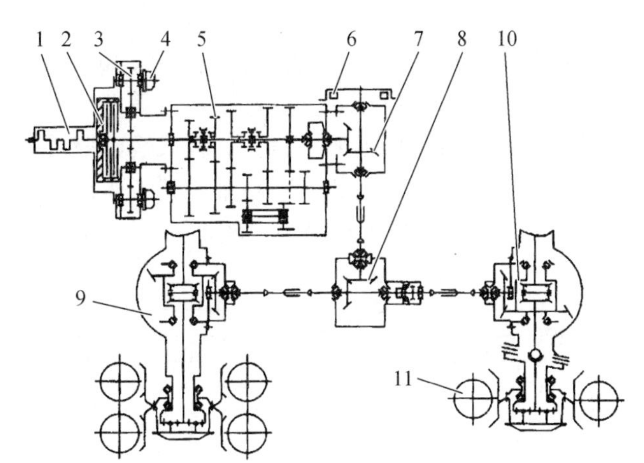

1—发动机；2—主离合器；3—分动器；4—油泵；5—变速器；5—手制动器；6—上传动箱；
7—下传动箱；9—驱动桥；10—转向驱动桥；11—驱动轮。

图 2-2　某型轮式挖掘机传动简图

（2）发动机→液力变矩器取力器→液压泵，如图 2-3 所示某型推土机，采用液力机械传动方式，油泵 4 从液力变矩器主动件泵体齿轮轴取力，驱动工作油泵，为其液压系统提供动力。

（3）发动机→变速器取力→液压泵，如混凝土拖泵。由于取力位置不一样，所以发动机的转速可能与液压泵的转速不一样，可根据具体情况分析确定。很多工程机械发动机都带有转速自动恒定调节机构，在发动机工作时，它检测输出轴的实际转速，自动调节油门开度，力求使转速保持恒定，不随负载变化。

（4）直接与发动机连接取力。这种方式摆脱了多元传动系统对分动器的依赖，直接与发动机连接的安装方式降低了元件本身对主机安装空间的要求。力士乐开发的 A8VO 变量双泵采用一个壳体，直接与发动机连接取力驱动。

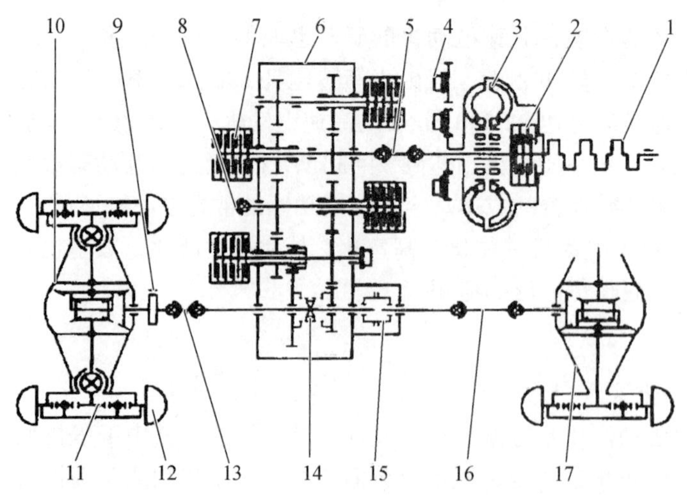

1—发动机；2—锁紧离合器；3—变矩器；4—油泵；5—传动轴；6—变速器；7—换挡离合器；8—绞盘传动轴；9—手制动器；10—前驱动桥；11—轮边减速器；12—车轮；13—前传动轴；14—高低挡啮合套；15—后桥脱桥机构；16—后传动轴；17—后驱动桥。

图 2-3　某型推土机传动简图

2）柴油机的特性

图 2-4 所示为某柴油机的转速特性曲线：随着转速的升高，输出的最大功率增加，但超过一定的转速，输出的最大功率下降；转速过高，油耗增加；最大功率点、最大扭矩点、最小油耗点都对应着不同的转速。因此可以根据需求目标：最大输出率或最大转矩或最低油耗来选择合适的工作转速，如果需要发挥发动机的最高功率，就工作在高转速区。如果需要降低油耗，就工作在低转速区，低转速区间发动机噪声也较低。

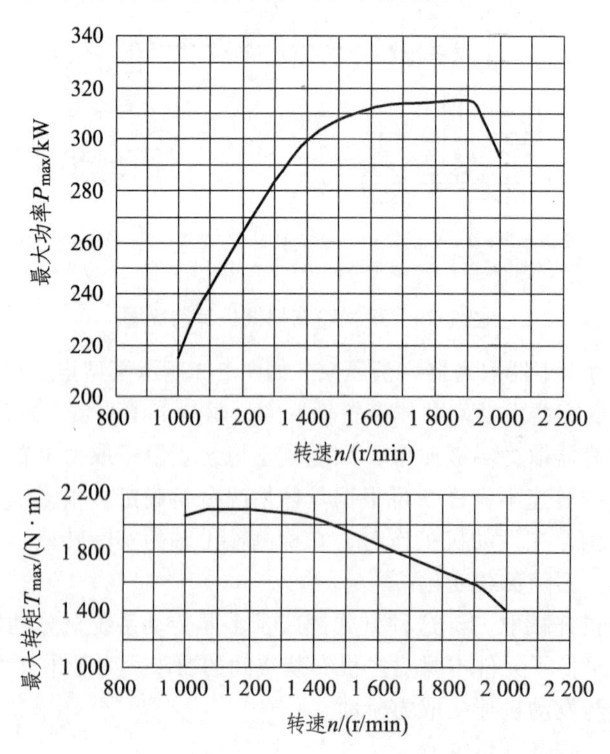

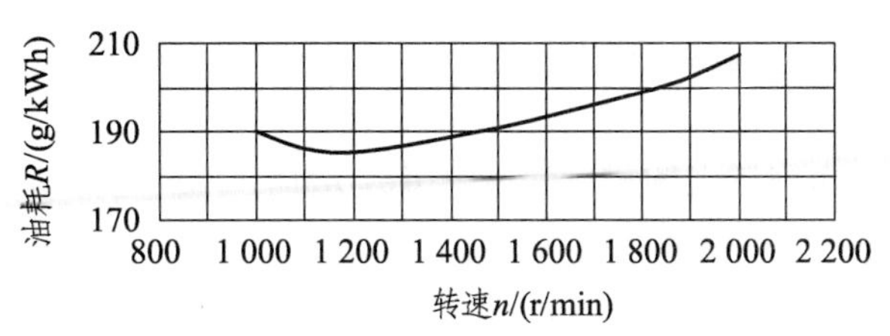

图 2-4　某柴油机的转速特性曲线

2.2　变量泵压力控制

2.2.1　恒压控制

如图 2-5（a）所示的控制原理图，变量泵排量控制缸的进油和回油由恒压阀 CP 控制，控制信号取自变量泵本身的出油口，属于自控式恒压控制。

调节原理为：假定恒压阀右端调压弹簧预压力的调定值为 p_t，泵的出口流量为 q_p，泵的出口压力为 p_p，则当 $p_p<p_t$ 时，恒压阀的阀芯在弹簧力的作用下左移，使变量缸大腔与油箱相通，于是泵的输出流量达到最大，即 $q_p= q_{p\max}$，此时变量泵相当于定量泵，向系统提供最大流量。若负载流量 $q_l < q_{p\max}$，即泵的输出流量大于负载所需要的流量，则多余的流量将使系统的压力上升，从而使泵的出口压力上升。当 $p_p >p_t$（由于恒压阀的阀芯动作时行程很小，可认为恒压阀 CP 的阀芯弹簧的压紧力始终为其预压力的调定值 p_t）时，恒压阀 CP 的阀芯右移使变量缸大腔引入压力油，控制泵的排量减小，最终在 $q_p= q_l$ 处停止动作，从而泵的出口压力下降，所以在 $q_l \leqslant q_{p\max}$ 时，$p_p= p_t$，此时恒压阀关闭，变量活塞停止运动，变量过程结束，泵的工作压力稳定在调定值。调节调压弹簧的预压力，即可调节泵的工作压力。据此，可以得到恒压控制的压力-流量特性曲线，如图 2-5（b）所示。可见，不论负载流量 q_l 多大，只要 $q_l < q_{p\max}$，则泵的出口压力基本不变，始终保持为恒压阀弹簧的调定压力 p_t，即压力-流量特性曲线基本垂直于横坐标，从而泵的流量总是与负载流量相适应。当系统要求的流量为零时，泵在很小的排量下工作，所排出的流量正好等于泵在调压弹簧预压力 p_t 时的泄漏流量，泵的工作压力仍为 p_t。

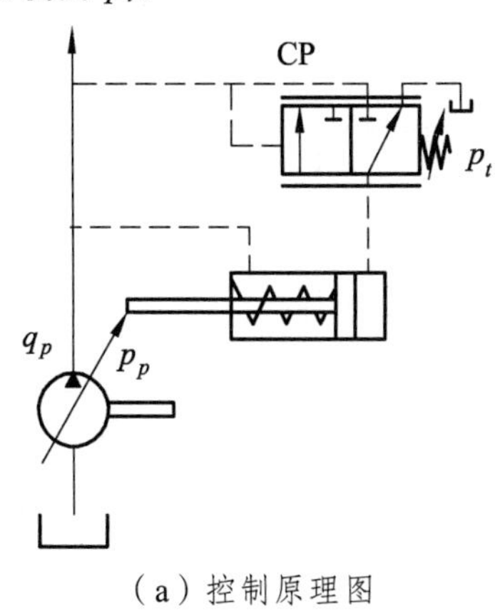

（a）控制原理图

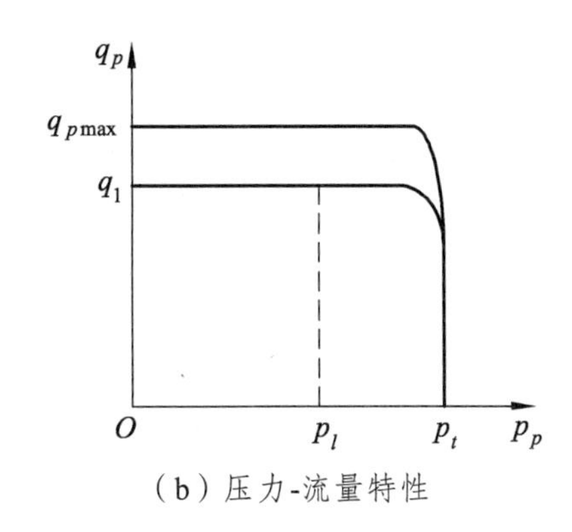

（b）压力-流量特性

图 2-5　变量泵恒压控制

特性综合归纳如下：

（1）变量泵所维持的泵出口压力 p_p（系统压力）能随输入信号 p_t 的变化而变化。

（2）在系统压力 p_p 未达到调定压力 p_t 之前，恒压调节泵是一个定量泵，向系统提供泵的最大流量。

（3）当系统压力 p_p 达到压力调节泵的调定压力 p_t 时，不论负载所要求的流量（在泵最大流量范围内）如何变化，恒压调节泵始终能保持与输入信号相对应的泵出口压力值不变。

（4）所谓恒压，并非绝对恒压，压力随输出流量的增加而减少，总有一个偏差值。这是恒压式变量泵的一个重要性能指标，如力士乐 A4V 恒压泵的压力偏差≤0.3 MPa，早期的恒压泵压力偏差大于这个值，性能远不及现在的恒压泵。

根据以上特性，恒压变量泵的主要用途为：

（1）用于液压系统保压，保压时其输出流量只补偿泵的内泄漏和系统泄漏。

（2）用作电液伺服系统的恒压源，具有动态特性好的优点。

（3）用于节流调速系统。

（4）用于负载按所需流量变化，而要求压力保持不变的系统。

（5）对于电液比例压力调节变量泵，经常用于压力与流量都需要变化的负载适应系统等。

在恒压泵应用中，还应注意两个细节：第一，恒压泵进入恒压工况后，是根据负载的需要改变供给系统的流量，而保持系统压力基本不变，即恒压泵能稳定运行于负载特性曲线上的任意点；第二，恒压泵运行时可以根据负载的需要，不向负载提供流量，但不会出现排量为零的状况，有一定的小流量用于补充泵内部的泄漏，即泵最小排量大于零，习惯上也称为压力切断控制。

恒压变量泵是变量泵中应用范围最广、生产量最大的类型，广泛应用于调压等系统，特别是在快速行程后需要小流量保压的周期性运行的系统中，具有明显的简化系统和节能效果。

2.2.2 恒压差控制

变量泵恒压差控制的基本原理是利用一个定压差阀控制变量泵的变量机构，如图 2-6 所示，无论控制压力 p_{LS} 多大，泵出口压力 p_p 始终保持比控制压力 p_{LS} 高一个弹簧压力 Δp_p。即努力使泵出口压力比控制压力高一个恒定值（弹簧调定压力值），一般为 1.5 ~ 3 MPa。泵只输出必要的流量，出口压力随负载而变化，p_{LS} 增大，相应的 p_p 也增大，二者之间始终保持一个恒定压差 Δp_p。

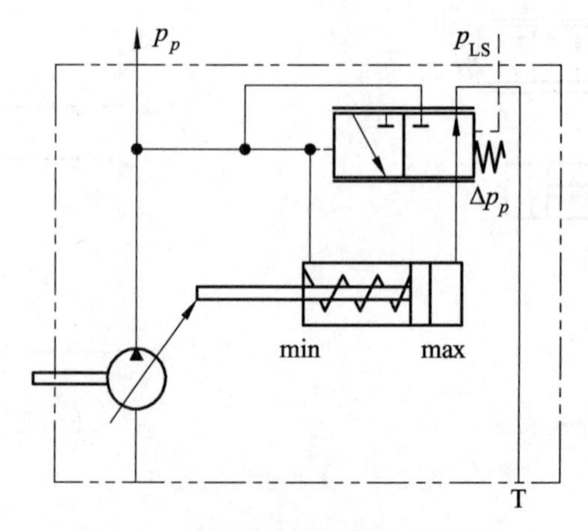

图 2-6 变量泵的恒压差控制原理图

把图 2-6 所示的控制阀换成电磁比例阀，就可以构成电液比例恒压差控制，实现恒压差的电控，如图 2-7 所示，可以改变输入电流，从而改变作用在阀芯上的电磁力，相当于改变了弹簧的调定压力，即改变了恒压差值 Δp_p。

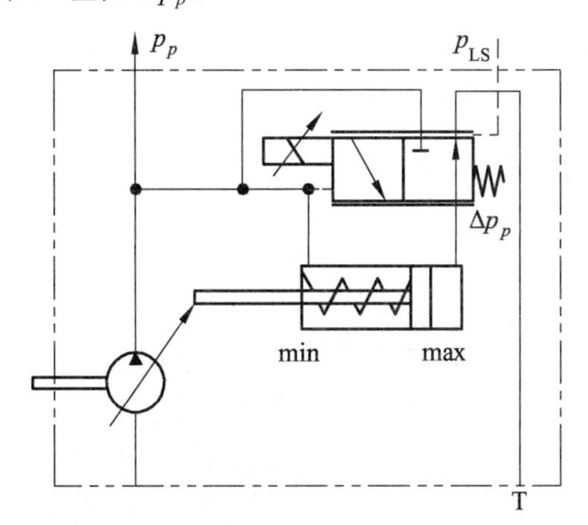

图 2-7　变量泵的电液比例恒压差控制原理图

如果控制信号取自负载，则称为负荷传感控制，无论负载压力多大，泵的输出压力始终比它高一个恒定值。有该功能的泵称为负荷传感泵，其被大量用于负荷传感流量控制系统。

2.3　变量泵恒功率控制

恒功率指在液压泵转速不变时，液压泵的输出功率基本保持不变，其目的是使液压源的输入功率恒定。为了充分利用原动机的装机功率，使发动机在高效率区域运转，使用功率调节是最简单的手段。无论是流量适应还是压力适应系统，都只能做到单参数适应，因而都是不够理想的能耗控制系统。功率适应系统，即压力与流量两个参数同时正好满足负载要求的系统，才是理想的能耗控制系统，它能把能耗限制在最低限度内。

恒功率控制的本质是恒扭矩控制，可实现 $M=pV=$常数（V 为变量泵的排量），当转速 n 不变时，则功率 $N=pq=pVn=$常数。恒扭矩控制对发动机和液压泵联合工作很有利，因为对发动机的阻力矩是不变的，可以通过油门控制来改变发动机转速，从而使液压泵流量变化。发动机和液压泵匹配工作情况如图 2-8 所示。

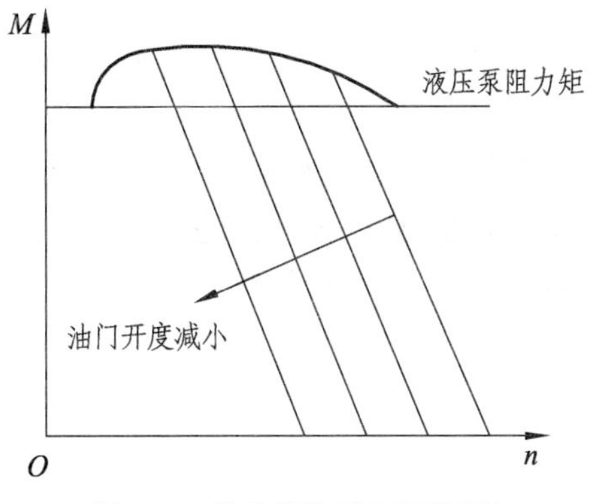

图 2-8　发动机和液压泵匹配

2.3.1　双弹簧式恒功率控制

图 2-9 为双弹簧恒功率控制原理图，其工作原理为：泵负载增加，压力反馈到伺服阀 1 左端推杆上，与压力调节弹簧 4、5 进行比较，大于外圈弹簧 4 的调节压力时，推动伺服阀 1 阀杆移动，伺服阀 1 左位油路导通，伺服柱塞 2 右移，排量减少，在泵转速不变的情况下，功率 $N=pVn$ 基本保持不变。伺服柱塞 2 移动时通过反馈连杆 3 使伺服阀阀体右移，回到中位，排量保持不变。即系统压力与弹簧力成正比，与系统流量成反比。

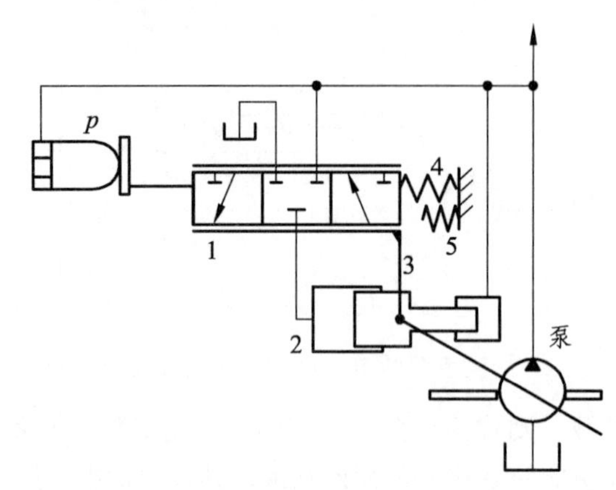

1—伺服阀；2—伺服柱塞；3—反馈连杆；4—调压外圈弹簧；5—调压内圈弹簧。

图 2-9　单泵双弹簧恒功率控制原理图

特性分析：当泵的压力还没有升高到能够压缩外圈弹簧 4 时，阀杆的平衡方程式为

$$\frac{1}{4}\pi d^2 p = F_{01} \tag{2-1}$$

式中，F_{01} 为外圈弹簧的预压力；p 为泵的压力；d 为推杆直径。

泵压力在小于 F_{01} 之前，泵一直处于最大排量位置，在压力-流量（p-q）曲线图上表现为一段平行于压力 p 的直线段，如图 2-10 所示 A_0A 段。

当泵的压力升高到大于 F_{01} 时，开始压缩外圈弹簧 4，阀杆开始右移，此时阀杆的平衡方程式为

$$\frac{1}{4}\pi d^2 p = F_{01} + \Delta F_1 = F_{01} + K_1 \Delta x \tag{2-2}$$

式中，ΔF_1 为外圈弹簧 4 增加的弹簧力；K_1 为外圈弹簧 4 的刚度；Δx 为外圈弹簧 4 增加的压缩量。

随着压力继续增大，ΔF_1 也将增大，泵的排量减小，泵的流量减小。根据胡克定律，在压力-流量曲线图上表现为一条斜向下方的线段，如图 2-10 所示 AB 段。

当泵的压力继续升高，开始压缩内圈弹簧 5 时，阀杆的力平衡方程式为

$$\frac{1}{4}\pi d^2 p = F_{01} + \Delta F_1 + F_2 \tag{2-3}$$

式中，F_2 为内圈弹簧 5 的弹簧力。

泵的排量会进一步减小，泵的流量减少。对应的输出特性为图 2-10 所示 BC 段。

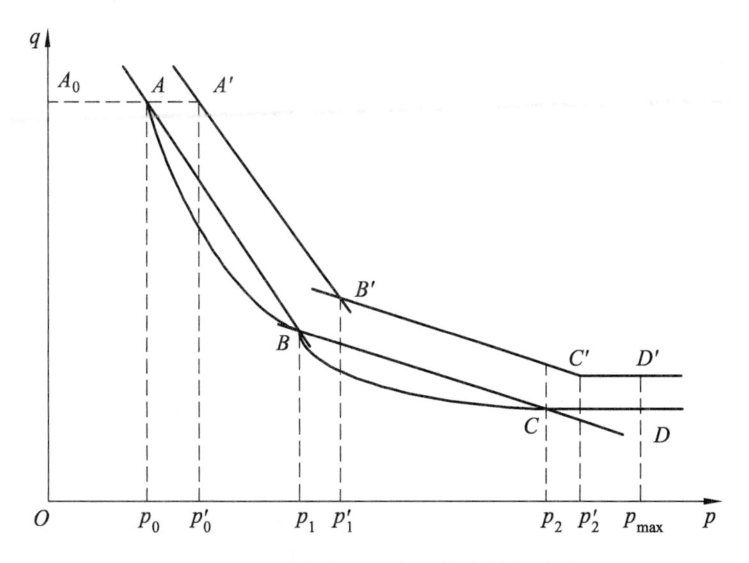

图 2-10 双弹簧恒功率泵输出特性曲线

由此可以看出，由于外圈弹簧单独工作和外圈、内圈弹簧同时参与工作，使得泵流量随压力的变化规律为两条直线段所构成的折线。泵的压力一直升高到系统安全阀开启压力后流量将不再减小，泵维持系统最高压力为 p_2，压力-流量曲线图上表现为一段平行于 q 轴的直线段 Cp_2。

综上所述，泵的输出曲线，即 p-q 曲线，由四线段组成。从该曲线图上可以看出，AB、BC 线段构成了一条近似的双曲线。双曲线的物理含义就是恒功率曲线。根据双曲线的性质，在这个曲线图上任意一点的压力与流量的乘积都是一个常数，即流量曲线 q 在 p 轴上的积分（也即流量 q 曲线与 p 轴围成的面积）为一常数。

结论：泵的压力与弹簧压缩量（即弹簧力）相关，而弹簧压缩量与流量相关，因此泵的压力与流量也相关。由于液压功率等于压力与流量的乘积，要维持液压功率为常数，那么泵的压力增大，排量就调小，流量就减小，这就是恒功率控制的实质。

当泵的起调压力发生变化时，泵的恒功率曲线也发生变化，这可以通过增大或减小弹簧力来实现。如图 2-10 所示，增加外圈弹簧的预压缩量以增大弹簧力，把泵的起调压力由 p_0 提高到 p_0' 时，泵的压力-流量曲线就由 ABC 变为 $A'B'C'$。很明显，起调压力提高就意味着泵功率提高，即流量曲线与 p 轴所围成的面积变大。调整内圈弹簧既可以决定内圈弹簧何时进入工作状态（即曲线转折点位置），又可以决定第二条折线的形状，从而影响到整条恒功率曲线。弹簧设计时应当让两条折线尽可能逼近双曲线，即恒功率的设计原则，从而确定其刚度、预压缩量和工作压缩量等参数。

通过上面的分析知道，理论上弹簧的数量越多，就越逼近双曲线的实际形状，但这会使结构复杂，所以工程上实用的泵恒功率控制一般为两根弹簧。

2.3.2 杠杆式恒功率控制

图 2-11 为一种采用杠杆平衡原理来实现恒功率控制的变量调节器原理图。

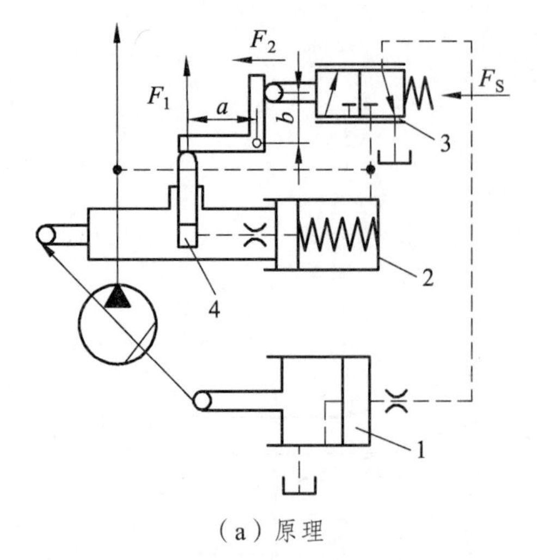

（a）原理

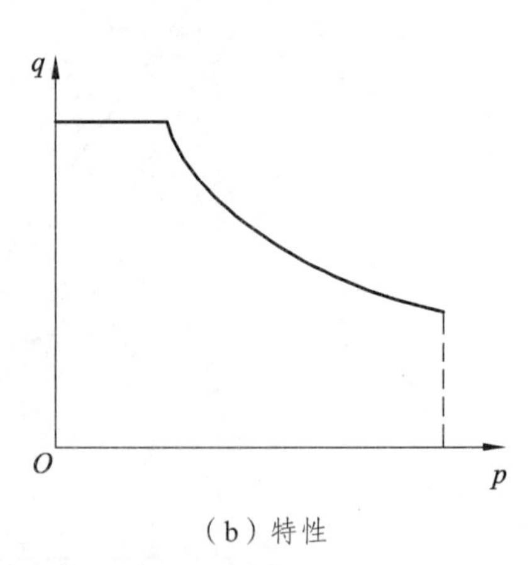

（b）特性

1—液压反馈缸；2—液压变量缸；3—伺服阀；4—压力感应小柱塞。

图 2-11　杠杆式恒功率控制

工作原理：在弹簧作用下伺服阀 3 处于右位，缸 1 压力油通过伺服阀 3 回油，在缸 2 大腔油压和弹簧作用下油泵向大流量方向摆动，油泵压力油通过缸 2 作用在压力感应小柱塞 4 上，柱塞推动杠杆使杠杆绕支点摆动，推动伺服阀 3 向右移动，使伺服阀 3 处于左位，油泵压力油通过伺服阀 3 进入缸 1，推动活塞杆使油泵向小流量方向摆动。同时缸 2 活塞杆右移，压力感应小柱塞 4 顶推杠杆的力臂减小，使杠杆推伺服阀 3 的力下降，直至与伺服阀 3 的弹簧力相等，油缸摆角处于新的平衡位置。

由杠杆力平衡得：

$$F_1 \cdot a = F_2 \cdot b \tag{2-4}$$

$$F_1 = p \cdot S \tag{2-5}$$

式中，p 为油泵压力；S 为压力感应小柱塞受压面积；a 为杠杆力臂，它随油缸 2 活塞移动而改变；b 为杠杆力臂，可以认为它的大小是不变的。

由作用力与反作用力可知：

$$F_2' = F_2$$

由伺服阀 3 的力平衡得：

$$F_2' = F_S$$

式中，F_S 为弹簧力。

所以　$$F_2 = F_S \tag{2-6}$$

由式（2-4）~ 式（2-6）三式联立得：

$$p \cdot S \cdot \frac{a}{b} = F_S \tag{2-7}$$

式中，S、b 和 F_S 为常数，即 $p \cdot a = \frac{F_S \cdot b}{S} = k$（常数）。

a 值随液压泵斜盘倾角而变化，在设计时使杠杆力臂 a 正比于液压泵排量 V，则 pV=常数，即液压泵随油压 p 改变实现恒扭矩控制，转速不变时则为恒功率控制。

这种恒功率装置是通过杠杆机构来实现的，只要杠杆系统设计得好，就能实现很理想的恒功率曲线。

2.3.3 双泵恒功率控制

由一台发动机驱动的双泵系统，为了充分利用发动机的功率，同时又避免过载，先后出现了分功率控制、总功率控制和全功率控制。

（1）分功率控制：两个泵并行、互不相干地工作，发动机的最大功率被预先等分或不等分地分配给各个泵。各泵根据各自的负载压力进行排量调节。因此在负载不同时，各泵输出的流量就不同，如果用于驱动行走机构，就可能导致跑偏。

（2）总功率控制：两个泵的变量机构机械并联（机械耦合），只有一套变量机构，两个泵的排量同步变化，如果用于驱动行走机构，就不易跑偏。但由于机械耦合的局限性，应用很少。

（3）全功率控制：两个泵的变量机构液压并联（液压耦合），各泵有自己的变量机构，出口压力通过压力叠加缸相互作用于另一泵的变量机构，本质上为带液压耦合的分功率控制。

图 2-12（a）为全功率控制原理图，两台泵的结构和排量控制器完全相同，且油压对伺服阀两个阀杆的作用面积也相等，并采用液压交叉控制方式，即 1 号泵的出口压力 p_1 不但控制 1 号泵本身，而且也控制着 2 号泵；同样，2 号泵的出口压力 p_2 不但控制 2 号泵本身，而且也控制着 1 号泵，相互交叉叠加控制，即液压耦合交叉感应控制。

当两个泵都进入恒功率调节状态时，分析伺服阀的受力状况，得到伺服阀的平衡方程为

$$\frac{1}{4}\pi d^2(p_1+p_2)=F_{01}+\Delta F_1+F_2 \tag{2-8}$$

式中 p_1、p_2——泵 1、泵 2 的压力；

d——推杆直径，假设两推杆（即小活塞）直径相等；

F_{01}——外弹簧的预压力；

ΔF_1——外弹簧增加的弹簧力；

F_2——内弹簧的弹力。

由此可知，两台泵的排量是统一调节的，因此两台泵的斜盘倾角相同，即排量相同，由于转速一样，所以流量相等。如果此时两台泵的压力也相等，即 $p_1=p_2$，那么两台泵的功率也相等。如果把两台泵的功率输出曲线画在一张图上，这张图就成为两台泵的总功率输出曲线，如图 2-12（b）所示。从图中可以看出，两台泵的功率曲线以 q 轴为左右对称，因此 q 轴又称为等功率轴。图中 $oabc$ 围成的面积为 1 号泵的功率，$oade$ 围成的面积为 2 号泵的功率，两面积相等，而 $edbc$ 围成的面积为泵的总输出功率。根据双曲线恒功率的性质知道，双曲线上的每个对称点对横坐标 p 轴所围成的面积都相等。

全功率变量不是根据 p_1、p_2 的单泵压力值调节泵的流量，而是根据两台泵的压力和来进行流量调节，即可以 $p_1 \neq p_2$。但必须满足 $p_1+p_2 \geqslant 2p_0$ 才可以进入全功率调节，才能充分利用发动机的功率。这就是两台泵交叉控制的结果。

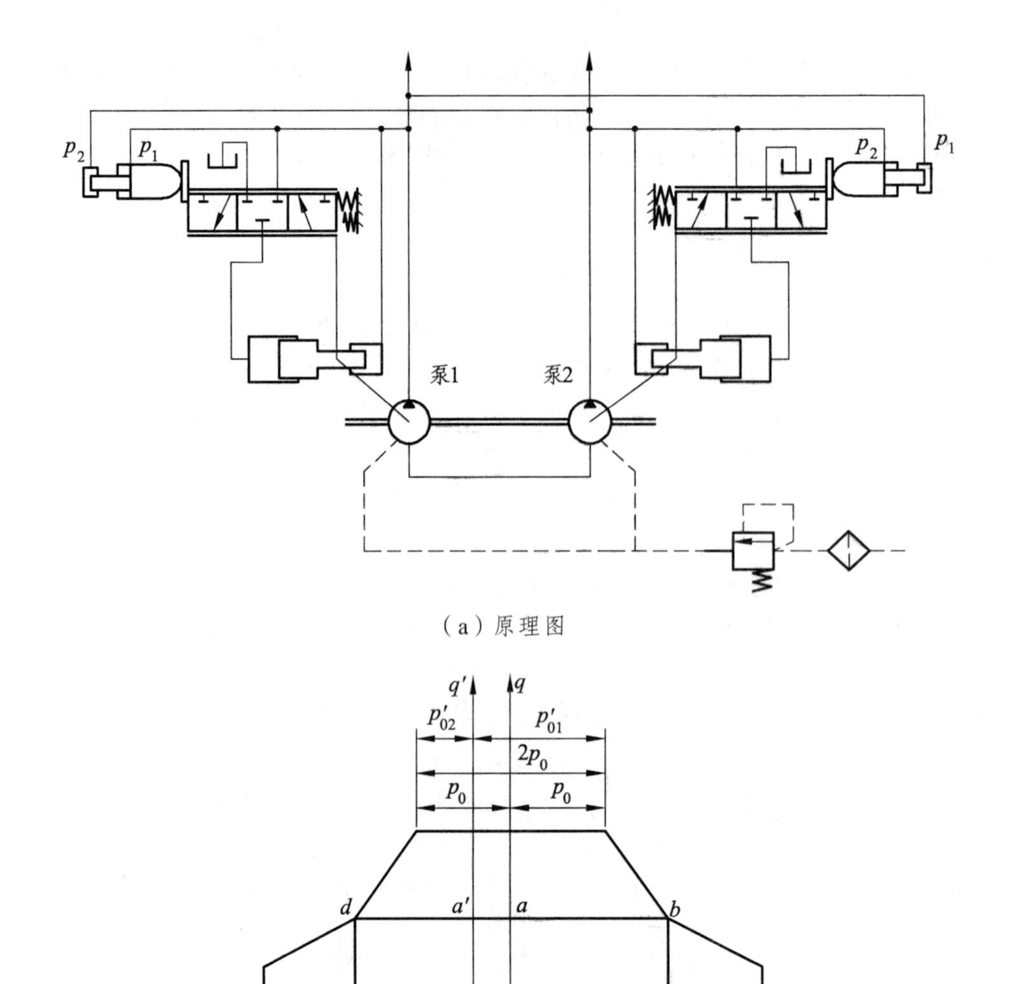

（a）原理图

（b）输出特性

图 2-12　双泵全功率控制原理

将图 2-12（b）中 q 轴左移到 q'轴，即为两个泵压力不相等时泵的总功率输出曲线，此时 1 号泵的起调压力为 p'_{01}，2 号泵的起调压力为 p'_{02}，但必须满足 $p'_{01}+p'_{02}\geqslant 2p_0$，泵才能进入全功率调节。1 号泵的功率为 $o'a'bc$ 围成的面积，2 号泵的功率为 $o'a'de$ 围成的面积，显然，1 号泵的功率大于 2 号泵。

因此，$p_1\neq p_2$ 具有单泵恒功率调节的特点，两台泵的输出功率就会不同。有时一台泵功率很大，而另一台泵功率很小，但两台泵的功率总和始终保持恒定，不超过发动机的额定功率。

综上所述，双泵全功率控制的两台泵相同，泵调节器完全一样，两台泵输出的流量相等，即 $q_1=q_2$；但是压力可以不同，即它们的负荷大小不相等。这就提示在设计双泵系统时应该把机器的动作合理地分解，使得两台泵的负荷大致相等，这样它们的寿命和可靠性也大致相同，可以有效地避免负荷较大的泵过早失效。

以上讨论的是泵转速恒定时的情况。当泵的转速变化时，流量也会变化，所以泵的功率输出特性将会改变。如图 2-13 所示，当泵的转速降低时，泵的流量也会从曲线 I 降低到曲线 II，泵的输出功率也降低了，但起调压力不会改变。

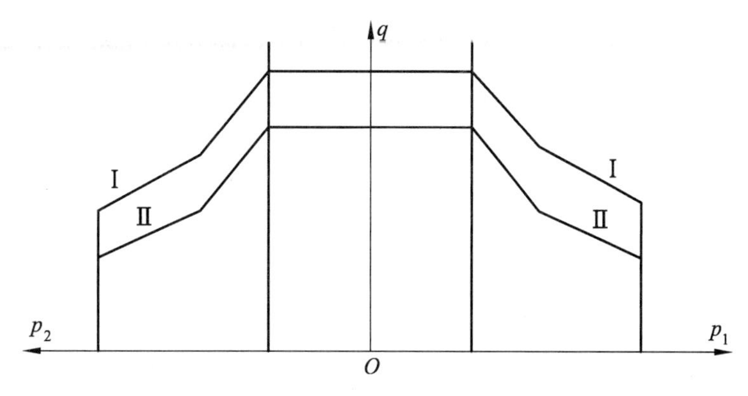

图 2-13 转速变化时的全功率输出特性

从以上恒功率特性曲线均可以看出，当系统压力达到最大时（由系统安全溢流阀确定），泵排量不再减小，输出对应的流量全部通过安全阀溢阀流回油箱，为了减少溢流损失，希望此时的排量越小越好。为解决这一问题，可以在功率控制回路中串联一个压力切断阀，如图 2-14 所示。

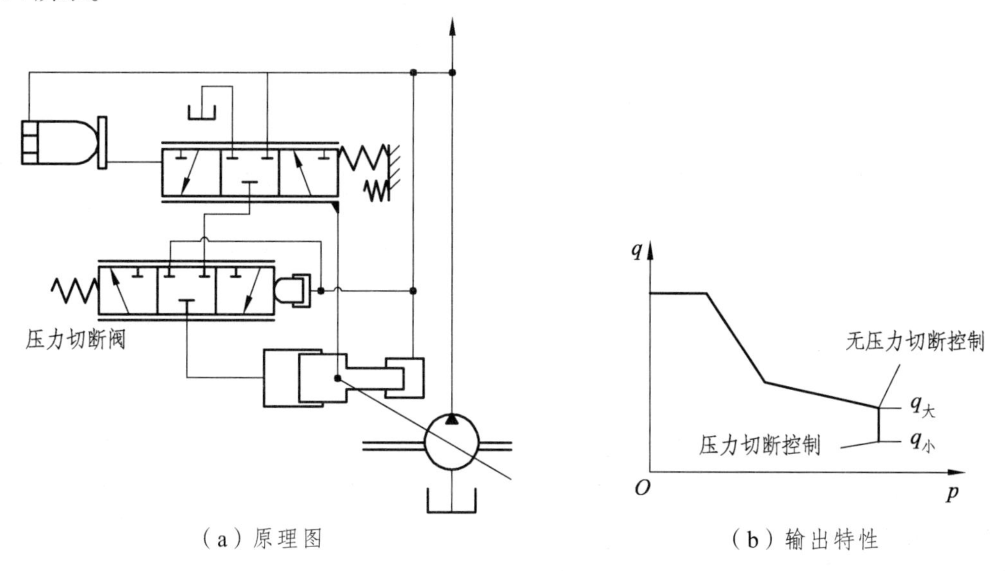

（a）原理图　　（b）输出特性

图 2-14 泵的压力切断控制

当压力没有达到系统的安全溢流阀压力（系统允许最高工作压力）时，压力切断阀工作在左位，为正常的恒功率控制回路。

当压力达到最高压力时，压力切断阀工作在右位，恒功率调节油路被截断，恒功率调节伺服阀不起作用。此时伺服柱塞缸大腔进油，柱塞移位，带动泵斜盘回到中间位置，泵只输出很小的流量，系统几乎没有溢流压力损失，如图 2-14（b）所示，输出流量从 $q_{大}$减到 $q_{小}$。

图 2-14（a）所示为泵自带压力切断，即将泵出口液压油引入该阀的液控腔作为控制压力油。另外，也可以采用远程控制压力切断。

2.4 变量泵转速感应控制

恒功率控制的实质是压力感应的恒扭矩变量系统，只有转速不变时，才是恒功率控制。但功率与转速有关，发动机受多种因素影响，转速不恒定，因而难以达到恒功率控制的要求。例如图 2-15 所示的发动机和液压泵的扭矩匹配，从图中可以明显看出，当发动机从平地到高地，其性能曲线稍有降低时，发动机转速下降幅度大，液压泵的吸收功率将会有大幅度下降。这种扭矩控制系统不能充分利用发动机功率。

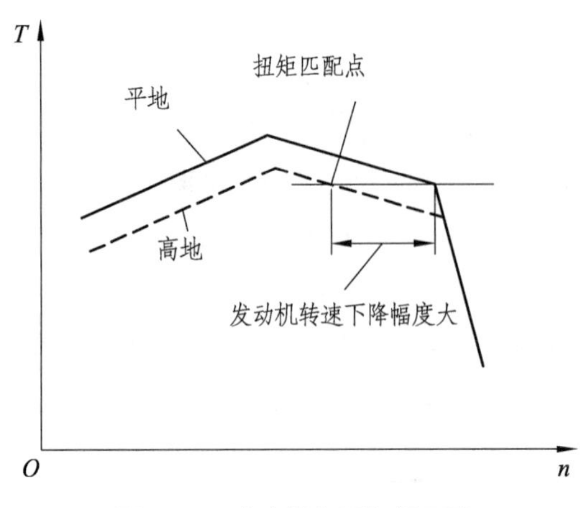

图 2-15 发动机和泵扭矩匹配

为了克服恒扭矩控制系统的缺点，除了采用压力感应控制外，还可采用转速感应控制（Engine Speed Sensing，ESS）。

转速感应控制有以下两种方式。

2.4.1 电液比例减压阀式转速感应控制

这种转速感应控制系统组成如图 2-16 所示。

该系统由泵排量控制器、电液比例减压阀、控制器、转速传感器和油门开度传感器等组成。由油门开度传感器检出发动机油门开度，输入控制器，由微处理机计算出此油门开度下，发动机最大功率的转速 n_R，并以此转速作为控制目标。当泵吸收功率过大使发动机转速低于目标转速时，控制器发出控制信号，通过电液比例减压阀，排量控制器减小泵的排量，使泵吸收功率降低，减小发动机负荷，使发动机转速上升。当泵吸收功率过小使发动机转速高于目标转速时，控制器发出控制信号，通过电液比例减压阀，排量控制器增大泵的排量，使泵吸收功率增加，增加发动机负荷，使发动机转速下降，发动机始终保持在最大功率转速 n_R 处工作，如图 2-17 所示。

一般采用脉宽调制方式来控制电液比例减压阀，控制器向电液比例减压阀输出控制油压，电液比例减压阀特性如图 2-18 所示。随着输入控制电流 I 的增加，输出控制油压增加，实现变功率控制。

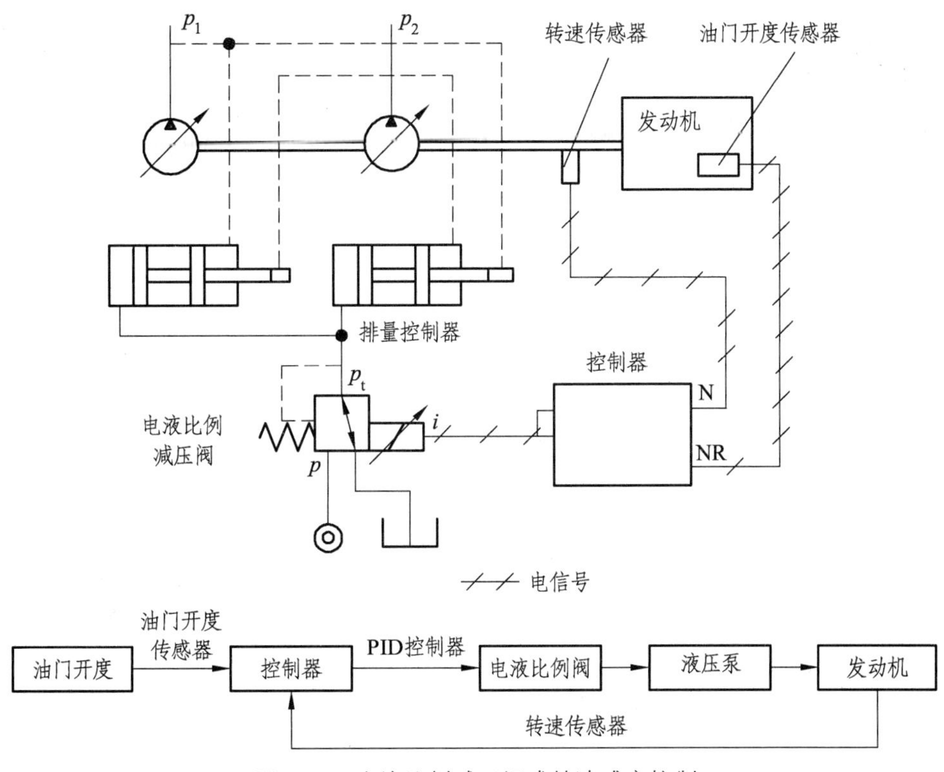

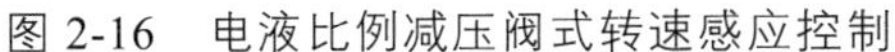

图 2-16　电液比例减压阀式转速感应控制

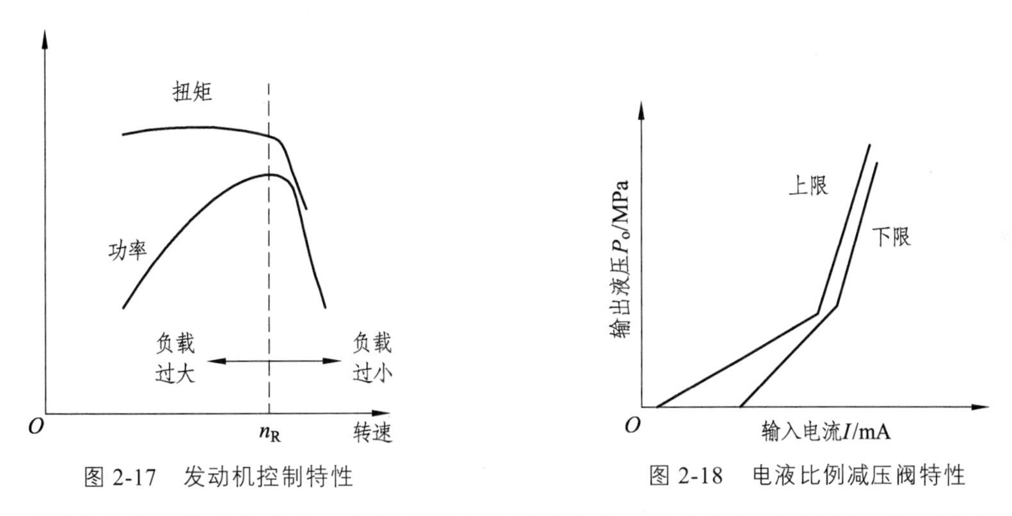

图 2-17　发动机控制特性

图 2-18　电液比例减压阀特性

为了充分利用发动机功率，在转速感应控制系统中，发动机和液压泵的匹配采取超功率设定，即液压泵最大吸收功率超过发动机最大额定功率。因为有转速感应控制，可以把液压泵功率拉回至发动机的额定功率，充分吸收发动机全功率，而且发动机不会过载。一般还将液压泵最大负荷力矩（电液比例减压阀电流最小时）设定低于发动机最大力矩，以保证电液比例减压阀失效时，发动机也不会熄火。其匹配情况如图 2-19 所示的泵 p-q 特性。其控制系统框图如图 2-20 所示，此图也表示了整个控制系统的组成。油门开度传感器检出发动机油门开度，通过 A/D 变换输入计算机，并通过内存查表求得控制的目标转速。转速传感器检出旋转脉冲，通过 F/D 变换将脉冲量变为数字量，求得发动机实际转速，与目标转速进行比较得

到转速差 ΔN_e，通过微机 PID 运算，以脉宽调制方式输出，经功率放大输入电液比例减压阀，对液压泵进行控制调节。

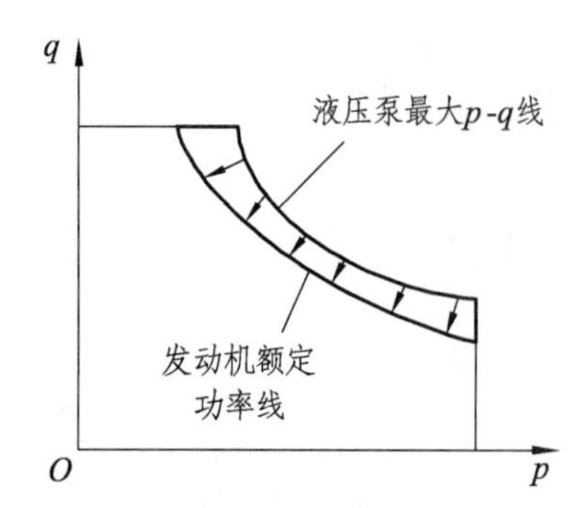

图 2-19 转速感应控制发动机和泵的匹配

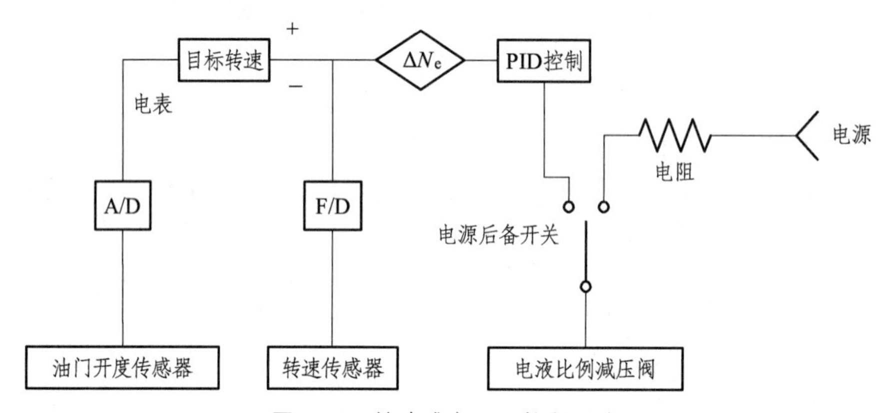

图 2-20 转速感应 PID 控制系统

当转速感应控制系统出现故障时，可以通过后备开关将此系统切断，同时将电液比例减压阀通过电阻和电源相连接，使得能以一定的电流通过电液比例减压阀，转速感应控制功能消除。液压泵吸收功率设定和压力感应控制一样，一般按发动机额定功率的 90% 来设定，为此要正确选择电阻值，使得通过电液比例减压阀的电流值产生液压泵额定压力的 90% 设定控制压力。

2.4.2 高速电磁阀式转速感应控制

这种转速感应控制系统的液压泵排量控制是电子化的，完全由软件来确定，液压泵变量控制特性可以任意设定，而且控制系统的响应也可变化，可按照需要来设定。

如图 2-21 为一种挖掘机上多用的电控总功率控制，泵调节器电子化。泵调节器与主控阀共用一台控制器（微机），两个数字开关阀 5、6（高速电磁阀）对主泵变量缸 7 的进回油进行高速通、断控制，主泵的变量缸 7 控制泵的斜盘倾角。

液压泵的排量由伺服变量缸 7 活塞的位置来确定，伺服活塞两端液压活塞面积不相等，其小端一直与控制泵压力油相通，其大端通过高速电磁阀 6 与控制泵相通或断开，大端又可通过高速电磁阀 5 与回油相通或切断。当两高速电磁阀都处于关闭状态时，伺服活塞位置不变，液压泵排量不变；高速电磁阀 5 关闭、6 打开，液压泵排量增加；反之液压泵排量减少，如图 2-22 所示。两高速电磁阀的开闭通过控制器中微机来控制，微机根据油门开度传感器、压力传感器和转速传感器等信号，根据控制软件确定液压泵排量，输出控制电信号来操纵高速电磁阀，改变液压泵斜盘倾角，又通过液压泵斜盘倾角传感器，进行反馈控制。

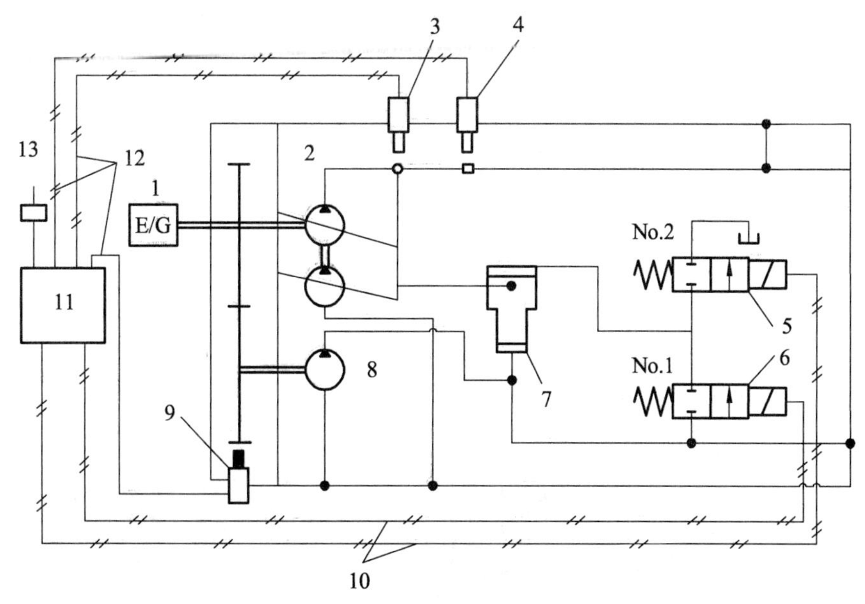

1—发动机；2—液压泵；3—角度传感器；4—压力传感器；5，6—高速电磁阀；7—伺服变量缸；8—控制泵；9—转速传感器；10—输出信号；11—控制器；12—输入信号；13—油门传感器。

图 2-21　高速电磁阀式转速感应控制

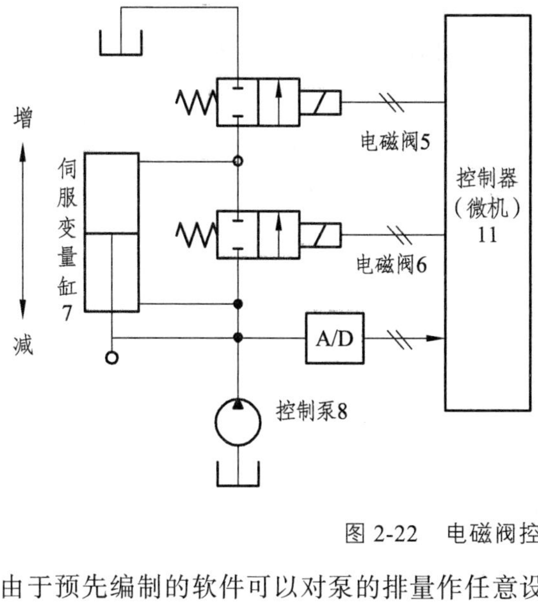

增

伺服变量缸7

减

电磁阀5

电磁阀6

A/D

控制泵8

控制器（微机）11

电磁阀 5	电磁阀 6	泵倾斜角
闭	闭	停止
闭	开	增
开	闭	减

图 2-22　电磁阀控制变量缸

由于预先编制的软件可以对泵的排量作任意设定，因此无论机器在高原工作或者长期使用使发动机功率下降，都可以通过软件来解决。

2.4.3　DA 控制

DA 的英文全称是 Automotive Drive & Anti Stall Control，即自动驱动和防失速控制，这也是 DA 控制的两大功能。防失速控制有时也称为防熄火控制或极限负载控制。

自动（变速）驱动控制：类似于汽车的自动挡，无级变速。车辆的速度只通过发动机的油门踏板来控制，更易于操作，舒适性更好。

防失速控制：实现发动机的极限负载保护。这一点类似于恒功率控制，车辆在工作时，为了满足牵引力的要求（在极限工况下，牵引力不足，车辆将无法起动），可以通过降低车辆的速度防止发动机熄火。

1. DA 控制原理

泵的 DA 控制原理如图 2-23 所示。

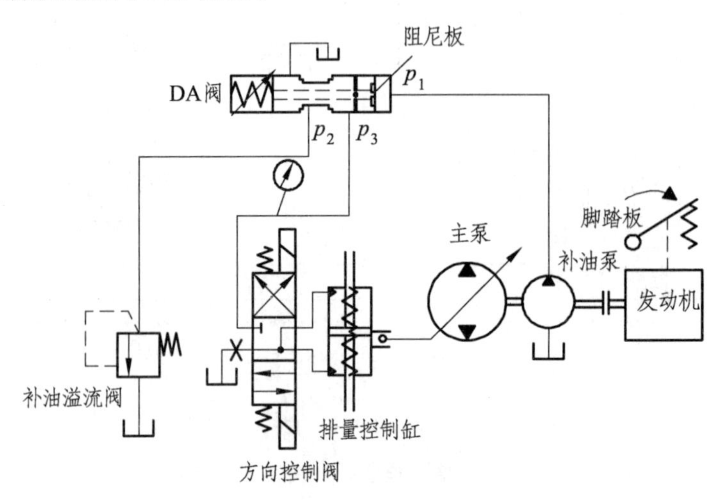

图 2-23 泵的 DA 控制原理图

控制原理：与主泵同轴驱动的补油泵在给系统补油的同时，还被引入 DA 阀，经 DA 阀阻尼孔后产生压差，压差经 DA 阀放大后，产生一个控制压力 p_3；该控制压力经过方向控制阀后到达泵排量控制缸的其中一个控制腔，另一个控制腔接回油口卸荷，因此泵开始变量。

当发动机转速发生变化，补油泵的输出流量就会发生变化，这一变化由 DA 阀检测出来，输出不同的控制压力 p_3，使泵的排量发生相应变化。

2. DA 阀结构与速度感应工作原理

DA 控制阀的结构如图 2-24 所示，主要包括阀套 4、阀芯 3、阻尼板 7、弹簧 2 和调节螺杆 1 等，在阻尼板 7 上有一个固定节流口。

取阀芯 3 为研究对象，对其进行受力分析，阀芯 3 上的受力平衡方程为

$$p_1A_1 = p_2A_2 + p_3A_3 + F \tag{2-9}$$

设 $\Delta p = p_1 - p_2$，由图中 DA 阀结构可知：$A_3 = A_1 - A_2$，则

$$\Delta pA_1 = p_3(A_1 - A_2) + F$$

$$p_3 = \frac{\Delta pA_1 - F}{A_1 - A_2} = \frac{A_1}{A_1 - A_2}\Delta p - \frac{F}{A_1 - A_2} = k_1\Delta p - k_2F \tag{2-10}$$

式中 p_1——DA 阀的进口压力；

p_2——DA 阀输出的补油压力；

p_3——DA 阀输出的控制压力；

A_1——对应进口压力的作用面积；

A_2——对应 p_2 的作用面积；

A_3——面积差，即 $A_3 = A_1 - A_2$；

F——弹簧力；

Δp——节流口前后的压差。

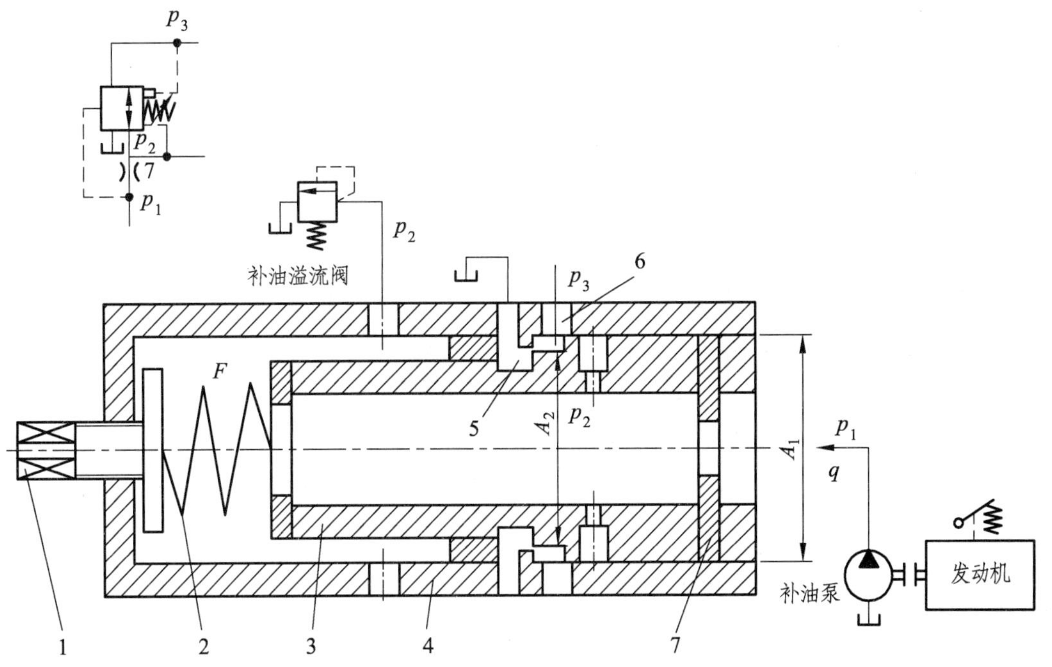

1—调节螺杆；2—弹簧；3—阀芯；4—阀套；5，6—控制阀口；7—阻尼板。

图 2-24 DA 阀的结构原理图

通过阀板阀口的流量为

$$q = C_{\mathrm{d}} A \sqrt{\frac{2}{\rho} \Delta p} \tag{2-11}$$

$$\Delta p = \frac{8 \rho q^2}{C_{\mathrm{d}}^2 \pi^2 d^4} \tag{2-12}$$

式中 q——DA 阀的入口流量；

C_{d}——阻尼孔流量系数；

A——小孔面积，$A = \frac{1}{4} \pi d^2$；

d——阻尼孔的直径。

因此有：

$$p_3 = k_1 k_3 \frac{q^2}{d^4} - k_2 F \tag{2-13}$$

式中，k_1、k_2、k_3 为系数。

由此可知，只有 q 为变量（其与发动机的转速相关），其余参数都是 DA 阀的结构参数。

即只要发动机转速发生变化，q 就会发生变化，对应的控制压力 p_3 则发生变化，泵的斜盘倾角改变，从而泵的排量就对应改变。

DA 阀工作过程：由发动机驱动的补油泵的输出流量感应发动机转速变化，输出与原动机（如柴油机）转速成正比的流量，在 DA 阀的阻尼板 7 上形成压差 $\Delta p = p_1 - p_2$，以使控制阀口 6 打开，输出控制油 p_3，p_3 的大小由入口流量决定。油压控制管路中的压力 p_3 作用在孔板阀芯组件的环形面积 A_3 上（输出的反馈力），方向从左向右，与阻尼板 7 前后压差所产生的从右向左的输入力平衡，从而决定孔板阀芯 3 的平衡位置。当原动机转速稳定时，重新关闭控制阀口 6。当原动机的转速下降时，孔板阀芯 3 上的压差变小，控制阀口 5 打开，变量控制缸中的油压降低，直至作用在孔板阀芯 3 上的力重新平衡，控制阀口 5 重新关闭。

图 2-25 为 DA 阀特性曲线，由弹簧和阻尼板上阻尼孔确定。

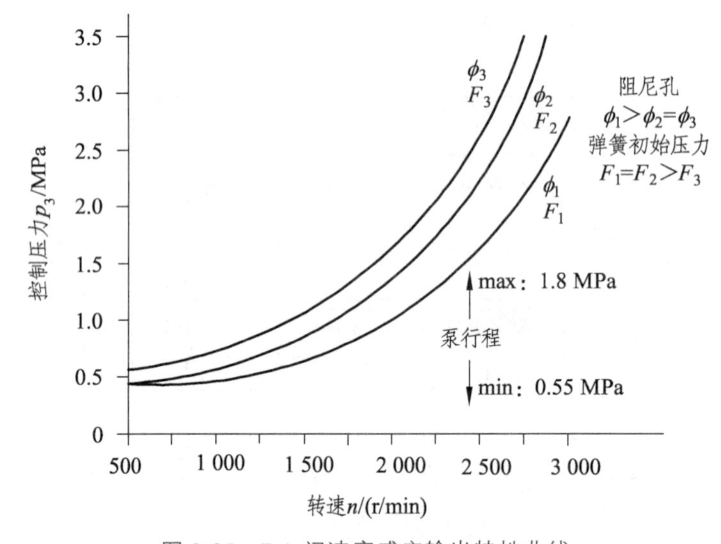

图 2-25　DA 阀速度感应输出特性曲线

弹簧的压缩量决定了曲线的起始压力大小，阻尼孔的大小决定了曲线的变化斜率，阻尼孔越大，斜率越小，变化越慢，转速变化范围越大。

调整弹簧初始压缩量，可以决定斜盘变量的起始点，在阻尼孔相同的前提下，ϕ_2 和 ϕ_3 两条曲线是完全平行的，ϕ_3 相对于 ϕ_2，起始压力升高，终点最大转速降低。

调整范围由弹簧的刚度确定：在实际工程中往往以压力的形式称呼弹簧的刚度，图中的 0.55 ~ 1.8 MPa，表示当控制压力为 0.55 MPa 时，斜盘开始变量，到控制压力为 1.8 MPa 时，泵处于最大排量位置。

3. DA 控制泵配流盘压力反馈

主泵的配流盘反馈压力（变量控制缸柱塞变量反推力）与主泵的工作压力有关，它取决于配流盘上的高压窗口的位置，如图 2-26 所示。

在完全对称的情况下（配流盘无偏转），高压侧（压力为泵工作压力）油液作用在配流盘上的面积一样大，使斜盘正偏转及负偏转的力臂 a 和 b 大小也相等；同理，低压侧也是如此；由于低压侧所产生的使斜盘偏转的力（或称力矩）相比之下很小；所以，在后面的分析中，我们不再考虑它的影响；这种情况下，由泵的高压侧所产生的对斜盘的作用力是平衡的：

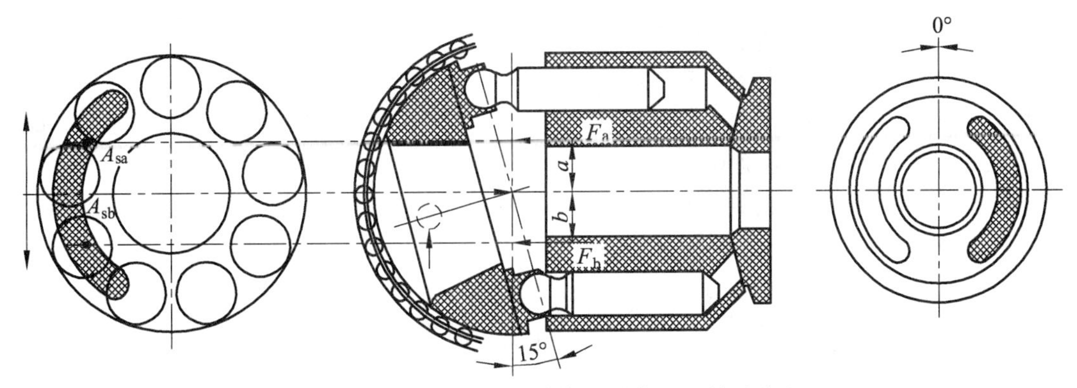

图 2-26　配流盘处于对称位置时高压区的分布图

$$F_a \cdot a = F_b \cdot b$$

如果将配流盘沿着传动轴的旋转方向偏转一个角度，如图 2-27 所示，则高压侧（压力为泵的工作压力）油液作用在配流盘上的面积不再相等，力不再平衡，通过柱塞传递到斜盘上的反推力也不平衡，即 $F_a \cdot a > F_b \cdot b$，形成使斜盘偏转的力矩。如果此时作用在变量柱塞上的控制压力 p_3 不能提供足够的正推力的话，则泵会在反推力矩的作用下，向零位回摆。

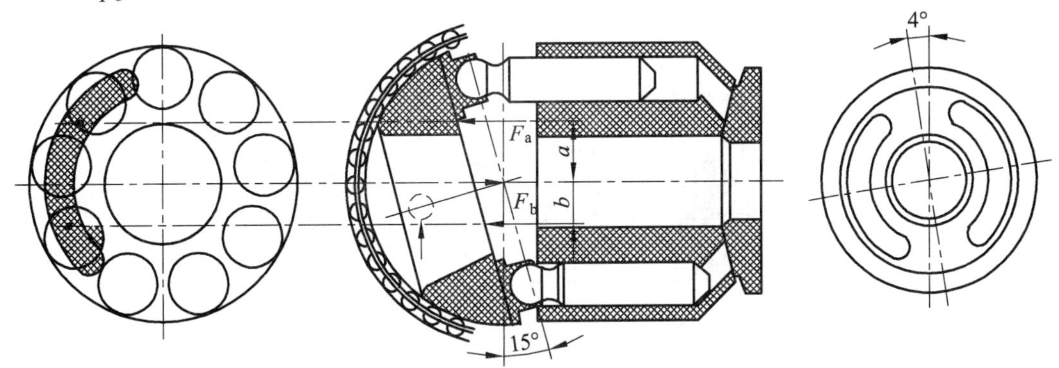

图 2-27　配流盘处于不对称位置时高压区的分布图

配流盘的偏转是由时钟阀调节完成的，时钟阀是一个带有偏心销的螺栓（见图 2-28），用以调节配流盘的位置。

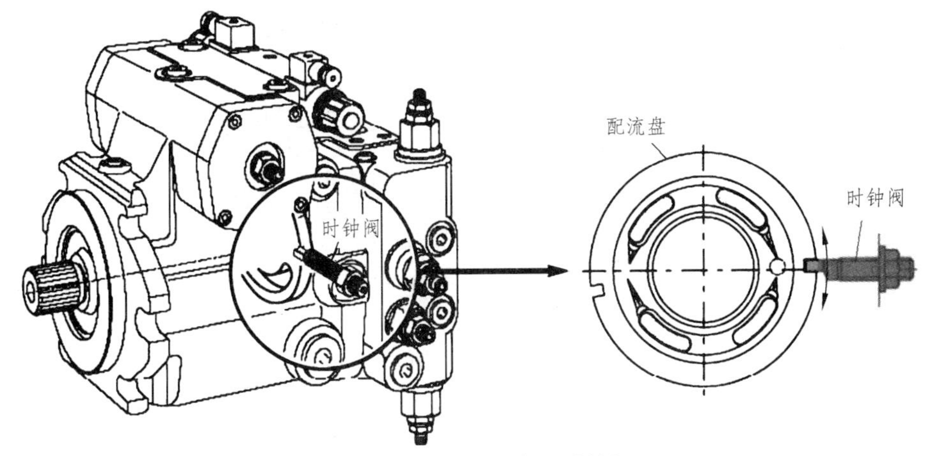

图 2-28　A4VG 闭式泵时钟阀

图 2-29 和图 2-30 为 DA 控制变量缸柱塞受力情况。

图 2-29（a）为泵卸荷状态，DA 阀关闭。

图 2-29（b）中的配流盘由于没有偏转角，$F_a \cdot a = F_b \cdot b$，作用在斜盘上的力矩平衡，即对斜盘的反推力矩为零，斜盘倾角仅由 p_3 控制。

图 2-29（c）中的配流盘有偏角，配流盘反馈力经斜盘与 p_3 共同决定斜盘倾角的大小。

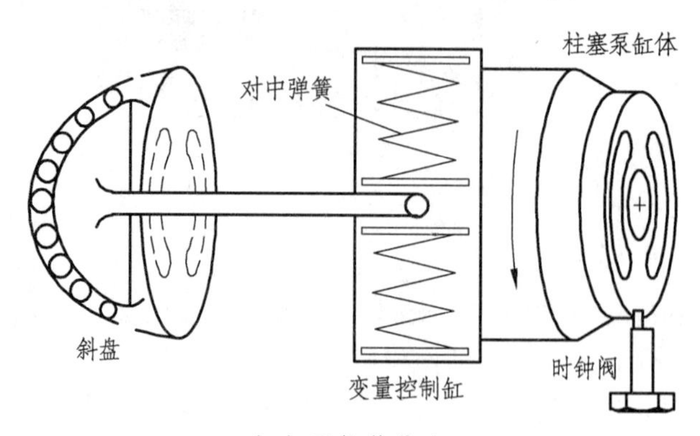

（a）泵卸荷状态

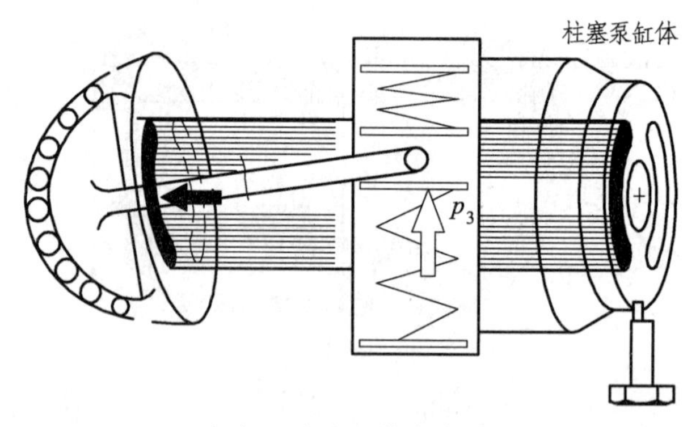

（b）配流盘无转角情况

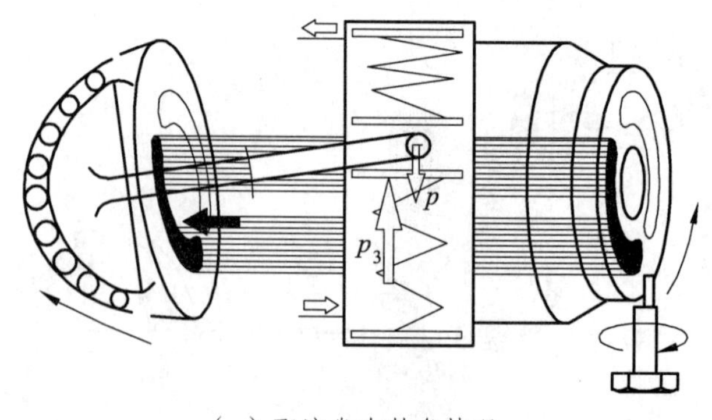

（c）配流盘有转角情况

图 2-29　变量控制缸柱塞受力图

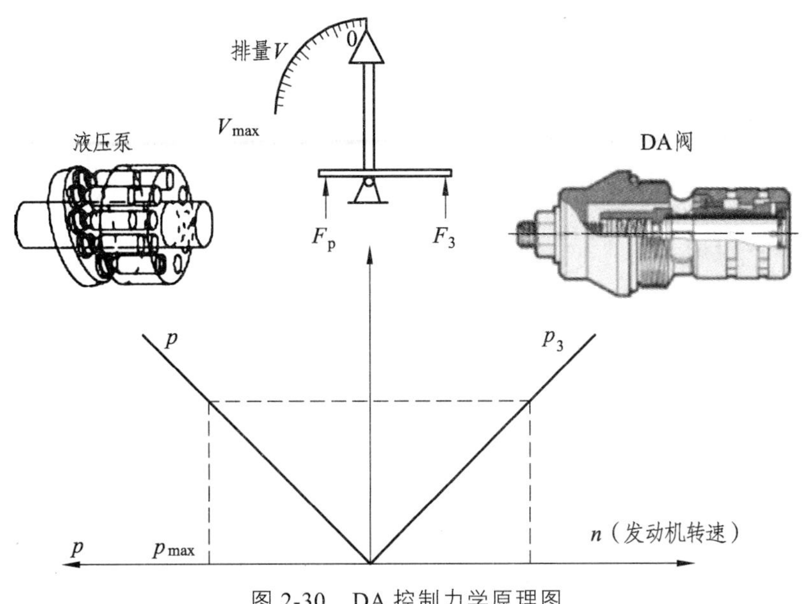

图 2-30　DA 控制力学原理图

4. DA 控制的应用

（1）DA 泵控制定量马达。

采用 DA 阀控制的液压系统，具有功率调节功能，特别适用于工程行走机械，可有效减轻操作者的负担，自动保护发动机，防止过载而熄火。图 2-31 为用 DA 控制泵驱动车辆行走马达的闭式回路。

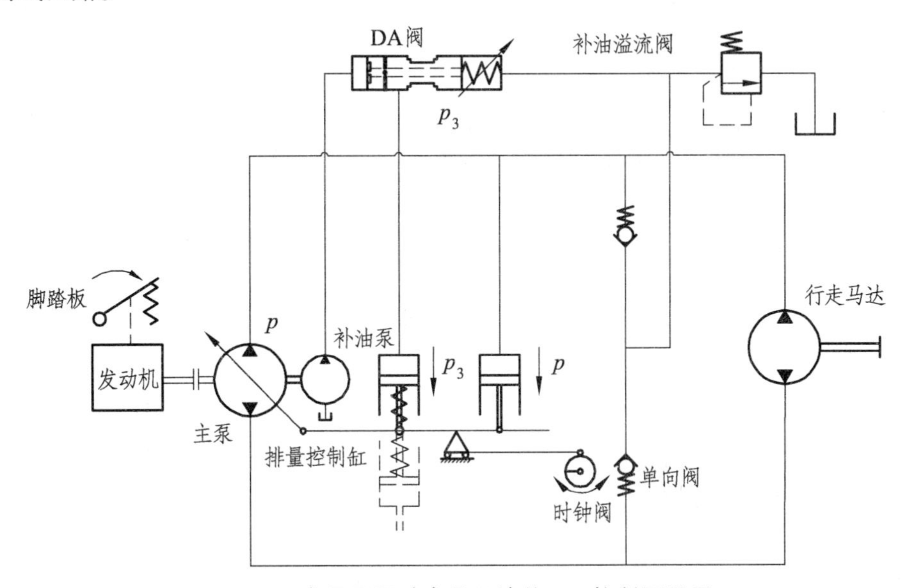

图 2-31　变量泵驱动定量马达的 DA 控制原理图

当发动机转速增加时，与发动机同轴的定量泵输出的流量增加，DA 阀阻尼孔压降增大，DA 阀出口控制压力 p_3 增大，p_3 推动变量缸柱塞带动斜盘偏转，同时，对应此时工作压力 p 产生的力矩带动斜盘反向偏转，合力矩决定偏转角度的大小，泵排量变大，输出更多的油液供马达提高转速，从而提高行驶速度，充分利用发动机的功率，直到新的平衡位置。

当负载加大，超过发动机的功率后，发动机转速降低，与发动机同轴的定量泵输出的流量 q 减少，DA 阀阻尼孔压降减少，DA 阀出口控制压力 p_3 下降，控制油使泵的斜盘回到一个新的平衡点，变量泵的排量减少，行驶速度下降，以保持系统的功率不变。一般情况将控制压力 p_3 的终点调整到发动机的额定转速上，则随时都能使发动机在额定功率下运转，保证整个系统良好的工作状态。

当遇到极限负载时，比如行驶过程中的车轮被障碍物挡住，发生憋车，阻力急剧增加，发动机转速急速下降，此时泵出口压力 p 很大，产生的力矩使泵排量回零位，泵不输出流量或输出很少的流量，及时减小加在发动机上的扭矩，以匹配发动机已减小的功率（发动机输出功率与转速有关），防止发动机过载熄火。

综上所述，DA 控制泵除了包含 DA 阀，还包括调节配流盘偏转角的时钟阀，使得高压区对斜盘作用力矩不均衡，这个不平衡力 p 与 DA 阀产生的控制力 p_3 相抗衡，共同决定泵的排量。p 与工作负载有关，因此 DA 控制不是单纯的转速感应控制，还有负载压力感应控制，即使发动机转速不变，当工作压力升高时泵的排量也会减小。

DA 控制泵上，通过调节 DA 阀参数可以调节起始工作转速和范围，通过调节时钟阀偏心销可以调节最大功率。

（2）DA 泵控制变量马达。

图 2-32 为用 DA 泵控制变量马达的闭式回路。

图 2-32（b）中，在 1～2 点工况区：马达的泵排量固定在最大位置，泵的排量由小调大到点 2 工况，泵排量达到最大，速度增加，扭矩减小，保持功率不变。

在 2～3 点工况区：泵排量固定在最大位置，马达排量由大调小到点 3 工况，马达排量达到最小，速度进一步增加，扭矩减小，保持功率不变。

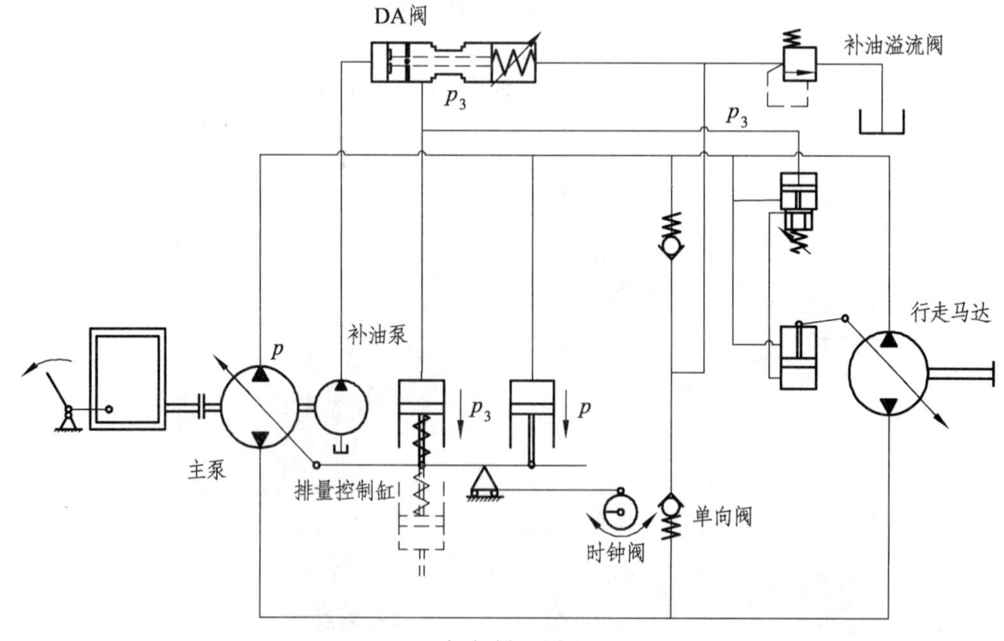

（a）原理图

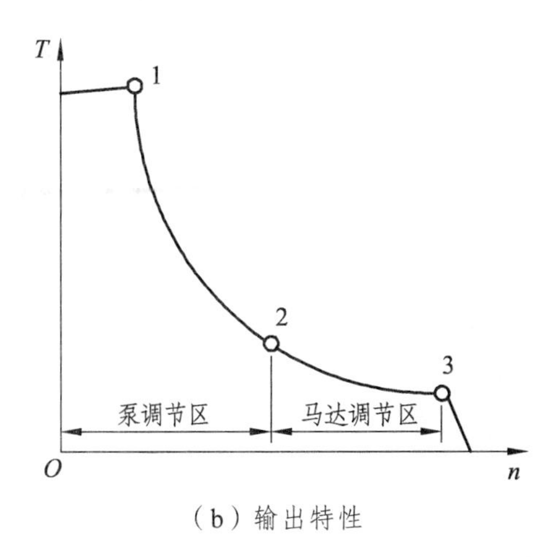

（b）输出特性

图 2-32　变量泵驱动变量马达的 DA 控制

图 2-33 为带 DA 控制的 A4VG 闭式泵的液压系统原理图。

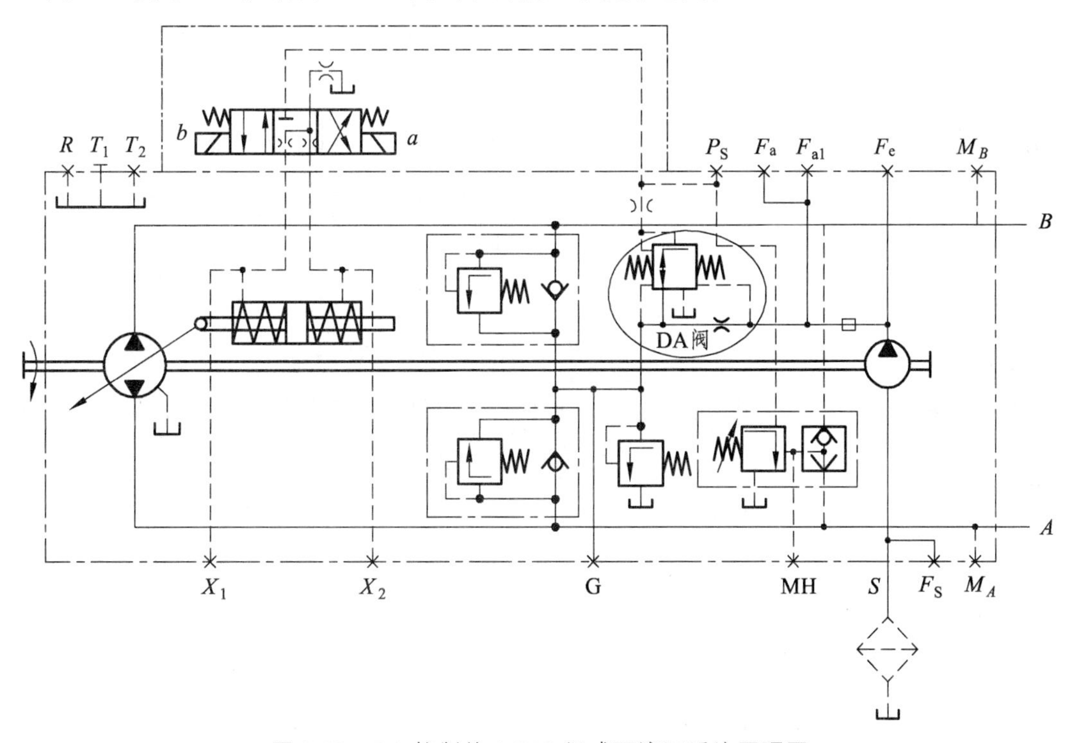

图 2-33　DA 控制的 A4VG 闭式泵液压系统原理图

2.5　变量泵流量控制

液压泵向工作系统提供流量，希望流量按需供给，最大限度减少系统无谓的流量损失。目前有两大类设计系统：开中心系统和闭中心系统。

1. 开中心系统

开中心系统是指当执行元件不工作时，从液压泵来的流量可以经过换向阀（换向节流阀）

或旁路阀，以较低的压力回油。开中心系统的换向阀结构和原理如图 2-34 所示。

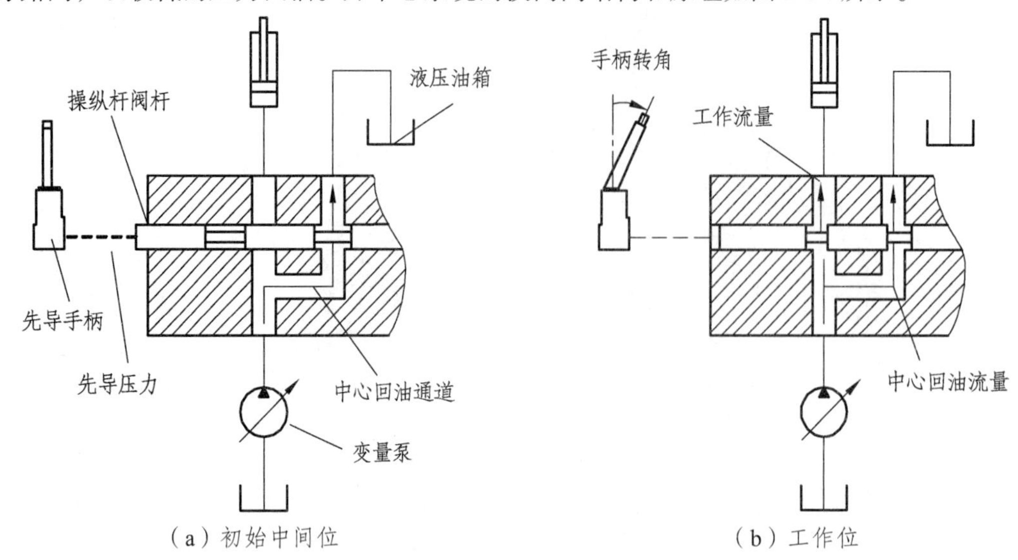

图 2-34　开中心系统换向阀结构和工作原理

油液进入换向阀，一路通油箱，一路通执行元件，先导手柄控制阀杆移位，可以关闭或开启执行元件的通道，并可控制通道开口的大小。工作通道开大，则回油通道变小。反之亦然。

开中心系统通常多采用三位六通换向阀来分配流向执行元件和油箱的流量。

在开中心系统中，无论执行元件是否正在工作，都会有油不断地流回油箱，因此这种系统有一部分不必要的能耗，但由于始终有流量在等待着，可以有较快的响应特性。

2. 闭中心系统

闭中心系统与开中心系统相反，在换向阀的中位，油路是全封闭的，没有通回油箱的油道设计，如图 2-35 所示。通过负载压力信号控制变量泵，只输出所需要的流量。

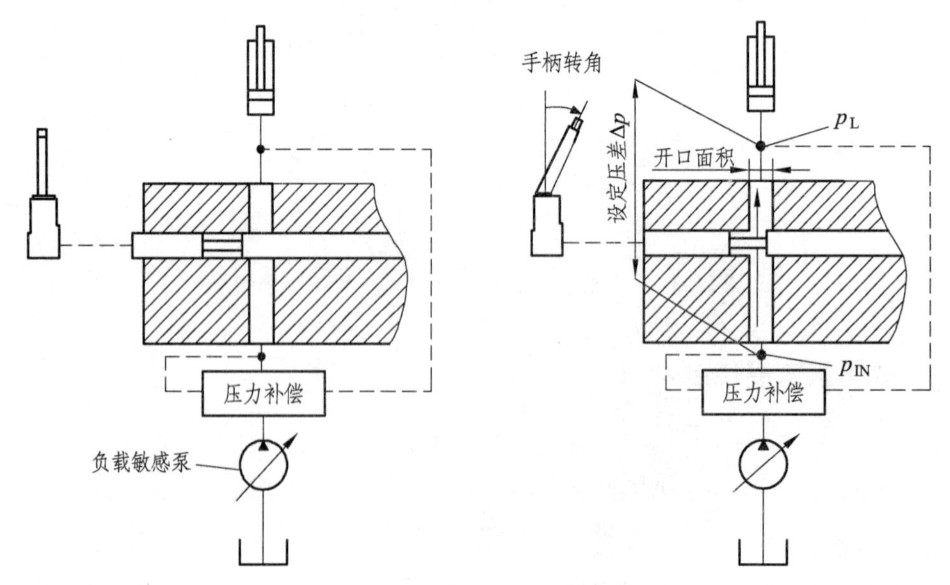

图 2-35　闭中心系统工作原理

闭中心系统通常采用三位四通换向阀，中位为 O 型机能。

闭中心系统，在执行元件不工作时，泵不会连续地通过换向阀输送油，因此，更节省燃料成本。

2.5.1 变量泵的负流量控制

负流量控制是指变量泵的排量变化趋势与泵的排量控制信号是相反的，即当控制信号增大（减小）时，泵的排量就减小（增大），且属于流量控制。

1. 控制原理

负流量控制工作原理如图 2-36 所示，采用开中心系统，在回油通道油箱的前面设置阻尼孔，提取阻尼孔前的压力，由 $q = c_d A\sqrt{2\Delta p / \rho}$ 可知，这个压力对应回油流量的大小，将这个压力作为控制压力引入泵排量控制器来调节泵的排量。溢流阀的作用是保证负流量控制压力不超过一定的限值。

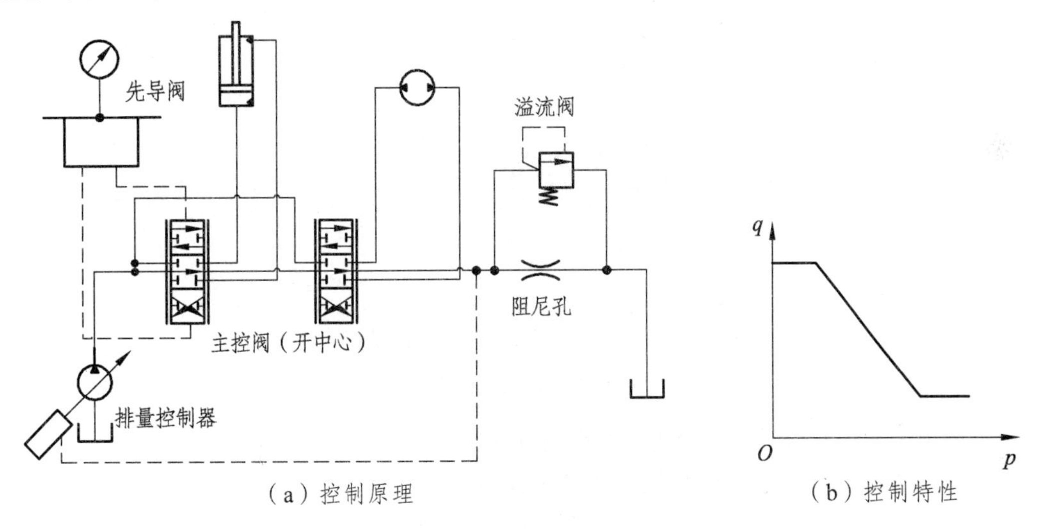

（a）控制原理　　（b）控制特性

图 2-36　泵的负流量控制

当换向阀主阀杆处于中位，通向执行元件的油道关闭，泵输送的液压油全部经过中心油道阻尼孔回油箱，这将在阻尼孔前产生很高的压力，即泵的控制压力达到最大值，这个控制压力使泵的排量迅速降到最低。

当换向阀主阀杆开始换向移位时，通向执行元件的油道打开，通向中心油道的开口则减小，流经阻尼孔的流量减小，阻尼孔前的压力（即控制泵排量的压力）降低，泵的排量则增大。随着主阀杆换向行程的增加，阻尼孔前提取点压力将越来越小，泵的排量越来越大，最终负流量的控制作用消失，泵提供最大流量。

2. 负流量控制在多执行元件系统中的应用

（1）回路与工作原理。

如图 2-37 所示的多执行元件控制系统，具有如下特点：

① 负流量变量泵。

② 六通换向阀，可并联（如 V1 与 V2），可优先（如 V1 与 V2 对 V3）或串联。

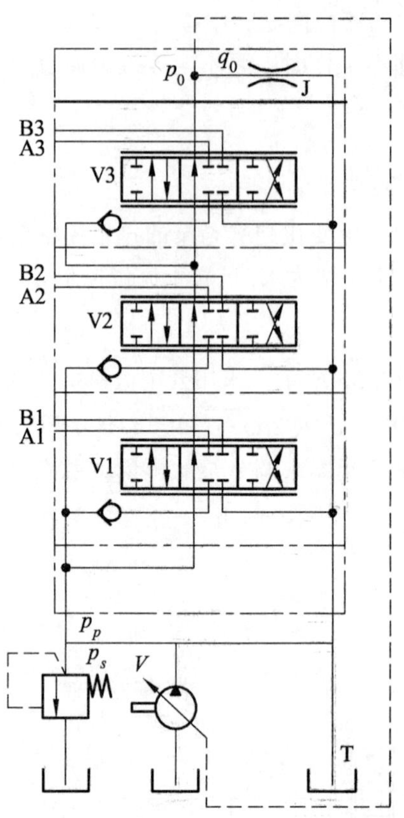

p_p—泵出口压力；p_s—溢流阀设定压力；p_0—控制压力；q_0—中心油道流量；J—中心油道阻尼孔；V—泵的排量。

图 2-37　负流量控制回路

③ 在阀组的中心油道出口处有一个阻尼孔 J。

④ 中心油道流量 q_0 流过阻尼孔 J 时建立压力 p_0。

⑤ p_0 被引到泵变量机构来控制泵的排量 V，p_0 越低，V 越大。

⑥ 任一换向阀开启都将减少 q_0，从而降低 p_0，相应增大 V。

⑦ 溢流阀作为安全阀，常闭。

⑧ 所有换向阀都在中位：泵提供的流量 q_p 全部通过阻尼孔 J，中心油道流量 q_0 较高，因此，p_0 也较高，由 p_0 控制泵，泵的排量 V 较小。

⑨ 阀 V1 切换到工作位：q_p 经过两条通道回油箱——中心油道 q_0 和工作通道 q_1。q_p 如何分配，则不仅取决于两条通道各自节流口的大小，也取决于负载压力 p_{A1}。而 q_0 又影响 p_0，从而影响 q_p。

⑩ 阀 V1、V2 切换到工作位：泵提供的流量 q_p，经过三条通道回油箱——中心油道 q_0 和工作通道 q_1、q_2。如何分配，则不仅取决于三条通道各自节流口的大小，也取决于负载压力 p_{A1} 和 p_{A2}。因此，各工作通道的工作流量还受到其他通道负载大小的干扰。

（2）工作通道开启过程。

如图 2-38 所示，假定过程中负载压力未超过系统设定的最高压力。

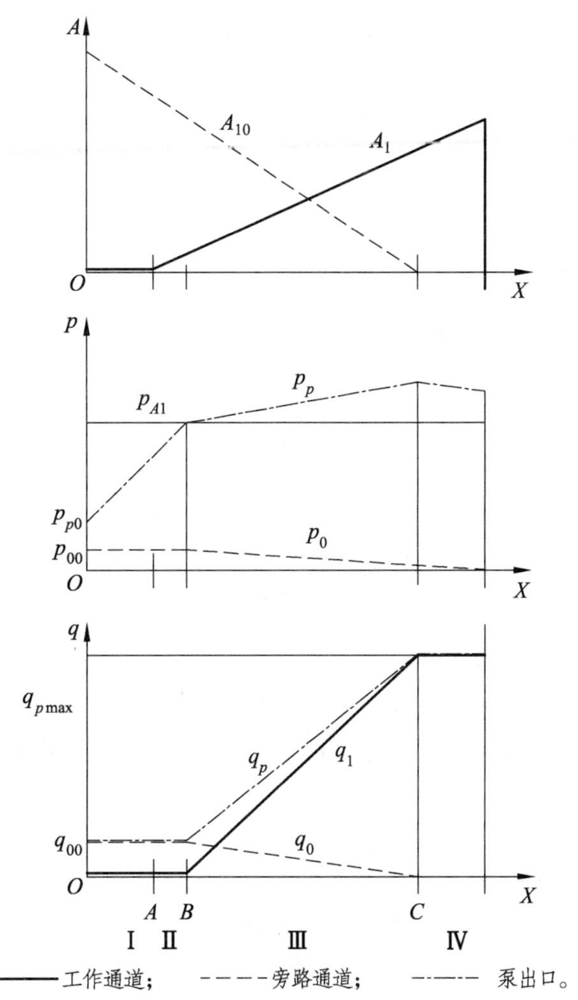

Ⅰ，Ⅱ—死区；Ⅲ—可调区；Ⅳ—流量饱和区；横坐标 X—阀芯行程；A_1—工作通道节流口面积；A_{10}—中心油道节流口面积；p_p—泵出口压力；p_{p0}—泵出口空载压力；p_0—控制压力；p_{00}—初始控制压力；p_{A1}—负载压力；$q_{p\max}$—泵最大输出流量；q_p—泵提供流量；q_0—中心油道流量；q_{00}—初始中心油道流量；q_1—工作通道流量。

图 2-38　换节阀开启引起执行元件运动的过程

区域Ⅰ：阀芯已有移动，中心油道节流口 A_{10} 开始减小。因此，泵出口压力 p_p 开始上升。但工作节流口还在覆盖区内，尚未开启，A_1=0。工作流量 q_1 还为零，中心油道流量 q_0 也还是保持初始值 q_{00} 不变。同时，p_0 保持初始值 p_{00} 不变，泵的排量 V 也不变。

区域Ⅱ：从工况点 A 开始，工作通道已开启，A_1>0，A_{10} 继续减小。因此，p_p 继续上升，但还低于 p_{A1}。q_1 还为零，q_0 也还是保持 q_{00} 不变。同时，p_0 也保持初始值 p_{00} 不变，泵的排量 V 也不变。

区域Ⅲ：从工况点 B 开始，由于 A_{10} 的进一步减小，p_p 上升，超过了 p_{A1}。因此，q_1>0，这导致 q_0 开始下降，p_0 也因此下降，泵排量 V 开始增大，泵提供的 q_p 也随之增大。

区域Ⅳ：由于中心油道通口 A_{10} 进一步减小以至关闭，导致 q_0 下降至零，p_0 也下降至零，q_1 略微上升至最大。由于 A_1 的进一步增大，而 q_p 不再增大，泵的出口压力 p_p 会略有下降。

由此可见，阀芯的位移 X 决定了节流口面积 A_1、A_{10}；负载压力 p_{A1}、A_1、A_{10} 和泵提供的流量 q_p 共同决定了泵的出口压力 p_p、工作流量 q_1 和中心油道流量 q_0；中心油道流量 q_0 和阻尼孔 J 决定了 p_0；p_0 反过来决定了泵的排量 V，从而决定 q_p。

图 2-39 为流量分配图，曲线 V1 是工作通道 A_1 的流量压差特性，曲线 V2 是 A_{10} 与 V2、V3 各中心油道及阻尼孔 J 组合的流量压差特性。

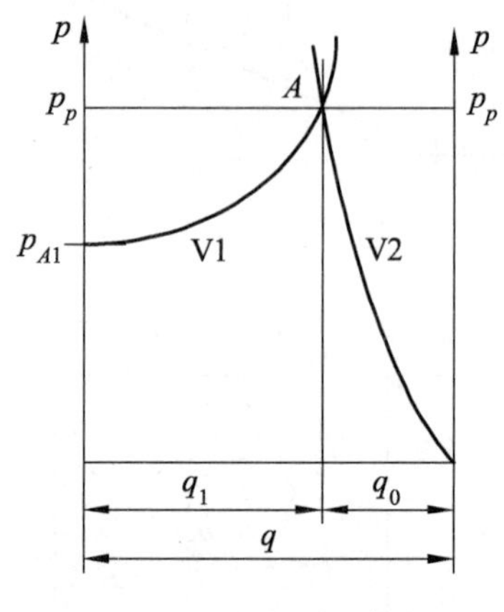

图 2-39 流量分配特性

从以上分析可以看出：

① 负载开始运动的工况点 B 基本上不依赖于工作节流口 A_1 的大小，而是取决于初始中心油道流量 q_{00}、中心油道节流口 A_{10} 和负载压力 p_{A1}。q_{00} 越小，A_{10} 越大，p_{A1} 越高，则负载越迟开始运动。

② 工作流量 q_1 达到几乎最大的工况点 C 也完全是取决于中心油道节流口 A_{10}，而基本上不依赖于工作节流口 A_1 的大小。

③ 工作节流口 A_1 的大小，只是影响了压差 p_p-p_{A1}。

④ 只有在区域Ⅲ（工况点 B—C），进入执行元件的工作流量 q_1 才可调。

⑤ 在达到设定的最高压力后，对应此时负载压力很大，即使阀口开得很大，工作流量还是很低，此时中心油道口几乎完全关闭，中心油道流量几乎为零，控制压力也就很低，泵排量会调到最大，结果多余的流量全部从溢流阀排出，功率损失很大。因此，负流量变量泵附加恒压变量机构，从减少功率损失来说是必要的。但由于负流量泵提供的流量只比需求量略大，在中小工作流量时比定流量回路节能。

从负流量控制回路开启过程的分析可知，整个开启过程的时间顺序为：换向阀动作→中心油道口变小，泵出口压力升高→泵出口压力高于负载压力时，有工作流量→中心油道流量降低，控制压力减小→泵排量变大。

泵的排量控制永远滞后于换向阀的动作，因此操作时有滞后感，并且滞后随负载的不同而变化。

改进的措施：

① 在中心油道节流口并联一个电磁开关阀或电液比例阀，提前接通电磁阀，降低 p_0，使泵排量提前增大，如图 2-40 所示。

② 采用正流量控制回路。

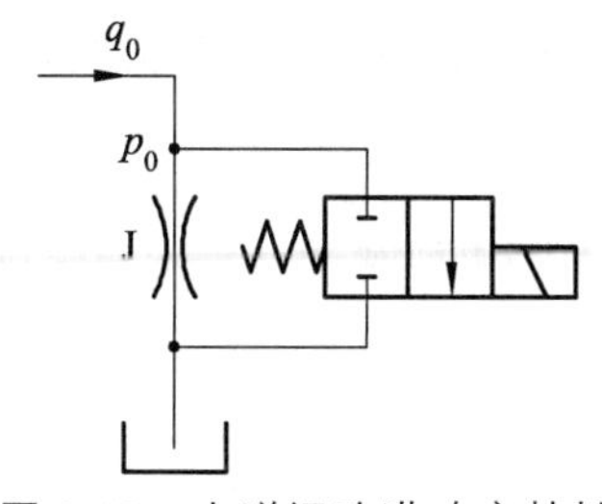

图 2-40　电磁阀改进响应特性

2.5.2　变量泵的正流量控制

正流量控制是指变量泵的排量变化趋势与泵的排量控制信号是同向的，即当控制信号增大（减小）时，泵的排量就增大（减小），且属于流量控制。

1. 控制原理

正流量控制系统的工作原理如图 2-41（a）所示，采用开中心系统，由先导阀控制的先导油分成两路：一路控制换向阀阀芯移位，打开通往执行元件的通道；另外一路先导油则通过梭阀 2 进入变量泵的排量控制器，控制泵的排量。先导油压力的大小取决于操作手柄的角度，角度大，先导压力就大，换向阀开口量就越大，泵的排量就越大，始终让泵的排量与换向阀的开口量相适应；反之亦然。图 2-41（b）为正流量控制特性曲线。当先导阀 1 没有动作时，泵处于最小排量位置。

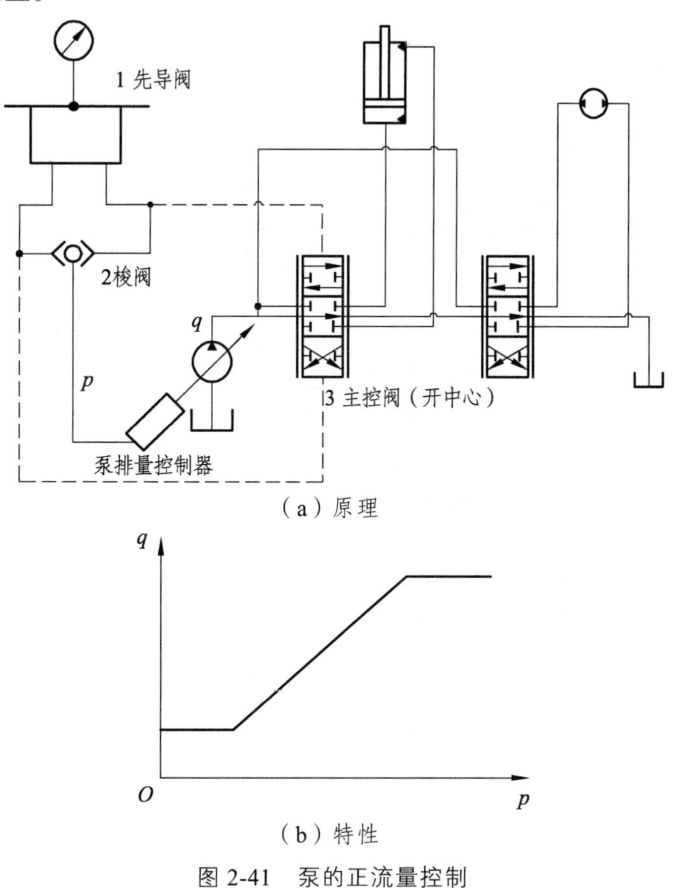

图 2-41　泵的正流量控制

图中梭阀 2，也叫选择阀，其功能是选择出来自先导阀的最大压力，由最大压力控制泵的排量控制器，改变泵的排量。

2. 正流量控制在多执行元件系统中的应用

对于多执行元件的工程机械，往往有多个先导控制阀，如果执行元件复合动作，则通过梭阀组选择出大的压力作为控制压力来控制泵的排量，原理如图 2-42 所示。

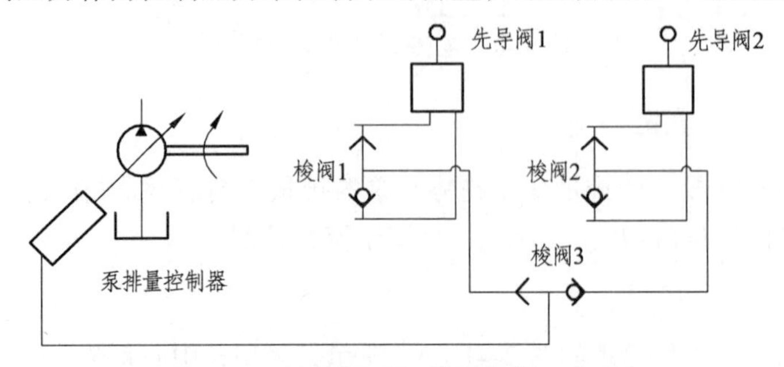

图 2-42 梭阀组选择排量控制压力图

梭阀 1 选择出来自先导阀 1 的最高压力，梭阀 2 选择出来自先导阀 2 的最高压力，梭阀 3 选择出先导阀 1 和 2 的最高压力，作为泵排量控制器的控制压力。

图 2-43 为正流量控制的多执行元件回路图，采用开中心系统，换向阀 V1、V2、V3 采用液控三位六通阀，分别控制三个执行元件。先导控制油路（a1、…、b3）中建立起与先导操纵手柄偏转量成比例的先导控制压力，一路去控制换向阀，一路进入梭阀组，选出的最大先导压力油进入泵排量控制器。

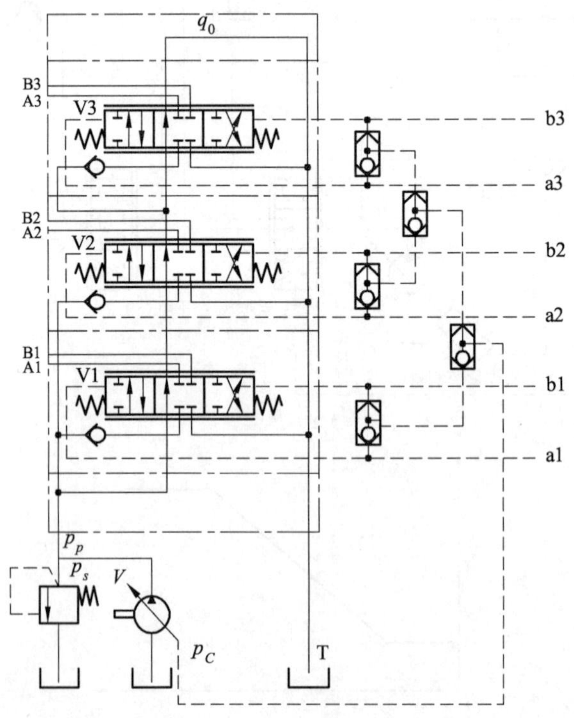

p_s—溢流阀设定压力；p_C—控制压力；q_0—中心油道流量；V—泵的排量；a1 至 b3—先导控制压力。

图 2-43 多执行元件复合动作正流量控制回路原理图

执行元件复合动作时，来自各操纵手柄的先导控制压力，通过梭阀组选出最高压力 p_C，p_C 被引到泵变量控制器去控制泵的排量 V。p_C 越高，V 越大。$p_C=0$ 时，V 最小，只输出很少量的备用流量。

换向阀在中位时有中心油道，只是为了让多余的备用流量 q_0 通过。溢流阀起安全作用，常闭。

下面先分析一个执行元件动作的控制过程。

如图 2-44 所示，换节阀 V1 阀芯从中位向工作位（P→A、B→T）移动时，压力流量随之逐步变化的过程可分为 5 个区域。为简化叙述，假定整个过程中驱动压力均未超过系统设定的最高压力。

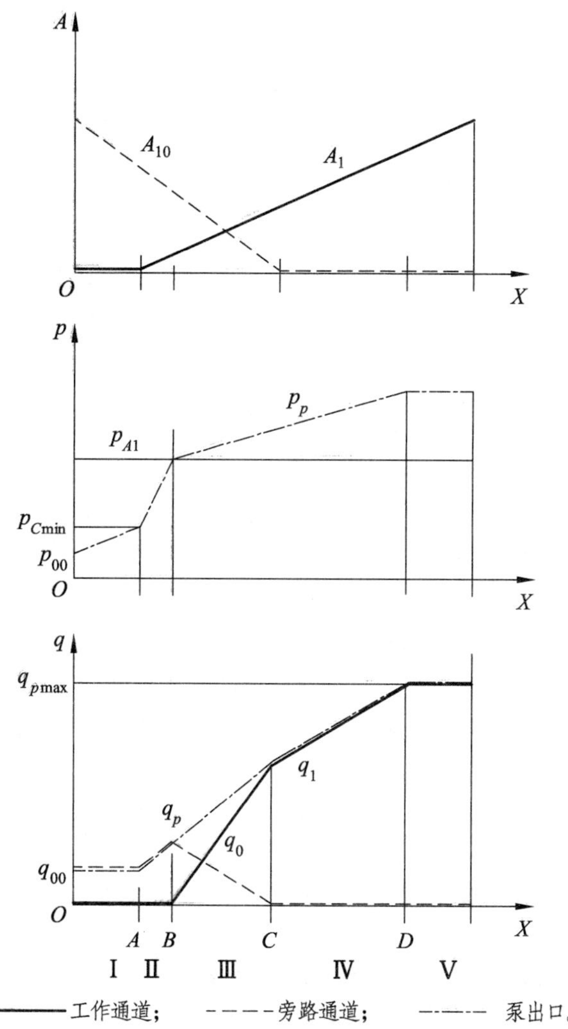

Ⅰ，Ⅱ—死区；Ⅲ—可调区；Ⅳ—工作流量由泵控特性决定区；Ⅴ—泵流量饱和区；X—阀芯行程；A_1—工作通道开口面积；A_{10}—中心油道开口面积；$p_{C\min}$—临界控制压力；p_p—泵出口压力；p_{00}—初始中心油道压力；p_{A1}—负载压力；q_p—泵提供流量；q_0—中心油道流量；q_{00}—初始中心油道流量；q_1—工作流量；$q_{p\max}$—泵最大输出流量。

图 2-44　一个换节阀开启引起一个执行元件运动的过程

区域Ⅰ：已有先导压力 p_C，但低于泵的临界控制压力 $p_{C\min}$，泵排量 V 不增加。阀芯虽有移动，但工作通道的开口还在覆盖区内，尚未开启。中心油道已部分关小，因此泵出口压力

p_p会相应有所增加。

区域Ⅱ：从工况点 A 开始，p_C已超过 $p_{C\min}$，V 开始增加，q_p上升；同时，中心油道进一步关小，这些都导致 p_p 增加，但还低于驱动压力 p_{A1}。因此，虽然工作通道已开启，A_1 开始增加，但工作流量 q_1 还为零，q_p 全部经过中心油道回油箱。

区域Ⅲ：从工况点 B 开始，由于 q_p 进一步增加，以及中心油道的关小，p_p 上升，超过了 p_{A1}。因此，开始有工作流量 q_1。

各参数之间的因果关系如图 2-45 所示。

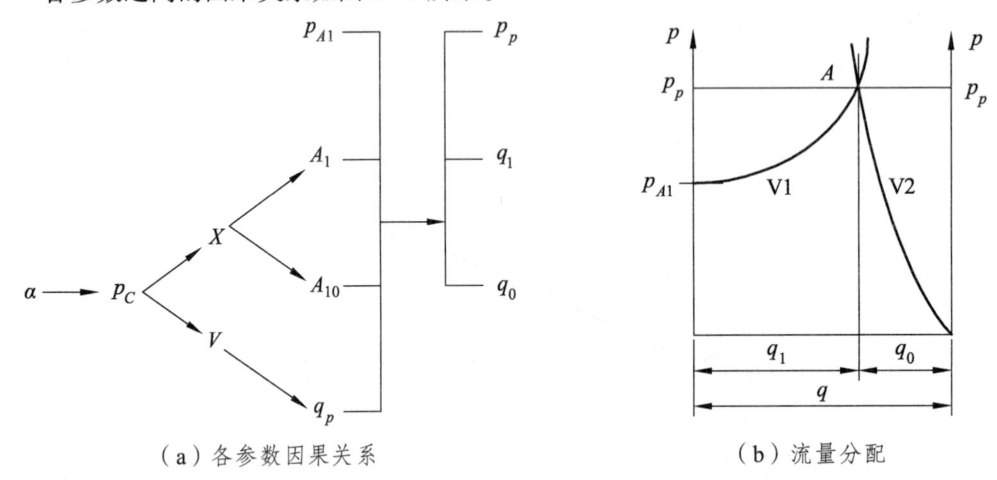

（a）各参数因果关系　　（b）流量分配

图 2-45　流量可调区的工况

（1）先导手柄的偏转角 α 决定控制压力 p_C。

（2）p_C决定阀芯位移 X、泵排量 V，从而控制泵的输出流量 q_p。

（3）阀芯位移 X 决定节流口面积 A_1、A_{10}。

（4）A_1、A_{10}、q_p 和负载压力 p_{A1} 共同决定泵出口压力 p_p、工作流量 q_1 与中心油道流量 q_0。

（5）A_1、A_{10} 对 q_p 没有影响，直至工况点 C，中心油道完全关闭。

区域Ⅳ：在中心油道完全关闭后，q_p 全部流向执行元件，工作流量 $q_1=q_p$，完全由泵的控制压力-排量特性决定，既不受 p_{A1} 影响，也不直接受 A_1、A_{10} 影响。如果要避免这个工况，就需要推迟关闭中心油道。所以，虽说从控制泵排量的角度，中心油道流量是多余的，但从分流、改善可调性的角度来说，中心油道又是有用的。至工况点 D，泵达到最大输出流量 $q_{p\max}$，q_1 也随之达到最大。

区域Ⅴ：虽然 A_1 进一步增大，但由于 q_p 已不再增大，q_1 也不会再增大，所以 p_p 会略有下降。

从以上分析可以看出：

（1）负载开始运动的工况点 B 基本上不依赖于 A_1 的大小，而是取决于 q_p、A_{10} 和 p_{A1}。q_p 越小，A_{10} 越大，p_{A1} 越高，则工况点 B 越迟。

（2）q_1 达到最大的工况点 D 依赖于先导控制压力 p_C，以及泵的控制压力-变量特性，而不依赖于 A_1 的大小。

（3）在区域Ⅲ，工作流量 q_1 可调，受中心油道 A_{10} 的影响。

（4）在区域Ⅳ，工作流量 q_1 等同于 q_p、A_1 的大小，只是影响了压差 p_p-p_{A1}。

当多执行元件复合动作时，需要操作多个先导阀，普通梭阀组总是选出最高控制压力来控制泵排量，并且变量机构不知道控制压力来自哪个先导控制阀，也不知道有几个先导阀被操作。这就带来如下问题：

（1）从图 2-44 中可以看到，在区域Ⅱ，工作流量还可以通过工作通道与中心油道的通流面积 A_1、A_{10} 做些分流来调节；在区域Ⅳ，工作流量完全由泵提供的流量决定，A_1 对工作流量 q_1 不起任何作用。由于在相同的操作手柄偏转角下，一般输出相同的控制压力 p_C。例如 p_C=2 MPa 时，可能希望输给动臂 120 L/min 的流量，而输给铲斗仅 80 L/min 的流量，如果泵在此控制压力下输出 80 L/min，则对动臂而言不够，若泵输出 120 L/min，则对铲斗而言过多。

（2）实际希望的偏转角（α）-工作流量（q）特性通常是非线性的。而多个执行元件时又通常希望具有不同的 α-q 特性，例如图 2-46 中 1、2、3 所示的三种特性。在正流量控制回路中，控制压力 p_C 不能反映各阀芯特性，所以泵排量控制特性最多也只能匹配一个，即所谓“众口难调”了。这样就会导致泵输出流量与实际需求流量不匹配，影响操作特性，带来流量浪费。

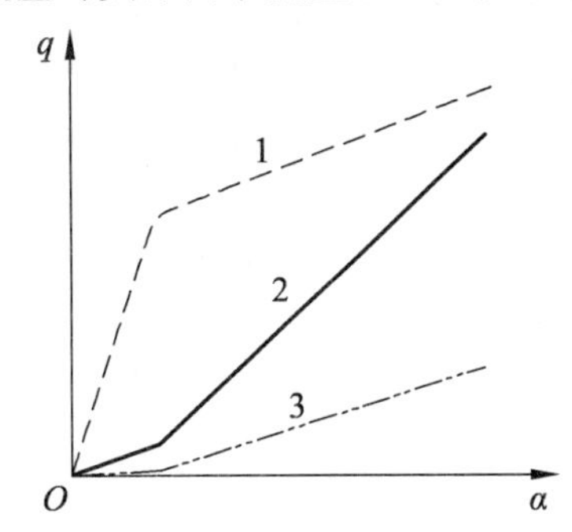

图 2-46　不同执行元件希望的 α-q 特性

对此有以下一些可能的妥协措施：

① 修改泵排量控制特性，使之倾向于重要执行元件的调节特性。

② 在多泵系统中，把执行元件根据特性分组，分别由不同的泵来驱动。

③ 使用具有不同偏转角-控制压力特性的操作手柄，如铲斗仅需要 80 L/min，就使输出控制压力 p_C 不是 2 MPa，而是 1.3 MPa。

（3）在有多个先导阀同时被操作时，泵排量只对最高控制压力做出反应。结果，在其他先导阀也开始动作，但控制压力还低于第一个时，虽然流量需求大了，但泵提供的流量却不变。因此，提供的流量被瓜分了，明显干扰了第一个执行元件的工作速度。

以下是两种可能的改进措施：

① 采用一种特殊的压力累加阀（功能原理见图 2-47）来代替梭阀：其输出口压力 p_3 为输入口压力 p_1、p_2 之和。这样，被操作的先导阀越多，累加的控制压力也越高，泵排量也就越大。

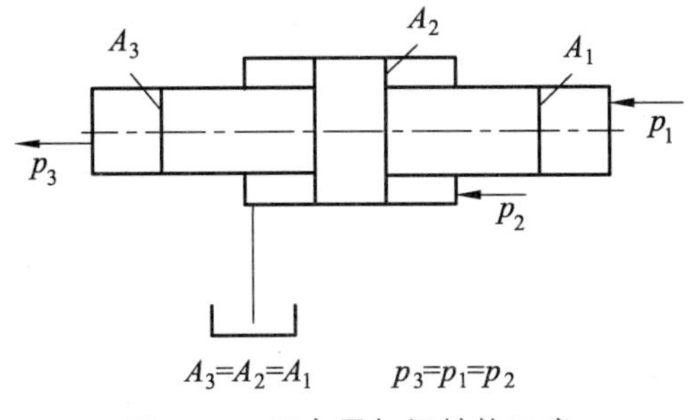

图 2-47　压力累加阀结构示意

② 采用电控。使用压力传感器监测各通道的控制压力，输入控制器处理后控制正流量泵。这种方法既能轻易地叠加控制压力，也能提高响应速度。但是需要多个压力传感器，成本较高。

2.5.3 变量泵的负荷传感控制

负荷传感是通过感应检测出负载压力、流量和功率变化信号，向液压系统进行反馈，实现流量和调速控制、恒力矩控制、力矩控制、恒功率控制、功率限制、转速限制、液压系统与原动机动力匹配等控制的总称，其控制方式包括液压控制和电子控制。

变量泵的负荷传感控制是指把负载的压力反馈到变量泵的排量调节器，调节变量泵的斜盘倾角（以柱塞泵为例），改变排量，从而控制泵的输出流量。

1. 基本原理

图 2-48 所示为负荷传感控制原理图，泵出口的液压油分为两路：一路经过主控阀后流向执行元件，另一路引向泵的排量控制器。泵的排量控制器主要由恒压差阀（Load-Sensing 阀，简称 LS 阀，原理见泵的恒压差控制）和伺服缸组成。LS 阀的弹簧腔作用负载信号压力和弹簧力，LS 阀的非弹簧腔作用泵的出口压力。

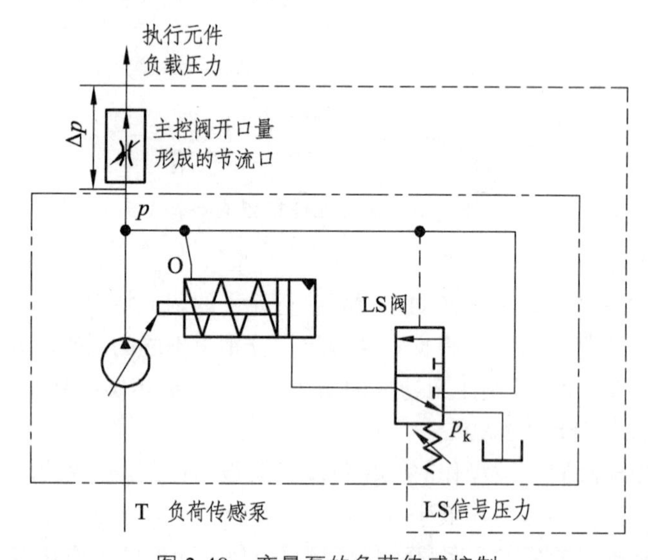

图 2-48 变量泵的负荷传感控制

设负载压力为 p_{LS} 时，得出由主控阀开口量形成的节流口进出口的压差：

$$\Delta p = p - p_{LS}$$

泵出口压力 P 作用在 LS 阀上端，弹簧力 p_k 和负载压力 p_{LS} 作用在 LS 阀下端，假设液压油作用在 LS 阀两端的有效面积相同，则 LS 阀阀芯的平衡方程为

$$p = p_k + p_{LS}$$

整理得：$\Delta p = p_k$（调定值），即主控阀节流口两端的压差等于 LS 阀两端的压差（恒压差），当弹簧力 p_k 变化不大时，Δp 可以看作一个不变的常数。

需要特别指出的是，Δp 是由于液压油通过节流口而产生的，与负载和泵出口压力无关。液压油通过主控阀节流口的流量 q 为

$$q = c_d A\sqrt{2\Delta p / \rho}$$

式中　C_d——与开口形状等参数相关的系数，对于确定的开口结构为常数。

A——开口面积，m^2。

如果主控阀的开口面积 A 一定，那么通过主控阀的流量 q 就为定值。换句话说，通过控制主控阀的开口面积（即节流口大小）就可以调节泵的输出流量，即通过主控阀的流量。

主控阀的开口面积与司机操纵主控阀阀杆的幅度有关，流量大小对应执行元件的速度。因此执行元件的速度只与司机操纵主控阀杆的幅度大小有关，而与执行元件的负载大小无关。

为加快系统的响应速度和补充少量内部泄漏，没有负载时一般预设 Δp 为 2 MPa。

下面结合图 2-48 分析负荷传感系统的工作过程。

（1）假定发动机转速不变化时系统的工作过程。

在发动机启动前，泵不工作，泵出口压力以及负载信号压力都为零。LS 阀阀芯在弹簧力作用下向上运动，LS 阀下位工作，使泵排量控制器的伺服缸大腔通油箱，伺服活塞在伺服缸小腔弹簧力的作用下右移，泵处于最大排量位置。

在发动机启动后泵开始工作，当主控阀无动作即开口量为零时，泵出口油被封闭，迫使其压力升高，而此时的负载信号压力 p_{LS} 为零，所以 LS 阀两端的压差 Δp 达到最大。这个压差 Δp 作用在 LS 阀阀芯上端使其向下运动，使泵出口压力油流向泵排量控制器的伺服缸大腔。现在伺服缸大小腔两端同时作用着泵的出口压力，形成差动缸，于是伺服活塞左移，使泵的排量减到最小。

当需要执行元件工作时，操纵主控阀阀芯，主控阀阀芯有了一定的开口量，液压油通过主控阀进入执行元件，执行元件克服负载时产生了压力，于是有负载信号压力 p_{LS} 产生，阀芯两端的压差 Δp 从最大值开始减小，破坏了 LS 阀的平衡状态，于是 LS 阀阀芯在弹簧力 p_k 作用下向上移动，使泵排量控制器的伺服缸大腔通油箱，伺服活塞右移，泵的排量开始增大。

随着泵排量的增大，流过主控阀的流量增加，从 $q = c_d A\sqrt{2\Delta p / \rho}$ 可知，Δp 开始增大，一直到 LS 阀再次达到平衡状态 $\Delta p = p_k$ 为止，此时泵输出稳定的流量，系统稳态工作。

当主控阀阀芯开度进一步增大时，其节流效果减弱，使 Δp 减小，LS 阀在 p_k 作用下继续向上移动，使泵排量控制器的伺服缸大腔通油箱，伺服活塞右移，泵的排量继续增大，Δp 增大，使 LS 阀再次重新达到平衡状态 $\Delta p = p_k$。

当主控阀阀芯开度减小时，其节流效果增强，使 Δp 增大，LS 阀阀芯在 Δp 作用下向下移动，使泵出口压力油流向泵排量控制器的伺服缸大腔。伺服缸大小腔两端同时作用着泵出口压力，形成差动缸，于是伺服活塞左移，泵排量减小，Δp 减小，直到达到新的平衡状态 $\Delta p = p_k$。

综上所述，主控阀开度发生变化将引起 Δp 改变。主控阀开度增大时，Δp 减小，泵的排量增加。主控阀开度减小时，Δp 增大，泵的排量减小。主控阀开度不变时，泵排量不变，系统流量稳定并满足 $\Delta p = p_k$。这样，泵提供给主控阀的流量将准确地随着主控阀的开度变化而变化，既不会多也不会少。这从图 2-48 中也可以看出，只要泵提供的排量不准确，Δp 的大小就会变化，从而引起 LS 阀的不平衡，LS 阀就要上下移动，而 LS 阀在移动的过程中就调整了泵的排量，以适应主控阀的开度。

（2）发动机转速变化时系统的工作过程。

系统正常工作时，假如发动机转速升高，泵的转速将增大。如果此时泵的排量不变（比如斜盘倾角不变），那么泵输出的流量将增大。根据 $q = c_{\mathrm{d}}A\sqrt{2\Delta p / \rho}$ 可知，主控阀两端的压差 Δp 将增大，这就破坏了 LS 阀的平衡状态，使得 LS 阀阀芯克服弹簧力向下移动，使泵的排量减小，以维持泵输出的流量不变。同理，假如发动机转速降低，泵的转速也降低，泵输出的流量将减少，主控阀两端的压差 Δp 也减小，LS 阀在弹簧力的作用下向上移动，使泵的排量增大，继续维持泵输出的流量不变。

由此得出结论：泵输出的流量只受主控阀的开度影响，即主控阀的开口量对应泵的流量，而与负载压力或发动机的转速无关。

上述分析是基于泵的排量还有一定的调节范围而言，如果泵的排量已经达到极限值，泵的输出流量就将随着发动机的转速变化而变化，这就提出了一个阀杆的通流量与泵的流量如何进行合理匹配的问题。

在操作配置了负荷传感系统的变油门工程机械（例如装载机）时，如果司机加大油门，而工作装置控制手柄的角度不增加，油缸的运动速度也不会加快，所以踩油门的同时还必须继续扳动手柄，这与定量系统的操作是不同的。如果此时工作装置手柄的角度已经达到最大，油缸的速度是否还会加快，就要看阀杆的通流量与泵的流量是如何匹配的。如果阀杆通流量小而泵的排量还有富余，这将产生较大的 Δp，泵的排量将减小，维持总流量不变。如果阀杆通流量大而泵的排量没有富裕，就不会产生较大的 Δp，泵的流量将随着转速的增加而继续增加。主控阀的开口量决定了阀的通流能力，阀的通流能力决定了 Δp，而 Δp 控制着泵的排量，这就是系统的实质。

2. 负荷传感在多执行元件系统中的应用

工程机械通常有多个执行元件，作业时可以单独动作，也要求多个执行元件能复合动作，比如挖掘机的联合挖掘。因此，对于单泵多执行元件系统，尤其适合应用负荷传感控制，实现流量按需分配而不受负载影响。挖掘机、起重机、CAT、KOMATSU 以及 VOLVO 等最新一代的装载机系列产品也已全面应用负荷传感控制技术。

负荷传感控制能实现对不同负载压力的多个执行元件同时进行快速和精确的流量控制，各个执行元件互不干涉。

为了保证正常工作，泵的出口压力必须与最高的负载压力相适应，即高出负载一个恒定值 p_{k}，而对其他负载压力较低的回路采用压力补偿，以使主控阀节流口两侧压差保持定值。一般情况下，可以在油泵与各支路主控阀之间、各支路主控阀与执行元件之间、执行元件与回油路之间设置安装定压差阀（压力补偿阀），将压差设定为规定值，对各支路进行流量控制，不受负载压力变化和液压泵流量变化的影响。压力补偿阀布置在不同的位置，它的控制性能和精度会有所不同，但无论如何都可以实现流量按需提供，起到节能的效果。定压差阀（压力补偿阀）设置安装在主控阀之前的称为阀前压力补偿；设置安装在主控阀之后的称为阀后压力补偿；设置安装在执行元件出口，称为回油压力补偿。下面分析阀前压力补偿系统和阀后压力补偿系统。

1）阀前压力补偿的变流量负荷传感控制

（1）回路组成与工作原理。

如图 2-49 所示，回路由恒压差变量泵，通道定压差阀 D1、D2，闭中心换向阀 V1、V2，梭阀 S1、S2，安全阀 Y1、Y2 等组成。

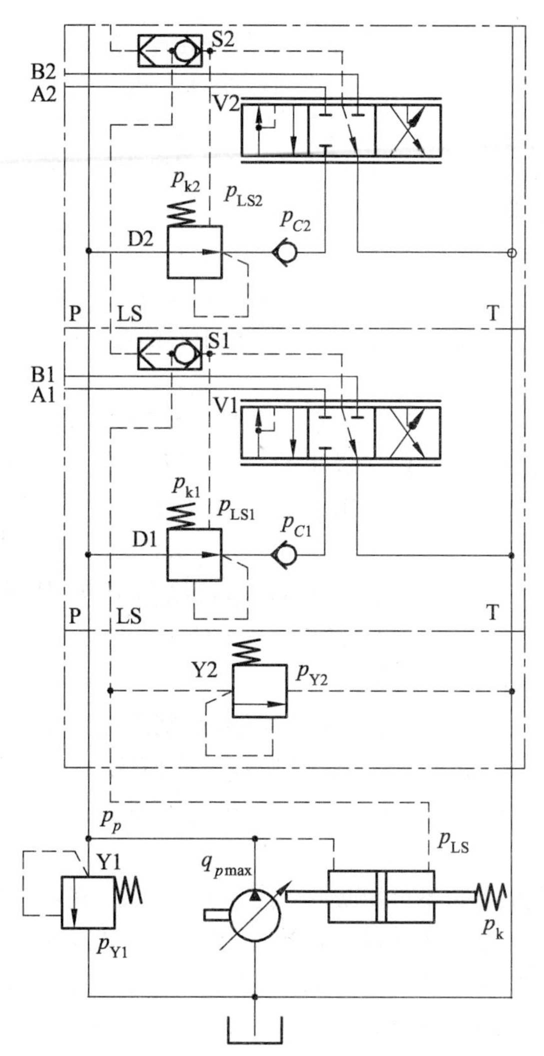

D1，D2—各通道定压差阀（定差减压阀）；p_{LSi}—各通道负载信号压力；p_{LS}—最高负载信号压力；p_p—泵出口压力；p_{C1}，p_{C2}—阀 V1、V2 进口压力；Y1，Y2—安全阀；A1，B1—接负载 1；A2，B2—接负载 2。

图 2-49　阀前压力补偿的变流量负荷传感控制

使用恒压差控制的变量泵（简称恒压差变量泵），由于控制变量伺服缸的信号来自负载压力，因此在负荷传感系统中也称为负荷传感泵。梭阀选出最高的负载压力 p_{LS} 传送到泵的变量伺服缸，对泵的排量进行控制，使泵的输出压力 p_p 始终高出最高负载压力 p_{LS} 一个可预设的固定值——弹簧压力 p_k，通常为 2 ~ 4 MPa。

在各支路换向阀（主控阀）前面设置一个定差减压阀 Di，这是基于定差减压原理的压力补偿，各执行元件的负载压力分别传感到各自的压力补偿阀 D1、D2，较高的负载压力经梭阀传到变量泵。阀 Di 通过调节开口大小，努力维持换向阀进口压力 p_{Ci} 比出口压力高一个预设弹簧力 p_{ki}，即换向阀进出口压差为一固定值 p_{ki}，一般为 1.5 ~ 2 MPa。因此，各通道的工作流量由换向阀的节流口面积 A_{Ji} 与 p_{ki} 决定，$q_i = c_d A_{Ji}\sqrt{2p_{ki}/\rho}$，不随负载变化。

Y1、Y2 为防过载安全阀。如果仅设置安全阀 Y1，则当 p_p 达到 Y1 的设定压力 p_{Y1} 时，Y1 开启，p_p 就不会再上升。但是，由于 p_{LS} 未受到限制，如果依然升高，泵变量机构为了使

p_p 比 p_{LS} 高 p_k，则泵此时的出口压力就会把排量开到最大。这时，即使换向阀阀口开得很大，但流量都从 Y1 排出，工作流量非常少，功率损失很大。因此如果在 LS 回路中设置了安全阀 Y2，Y2 的设定压力 p_{Y2} 应低于 $p_{Y1}-p_{ki}$，则 p_{LS} 在达到安全阀 Y2 的设定压力 p_{Y2} 后，就不再上升。这时，泵变量机构维持 p_p 在 $p_{Y2}+p_{ki}<p_{Y1}$。这样，正常情况下就无流量通过安全阀 Y1，由于泵不排出多余的流量，就不会有很大的功率损失。

理论上不需要其他中心油道。但实际上，如果没有中心油道的话，各阀都在中位时，泵提供的流量 q_p 为零，这对泵中摩擦副的冷却循环非常不利，因此实际回路中还是设置了一条带很小节流口的中心油道。为简化叙述，以下忽略中心油道的影响，把工作通道的流量就看作泵提供的全部流量。

负载信号压力为 p_{LSi}（i=1、2…，下同），如果该通道的换向阀在中位，就是回油口 T 的压力；如果换向阀在工作位，就是阀驱动口 Ai 或 Bi 的压力。

各负载压力 p_{LSi}，经过梭阀 Si，选出最高负载信号压力 p_{LS}，控制泵的变量缸活塞移位，从而控制泵的排量。

V1 切换到工作位：因为 p_{LS} 等于 p_{A1}。因此，$p_p=p_{A1}+p_k$，阀 V1 进口压力 $p_{C1}=p_{A1}+p_{k1}$。阀 D1 本身的压降 $p_{D1}=p_p-p_{C1}=p_k-p_{k1}$。经过换向阀 V1 的工作流量 $q_1=c_d A_{J1}\sqrt{2p_{k1}/\rho}$，由定压差值 p_{k1} 和节流口 A_{J1} 决定，不随 p_{A1} 变化。

V1、V2 切换到工作位：各工作通道的工作流量分别由定压差弹簧力 p_{k1}、p_{k2} 和各阀节流口 A_{J1}、A_{J2} 决定。如果预设 $p_{k1}=p_{k2}$，即 D1 阀和 D2 阀同型号，则流量分配仅由 V1、V2 阀的开口面积 A_{J1}、A_{J2} 决定。$q_1+q_2<q_{p\max}$ 时，各通道间互不干扰。

（2）泵流量饱和。

液压泵能够提供的最大流量不再能满足流量需求的工况，简称“泵流量饱和”。在泵流量饱和时，液压泵不再能保持恒压差工况。普通阀前压力补偿的负荷传感回路不能再按各换向阀的节流口面积分配流量，复合动作不能再按期望进行。这一缺陷，简称“泵流量饱和问题”。

液压源能够提供的最大流量为什么不能满足流量需求，有以下两种原因（以下分析假定执行元件 1 的负载压力 p_{A1} 较高）：

① 流量需求增大：由于某个换向阀的节流口变大，导致流量需求超过了 $q_{p\max}$，液压泵转入恒排量工况。有以下两种情况。

a. 阀 V1 的节流口 A_{J1} 增加，如图 2-50（a）所示，阀 V2 的节流口 A_{J2} 保持不变。

在区域Ⅰ——泵流量未饱和区：到执行元件 1 的流量 q_1 会随着 A_{J1} 的增大而相应增加。

在区域Ⅱ——泵流量饱和区：由于阀 D2 可能通过开大节流口降低自身压降 p_{D2}，以维持 p_{k2}，因此，q_2 不会改变。因为液压源已转入恒排量工况，$q_p=q_{p\max}$。因此，尽管 A_{J1} 增大，到执行元件 1 的流量 $q_1=q_{p\max}-q_2$ 虽不会增加，但也不会减少，与负载无关。这种情况下，执行元件 1 不会因为负载压力高而首先停止运动。此时，阀 D1 的节流口开到最大，自身压降 p_{D1} 降到最低，仍不能使换向阀节流口两侧的压差保持在 p_{k1}。

b. A_{J1} 保持不变，A_{J2} 增加，如图 2-50（b）所示。

在未饱和区域Ⅰ：到执行元件 2 的流量 q_2 会随着 A_{J2} 的增加而相应增加。

在饱和区域Ⅱ：由于泵流量不够需求，p_p 下降。由于定压差阀 D2 可以通过开大节流口降低自身压降 p_{D2}，使 p_{C2} 基本保持不变（$p_{C2}=p_p-p_{D2}$），由 $p_{k2}=p_{C2}-p_{A2}$ 可知，可以保持 p_{k2} 基本不变，因此 q_2 会随着 A_{J2} 的增加而继续增加。因此，$q_1=q_{p\max}-q_2$ 将相应减少，直至为零，执行元件 1 会逐渐停止运动。

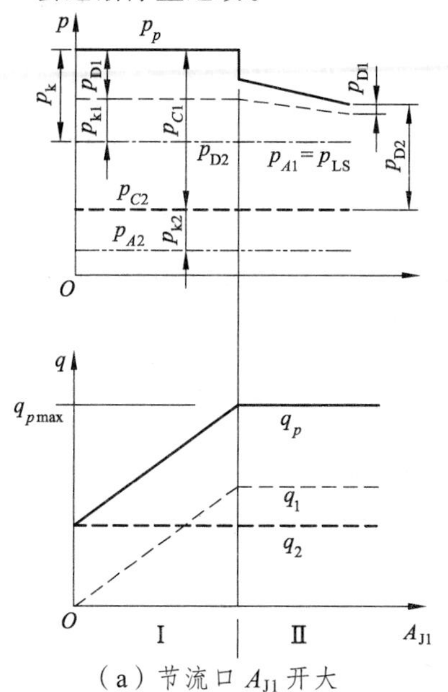

（a）节流口 A_{J1} 开大

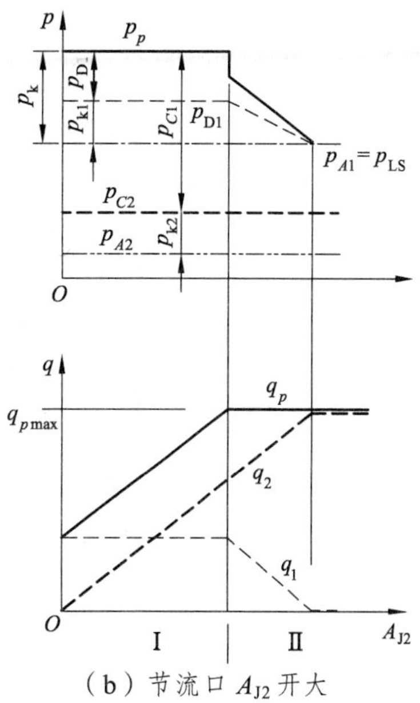

（b）节流口 A_{J2} 开大

Ⅰ—泵流量未饱和区；Ⅱ—泵流量饱和区；

q_p—泵提供流量；q_1，q_2—工作流量；p_{A1}，p_{A2}—驱动压力；p_p—泵出口压力。

图 2-50　由于流量需求增大引起的泵流量饱和现象

② 泵流量降低：由于 p_{A1} 增高，导致 p_p 增高，液压泵转入恒功率工况，如图 2-51（a）所示，或恒压工况，如图 2-51（b）所示，q_p 下降。这时，阀 D2 由于进口压力足够高，可以维持 p_{k2}，因而 q_2 不变，而 $q_1=q_p-q_2$ 就随 q_p 下降而下降，直至为零，执行元件 1 会逐渐停止运动。

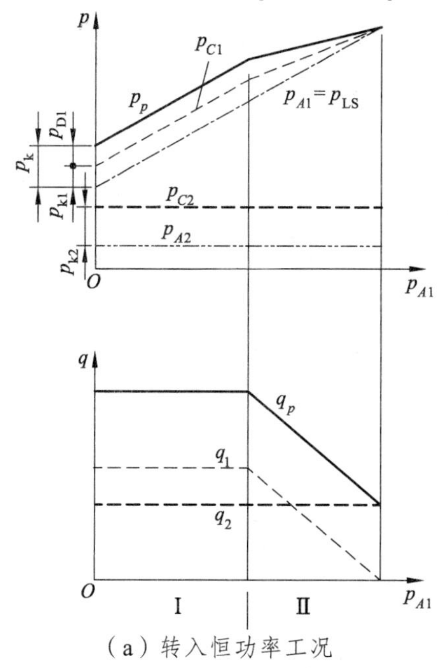

（a）转入恒功率工况

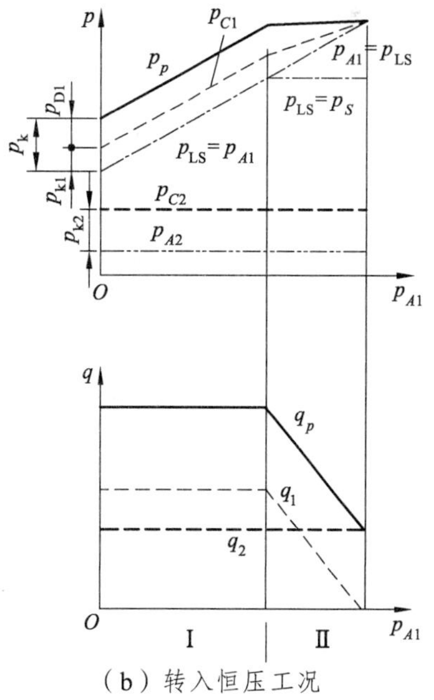

（b）转入恒压工况

Ⅰ—泵流量未饱和区；Ⅱ—泵流量饱和区；p_S—恒压源设定压力。

图 2-51　由于负载增高引起的泵流量饱和现象

综上所述，阀前压力补偿负荷传感控制在泵的流量饱和时，会存在低负载执行元件优先、高负载执行元件停止运动的问题。

2）阀后压力补偿的变流量负荷传感控制

如图 2-52 所示，回路为闭中心、用于控制多个双作用执行元件的阀后压力补偿的负荷传感系统。每个换向阀要控制两个出口，A 路和 B 路上都设置了一个定差减压阀（压力补偿阀）和一个低液阻单向阀 VD 供回油用。如果是用于控制单作用执行元件，则只在一条路上设置定差减压阀。最高负载压力 p_{LS} 由梭阀（图中未画出）选出，引入泵的变量伺服缸和各支路定差减压阀，即使用同一个压力负载信号 p_{LS} 作为控制压力，这与阀前压力补偿不同。

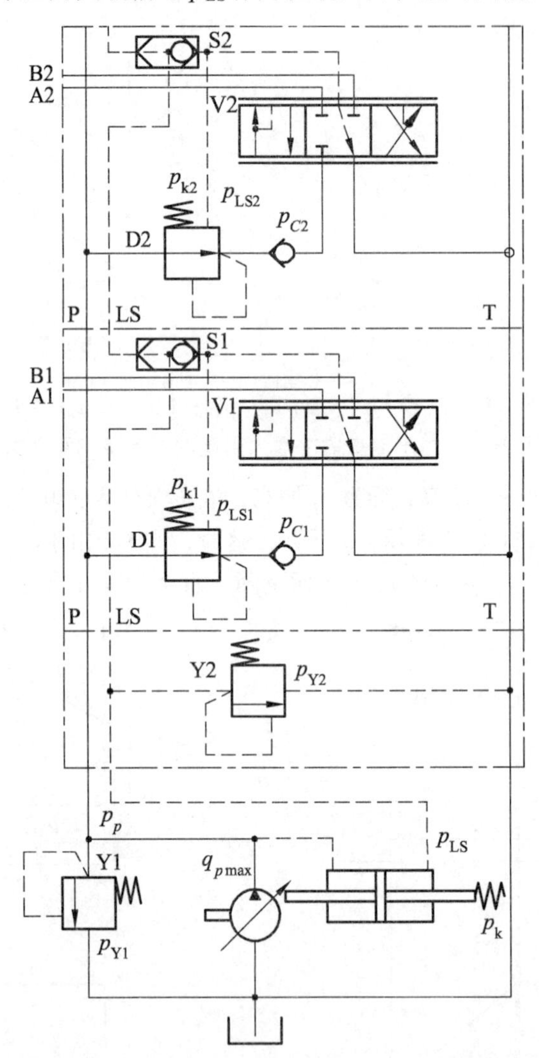

DA1，DA2，DB1，DB2—各通道定压差阀（定差减压阀）；p_{LS}—最高负载信号压力；p_p—泵出口压力；VD—回油单向阀；V1，V2—换向阀。

图 2-52　阀后压力补偿的变流量负荷传感控制

假定负载压力 p_{A1} 高于 p_{A2}，则控制压力 p_{LS} 为 p_{A1}。

$$p_p = p_{LS} + p_k$$

$$p_{CA1} = p_{LS} + p_{kA1}$$

所以换向阀 V1 进出口压差为$\Delta p_{AJ1} = p_p - p_{CA1} = p_k - p_{kA1}$。同理换向阀 V2 进出口压差$\Delta p_{AJ2} = p_p - p_{CA2} = p_k - p_{kA2}$。预设弹簧力$p_{kA1} = p_{kA2}$，则始终有$\Delta p_{AJ1}=\Delta p_{AJ2}$，流量$q_1$、$q_2$分配只与换向阀的开口面积$A_{J1}$、$A_{J2}$大小有关。

在泵流量未饱和区，泵变量机构可以维持p_p比p_{LS}高p_k，定差减压阀 DA1、DA2 通过节流，可以维持换向阀节流口A_{J1}、A_{J2}两侧的压差，如果开口A_{J1}增加，则q_1增加，q_p随之增加，q_2保持不变，见图 2-53 Ⅰ区。

在泵流量饱和区，液压泵不能再维持恒压差工况。但由于落在换向阀节流口A_{J1}、A_{J2}两侧的压差$\Delta p_{AJ1}=\Delta p_{AJ2}$，所以$q_1$、$q_2$还是按节流口面积$A_{J1}$、$A_{J2}$的大小成比例分配，基本上不会产生低压负载优先、高压负载首先停止的问题，见图 2-53Ⅱ区。

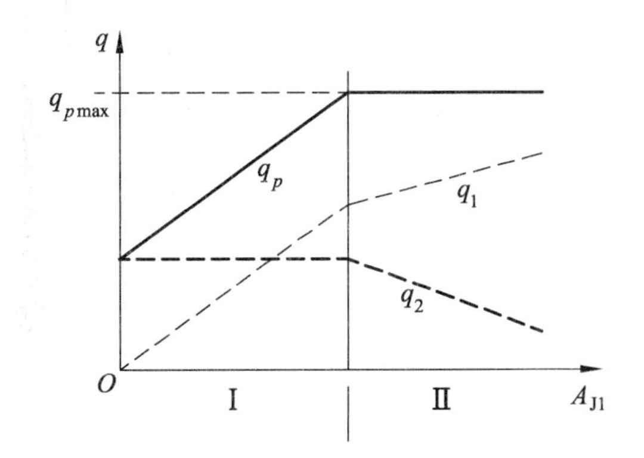

Ⅰ—泵流量未饱和区；Ⅱ—泵流量饱和区，液压源转入恒流量工况；q_1，q_2—工作通道 A1、A2 的流量；A_{J1}—换向阀的节流口面积。

图 2-53　A_{J1}增大时流量分配变化情况

2.6　变量泵的复合控制

根据工程应用需要，变量泵的控制方式可以组合应用，形成复合控制。由于每一类包含多种控制，组合的类型很多，但是同类控制方式一般不做组合，比如负流量控制不会与负荷传感组合，但可以与压力切断和恒功率控制组合。如有同类组合，则形成越权控制。使用组合控制时，如果使用条件同时触发多种控制方式，则能将泵排量调节到更小的控制方式会优先生效。下面列举几种常见的组合控制。

1. 全功率+负（正）流量复合控制

图 2-54 为双泵全功率和负流量复合控制的原理简图，图中只画了泵 1，泵 2 一样，故省略。

泵负流量控制还可以实现最大流量多段控制，如图 2-55 所示由p_{m_1}、p_{i_1}控制流量，为最大流量二段控制，其特性如图 2-56 所示。

图 2-57 为双泵全功率+正流量复合控制的原理简图，p_{m_1}为来自先导阀的控制压力。泵 2 的控制原理图一样，故省略。

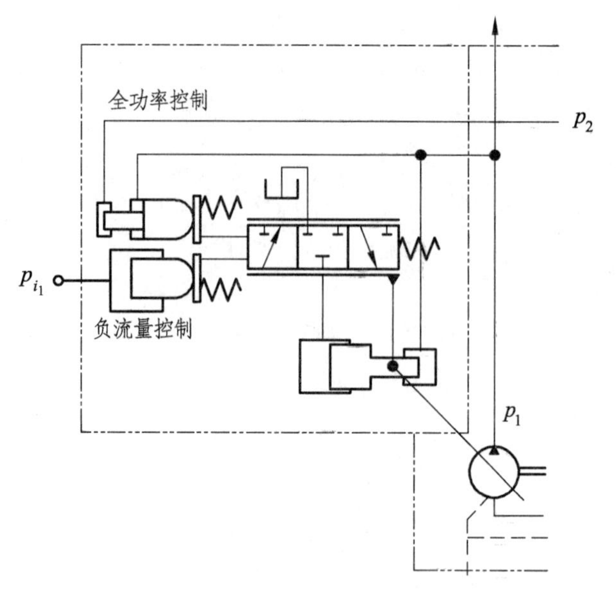

图 2-54　全功率控制+负流量复合控制泵

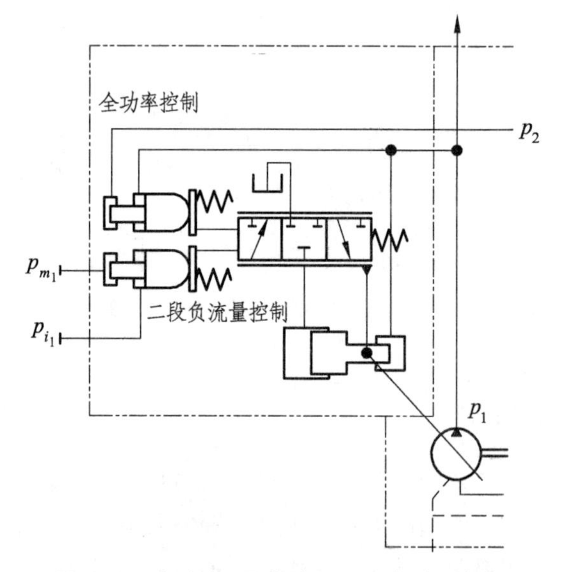

图 2-55　全功率+最大流量二段负流量控制

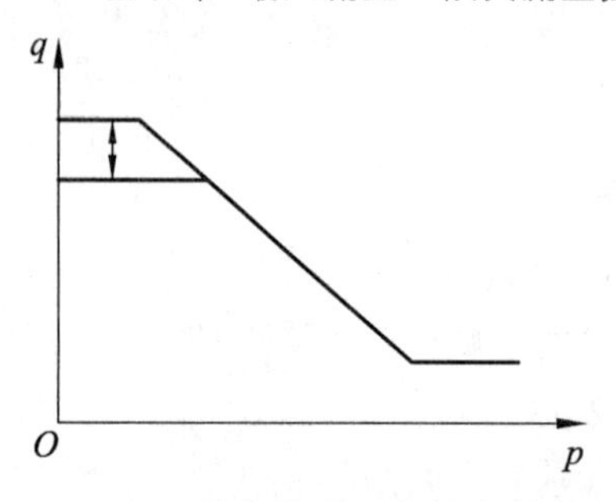

图 2-56　最大流量二段控制特性

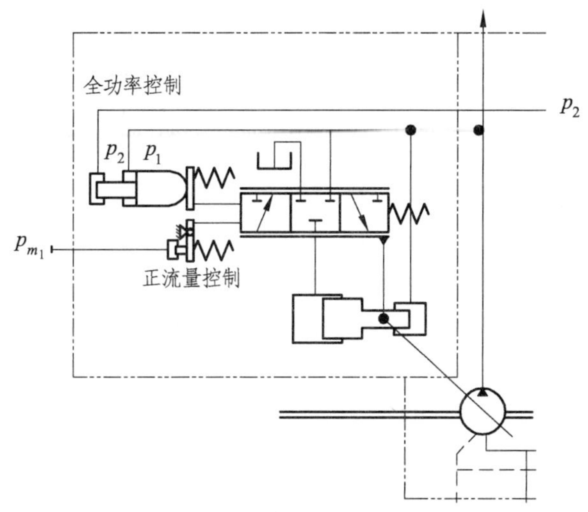

图 2-57　全功率+正流量复合控制

2. 负荷传感+压力切断复合控制

图 2-58 是负荷传感+压力切断控制原理图。泵压力切断的作用：当系统压力达到或超过安全阀的设定压力时，泵斜盘快速地回到中位，泵只输出很小的流量，系统几乎没有溢流压力损失。压力切断可分为泵自带压力切断和远程负载压力切断两种形式。

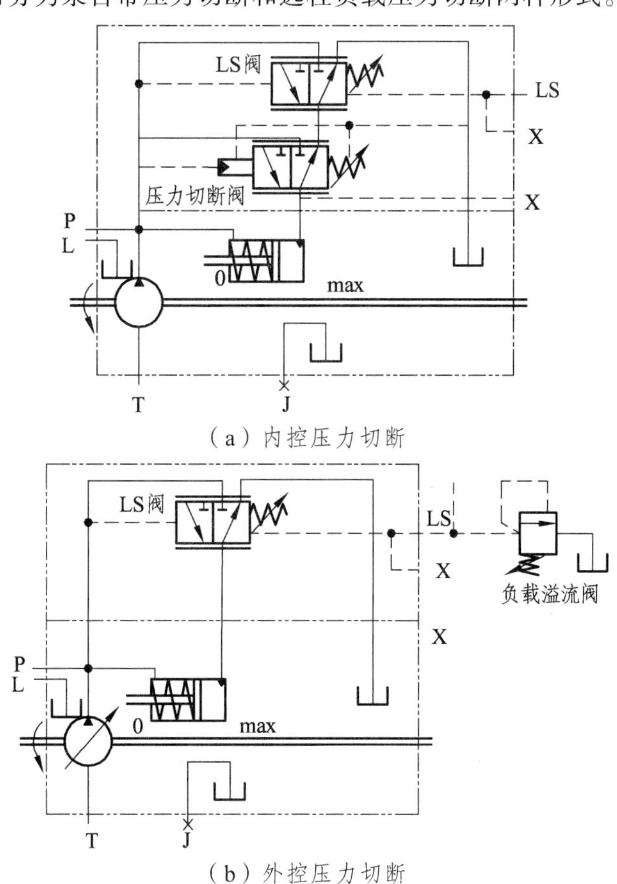

图 2-58　负荷传感+压力切断复合控制原理图

与图 2-48 所示的基本原理相比，图 2-58（a）所示的泵自带压力切断控制回路，在 LS 阀前面串联了一个压力切断阀，并将泵出口液压油引入该阀的液控腔作为控制压力油。当泵出口压力在压力切断阀弹簧调定压力以下时，压力切断阀阀芯在弹簧力作用下处于右位，此时 LS 阀可以正常工作。

当泵出口压力达到设定值时，压力切断阀阀芯在液压力的作用下克服弹簧力右移，于是泵出口的高压油通过压力切断阀进入泵排量控制器伺服缸大腔泵的排量迅速减小。压力切断阀阀芯右移的动作还阻断了 LS 阀与泵排量控制器伺服缸大腔的油道。因此，压力切断阀的动作优先于 LS 阀，即只要泵出口压力达到设定值，压力切断阀将立即起作用，使斜盘回到中位，输出很小的流量。

如图 2-58（b）所示，远程负载压力切断控制没有在泵的排量控制器上设置压力切断阀，而是负载反馈回路上设置了一个流量很小的负载溢流阀，并将 LS 信号压力作为负载溢流阀的作用入口。由于负载溢流阀可以不设置在泵的附近，所以可以布置得远一些，从而构成远程外控压力切断。当负载压力达到负载溢流阀的设定值时，溢流阀打开溢流，此时泵出口压力将大于负载压力与 LS 阀弹簧力之和，于是 LS 阀右移，泵出口高压油进入泵排量控制器伺服缸大腔，使泵的排量迅速减小。

泵自带压力切断与远程负载压力切断相比，远程负载压力切断时有些许负载溢流阀的溢流损失，而泵自带压力切断则没有溢流损失。

需要注意的是，切断压力与待机压力的概念不同。尽管在这两种工况下泵的斜盘都要回到最小角度，但两种工况下泵出口的压力值是不一样的。切断压力值由压力切断阀的弹簧力或负载溢流阀的弹簧力决定，而待机压力则由 LS 阀的弹簧力决定。

在图 2-58（a）所示的泵自带压力切断的基础上增加一个电液比例负载溢流阀，便可以得到负荷传感+无级压力切断控制回路，如图 2-59 所示。

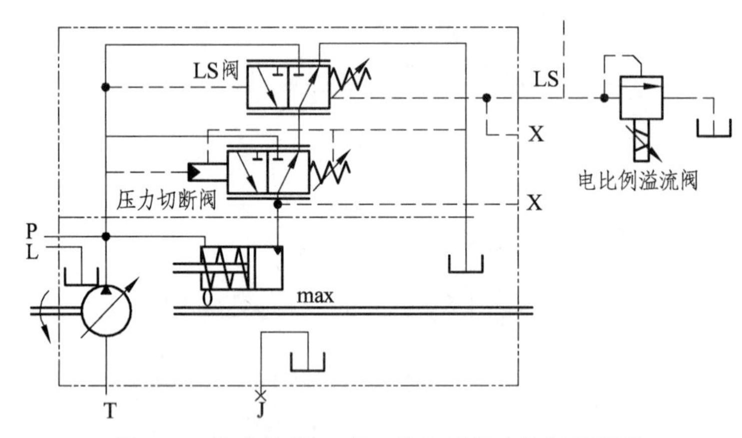

图 2-59　负荷传感+无级压力切断复合控制原理图

电液比例溢流阀的应用使得泵的压力切断远程无级调节，控制起来非常方便。根据需求可以采用手控或自动控制，这对于可换多种工作装置并且作业时对负载压力有不同要求的场合更加合适。泵自带的压力切断阀的切断压力要稍大于电液比例溢流阀的最大压力，即电液比例溢流阀要优先于压力切断阀开启。通过调节电流的大小来调节溢流阀的开启压力，可以适用于多种场合。

3. 负荷传感+恒功率+电控复合控制

如图 2-60 所示，该控制回路是在图 2-48 所示回路的基础上，在 LS 阀前面增加了恒功率控制阀 LB，同时 LB 阀阀杆的位移通过机械负反馈装置反馈回排量控制器。当泵的压力小于 LB 阀设定的压力值时，泵的排量由 LS 阀控制；当泵的压力超过 LB 阀设定的压力值时，LB 阀起作用，随着压力的升高而泵的排量减小，使泵始终在限定的功率范围内工作，形成恒功率控制。在 PZ 口输入不同的压力信号可以改变泵的功率调节范围，即如果采用电液比例减压阀在 PZ 口进行输入压力的控制，就可以实现电控恒功率变量。

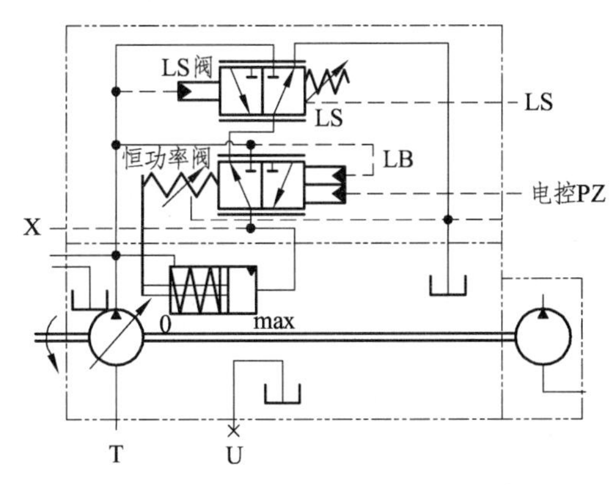

图 2-60　负荷传感+恒功率+电控复合控制

4. 负荷传感+恒功率+压力切断复合控制

如图 2-61 所示，增加了压力切断阀，系统控制的优先顺序为压力切断最先作用，然后是恒功率控制，最后是负荷传感控制。各部分工作原理参考前述分析，这里不再叙述。

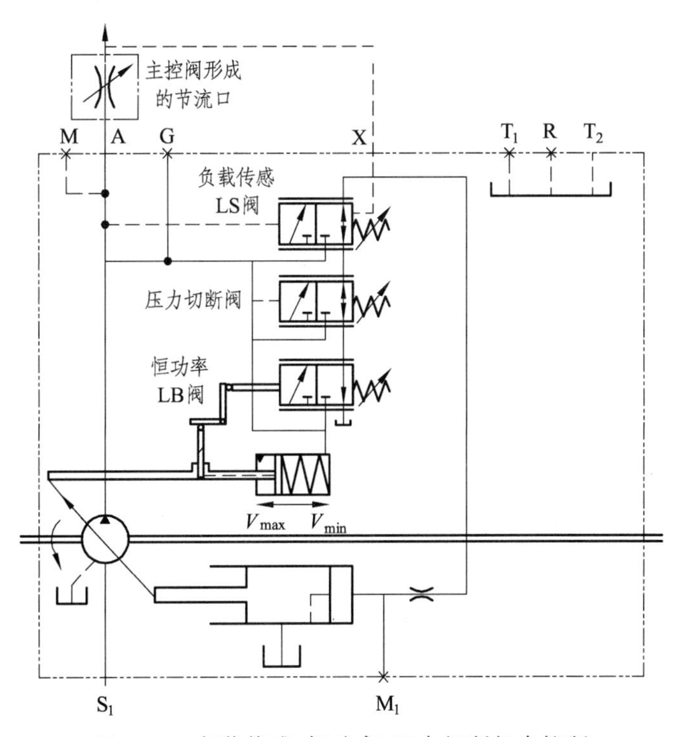

图 2-61　负荷传感+恒功率+压力切断复合控制

复习思考题

1. 对于移动式工程机械，液压泵取力的方式有哪几种？

2. 简述柱塞式变量泵的结构组成及变量原理。

3. 绘图说明变量泵恒压差控制原理。恒压差控制主要用于什么系统？

4. 变量泵弹簧式和杠杆式两种恒功率控制方式，控制特性有什么不同？

5. 名词解释：双泵分功率控制系统，并说明该系统的优点和不足。

6. 名词解释：双泵总功率控制系统，并说明该系统的优点和不足。

7. 名词解释：正流量控制和负流量控制。

8. 恒功率控制的本质是什么？简要说明图 2-12 所示的功率控制原理。

9. 图 2-14 中的压力切断阀的功能是什么？简要说明其对液压泵的控制过程。

10. 发动机的转速感应控制主要是在解决什么问题？绘出其原理简图，分析控制原理。

11. 绘制变量泵驱动变量马达的 DA 控制原理图，并简要说明工作原理。

12. 名词解释：开中心系统和闭中心系统。

13. 绘出泵的负流量控制系统原理图（两执行元件），简要说明多执行元件回路流量分配过程。

14. 简要说明泵的负荷传感控制原理。举例说明负荷传感控制在工程机械中的应用。

15. 阀前压力补偿和阀后压力补偿的负荷传感控制，两者的流量分配特性有什么不同？

16. 直动式恒压泵的原理图如图 2-62 所示。

（1）请简要说明它的工作特性。

（2）结合原理图，分析它的工作原理。

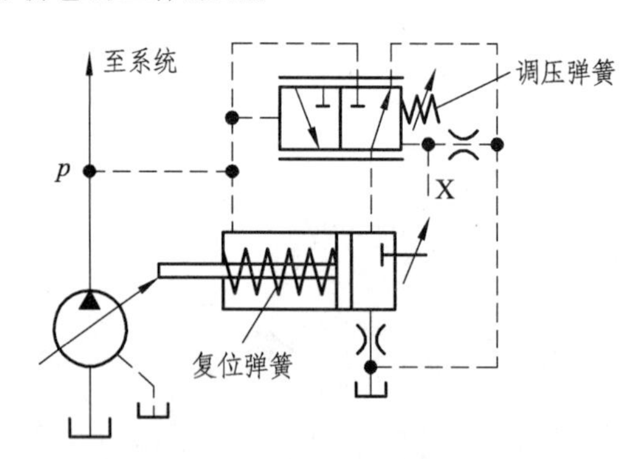

图 2-62　直动式恒压泵原理图

17. 图 2-63（a）和（b）为两种变量泵的图形符号。

（1）按变量泵的控制功能分类，它们分别属于哪一种类型的变量泵？

（2）比较和分析两者在结构上的主要区别。

（3）简述它们的工作原理和工作特性。

18. 杠杆式恒功率调节泵的调节结构如图 2-64 所示。

（1）请简要说明它的工作特性。

（2）根据结构图，推导出功率调节原理。

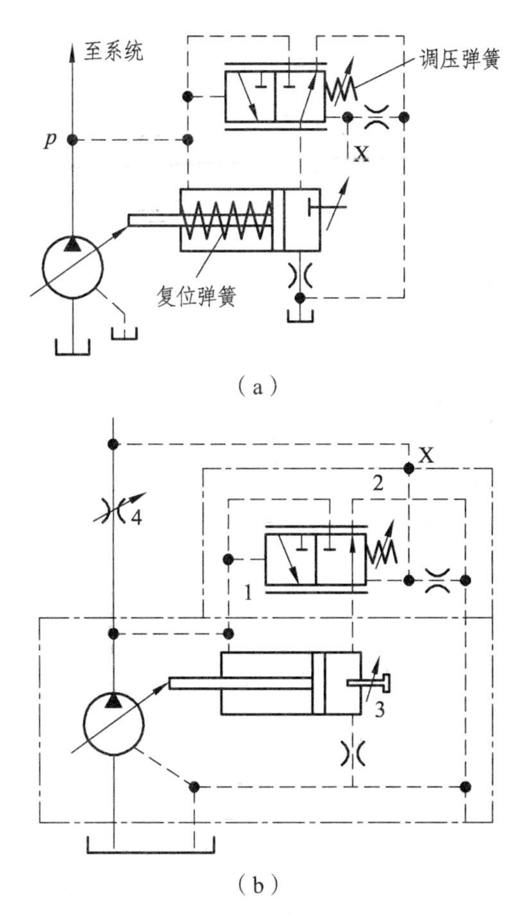

图 2-63　复合控制泵

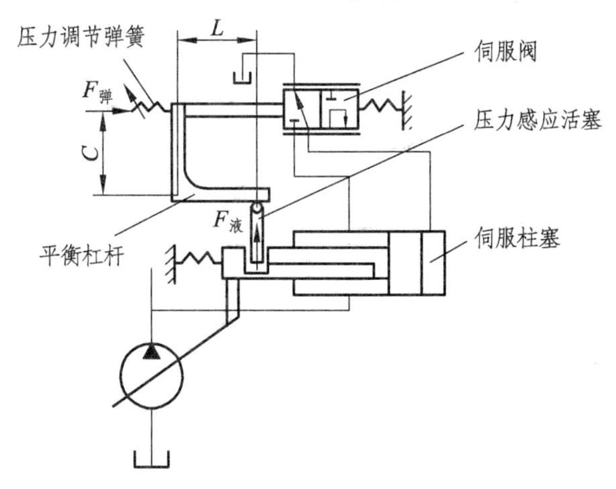

图 2-64　杠杆式恒功率泵调节结构图

19. 绘制位移-力反馈式变量泵排量调节原理工作原理图，并结合工作原理图简要说明其工作原理。

20. 图 2-65 为复合控制变量泵的结构原理图，包括三种控制方式，请完成：

（1）简述该泵的主要组成部件及其各自功能。

（2）分析该泵的三种控制方式的基本原理及优先级顺序。

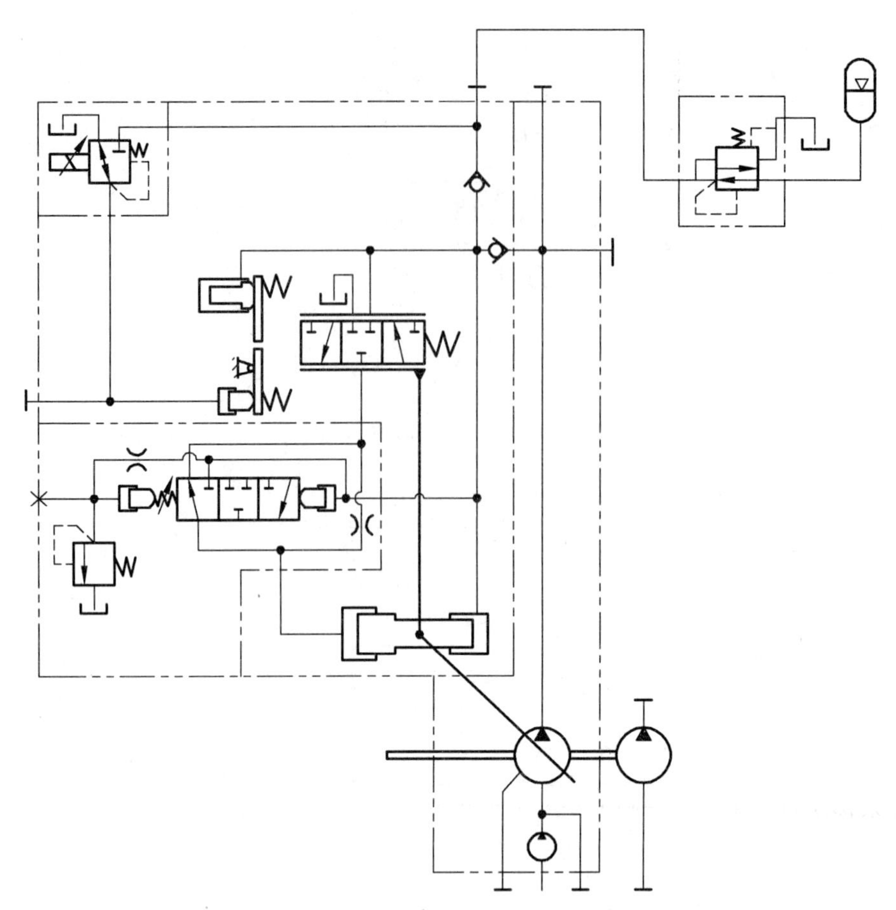

图 2-65　复合控制变量泵原理图

第3章 液压控制阀

液压控制阀（简称液压阀）是液压系统中用来控制液流的压力、流量和流动方向的控制元件，借助于不同的液压控制阀，经过适当的组合，可以对执行元件的启动、停止、运动方向、速度和输出力或力矩进行调节和控制。

在液压系统中，控制液流的压力、流量和流动方向的基本模式有两种：容积控制（俗称泵控，具有效率高但动作较慢的特点）和节流式控制（俗称阀控，具有动作快但效率较低的特点）。液压阀的控制属于节流式控制。压力阀和流量阀利用通流截面的节流作用控制系统的压力和流量，换向阀利用通流通道的变换控制油液的流动方向。

液压控制阀性能参数包括以下几种：

（1）规格大小。目前国内液压控制阀的规格大小的表示方法尚不统一，中低压阀一般用公称流量表示（如 25 L/min、63 L/min、100 L/min 等）；高压阀大多用公称通径（NG）表示。公称通径是指液压阀的进出油口的名义尺寸，它并不是进出油口的实际尺寸，并且同一公称通径不同种类的液压阀的进出油口的实际尺寸也不完全相同。

（2）公称压力。表示液压阀在额定工作状态时的压力，以符号 p_n 表示，单位符号为 MPa。

（3）公称流量。表示液压阀在额定工作状态下通过的流量，以符号 q_n 表示，单位符号为 L/min。

3.1 液压控制阀的类型及功能

液压阀的种类很多，可按不同的特征进行分类。

1. 按照液压阀的功能和用途进行分类

按照功能和用途进行分类，液压阀可以分为压力控制阀、流量控制阀、换向阀等主要类型，各主要类型又包括若干阀种，如表 3-1 所示。

表 3-1 按照阀的功能和用途进行分类

<table>
<tr><th>阀 类</th><th>阀 种</th><th>说 明</th></tr>
<tr><td>压力控制阀</td><td>溢流阀、减压阀、顺序阀、平衡阀、电液比例溢流阀、电液比例减压阀</td><td rowspan="2">电液伺服阀根据反馈形式不同，可形成电液伺服流量控制阀、压力控制阀、压力-流量控制阀</td></tr>
<tr><td>流量控制阀</td><td>节流阀、调速阀、分流阀、集流阀、电液比例节流阀、电液比例流量阀</td></tr>
<tr><td>换向阀</td><td>单向阀、液控单向阀、换向阀、电液比例换向阀</td><td></td></tr>
<tr><td>复合控制阀</td><td>电液比例压力流量复合阀</td><td></td></tr>
<tr><td>工程机械专用阀</td><td>多路阀、稳流阀</td><td></td></tr>
</table>

2. 按照液压阀的控制方式进行分类

按照液压阀的控制方式进行分类，液压阀可以分为手动控制阀、机械控制阀、液压控制阀、电动控制阀、电液控制阀等主要类型，如表 3-2 所示。

表 3-2　按照阀的控制方式进行分类

阀　类	说　明
手动控制阀	手柄及手轮、踏板、杠杆
机械控制阀	挡块及碰块、弹簧
液压控制阀	利用液体压力进行控制
电动控制阀	利用普通电磁铁、比例电磁铁、力马达、力矩马达、步进电机等进行控制
电液控制阀	采用电动控制和液压控制进行复合控制

3. 按照液压阀的控制信号形式进行分类

按照液压阀的控制信号形式进行分类，液压阀可以分为开关定值控制阀、模拟量控制阀、数字量控制阀等主要类型，各主要类型又包括若干种类，如表 3-3 所示。

表 3-3　按照阀的控制信号形式进行分类

<table>
<tr><th colspan="3">阀　类</th><th>说　明</th></tr>
<tr><td colspan="3">开关定值控制阀（普通液压阀）</td><td>它们可以是手动控制、机械控制、液压控制、电动控制等输入方式，开闭液压通路或定值控制液流的压力、流量和方向</td></tr>
<tr><td rowspan="3">模拟量</td><td colspan="2">伺服阀</td><td>根据输入信号，成比例地连续控制液压系统中的液流流量、流动方向或压力高低的阀类，工作时着眼于阀的零点附近的性能以及性能的连续性。采用伺服阀的液压系统称为液压伺服控制系统</td></tr>
<tr><td rowspan="2">比例阀</td><td>普通比例阀</td><td>根据输入信号的大小成比例、连续、远距离控制液压系统的压力、流量和流动方向。它要求保持调定值的稳定性，一般具有对应于 10%～30%最大控制信号的零位死区，多用于开环控制系统</td></tr>
<tr><td>比例伺服阀</td><td>比例伺服阀是一种以比例电磁铁为电-机械转换器的高性能比例方向节流阀，与伺服阀一样，没有零位死区，频率响应介于普通比例阀和伺服阀之间，可用于闭环控制系统</td></tr>
<tr><td>数字量</td><td colspan="2">数字阀</td><td>输入信号是脉冲信号，根据输入的脉冲数或脉冲频率来控制液压系统的压力和流量。数字阀工作可靠，重复精度高，但一般控制信号频宽较模拟信号低，额定流量很小，只能作小流量控制阀或先导级控制阀</td></tr>
</table>

4. 按照液压阀的结构形式进行分类

按照液压阀的结构形式进行分类，液压阀可以分为滑阀、锥阀、球阀、喷嘴挡板阀等主要类型，如表 3-4 所示。

表 3-4　按照阀的结构形式进行分类

结构形式	说　明
滑阀类	通过圆柱形阀芯在阀体孔内的滑动来改变液流通路开口的大小，以实现对液流的压力、流量和方向的控制
锥阀、球阀类	利用锥形或球形阀芯的位移实现对液流的压力、流量和方向的控制
喷嘴挡板阀类	用喷嘴与挡板之间的相对位移实现对液流的压力、流量和方向的控制，常用作伺服阀、比例伺服阀的先导级

5. 按照液压阀的连接方式进行分类

按照液压阀的连接方式进行分类，液压阀可以分为管式连接、板式连接、集成连接等主要类型，集成连接又可以分为集成块连接、叠加阀、嵌入阀、插装阀，如表 3-5 所示。

表 3-5　按照阀的连接方式进行分类

连接形式		说　明
管式连接		通过螺纹直接与油管连接组成系统，结构简单、质量轻，适用于移动式设备或流量较小的液压元件的连接。缺点是元件分散布置，可能的漏油环节多，拆装不够方便
板式连接		通过连接板连接成系统，便于安装维修，应用广泛。由于元件集中布置，操纵和调节都比较方便。连接板包括单层连接板、双层连接板和整体连接板等多种形式
叠加式连接		由各种类别与规格不同的阀类及底板组成。阀的性能、结构要素与一般阀并无区别，只是为了便于叠加，要求同一规格的不同阀的连接尺寸相同。这种集成形式在工程机械中应用较多
片式连接		由多块控制阀片组成，根据需要可灵活增减，在工程机械上应用多，如多路控制阀
集成连接	集成块	集成块为六面体，块内钻有连通阀间的油路，标准的板式连接元件安装在侧面，集成块的上下两面为密封面，中间用 O 形密封圈密封。将集成块进行有机组合即可构成完整的液压系统。集成块连接有利于液压装置的标准化、通用化、系列化，有利于生产与设计，因此是一种良好的连接方式
	嵌入式	将几个阀的阀芯合并在一个阀体内，阀间通过阀体内部油路沟通的一种集成形式。其结构紧凑但复杂，专用性强，如磨床液压系统中的操纵箱
	二通板式插装阀	将阀按标准参数做成阀芯、阀套等组件，插入专用的阀块孔内，并配置各种功能盖板以组成不同要求的液压回路。它不仅结构紧凑，而且具有一定的互换性。逻辑阀属于这种集成形式，特别适于高压、大流量系统
	螺纹插装阀	与盖板式插装阀类似，但插入件与集成块的连接是符合标准的螺纹，主要适用于小流量系统

1）管式连接

管式阀（见图 3-1）的进出油口都带有内螺纹，通过相连接的管接头和管道与其他元件相连，有二端口、三端口或多端口几种形式。管式连接是历史最悠久的一种安装方式，至今仍在继续使用。管式阀是各种安装连接方式中唯一一种独立完整的阀，接上管接头和管道就能用，不需要其他任何配件。随着液压系统的日益复杂，这种安装方式的弱点日益凸显：元件分散布置，占用空间大；可能泄漏的部位多；有些液压系统由于受安装空间的限制，不得不多层布置，造成装拆更换极其不便。

图 3-1　管式连接阀

2）板式连接

板式阀：连接管道的油口不是直接做在阀上，而是做在底板上，阀通过螺栓固定在底板上，更换阀时不必拆卸管道，较管式和片式更方便，便于维修，如图 3-2 所示。

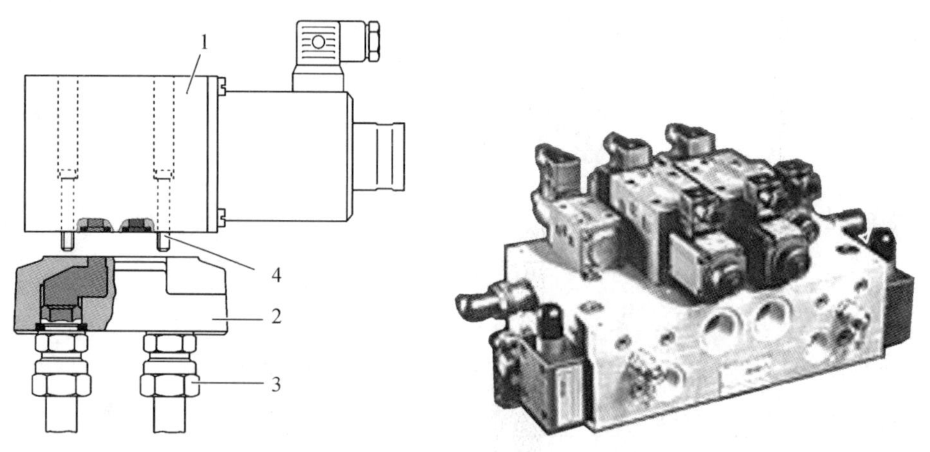

1—板式阀；2—底板；3—管道；4—固定螺栓。

图 3-2　板式连接

多个板式阀共用一个连接块，即集成块，相互间的通道做在块内，总体积比管式连接要小得多，如图 3-3 所示。3D 技术和数控加工为集成块的设计和加工创造了条件，现在已出现了一些规模甚大的集成块专业制造厂，制造厂在接到用户提供的回路图及技术要求后，可以在几天内完成集成块的设计，只需几个星期就可完成制造、组装、调试的全部过程。

板式集成块的优点：更换时不必拆卸管道和相应的管接头；潜在的外泄漏减少；系统所占空间减小；管路的压力损失减少；系统的抗振性增强，可靠性增加；系统的响应时间缩短；装配时间和费用减少。

图 3-3　板式阀集成块内部连接通道示意图

板式集成块的不足：所有板式阀都装在集成块的表面，集成块内仅是连接通道，对于复杂的液压系统有很多阀，可需要集成块的表面积增加，块体的质量会随长度的立方增加。集成块越大，内部的通道孔就越长，钻深孔会加大制造成本。

3）叠加式连接

叠加阀是板式阀向高度的延伸、扩展和集成，如图 3-4 所示。一般一叠控制一组执行元件，可以实现复杂的功能，很灵活，且易于改变组合，在一定程度上缓解了纯板式阀集成块体积大、要加工深孔的问题，但是潜在的泄漏危险也相应增加。

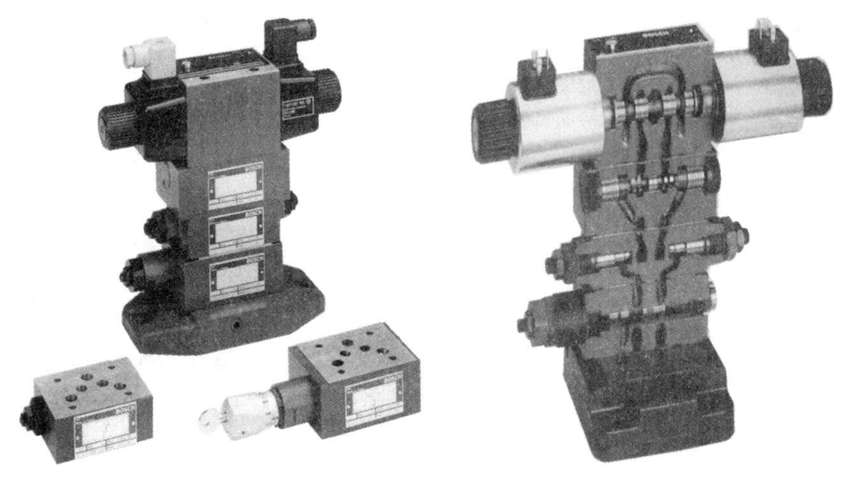

图 3-4　叠加阀

4）片式连接

片式阀多片连接在一起，即多路阀，是从管式的手动换向阀发展而来的：一个控制片含一个换向阀阀芯，控制一个执行元件（液压缸或液压马达），几乎所有的控制功能都集中在这一片上。

多路阀一般都有一个连通用控制块——油源块，也称为主控块或头块，还有一个尾块，然后通过螺栓连接在一起，如图 3-5 ~ 图 3-7 所示。

把各片的进油口 P 和回油口 T 的位置做得相同，就可集合在一起，共用 P、T，如图 3-8 所示。

图 3-5　不同控制方式的多路阀片

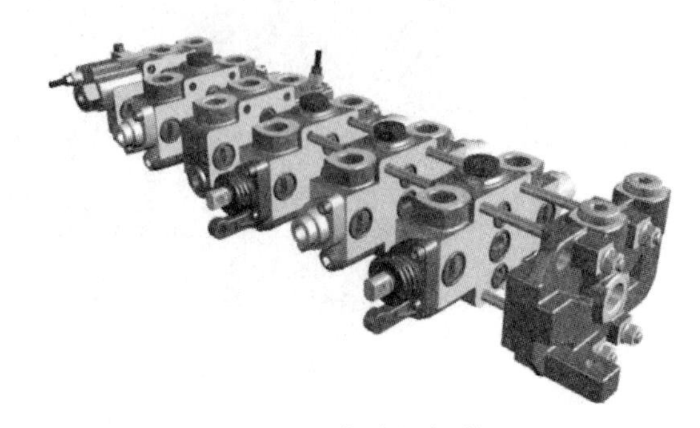

图 3-6　多路阀组装

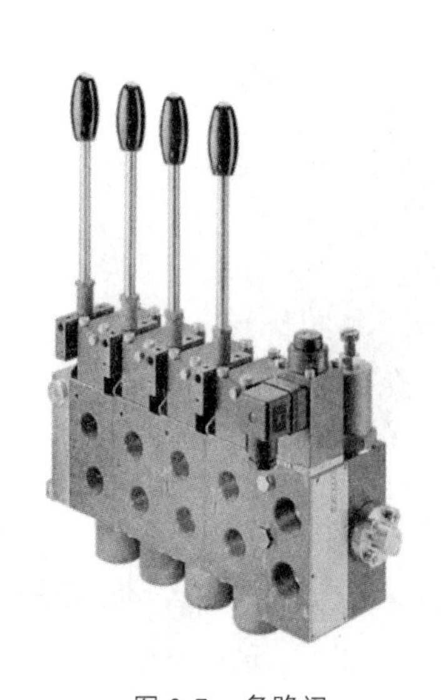

图 3-7　多路阀

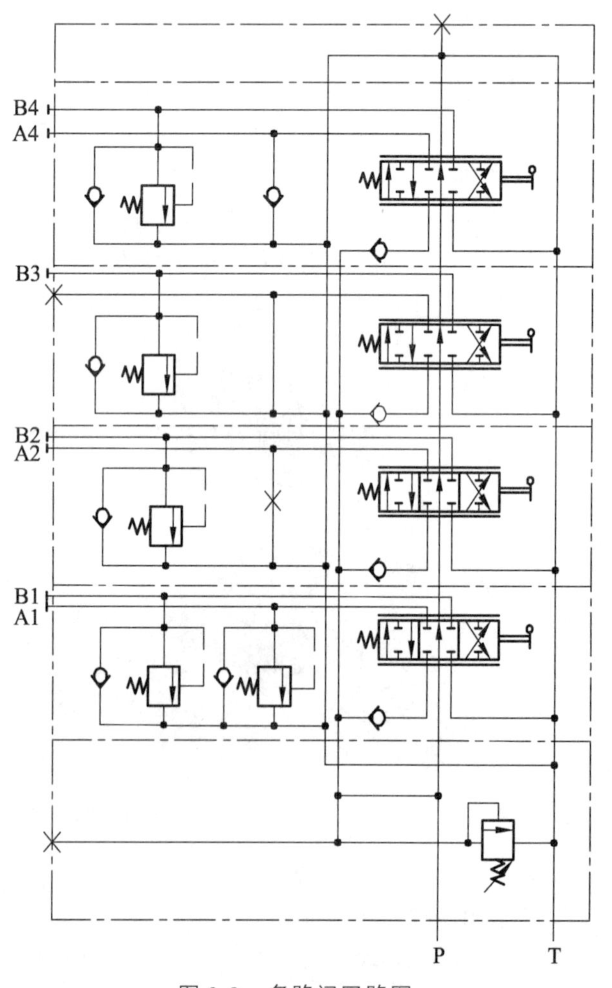

图 3-8　多路阀回路图

这种安装连接方式灵活，可以按需要增加片阀。因为共用油源块，所以结构紧凑。阀体大多用铸铁，也有钢制的。目前，多路阀已有液控、电磁控、比例电磁控、总线控等多种控制方式。有些阀为了安全应急，同时还保留手控，如图 3-9 所示。

图 3-9　带应急手动的电磁驱动多路阀

5）插装式连接

插装式阀是将阀芯、阀套组成的组件插入专门设计的阀块内实现不同功能，不带外壳，必须安装在一个阀块或集成块内才能工作。许多插装阀可以装在一个集成块里，结构非常紧凑，如图 3-10 所示。相比其他连接方式，插装阀组成的系统是最紧凑的，质量轻、泄漏可能性小、压力损失小、发热少、可靠性高。

图 3-10　集成式多路阀

插装式主要有盖板式（滑入）和螺纹（旋入）式两类。

（1）盖板式插装

盖板式插装，是将二通插装元件插入阀体中，盖上有控制功能的盖板，一般需要附加先导控制阀才能工作。这样构成的阀，称为插装阀，也称为二通插装阀或液压逻辑阀。盖板式插装阀一般用集成块方式成组应用，插装阀靠盖板压在集成板内，如图 3-11 和图 3-12 所示。

图 3-11　通径 25 ~ 160 mm 的二通插装元件

图 3-12　盖板式插装阀装配集成

（2）螺纹式插装

如图 3-13 ~ 图 3-16 所示，螺纹插装阀通过螺纹与阀块上的标准插孔相连，利用螺纹拧入集成块或阀块的安装孔。螺纹插装阀有二、三、四通多种通口形式，目前已发展为具有压力、流量和换向阀以及手动、电磁、比例、数字等多种控制方式和多尺寸系列的阀类。螺纹式插装阀能独立完成一个或多个液压功能，如插装溢流阀、电磁换向阀、流量控制阀、平衡阀等。集成块或阀块，仅为螺纹插装阀的外部密封提供一个耐压外壳，并无其他运动部件。因此对精度的要求不是很高，给加工带来很大方便。螺纹插装阀可以方便更换，无须拆卸管接头。

图 3-13　螺纹插装元件

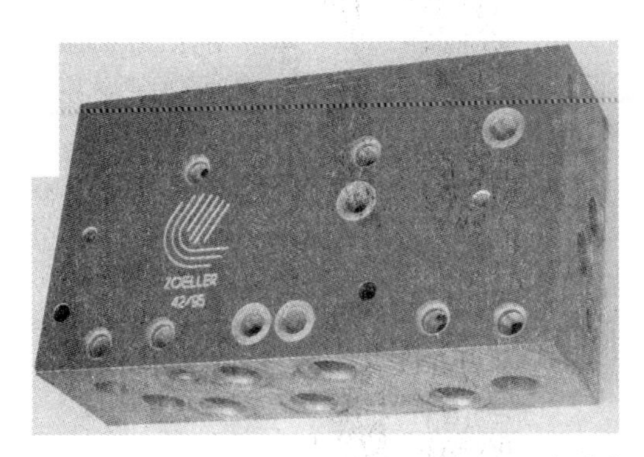

图 3-14　螺纹插装集成块

图 3-15　螺纹插装装配集成块

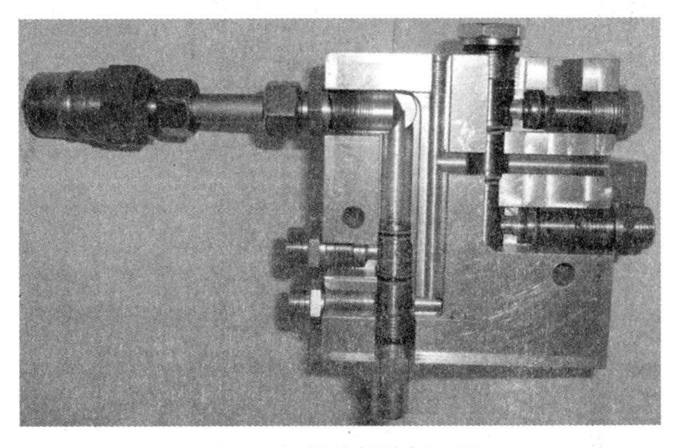

图 3-16　螺纹插装剖开图

螺纹插装没有铸件，通用件多，互换性强，许多不同性能的阀具有相同的安装阀孔，很容易组合成不同功能的阀，便于大批量生产，生产成本比相同功能的板式阀、管式阀低。因此，螺纹插装阀对于现代液压，特别是在工程机械、农业机械、起重运输机械等领域有广泛应用。

3.2 插装阀

插装阀是近年来发展起来的一种新型液压元件，又称为逻辑阀。插装阀的基本核心元件是插装元件，是一种液控型、单控制口、装于油路主级中的液阻单元。将一个或若干个插装元件进行不同组合，并配以相应的先导控制级，可以组成方向控制、压力控制、流量控制或复合控制等控制单元。插装阀的主流产品是二通插装阀，它是在 20 世纪 70 年代初，根据各类控制阀阀口在功能上都可视作固定的、或可调的、或可控液阻的原理上发展起来的一类覆盖压力、流量、方向以及比例控制等的新型控制阀类。它的基本构件为标准化、通用化、模块化程度很高的插装式阀芯、阀套、插装孔和适应各种控制功能的盖板组件，具有通流能力大、密封性好、自动化程度高等特点，已发展成为高压、大流量领域的主导控制阀品种。三通插装阀具有压力油口、负载油口和回油箱油口，可以独立控制一个负载腔。但是由于结构的通用化、模块化程度远不及二通插装阀，因此未能得到广泛应用。螺纹式插装阀原多用于工程机械液压系统，而且往往作为其主要控制阀（如多路阀）的附件形式出现，十余年来，在二通插装阀技术的影响下，逐步在小流量范畴内发展成独立体系。

3.2.1 二通插装阀

二通插装阀为单液阻的两个主油口连接到工作系统或其他插装阀，并且二通插装阀的单个控制组件都可以按照液阻理论做成一个单独受控的阻力，这种机构成为单个控制阻力。这些单个控制阻力由主级和先导级组成，根据先导控制信号独立进行控制。控制信号可以是开关式的，也可以是位置调节、流量调节和压力调节等连续信号。根据对每一个排油腔的控制主要是对它的进油和回油的阻力控制的基本准则，可以对一个排油腔分别设置一个输入阻力和一个输出阻力。

二通插装控制技术具有以下优点。

（1）通过组合插件与阀盖，可构成方向、流量以及压力等多种控制功能。

（2）流动阻尼小，通流能力大，特别适用于大流量的场合。最大通径可达 200 ~ 250 mm，通过的流量可达 10 000 L/min。

（3）由于绝大部分是锥阀式结构，因此内部泄漏非常小，无卡死现象。

（4）动作速度快。它靠锥面密封和切断油路，阀芯稍一抬起，油路马上接通。

（5）抗污染能力强，工作可靠。

（6）结构简单，易于实现元件和系统的标准化、系列化、通用化，并简化系统。

1. 二通插装阀的工作原理

1）二通插装阀的基本结构与原理

如图 3-17 所示为插装阀的基本组成，通常由先导阀 1、控制盖板 2、逻辑阀单元 3 和插装阀体 4 四部分组成。插装阀单元（又称主阀组件）为插装式结构，由阀芯、阀套、弹簧和密封件等组成，它插装在插装阀体 4 中，通过它的开启、关闭动作和开启量的大小来控制主油路的液流方向、压力和流量。控制盖板 2 用来固定和密封逻辑阀单元，盖板可以内嵌具有各种控制机能的微型先导控制元件，如节流螺塞、梭阀、单向阀、流量控制器等；安装先导控制阀、位移传感器、行程开关等电器附件；建立或改变控制油路与主阀控制腔的连接关系。

先导阀 1 安装在控制盖板上，是用来控制逻辑阀单元的工作状态的小通径液压阀。先导控制阀也可以安装在阀体上。插装阀体 4 用来安装插装件、控制盖板和其他控制阀，连接主油路和控制油路。由于逻辑阀主要采用集成式连接形式，一般没有独立的阀体，在一个阀体中往往插装有多个逻辑阀，所以也称为集成块体。

如图 3-18 所示的插装阀插装件由阀芯、阀套、弹簧和密封件组成。图中 A、B 为主油路接口，X 为控制油腔，三者的油液压力分别为 p_A、p_B 和 p_X，各油腔的有效作用面积分别为 A_A、A_B、A_X，显然：

$$A_X = A_A + A_B \tag{3-1}$$

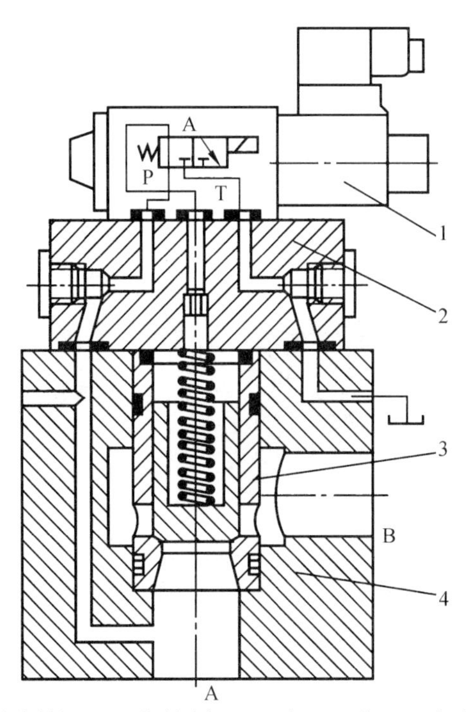

1—先导控制阀；2—控制盖板；3—插入元件；4—插装阀体。

图 3-17　盖板式二通插装阀结构图

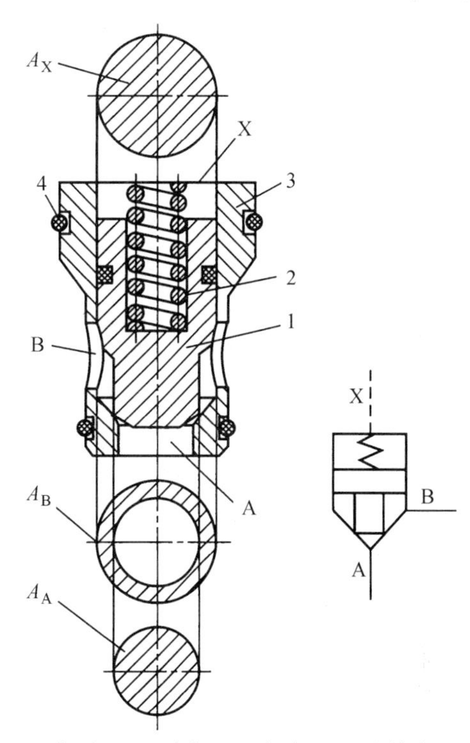

1—阀芯；2—弹簧；3—阀套；4—密封件。

图 3-18　插装件基本结构形式

二通插装阀的工作状态是由作用在阀芯上的合力大小和方向来决定的。当不计阀芯自重和摩擦阻力时，阀芯所受的向下的合力 $\sum F$ 为

$$\sum F = p_X A_X - p_A A_A - p_B A_B + F_1 + F_2 \tag{3-2}$$

式中，F_1 为弹簧力；F_2 为阀芯所受的稳态液动力。

由式（3-2）可知，当 $\sum F > 0$ 时，阀口关闭，即

$$p_X > \frac{p_A A_A + p_B A_B - F_1 - F_2}{A_X}$$

当 $\sum F < 0$ 时，阀口开启，即

$$p_X < \frac{p_A A_A + p_B A_B - F_1 - F_2}{A_X}$$

可见，插装阀的工作原理是依靠控制腔（X 腔）的压力大小来启闭的。控制油腔压力大时，阀口关闭；压力小时，阀口开启。

2）插装元件

表 3-6 为典型的插装件。

表 3-6　典型插装件

插装件类型	面积比	流　向	机能符号	剖面图	用　途
A 型基本插装件	1∶1.2	A→B	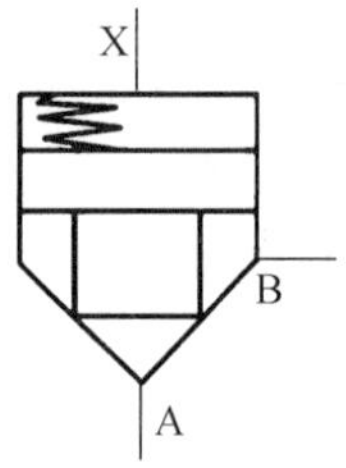 X B A	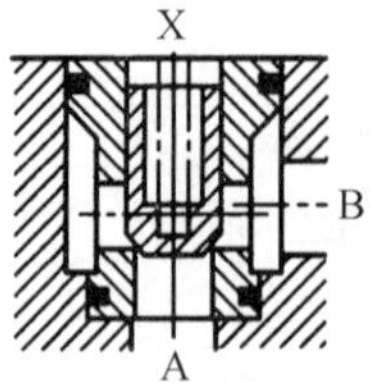 X B A	方向控制
B 型基本插装件	1∶1.5	A→B B→A	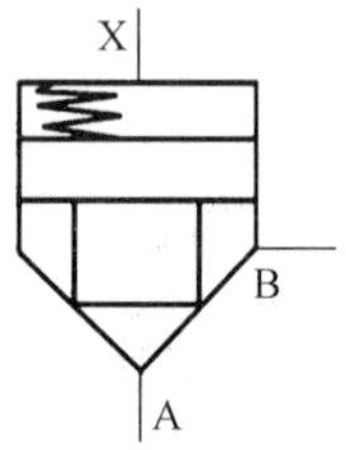 X B A	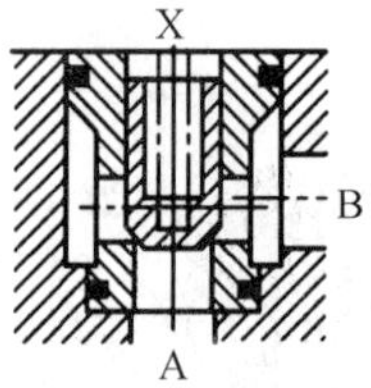 X B A	方向控制
B 型插装件 阀芯带密封圈	1∶1.5	A→B B→A	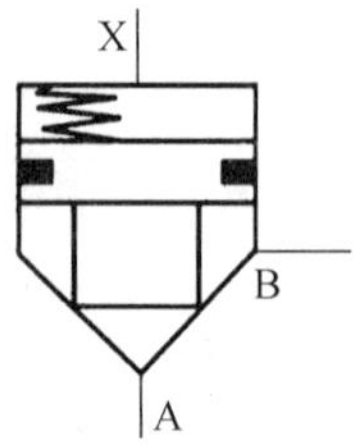 X B A	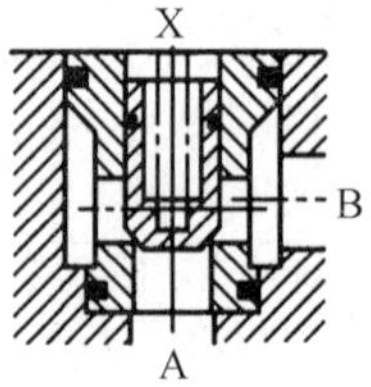 X B A	方向控制。阀芯带密封件，适用于水-乙二醇乳化液
B 型带缓冲头 插装件	1∶1.5	A→B B→A	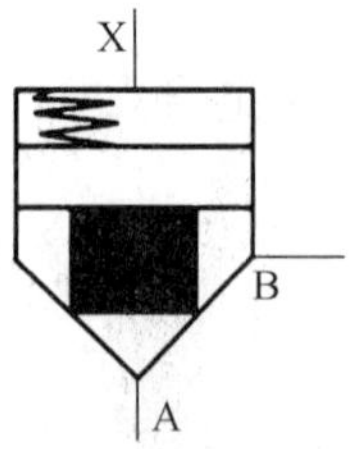 X B A	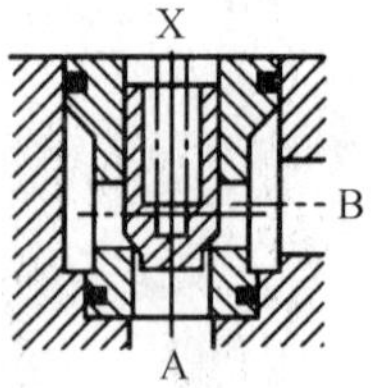 X B A	要求换向冲击力小的方向控制，流通阻力较 B 型基本插装件大
B 型节流插装件	1∶1.5	A→B B→A	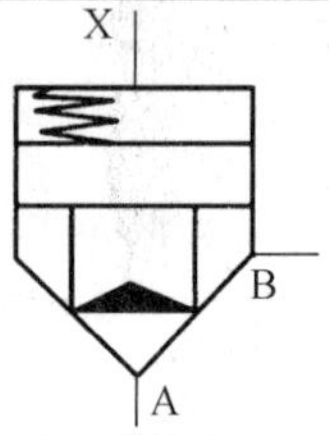 X B A	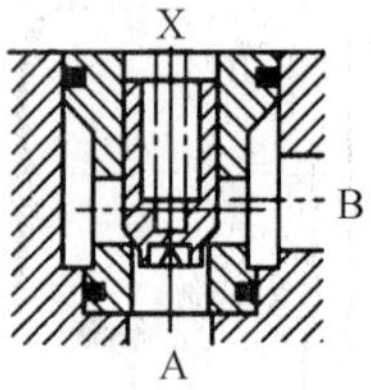 X B A	与节流控制盖板合用，可构成节流阀；与方向控制盖板合用，用于对换向瞬时有特殊要求的场合

续表

插装件类型	面积比	流　向	机能符号	剖面图	用　途
E型阀芯内钻孔使BX腔相通插装件	1∶2	A→B	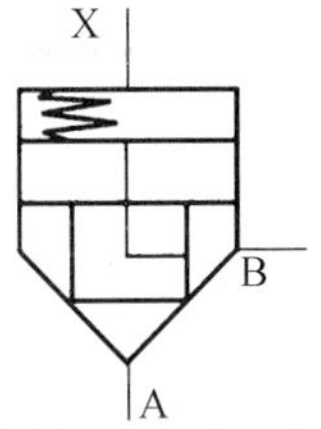 X B A	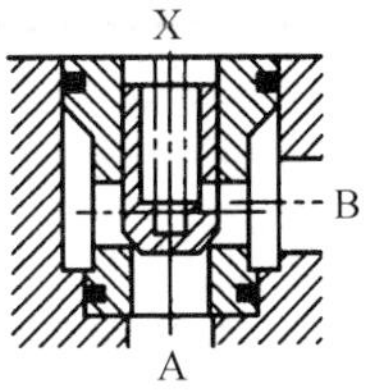 X B A	单向阀
C型带阻尼孔插装件	1∶1	A→B	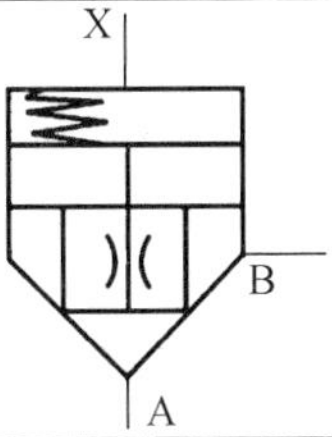 X B A	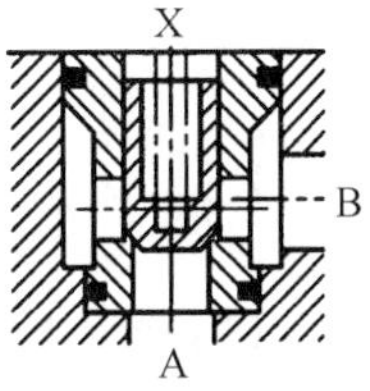 X B A	用于B口有背压工况，防止B口压力反向打开主阀
D型基本插装件	1∶1.07	A→B	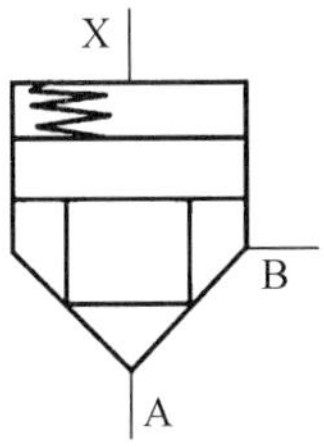 X B A	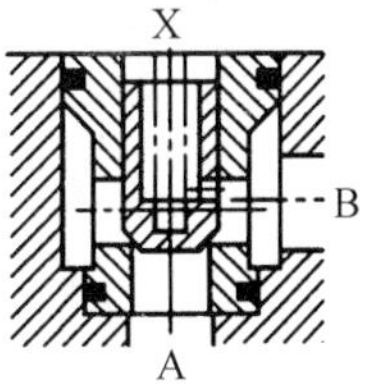 X B A	仅用于方向和压力控制
D型带阻尼孔插装件	1∶1.07	A→B	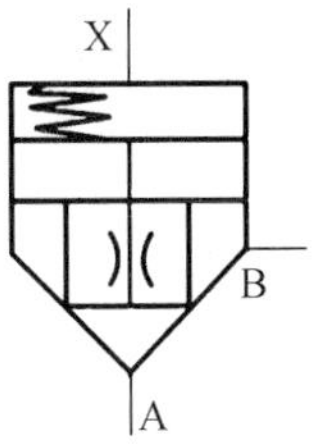 X B A	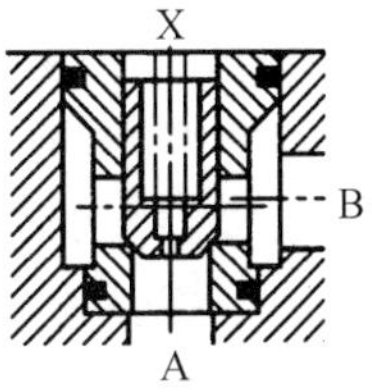 X B A	压力控制
常开口滑阀型插装件	1∶1	A→B	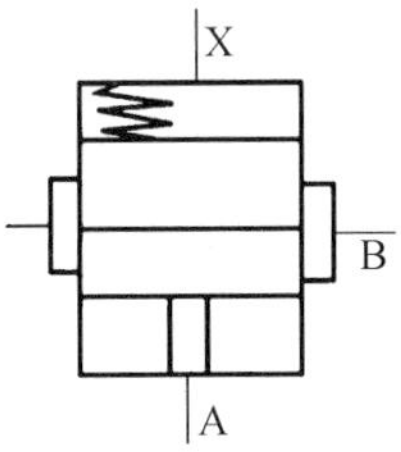 X B A	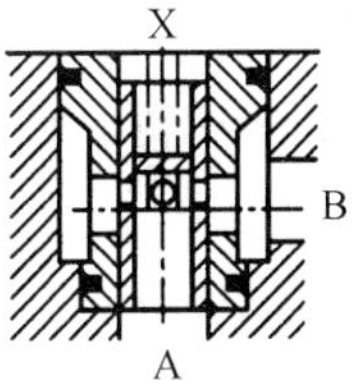 X B A	A、B口常开，可用作减压阀；与节流插装件串联可构成调速阀

表中面积比是指阀芯处于关闭位置时阀芯控制油腔作用面积 A_X 和阀芯在主油口 A 和 B 处的液压作用面积 A_A、A_B 的比值：A_A/A_X、A_B/A_X（注意：$A_X=A_A+A_B$）。它们表示了三个面积之间数值上的关系，通常定义的面积比为

$$\alpha=\frac{A_A}{A_X}$$

插装阀的阀芯基本类型有锥阀和滑阀两大类，滑阀的面积比均为 1∶1，而锥阀中，按面积比大体分为 A（1∶1.2）、B（1∶1.5）、C（1∶1.0）、D（1∶1.07）、E（1∶2.0）等类型。不

同面积比的获得一般保持 A_X 不变，通过改变面积 A_A 来实现。

阀芯的尾部结构如图 3-19 所示。阀芯的尾部主要有两种形式：一种是尾部不带窗口，但带有缓冲头，如图 3-19（a）所示，主要用于方向控制中阀芯开关的缓冲；另一种是尾部有缓冲头，并且带有不同形状的窗口，如图 3-19（b）～（d）所示，不仅具有前一种的功能，而且大量用于流量控制中检测流量。图 3-19（c）所示的带矩形窗口的结构在一定压差下具有相当线性的压差-流量增益曲线。不带缓冲头的阀芯，具有高速换向功能。

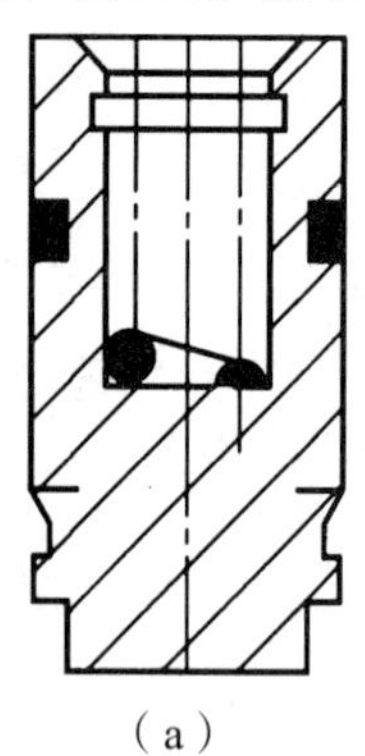
（a）

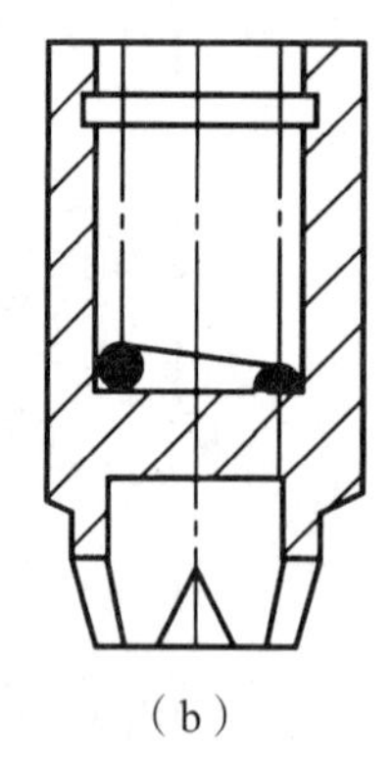
（b）

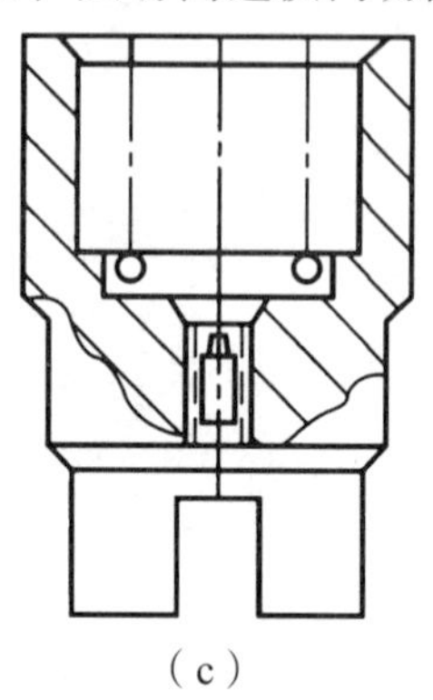
（c）

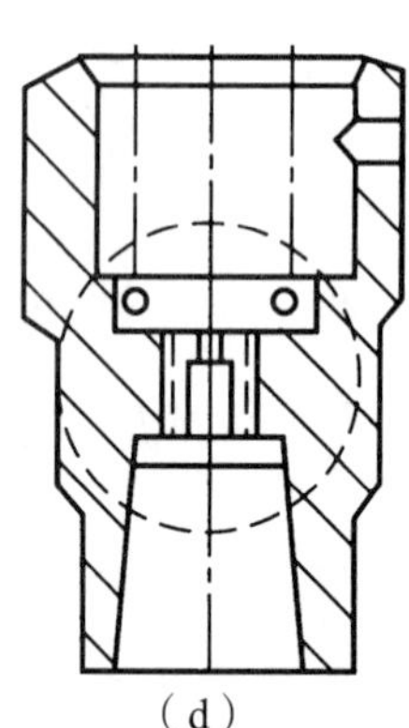
（d）

图 3-19　插装阀阀芯的尾部结构

插装元件中弹簧的刚度对阀的动态和稳态特性均有影响。通常每一种规格的插装阀，配备不同刚度的弹簧，并用开启压力进行区别。开启压力还与面积比、液流方向有关，一般以面积比为 1∶1.5 时的开启压力表示，例如开启压力为 0 MPa（无弹簧）、0.05 MPa、0.1 MPa、0.2 MPa、0.3 MPa、0.4 MPa 等。一般面积比 1∶1.07 与 1∶1.5 的插装阀配备相同的弹簧。

3）控制盖板

控制盖板的作用是为插装元件提供盖板座以形成密封空间，安装先导元件和沟通油液通道。控制盖板主要由盖板体、先导控制元件、节流螺塞等构成。按控制功能的不同，控制盖板分为方向控制、压力控制和流量控制三大类。有的盖板具有两种以上控制功能，则称为复合盖板。

盖板体通过密封件安装在插装元件的头端，根据嵌装的先导元件的要求有圆形的和矩形的，通常公称通径在 63 mm 以下采用矩形，公称通径大于 80 mm 时常采用圆形。

常用先导控制元件介绍如下。

（1）梭阀元件。如图 3-20 所示，梭阀元件可用于对两种不同的压力进行选择，C 口的输出压力与 A 口和 B 口中压力较大者相同。有时它也称为压力选择阀。

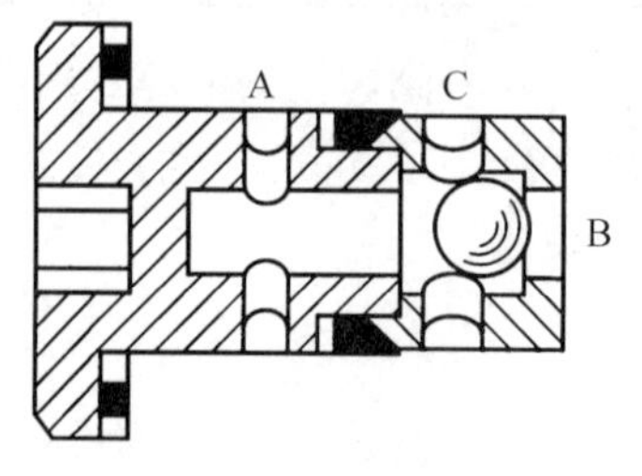

图 3-20　梭阀元件

（2）液控单向元件。如图 3-21 所示，其工作原理与普通的液控单向阀相同。

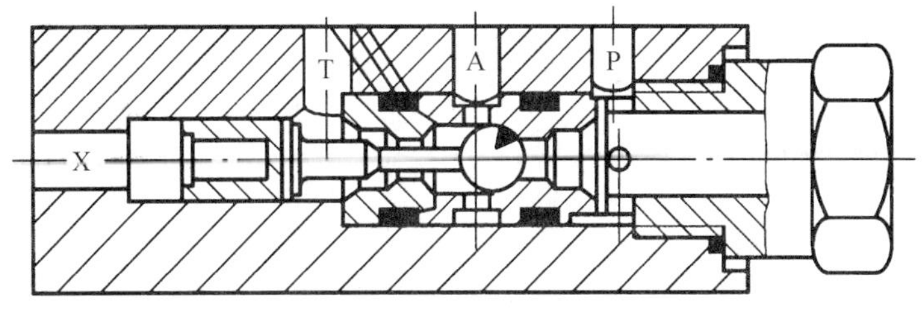

图 3-21　液控单向元件

（3）先导压力控制元件。如图 3-22 所示，可配合中心开孔的主阀组件使用，组成插装式溢流阀、减压阀和其他压力控制阀。

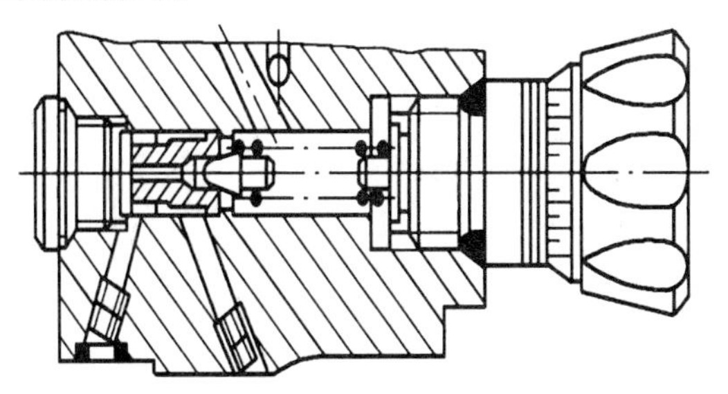
图 3-22　先导压力控制元件

（4）微流量调节器。如图 3-23 所示，其工作原理是利用阀芯 3 和小孔 4 构成的变节流孔和弹簧 2 的调节作用，保证流经定节流孔 1 的压差为恒值，因此是一个流量稳定器，其作用是使减压阀组件的入口取得的控制流量不受干扰而保持恒定。

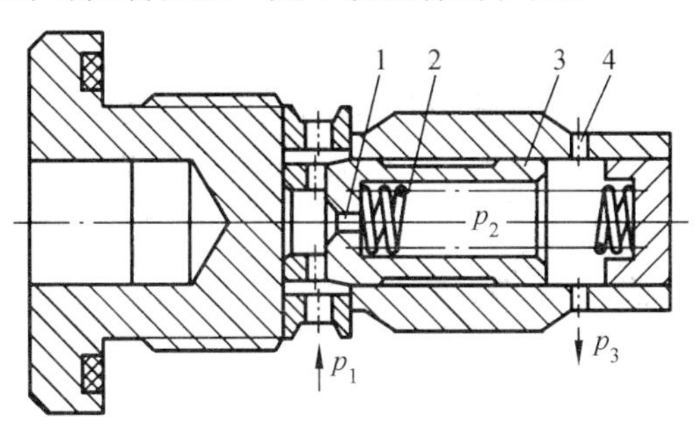

1—节流孔；2—弹簧；3—阀芯；4—小孔。

图 3-23　微流量调节器

（5）行程调节器。如图 3-24 所示，行程调节器嵌于流量控制盖板，可通过调节阀芯的行程来控制流量。

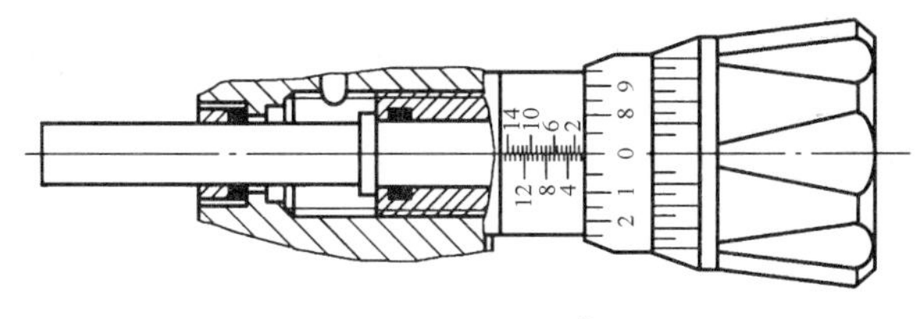
图 3-24　行程调节器

（6）节流螺塞。如图 3-25 所示，节流螺塞作为固定节流器嵌于控制盖板中，用于产生阻尼，形成特定的控制特性，或用于改善控制特性。

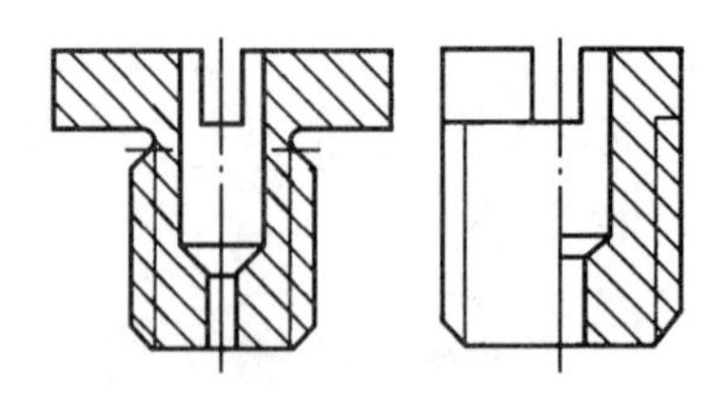

图 3-25　节流螺塞

方向控制盖板类型和功能如表 3-7 和表 3-9 所示；压力控制盖板类型和功能如表 3-8 和表 3-10 所示。

表 3-7　方向控制盖板类型和功能 1

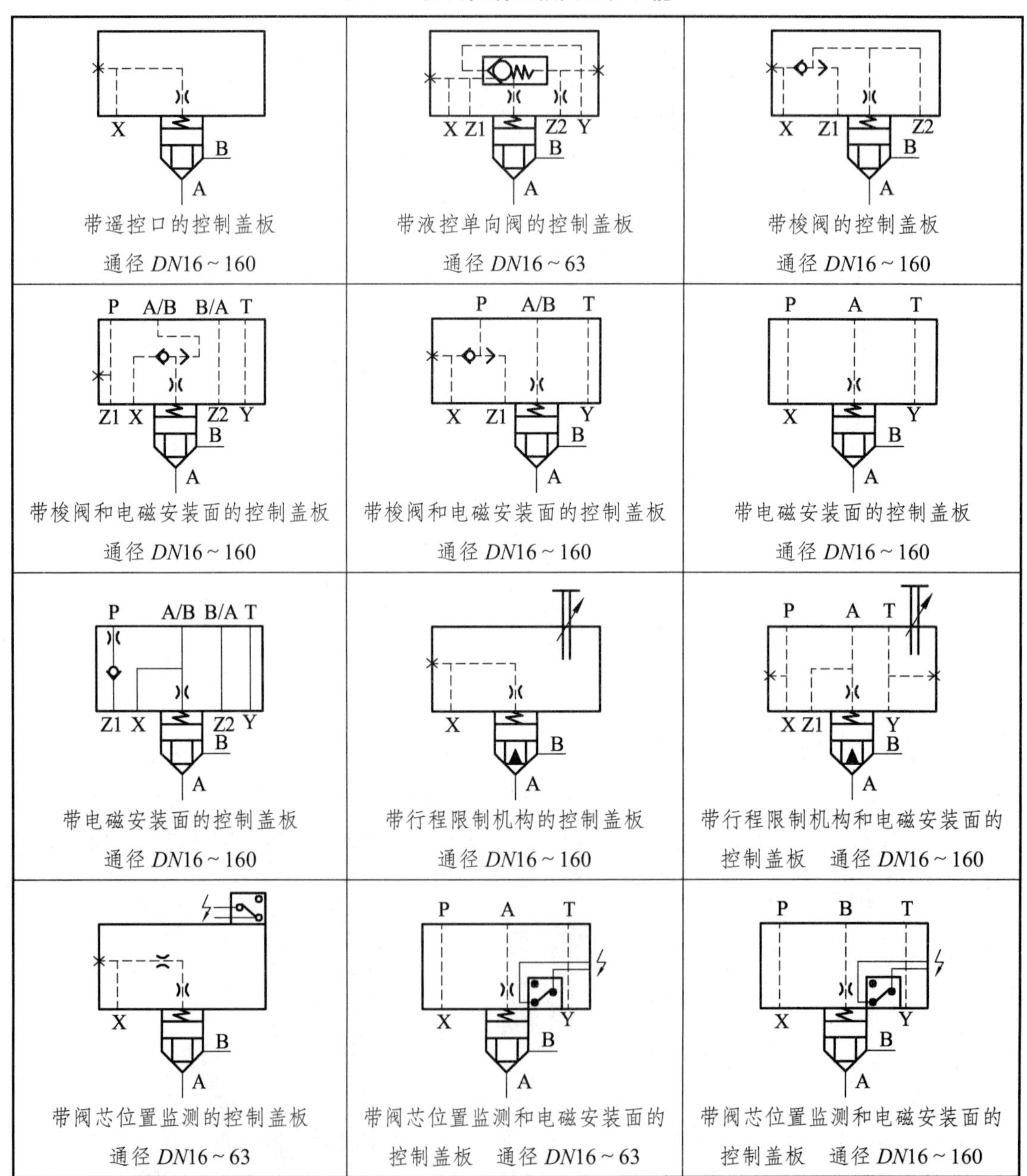

带遥控口的控制盖板 通径 *DN*16～160	带液控单向阀的控制盖板 通径 *DN*16～63	带梭阀的控制盖板 通径 *DN*16～160
带梭阀和电磁安装面的控制盖板 通径 *DN*16～160	带梭阀和电磁安装面的控制盖板 通径 *DN*16～160	带电磁安装面的控制盖板 通径 *DN*16～160
带电磁安装面的控制盖板 通径 *DN*16～160	带行程限制机构的控制盖板 通径 *DN*16～160	带行程限制机构和电磁安装面的控制盖板　通径 *DN*16～160
带阀芯位置监测的控制盖板 通径 *DN*16～63	带阀芯位置监测和电磁安装面的控制盖板　通径 *DN*16～63	带阀芯位置监测和电磁安装面的控制盖板　通径 *DN*16～160

表 3-8 压力控制盖板类型和功能 1

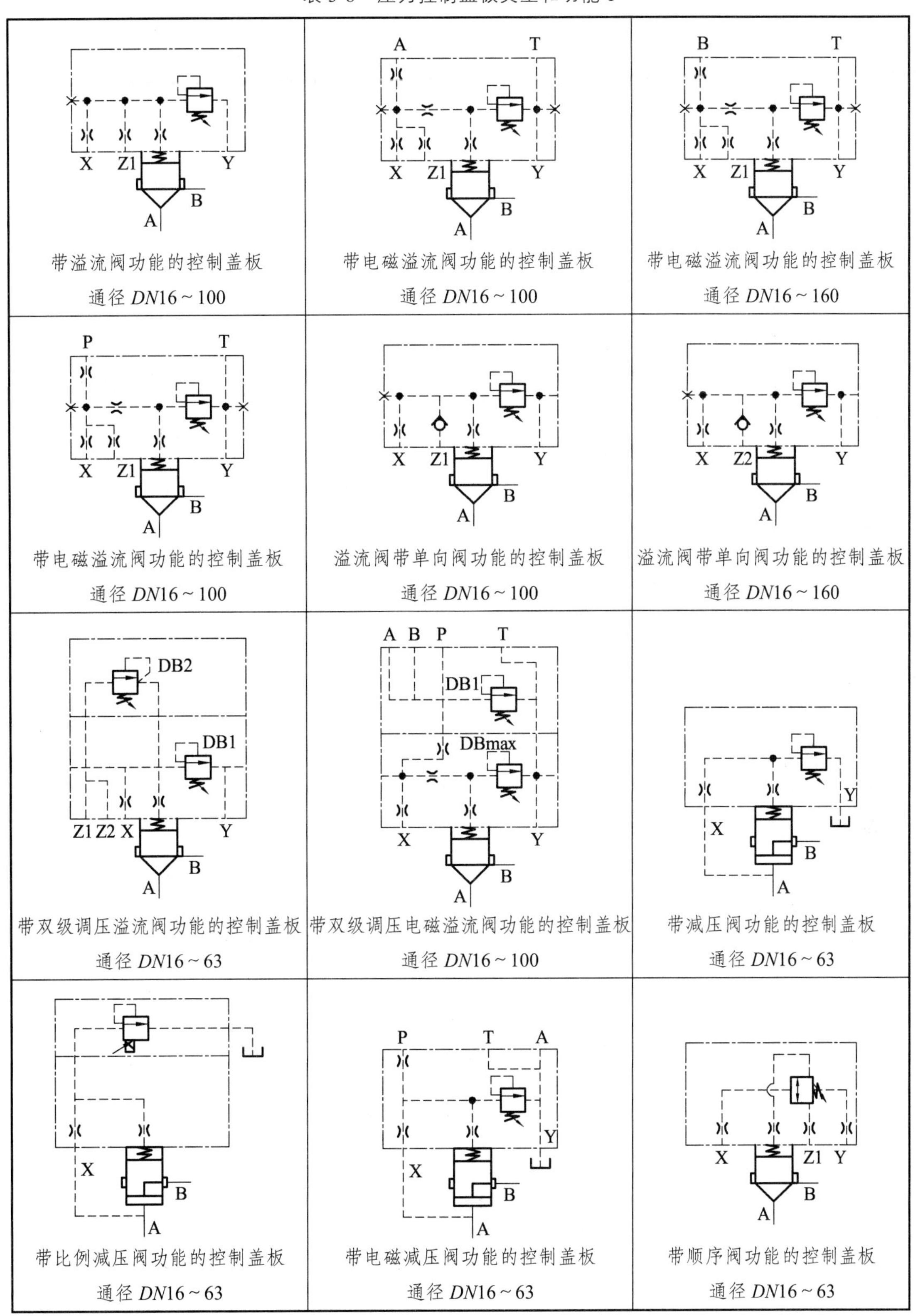

带溢流阀功能的控制盖板 通径 *DN*16～100	带电磁溢流阀功能的控制盖板 通径 *DN*16～100	带电磁溢流阀功能的控制盖板 通径 *DN*16～160
带电磁溢流阀功能的控制盖板 通径 *DN*16～100	溢流阀带单向阀功能的控制盖板 通径 *DN*16～100	溢流阀带单向阀功能的控制盖板 通径 *DN*16～160
带双级调压溢流阀功能的控制盖板 通径 *DN*16～63	带双级调压电磁溢流阀功能的控制盖板 通径 *DN*16～100	带减压阀功能的控制盖板 通径 *DN*16～63
带比例减压阀功能的控制盖板 通径 *DN*16～63	带电磁减压阀功能的控制盖板 通径 *DN*16～63	带顺序阀功能的控制盖板 通径 *DN*16～63

表 3-9　方向控制盖板类型和功能 2

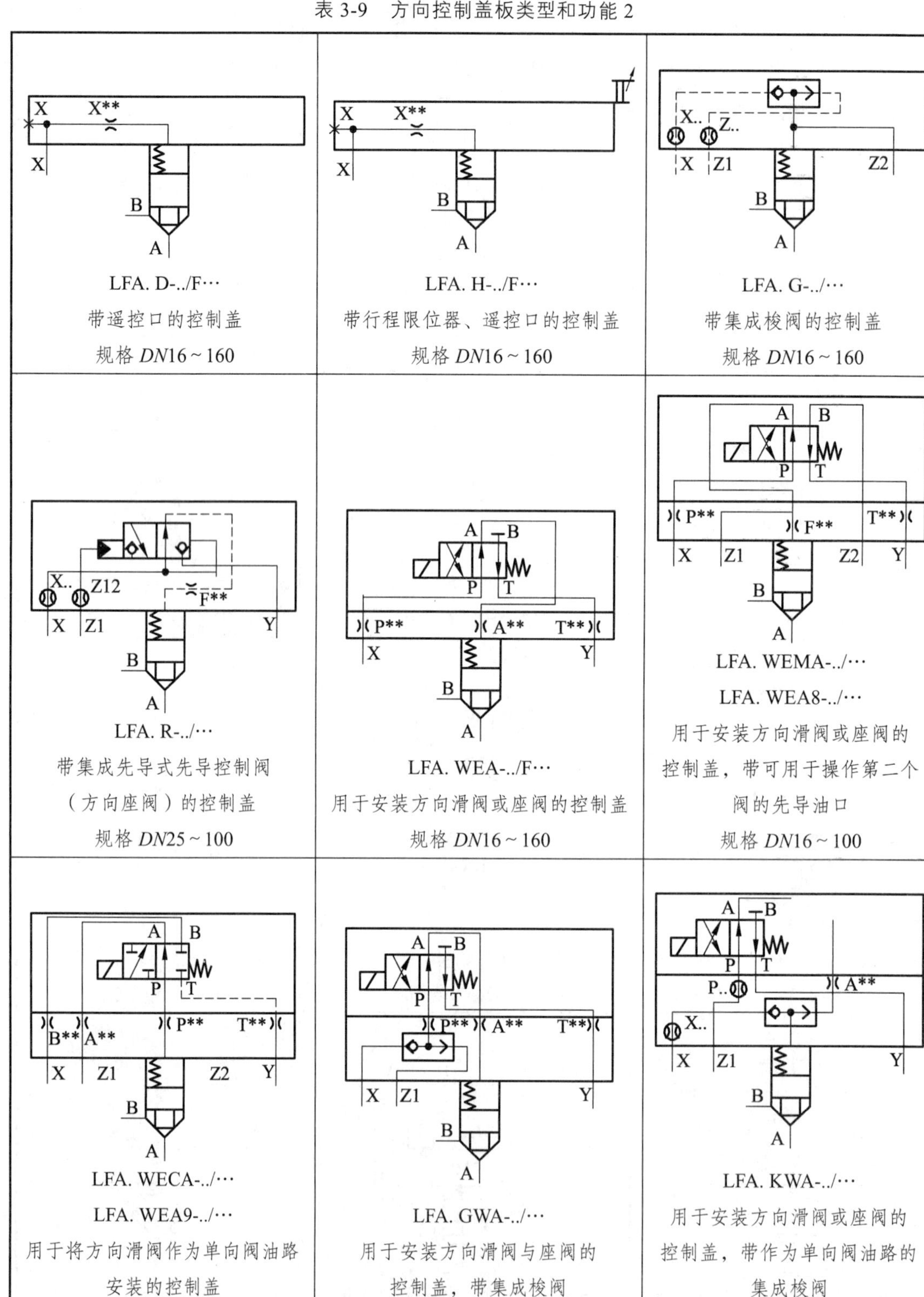

LFA. D-../F… 带遥控口的控制盖 规格 *DN*16～160	LFA. H-../F… 带行程限位器、遥控口的控制盖 规格 *DN*16～160	LFA. G-../… 带集成梭阀的控制盖 规格 *DN*16～160
LFA. R-../… 带集成先导式先导控制阀 （方向座阀）的控制盖 规格 *DN*25～100	LFA. WEA-../F… 用于安装方向滑阀或座阀的控制盖 规格 *DN*16～160	LFA. WEMA-../… LFA. WEA8-../… 用于安装方向滑阀或座阀的控制盖，带可用于操作第二个阀的先导油口 规格 *DN*16～100
LFA. WECA-../… LFA. WEA9-../… 用于将方向滑阀作为单向阀油路安装的控制盖 规格 *DN*16～100	LFA. GWA-../… 用于安装方向滑阀与座阀的控制盖，带集成梭阀 规格 *DN*16～100	LFA. KWA-../… 用于安装方向滑阀或座阀的控制盖，带作为单向阀油路的集成梭阀 规格 *DN*16～100

续表

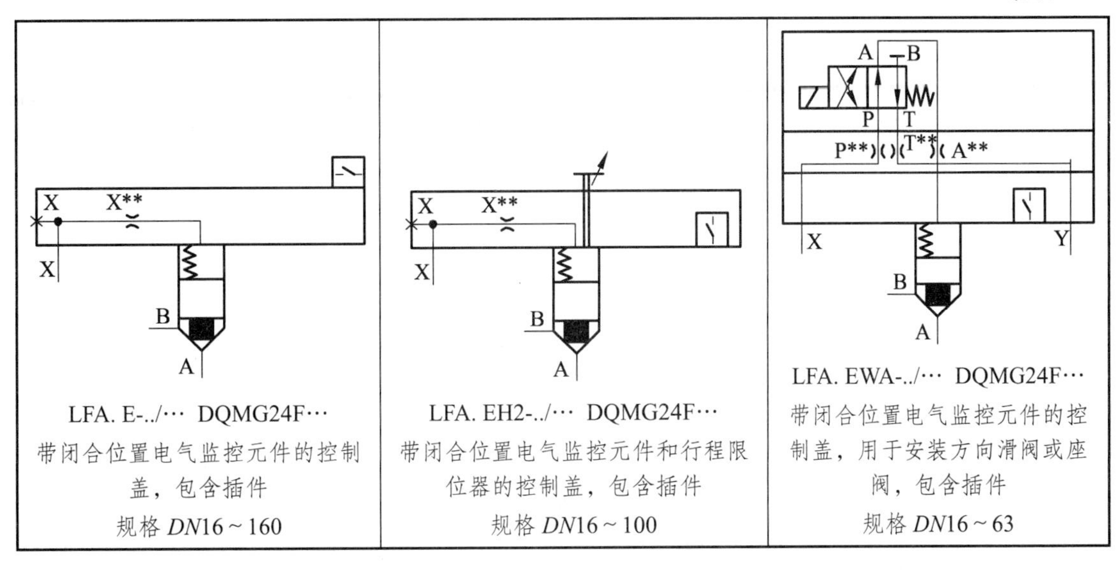

LFA. E-../… DQMG24F… 带闭合位置电气监控元件的控制盖，包含插件 规格 *DN*16 ~ 160	LFA. EH2-../… DQMG24F… 带闭合位置电气监控元件和行程限位器的控制盖，包含插件 规格 *DN*16 ~ 100	LFA. EWA-../… DQMG24F… 带闭合位置电气监控元件的控制盖，用于安装方向滑阀或座阀，包含插件 规格 *DN*16 ~ 63

表 3-10　压力控制盖板类型和功能 2

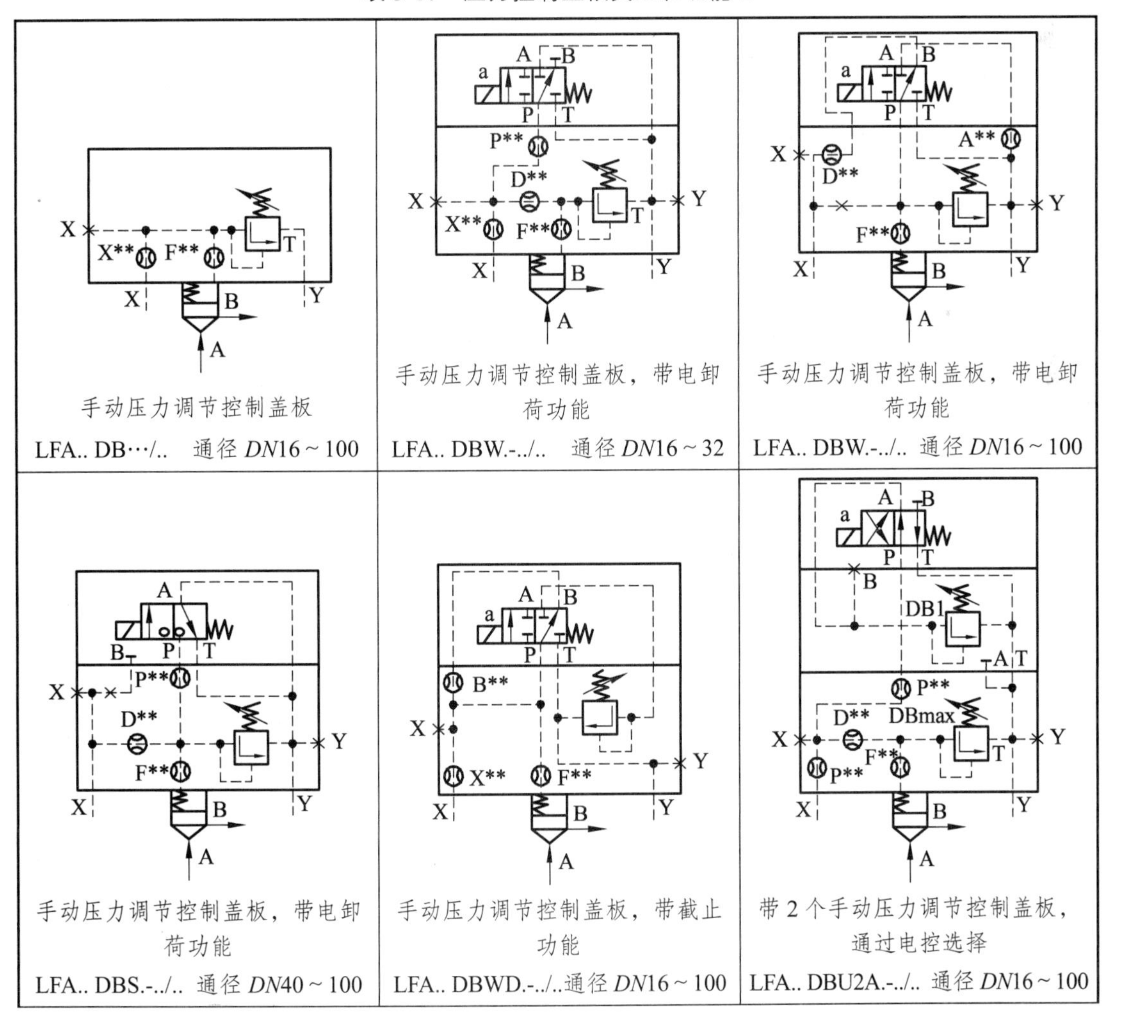

手动压力调节控制盖板 LFA.. DB…/..　通径 *DN*16 ~ 100	手动压力调节控制盖板，带电卸荷功能 LFA.. DBW.-../..　通径 *DN*16 ~ 32	手动压力调节控制盖板，带电卸荷功能 LFA.. DBW.-../..　通径 *DN*16 ~ 100
手动压力调节控制盖板，带电卸荷功能 LFA.. DBS.-../..　通径 *DN*40 ~ 100	手动压力调节控制盖板，带截止功能 LFA.. DBWD.-../..通径 *DN*16 ~ 100	带 2 个手动压力调节控制盖板，通过电控选择 LFA.. DBU2A.-../..　通径 *DN*16 ~ 100

续表

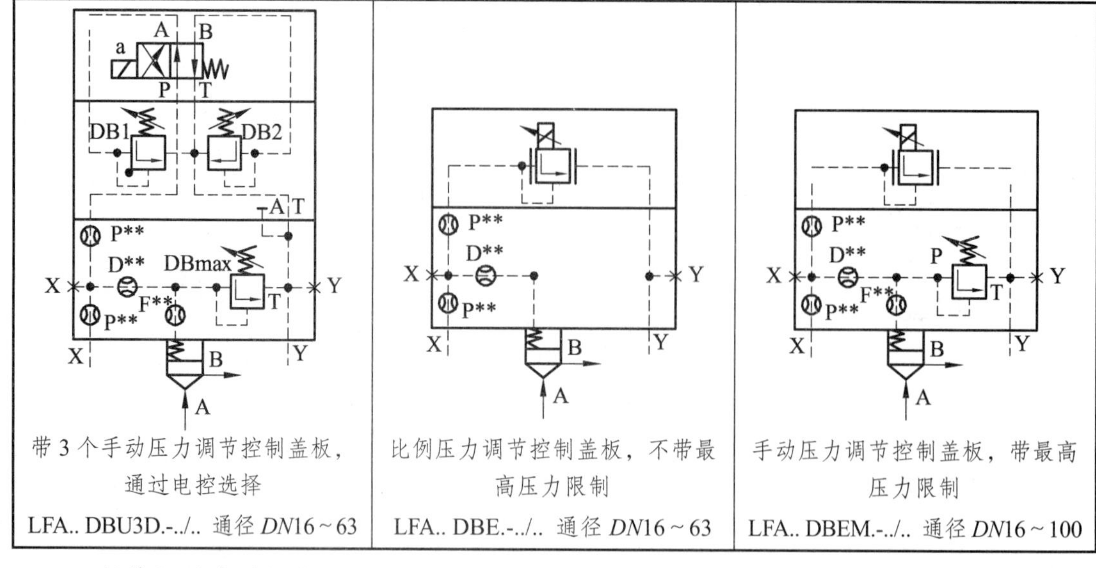

带 3 个手动压力调节控制盖板，通过电控选择	比例压力调节控制盖板，不带最高压力限制	手动压力调节控制盖板，带最高压力限制
LFA.. DBU3D.-../.. 通径 *DN*16～63	LFA.. DBE.-../.. 通径 *DN*16～63	LFA.. DBEM.-../.. 通径 *DN*16～100

2. 插装阀的典型组件

1）方向控制组件

（1）基本型单向阀组件。如图 3-26 所示，二通插装阀本身即为单向阀，控制盖板内设有节流螺塞，以影响阀芯的开关时间。插装阀常用锥形阀芯，这种单向阀流通面积大，具有良好的流量-压降特性，最大工作压力为 31.5 MPa，最大流量为 1 100 L/min。

（2）带球式压力选择阀（梭阀）的单向阀组件。如图 3-27 所示，该阀的控制盖板设置了梭阀组件，因此可自动选择较高的压力进入 A 口，实现多个信号对阀芯的控制。

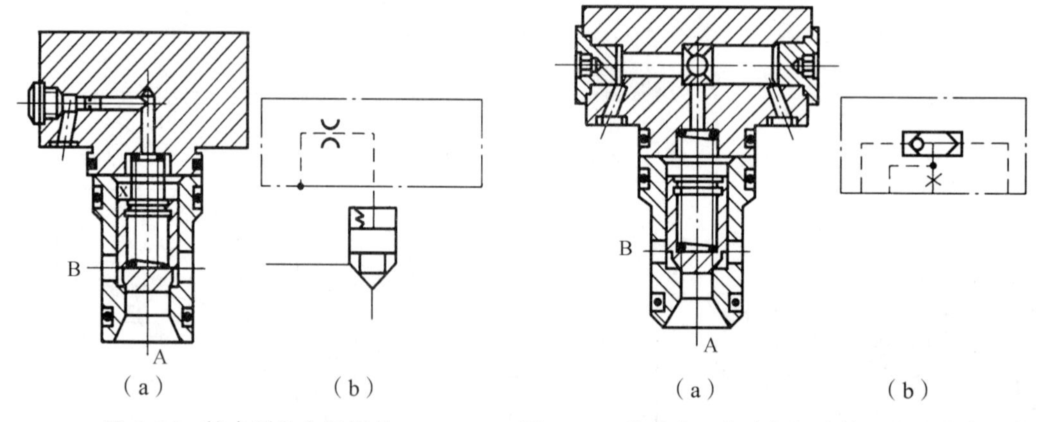

（a）　（b）

图 3-26　基本型单向阀组件

（a）　（b）

图 3-27　带球式压力选择阀（梭阀）的单向阀组件

（3）带锥阀式压力选择阀的单向阀组件。如图 3-28 所示。锥阀式单向阀密封性能较好，在高水基系统中更为可靠。在这种组件的控制盖板中，可以插装 1～4 个这种组件。

（4）带滑阀式先导电磁阀的单向阀组件。如图 3-29 所示，先导阀可以是板式连接的先导电磁阀、含小型插装阀的电液换向阀、手动换向阀或叠加阀。控制盖板为先导阀提供油道和安装面，并在油道设置了多个节流螺塞，以改善主阀芯的启闭性能，有的盖板还带有压力选择阀。

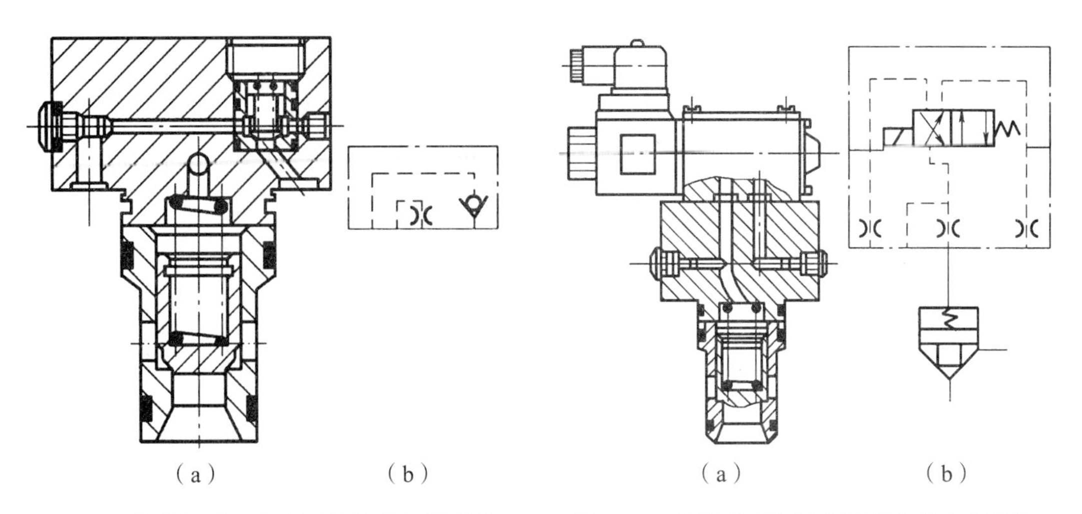

图 3-28　带锥阀式压力选择阀的单向阀组件　　　　图 3-29　带滑阀式先导电磁阀的单向阀组件

（5）带球式电磁先导阀的换向阀组件。如图 3-30 所示，这种先导阀阀芯的密封性能及响应速度均较好，特别适合于高压系统和高水基介质系统。当电磁阀左位工作时，可以做到从 A 口到 T 口无泄漏。

（6）带先导换向阀和叠加阀的换向阀组件。如图 3-31 所示，盖板安装面应符合 ISO 4401 的规定，这种阀兼有叠加阀的特性，很容易改变或更换控制阀。

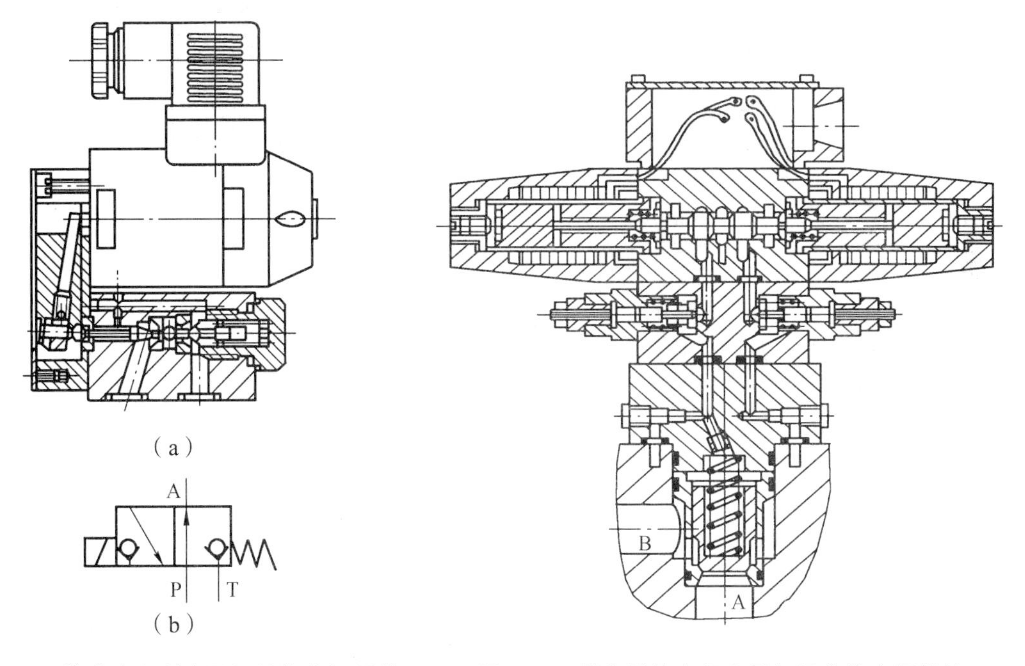

图 3-30　带球式电磁先导阀的换向阀组件　　　　图 3-31　带先导换向阀和叠加阀的换向阀组件

（7）带电液先导控制的换向阀组件。当主阀通径大于 ϕ63 mm，并要求快速启动时，可采用电液阀作为先导控制阀，构成三级控制换向阀组件（见图 3-32）。

2）压力控制组件

（1）基本型溢流阀组件。如图 3-33 所示，由带先导调压阀的控制盖板和锥阀式插装阀组成，调压阀调定主阀芯的开启压力。与传统溢流阀的区别在于多了两个节流螺塞，以改善主阀的控制特性。选用不同面积比的主阀芯，会影响溢流阀的特性。

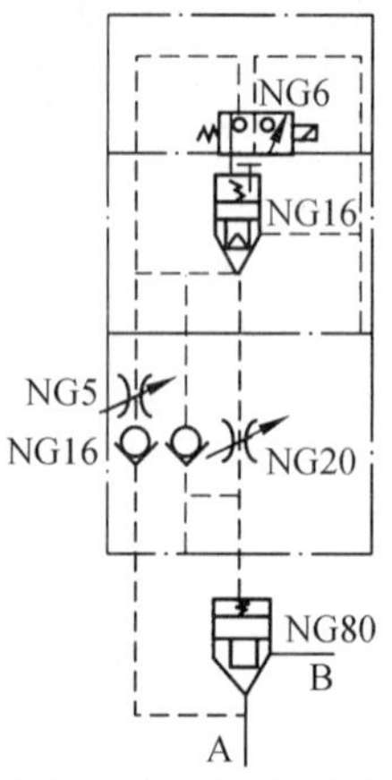

图 3-32　带电液先导控制的换向阀组件

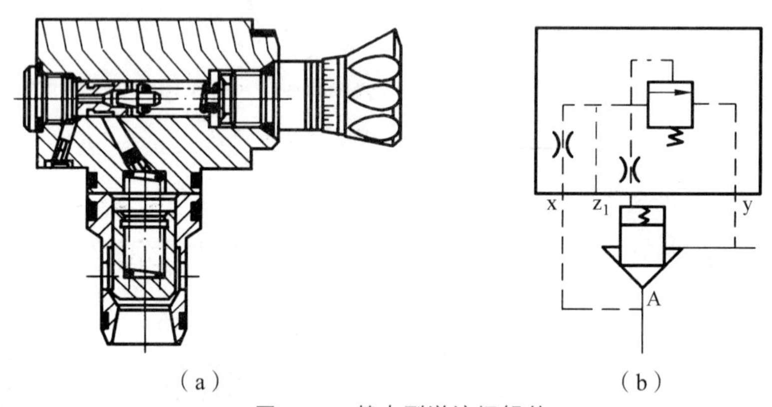

（a）　（b）

图 3-33　基本型溢流阀组件

（2）带先导电磁阀的溢流阀组件。如图 3-34 所示，在基本型溢流阀组件的盖板上安装先导电磁阀和叠加式溢流阀，通过控制二通插装阀控制腔与油箱的通断状态，实现阀的二级调压和卸荷功能。

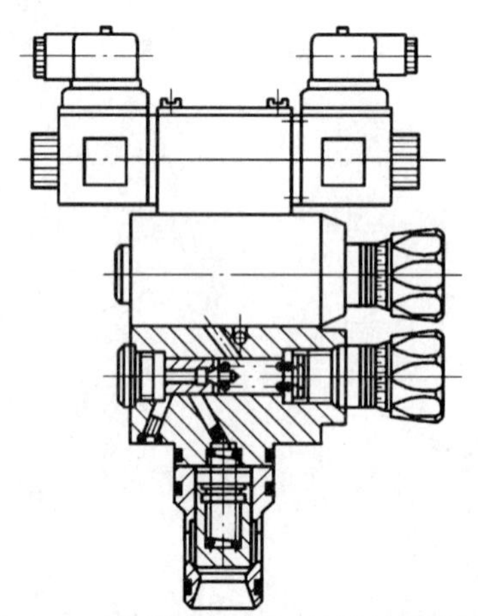

图 3-34　带先导电磁阀的溢流阀组件

（3）顺序阀组件。二通插装阀式顺序阀组件与溢流阀组件结构相同，但油口 B 接工作腔而不回油箱。先导阀泄油需单独接油箱，如图 3-35 所示。

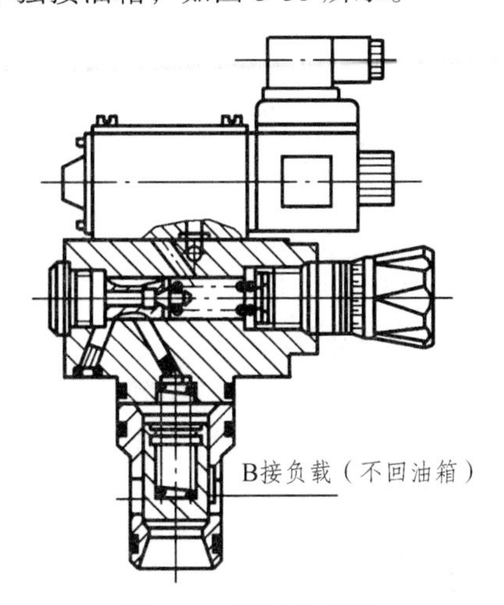

图 3-35　顺序阀组件

（4）平衡阀组件（见图 3-36）。

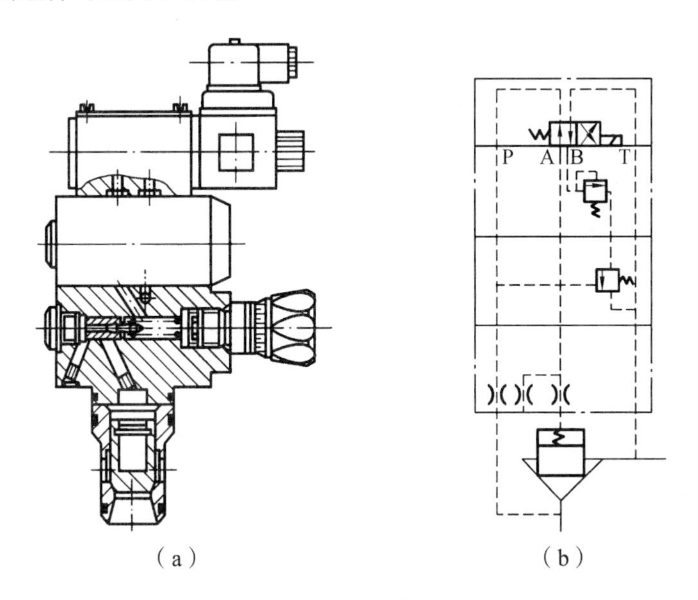

图 3-36　平衡阀组件

（5）基本型减压阀组件。如图 3-37 所示，由滑阀式插装阀芯和先导调压元件及微流量调节器组成，控制油液由上游取得，经微流量调节器时，由于一个起限流作用的浮动阀芯而使通过先导阀的流量恒定，为主阀芯上端提供了基本恒定的控制压力。

（6）带先导电磁阀的减压阀组件。如图 3-38 所示，这种阀可由电磁阀进行高低压选择。

3）流量控制组件

（1）二通插装阀流量控制组件。如图 3-39 所示，它由带行程调节器的控制盖板和阀芯尾部带节流口的插装元件组成。主阀芯尾部节流口的常见结构如图 3-40 所示。若把控制腔与 B 口连接，则成为单向节流阀。

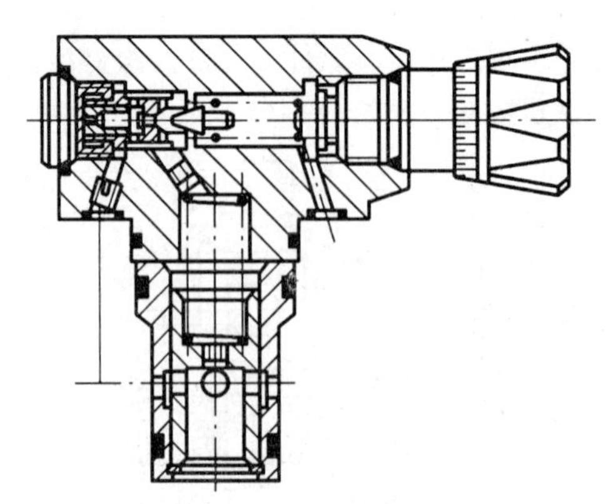

图 3-37　基本型减压阀组件

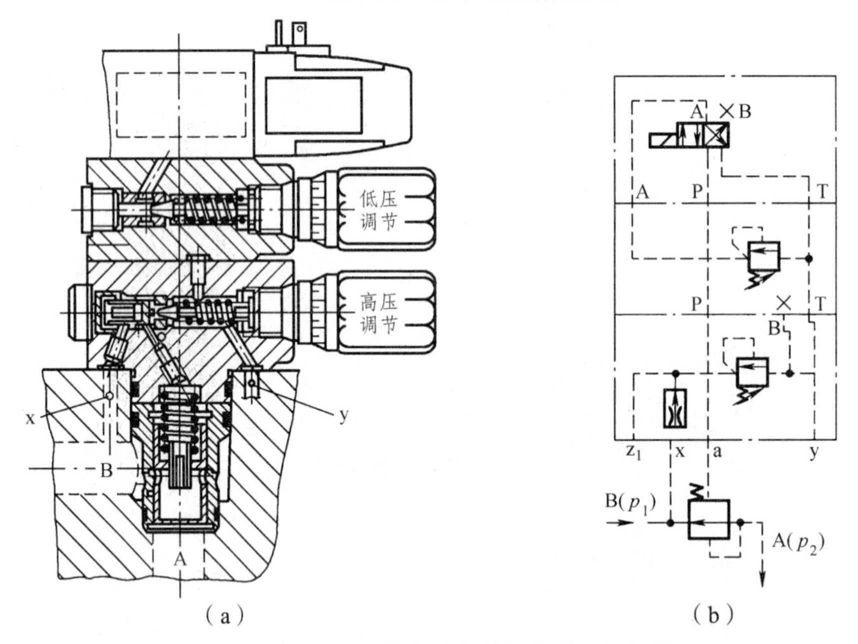

图 3-38　带先导电磁阀的减压阀组件

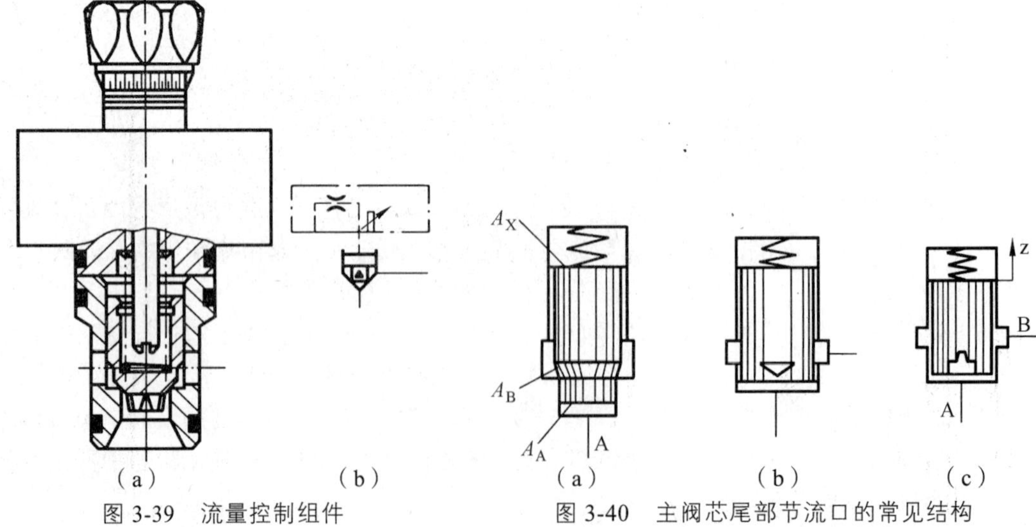

图 3-39　流量控制组件

图 3-40　主阀芯尾部节流口的常见结构

（2）带先导电磁阀的节流阀组件。如图 3-41 所示，它由节流阀和先导电磁阀串联而成。

（3）二通调速阀组件。节流阀对流量的控制效果易受到外负载的影响，即速度刚度小。为提高速度刚度，可用节流阀与压力补偿器组成调速阀。图 3-42 为二通调速阀组件的结构图，它由节流阀与压力补偿器串联而成，若 p_2 上升时，将使补偿器阀芯右移，减少补偿器的节流作用，使 p_A 上升，结果减少节流阀前后压差的变化而稳定流量。

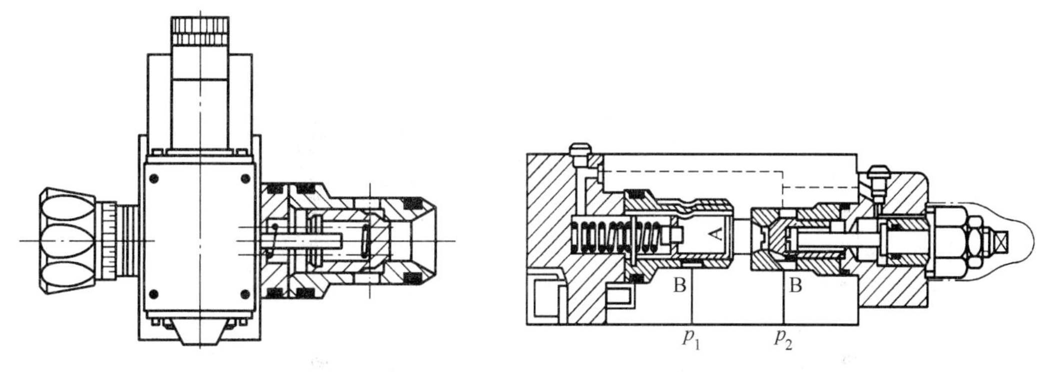

图 3-41　带先导电磁阀的节流阀组件　　　　图 3-42　二通调速阀组件

（4）三通调速阀组件。如图 3-43 所示，三通调速阀由节流阀与压力补偿器并联，压力补偿器实质为一定差溢流阀。此压差即节流阀前后的压差。该阀一般装在进油路上，由于入口压力将随负载变化，故能量损失较二通调速阀小。

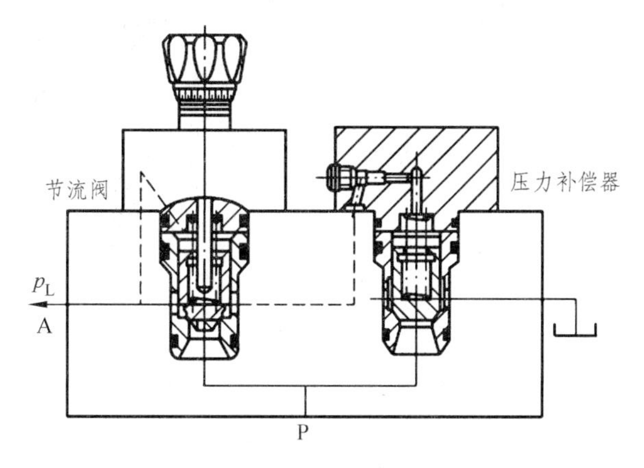

图 3-43　三通调速阀组件

3. 插装阀的基本回路

将插装元件与不同的控制盖板、各种先导控制阀进行组合，即可构成方向插装阀，压力插装阀，流量插装阀，方向、压力、流量复合插装阀，以及由这些阀组成的插装阀回路或系统。

1）三通换向插装阀及其换向回路

三通换向插装阀的功率级需要两个插装元件 CV_1、CV_2，按照油口连接方式的不同，可得到图 3-44 所示的四种组合方式，由此可构成二位三通插装换向阀换向回路、三位三通插装换向阀换向回路和四位三通插装换向阀换向回路等。

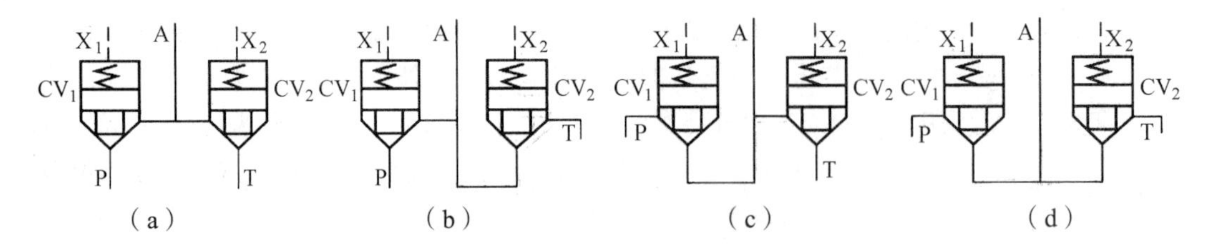

图 3-44　三通阀的四种组合方式

如图 3-45 所示，二位三通插装换向阀 I 由三通阀组合元件以及二位四通电磁换向导阀 1 构成。导阀 1 通电切换至右位时，使插装元件 CV_1 的 X_1 腔接油箱，故 CV_1 开启，而插装元件 CV_2 的 X_2 腔接压力油，故 CV_2 关闭，油源的压力油经 CV_1 从 A 进入单作用液压缸 2 的无杆腔，实现伸出运动；当导阀 1 的电磁铁断电复至图示左位时，使插装元件 CV_1 的 X_1 腔接压力油，故 CV_1 关闭，而插装元件 CV_2 的 X_2 腔接油箱，故 CV_2 开启，缸 2 在有杆腔弹簧作用下复位，无杆腔的油液经插装元件 CV_2 从 T 口流回油箱，从而实现了液压缸的换向。

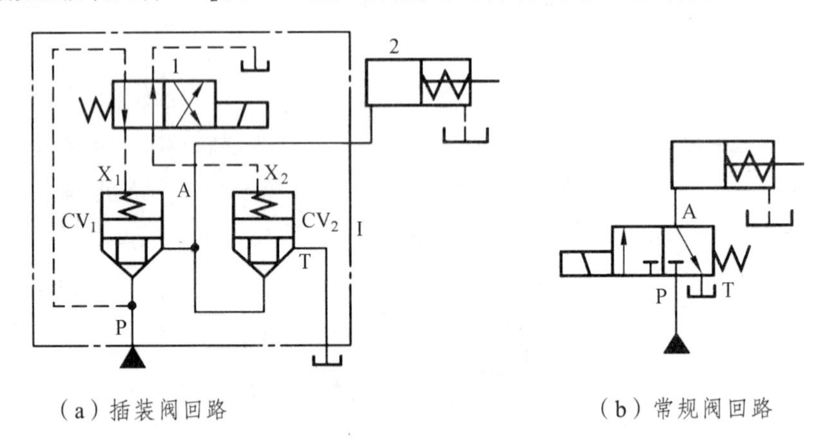

（a）插装阀回路　　　　（b）常规阀回路

图 3-45　二位三通插装换向阀及其换向回路

2）四通插装换向阀及其换向回路

四通插装换向阀由两个三通回路组合而成，所以一个四通插装换向阀的功率级需要四个插装元件 CV_1、CV_2、CV_3、CV_4。四个插装元件控制与执行器相通的两个油口 A、B 可组合为 10 种连接方式。图 3-46 为其中的四种连接方式，由此可以构成二位四通换向回路、三位四通换向回路、四位四通换向回路，甚至十二位四通换向回路，还可以构成各种压力控制回路和流量控制回路。

图 3-47 所示为 O 型中位机能三位四通插装换向阀的换向回路。三位四通插装换向阀 I 由四通阀组合元件以及一个 K 型中位机能的三位四通电磁换向阀 1 构成。

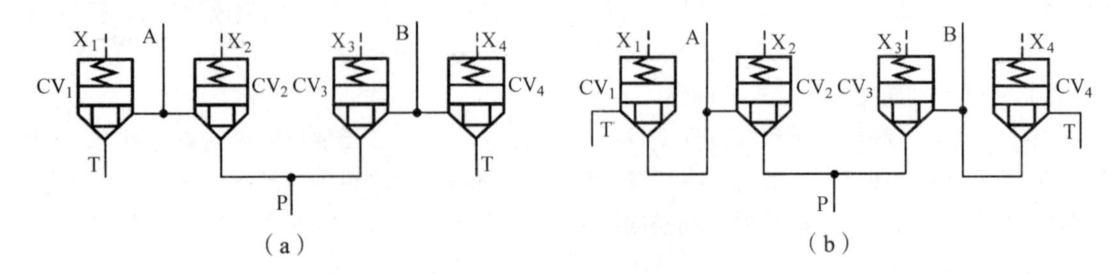

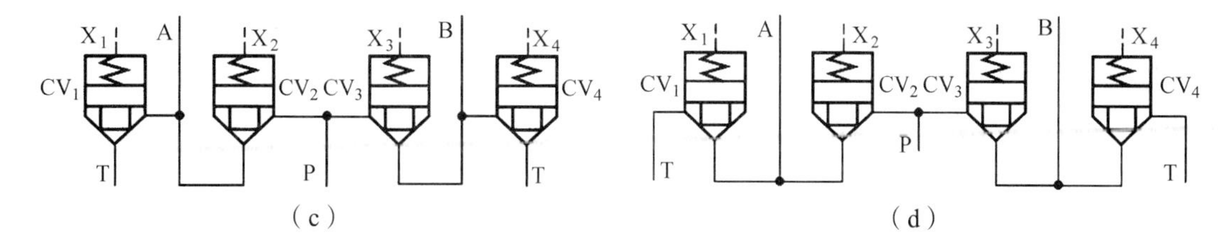

图 3-46　四通阀的四种连接方式

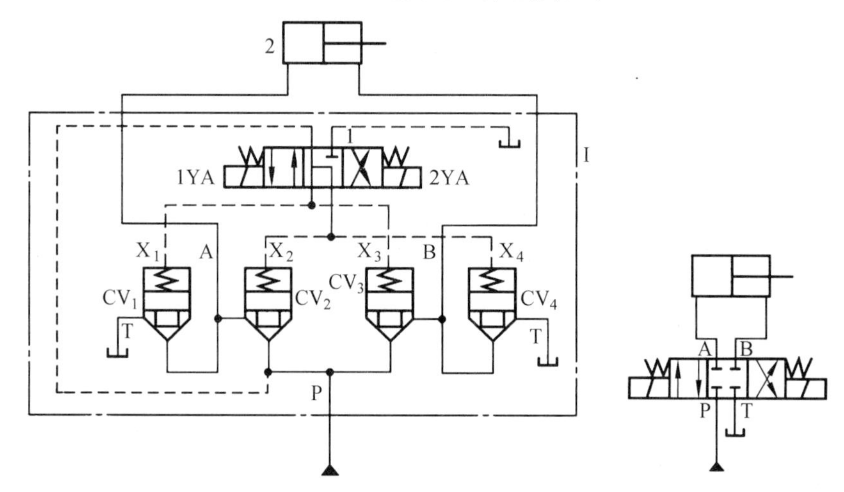

图 3-47　O 型中位机能三位四通插装换向阀的换向回路

当电磁铁 1YA 通电使导阀 1 切换至左位时，插装元件 CV_1 的 X_1 腔和 CV_3 的 X_3 腔接压力油，故 CV_1 与 CV_3 关闭，而插装元件 CV_2 的 X_2 腔和 CV_4 的 X_4 腔接油箱，故 CV_2 与 CV_4 开启，油源的压力油经 CV_2 从 A 进入单杆液压缸 2 的无杆腔，有杆腔经 B、CV_4 向油箱排油，液压缸向右运动。

当电磁铁 2YA 通电使导阀 1 切换至右位时，插装元件 CV_1 的 X_1 腔和 CV_3 的 X_3 腔接油箱，故 CV_1 与 CV_3 开启，而插装元件 CV_2 的 X_2 腔和 CV_4 的 X_4 腔接压力油，故 CV_2 与 CV_4 关闭，油源的压力油经 CV_3 从 B 进入液压缸 2 的有杆腔，无杆腔经 A、CV_1 向油箱排油，液压缸向左运动，从而实现了液压缸的换向。

当电磁铁 1YA 和 2YA 均断电使导阀处于图示中位时，四个插装元件的 X 腔同时接压力油，所以 CV_1、CV_2、CV_3、CV_4 均关闭，缸 2 停留在任意位置，而油源保持压力。

图 3-48 为四位四通插装换向阀的换向回路。四位四通插装换向阀 I 由四通阀组合元件以及两个二位四通电磁换向导阀 1、2 构成。当电磁铁 1YA 通电使导阀 1 切换至右位，电磁铁 2YA 断电处于图示左位时，插装元件 CV_1 的 X_1 腔和 CV_3 的 X_3 腔接压力油，故 CV_1 与 CV_3 关闭，而插装元件 CV_2 的 X_2 腔和 CV_4 的 X_4 腔接油箱，故 CV_2 与 CV_4 开启，油源的压力油经 CV_2 从 A 进入单杆液压缸 3 的无杆腔，有杆腔经 B、CV_4 向油箱排油，液压缸向右运动；当电磁铁 1YA 断电使导阀 1 复至左位，电磁铁 2YA 通电切换至右位时，插装元件 CV_1 的 X_1 腔和 CV_3 的 X_3 腔接油箱，故 CV_1 与 CV_3 开启，而插装元件 CV_2 的 X_2 腔和 CV_4 的 X_4 腔接压力油，故 CV_2 与 CV_4 关闭，油源的压力油经 CV_3 从 B 进入单杆液压缸 3 的有杆腔，无杆腔经 A、CV_1 向油箱排油，液压缸向左运动，从而实现了液压缸的换向。当电磁铁 1YA 和 2YA 均断电使导阀 1、2 均处于图示左位时，插装元件 CV_1 的 X_1 腔和 CV_4 的 X_4 腔均接油箱，CV_1 和 CV_4 均开

启，而插装元件 CV_2 的 X_2 腔和 CV_3 的 X_3 腔接压力油，故 CV_2 与 CV_3 关闭，A、B 均通油箱，液压缸浮动；当电磁铁 1YA 和 2YA 均通电使导阀 1、2 切换至右位时，插装元件 CV_1 的 X_1 腔和 CV_4 的 X_4 腔均接压力油，CV_1 和 CV_4 均关闭，而插装元件 CV_2 的 X_2 腔和 CV_3 的 X_3 腔接油箱，故 CV_2 与 CV_3 开启，P、A、B 均互通，压力油同时进入液压缸的无杆腔和有杆腔，实现差动快速前进。

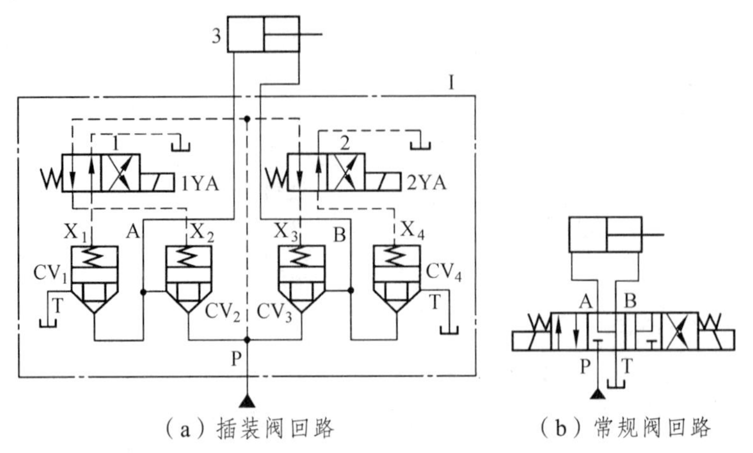

（a）插装阀回路　　（b）常规阀回路

图 3-48　四位四通插装换向阀的换向回路

3）插装溢流阀及其应用回路

如图 3-49 所示为插装溢流阀的调压回路。插装溢流阀（相当于先导式溢流阀）I 由阀芯带阻尼孔的压力控制插装元件 CV 和先导调压阀 2 构成。当液压泵 1 输出的系统压力即 A 腔压力小于先导调压阀 2 的设定压力时，先导调压阀关闭，由于 A 腔压力 p_A 与 X 腔压力 p_X 相等，此时插装元件 CV 关闭，A、B 腔不通。当 A 腔压力上升到先导调压阀 2 的设定值时，先导调压阀开启，A 腔就有一部分油液经 CV 的阻尼孔和阀芯 X 腔，再经先导调压阀流回油箱。由于流经阻尼孔的油液产生压差，故主阀芯 X 腔压力小于 A 腔压力，当 A 腔与 X 腔的压差大于 X 腔的弹簧力时，主阀芯开启，则 A 腔的压力油通过 B 腔溢回油箱，溢流过程中，压力 p_A 维持在先导调压阀的设定压力附近。系统压力的调整可通过调节先导调压阀来实现。

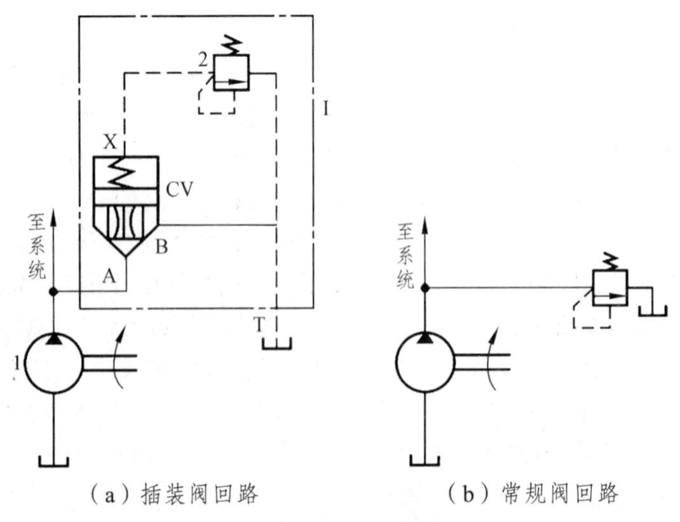

（a）插装阀回路　　（b）常规阀回路

图 3-49　插装溢流阀的调压回路

如图 3-50 所示为插装溢流阀的卸荷回路。插装溢流阀Ⅰ组件由压力控制插装元件 CV 与先导调压阀 2 及二位二通电磁换向阀 3 构成。电磁阀 3 断电时，系统压力由调压阀调定；电磁阀 3 通电切换至右位时，液压泵 1 卸荷。

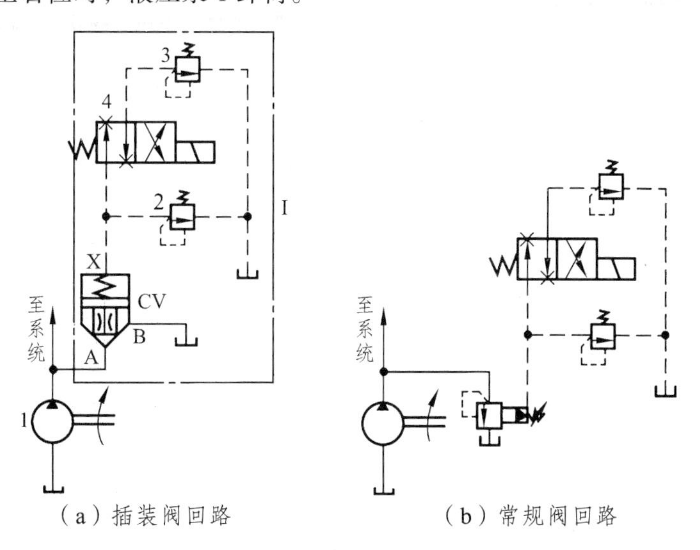

图 3-50　插装溢流阀的卸荷回路

4）插装顺序阀及其应用回路

如图 3-51 所示调压回路中的插装溢流阀的 B 腔接二次压力油路，而先导调压阀单独接回油箱，则可构成插装顺序阀，并将其用于双缸顺序动作控制。图中液压缸 4 先于缸 5 动作，系统最大压力由插装溢流阀Ⅰ设定，插装顺序阀Ⅱ用于控制双缸动作顺序，其开启压力由先导调压阀 3 设定。当缸 4 向右运动到端点时，系统压力升高，当压力升高到插装顺序阀Ⅱ的开启压力时，其插装元件 CV_2 开启，液压泵 1 的压力油经 A、B 进入液压缸 5 的无杆腔，实现向左的伸出运动。

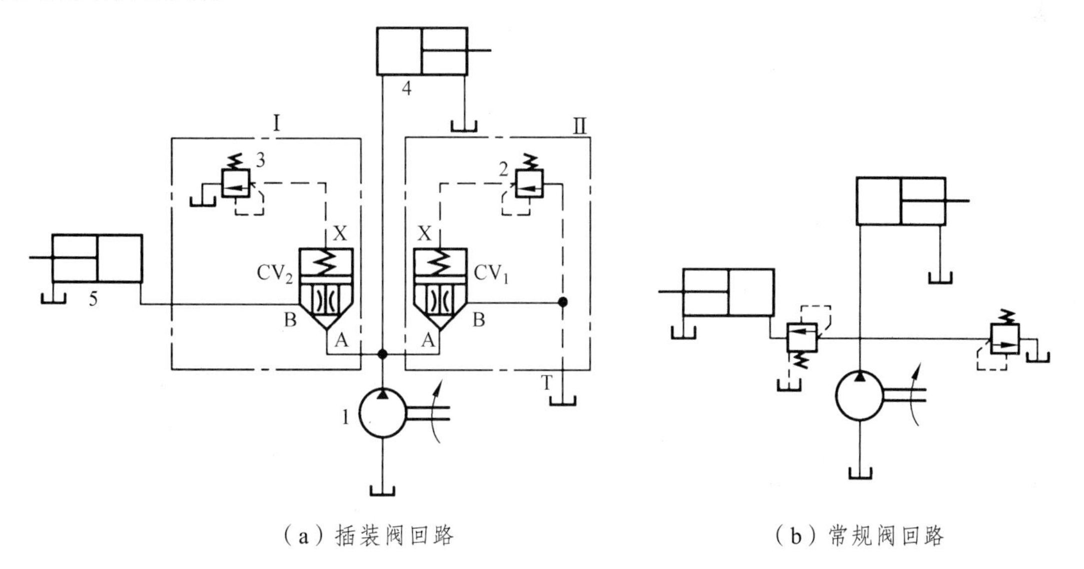

图 3-51　插装顺序阀及双缸顺序动作回路

5）插装流量阀及其应用回路

图 3-52 为插装单向节流阀的回油节流调速回路。单向节流阀 I 由单向插装元件 CV_1 与带行程调节机构的节流插装元件 CV_2 组合而成。当二位四通电磁换向阀 1 断电处于图示左位时，因 A 腔压力 p_A 大于 B 腔压力 p_B，CV_2 关闭，CV_1 开启，压力油经单向阀 CV_1 和 A 口进入液压缸 2 的无杆腔，有杆腔经阀 1 向油箱排油，液压缸向右运动；当阀 1 通电切换至右位时，压力油经阀 1 进入液压缸的有杆腔，此时，B 腔压力 p_B 大于 A 腔压力 p_A，故 CV_2 开启，CV_1 关闭，液压缸无杆腔油液经单向阀 B、CV_2 和 A 口排回油箱，液压缸向左运动，其速度通过节流阀 CV_2 的行程调节机构调节。

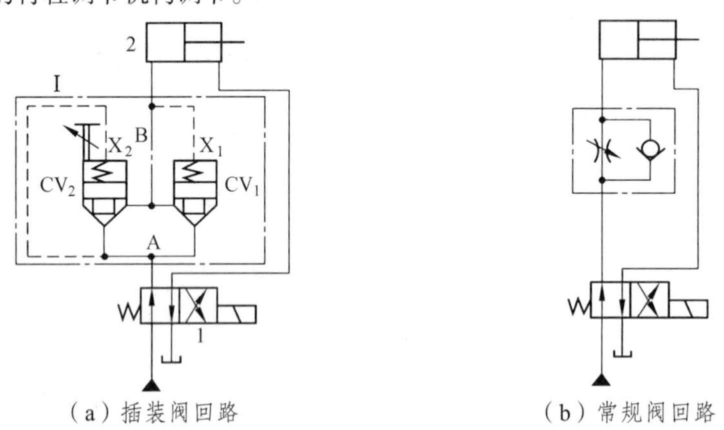

（a）插装阀回路　　（b）常规阀回路

图 3-52　插装单向节流阀的回油节流调速回路

6）插装阀复合控制回路

图 3-53 为一个插装阀的方向、压力、流量复合控制回路。阀芯带阻尼孔的插装元件 CV_1 及 CV_2 分别与先导调压阀 1 及 4 组成溢流阀，用于液压缸 3 的双向调压。插装元件 CV_2 与 CV_3 的阀芯不带阻尼孔，CV_2 带有行程调节机构，可调节阀口开度，实现液压缸后退时的进口节流调速。四个插装元件 CV_1 ~ CV_4 用一个三位四通电磁换向阀 2 进行集中控制。当电磁铁 1YA 和 2YA 均断电使阀 2 处于图示中位时，CV_1 ~ CV_4 全部关闭，液压缸被锁紧，锁紧力分别由调压阀 1 和 4 的设定压力限制；当电磁铁 2YA 通电使换向阀 2 切换至右位时，CV_1 和 CV_3 开启，压力油经 CV_3 进入液压缸的无杆腔，而有杆腔回油，液压缸左行前进，当系统工作压力

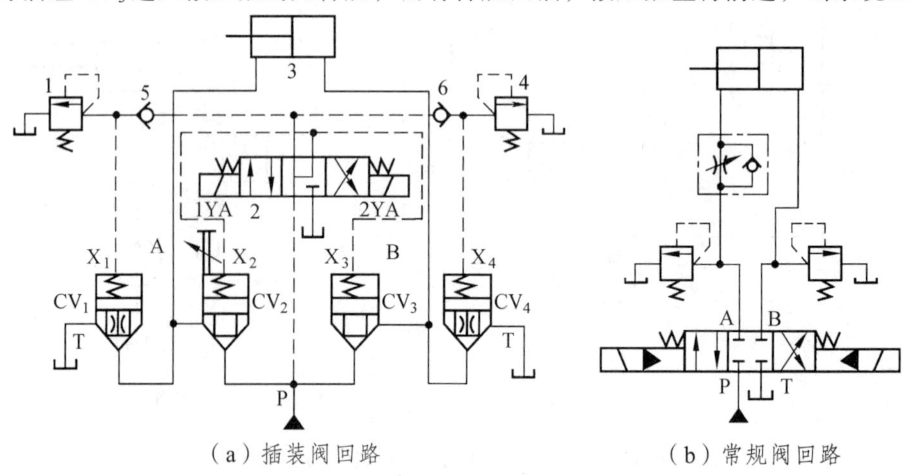

（a）插装阀回路　　（b）常规阀回路

图 3-53　插装阀的方向、压力、流量复合控制回路

达到先导调压阀 4 的设定值时，阀 4 开启溢流，限制了液压缸前进时的最大工作压力；当电磁铁 1YA 通电使换向阀 2 切换至左位时，CV_2 和 CV_4 开启，液压缸右行后退，退回速度由 CV_2 调节，后退时的最大压力由先导调压阀 1 限制。

3.2.2 螺纹插装阀

1. 螺纹插装阀的工作原理

1）螺纹插装阀的基本类型

螺纹插装阀是指安装形式为螺纹旋入式的一种液压控制元件。螺纹插装阀具有体积小、结构紧凑、应用灵活、使用方便、价格低等一系列优点。螺纹插装阀可实现几乎所有压力、流量、方向类型的阀类功能。表 3-11 为螺纹插装阀的基本类型。

表 3-11 螺纹插装阀的基本类型

压力阀类	流量阀类	换向阀类
直动式溢流阀	节流阀（针阀）	二通换向阀
先导式溢流阀	定流量阀	三通换向阀
先导式比例溢流阀	二通调速阀	四通换向阀
直动式三通减压阀	三通调速阀	单向阀
先导式三通减压阀	分流集流阀	液控单向阀
三通型先导式比例减压阀	二位二通常闭阀	梭阀
直动顺序阀	阀式比例流量阀	
外控卸荷阀	二位二通常闭锥阀	
	先导式比例流量阀	

螺纹插装阀及其对应的腔孔有二通、三通、三通短型或四通功能，如图 3-54 所示。这些功能指的是阀及阀的腔孔有两个油口、三个油口或四个油口。三个油口中若有一个用作控制油口，则为三通短型。

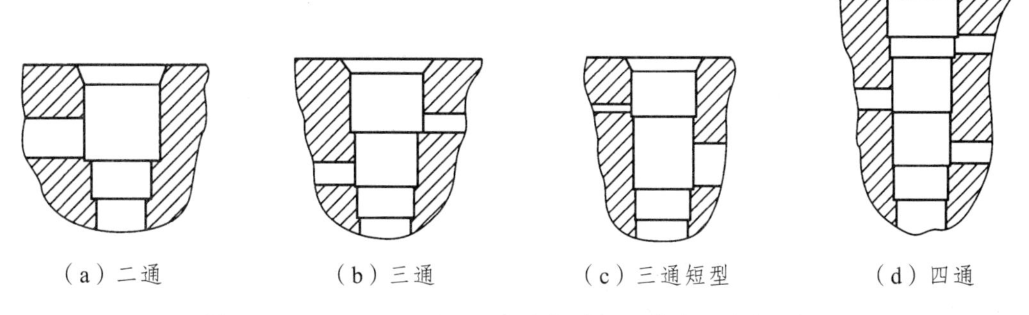

（a）二通　（b）三通　（c）三通短型　（d）四通

图 3-54 二通、三通和四通螺纹插装阀阀体功能油口的布置

2）压力控制螺纹插装阀

（1）溢流阀。图 3-55（a）为直动式溢流阀的典型结构。阀芯采用锥阀形式，当阀芯运动时，弹簧腔油液通过阀芯上开的径向小孔与回油口 T 连通。图 3-55（b）为先导式溢流阀的典型结构。其主阀采用滑阀结构，先导阀为球阀。该阀在原理上属于传统的系统压力间接检测式。

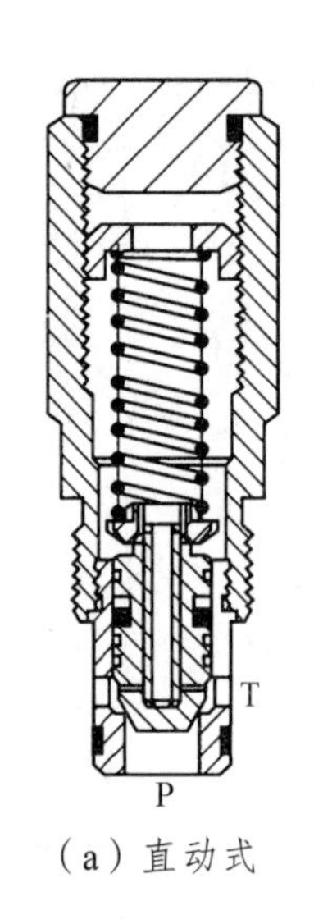

(a) 直动式

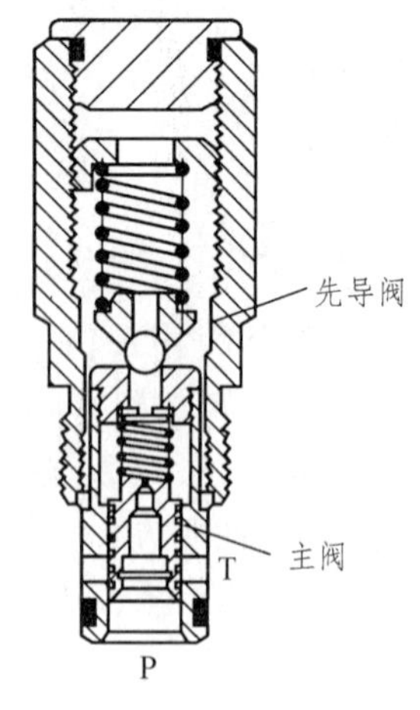

(b) 先导式

图 3-55 螺纹式插装溢流阀

(2) 滑阀型三通减压阀。图 3-56 (a)、(b) 分别为直动式和先导式滑阀型三通减压阀的典型结构。其工作原理与传统的三通减压阀相同，可以实现 P→A 或 A→T 方向的流通。通过主阀芯的下部面积，实现阀输出压力（二次压力）的内部反馈，以保持输出压力始终与输入信号相对应。当二次压力油口进油时，实现 A 口至 T 口的溢流功能。

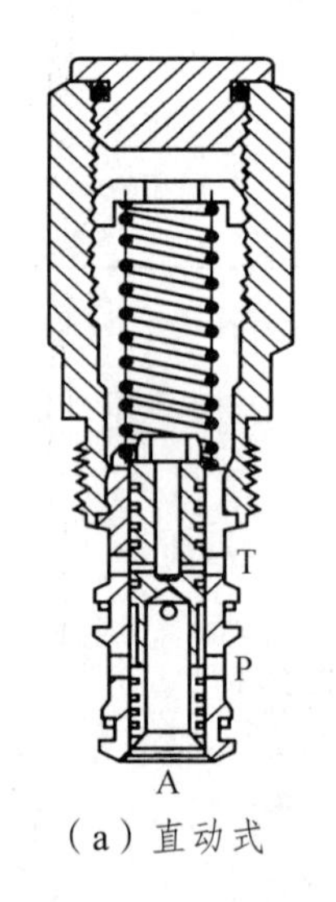

(a) 直动式

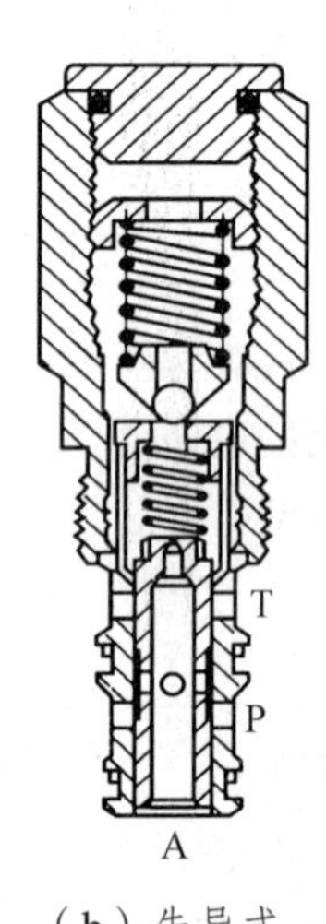

(b) 先导式

图 3-56 滑阀型三通减压阀

(3) 顺序阀。图 3-57 为直动式顺序阀的典型结构。当一次压力油口（P 口）压力未达到阀的设定值时，一次压力油口被封闭，而顺序油口通油箱。当 P 口压力达到阀的设定值时，阀芯上移，实现压力油从 P 口至顺序油口基本无节流地流动。

(4) 卸荷阀。图 3-58 为滑阀型外部控制卸荷阀的典型结构。当作用在阀芯下端控制油的压力未达到弹簧的设定压力值时，P 口与 T 口间封闭；反之，阀芯上移，P 口与 T 口接通，P 口压力通过 T 口卸荷。

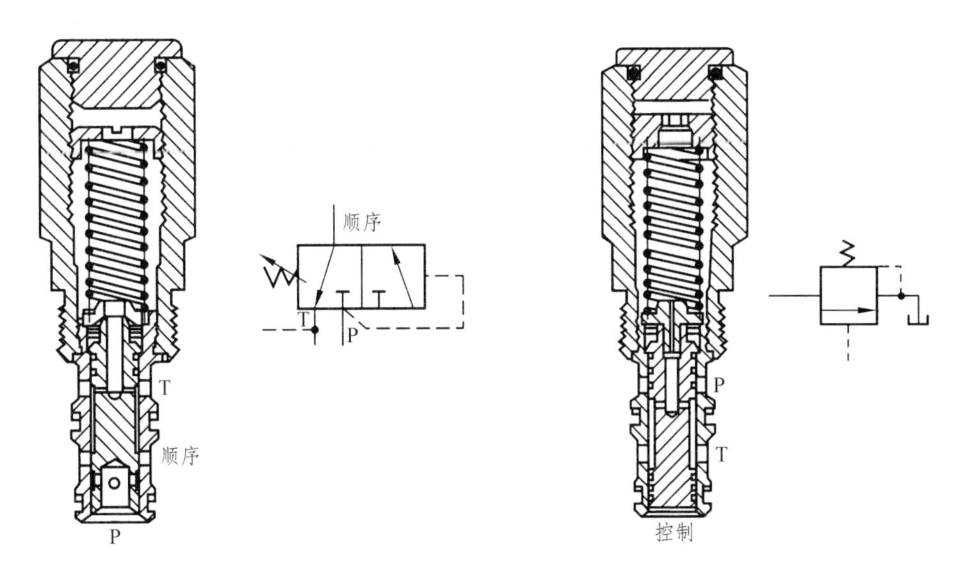

图 3-57　滑阀型直动式顺序阀　　　　图 3-58　滑阀型外部控制卸荷阀

3）流量控制螺纹插装阀

（1）针阀。图 3-59 所示的针阀为可变节流器型的流量控制阀。这种阀没有压力补偿功能，沿两个方向都能节流。

（2）压力补偿型流量调节阀。图 3-60 所示为压力补偿型定流量阀，提供恒定的流量，不受系统压力或负载压力变化的影响。它相当于以进油的控制节流口为固定液阻，以可移动式阀芯与阀套构成的径向可变节流孔所组成的 B 型液压半桥。当系统压力升高时，阀芯在压力作用下往上移动，减小了可变液阻的过流面积，使阀腔压力升高，从而使控制节流孔两端的压差保持不变，进而在系统压力升高时保持通过阀的流量不变。

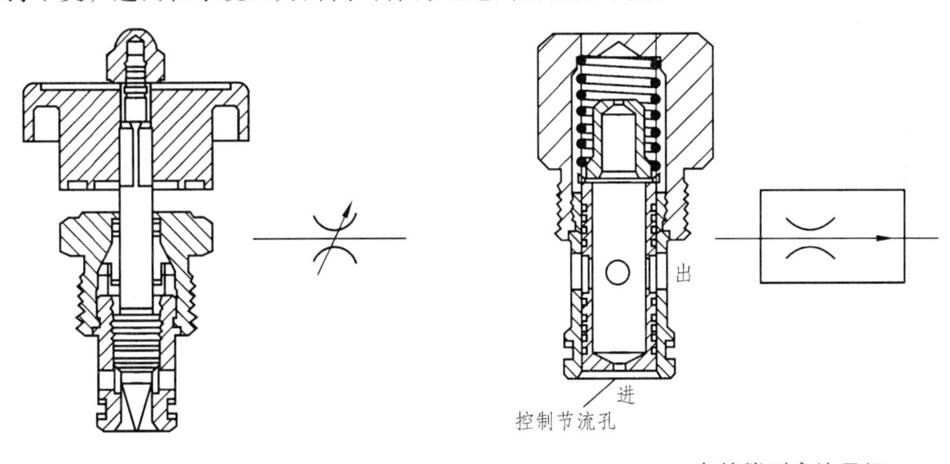

图 3-59　针阀　　　　图 3-60　压力补偿型定流量阀

（3）分流集流阀。图 3-61 为压力补偿的不可调分流集流阀。该阀能按规定的比例分流或集流，不受系统负载或油源压力变化的影响。

4）方向控制螺纹插装阀

（1）二通换向阀。图 3-62（a）、（b）所示为二通换向阀，当电磁铁通电时，通过推动滑阀式阀芯，分别使阀口打开和关闭，从而实现电磁常闭二通阀和电磁常开二通阀的功能。

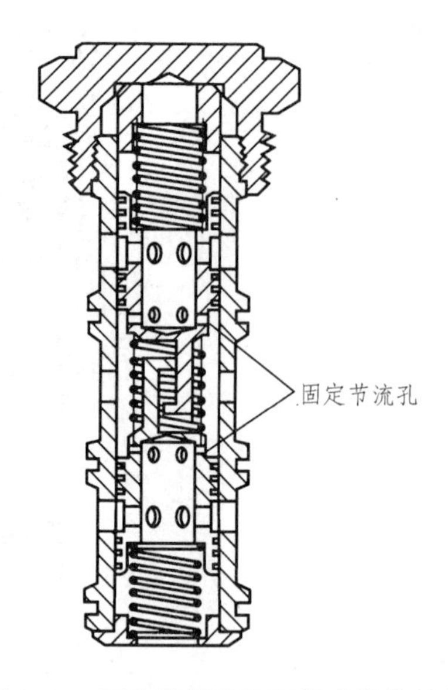

图 3-61　压力补偿的不可调分流集流阀

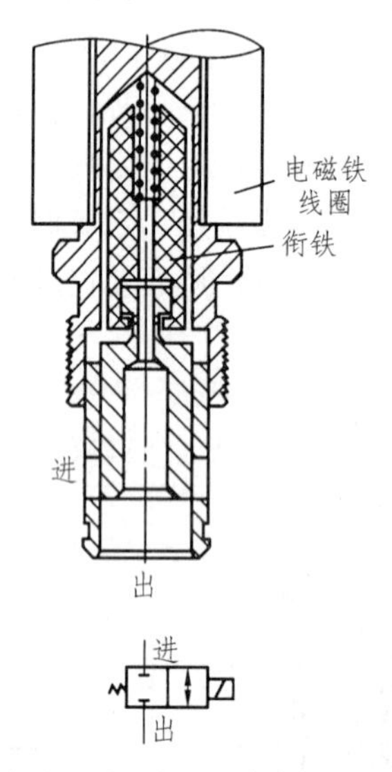

（a）滑阀型电磁常闭二通阀

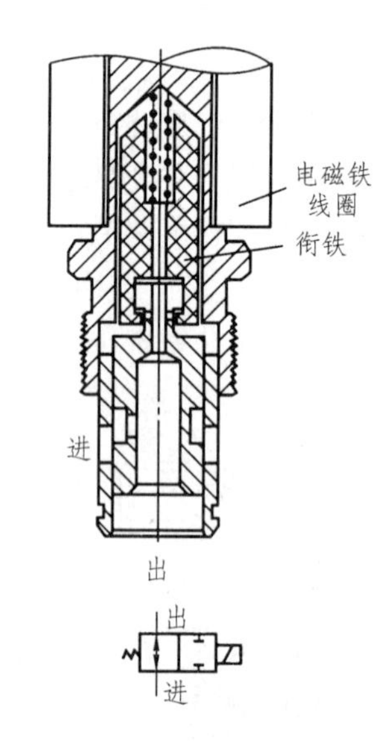

（b）滑阀型电磁常开二通阀

图 3-62　二通换向阀

（2）三通换向阀。图 3-63 为二位三通电磁滑阀，当电磁铁不通电时，弹簧将阀芯推到下端位置，B 口与 C 口之间可以双向自由流通。当电磁铁通电时，电磁力使阀芯上移，C 口封闭，而允许 B 口和 A 口之间自由流通。

图 3-64 为弹簧复位二位三通液控滑阀，阀芯有两个工作位置。弹簧腔通过阀芯上的小孔及沉割槽与 A 油口始终相通。当控制油压的作用力不能克服弹簧力及弹簧腔液压作用力之和时，阀芯处于最下端位置，C 口封闭，A、B 之间的油口接通；反之，则阀芯上移，阀的工作位置切换，使 A 油口封闭，B、C 油口接通。

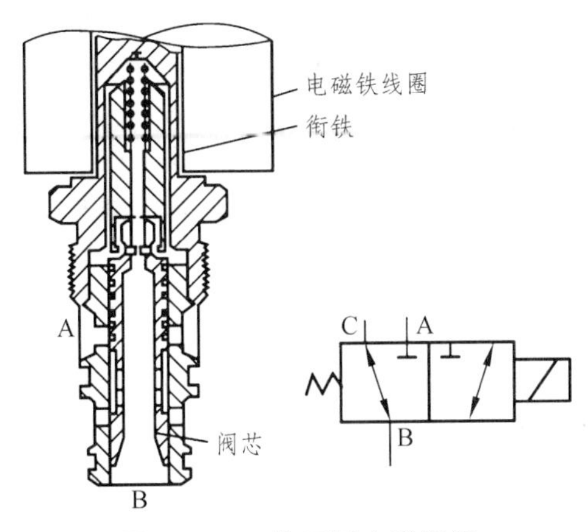

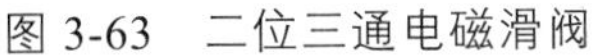

图 3-63　二位三通电磁滑阀

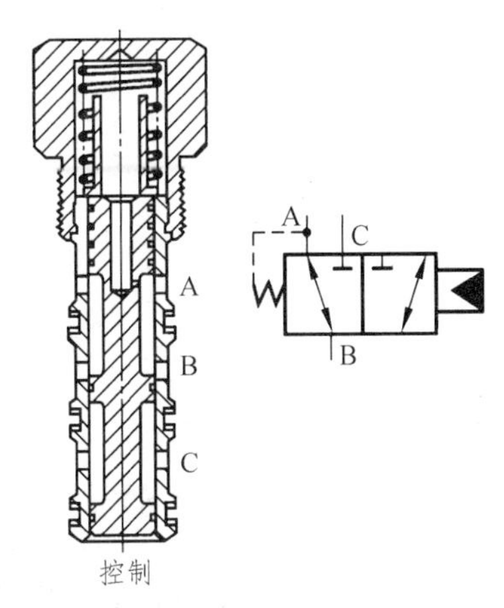

图 3-64　弹簧复位二位三通液控滑阀

（3）四通换向阀。图 3-65 为二位四通电磁滑阀，与三通滑阀式换向阀（见图 3-63、图 3-64）相比，阀套侧面由三通时的两个油口增加到三个油口。

（4）单向阀与液控单向阀。图 3-66（a）所示的单向阀可通过更换不同的弹簧来改变单向阀的开启压力。图 3-66（b）所示的液控单向阀中，控制活塞的面积一般为座阀面积的 4 倍。当控制油的作用力能克服弹簧力及弹簧腔的液压作用力之和时，油液可以从 C 向 V 反向流动。

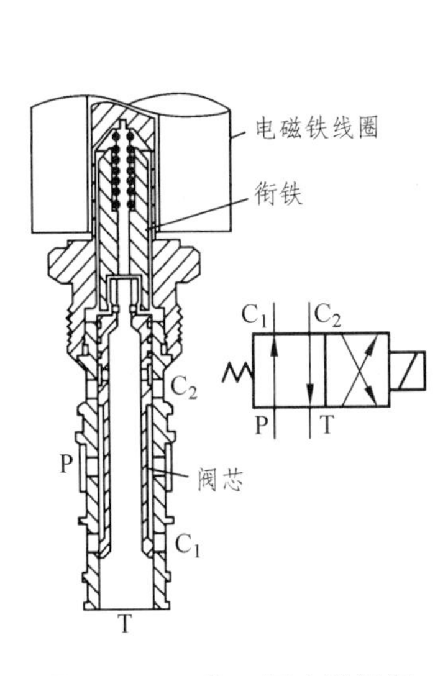

图 3-65　二位四通电磁滑阀

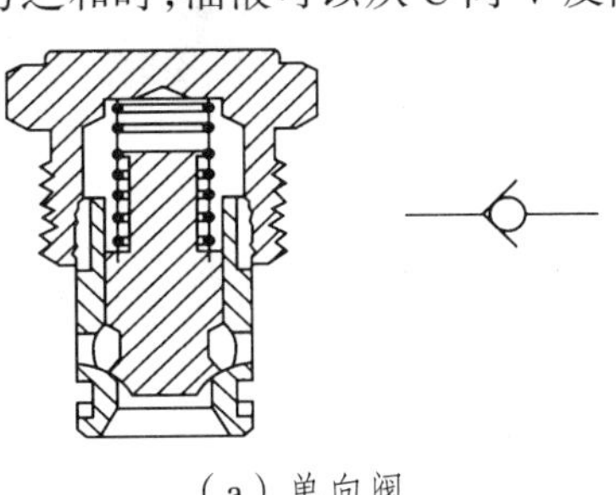

（a）单向阀

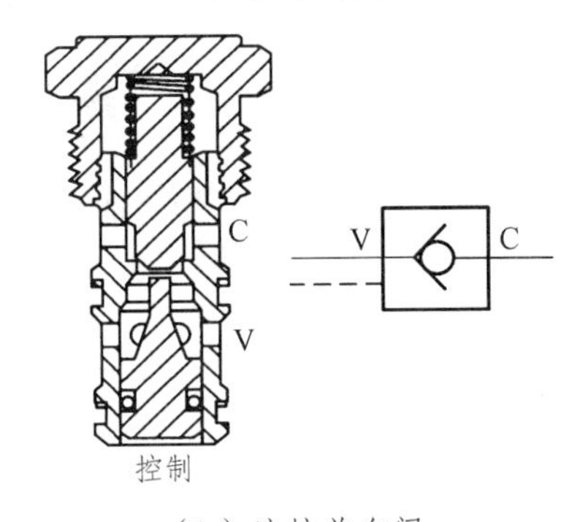

（b）液控单向阀

图 3-66　单向阀与液控单向阀

2. 螺纹插装阀的基本应用

由于螺纹插装阀具有加工方便、拆装方便、结构紧凑、便于大批量生产等一系列优点，现在已经被广泛应用在农机、废物处理设备、起重机、拆卸设备、钻井设备、铲车、公路建设设备、消防车、林业机械、扫路车、挖掘机、多用途车、轮船、机械手、油井、矿井、金属切削、金属成形、塑料成形、造纸、纺织、包装设备及动力单元、试验台等设备中。

现在除了伺服阀未采用螺纹插装形式，螺纹插装阀能实现其他所有液压阀的功能，已成为液压阀的主流形式，品种繁多，已有上万种。

螺纹插装阀的应用如下：

（1）作为管式元件使用。螺纹插装阀的最大特点是应用灵活。它可以单独装入与其配用的阀块或阀体，成为管式或板式阀。

（2）用于液压马达、液压泵体或液压缸。螺纹插装阀可以直接装入液压马达、液压泵体或液压缸接口外，作为控制阀，如图 3-67 所示。

图 3-67　螺纹插装阀用在轴向柱塞泵中

（3）作为叠加阀使用。螺纹插装阀装入带标准板式接口的阀块，作为叠加阀使用，如图 3-68 所示。

图 3-68　螺纹插装阀组合为叠加阀

（4）在多路阀使用。螺纹插装阀装入带标准板式接口的阀块，作为多路阀使用。

（5）作为二通插装阀的先导控制阀使用。装入二通插装阀的控制盖板，作为先导控制，如图 3-69 所示。

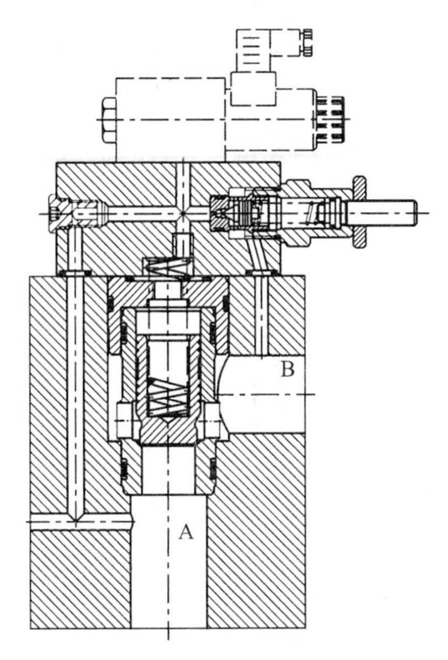

图 3-69 螺纹插装阀作为盖板式插装阀的先导控制阀

在实际应用中，往往是根据需要选用适合的连接方式或组合方式。

① 首先应用插装阀的集成块方式，管式连接应用已越来越少。

② 大流量的系统，流量大致在 300 ~ 800 L/min 以上，主回路采用盖板式插装阀，控制回路可由板式阀、叠加阀或螺纹插装阀构成。

③ 在行走机械中，由于传统原因，换向阀还相当普遍地使用片式多路阀，有手动、液控、电控等，有些即使已使用电控，但还保留了手柄，作为故障时的人为干预手段。

④ 板式的流量阀和压力阀应用越来越少，正在被做成叠加式的螺纹插装阀所取代。

但是目前螺纹插装阀还存在以下不足：

① 螺纹插装阀各厂家目前标准尚不统一，互换性差，使其应用受到一定影响。

② 只能适用于中小流量。由于螺纹强度和紧固扭矩的限制（500 N · m），螺纹插装阀的直径只能做到 48 mm，相当于二通插装阀通径 16、25；三通、四通滑阀由于电磁线圈功率和液动力的限制，最大流量仅 30 ~ 60 L/min。

③ 由于螺纹插装阀起步比传统板式、管式阀晚，而且受体积和布局限制，由此早期某些性能不如传统板式、管式阀，具体表现如溢流阀的滞回、分流阀的分流精度、流量阀的动态响应性能等。螺纹插装阀早期的发展是由于行走机械的需求推动起来的，它们因为受空间与质量的限制，必须用螺纹插装阀。随着螺纹插装阀的蓬勃发展，现在一些公司的产品已达到与传统阀相近或相同的水平，也被用于固定设备的液压系统中。

3.3 叠加阀

叠加阀是指可直接利用阀体本身的叠加而不需要另外的油道连接元件而组成液压系统的特定结构的液压阀的总称。叠加阀安装在板式换向阀和底板之间，每个叠加阀除了具有某种控制阀的功能外，还起着油道作用。叠加阀的工作原理与一般阀基本相同，但在结构和连接方式上有其特点而自成体系。按控制功能，叠加阀可分为压力阀、流量阀、换向阀三类，其中换向阀中只有叠加式液控单向阀。同一通径的各种叠加阀的油口和螺钉孔的大小、位置、数量都与相匹配的板式主换向阀相同，因此，针对一个板式换向阀，可以按一定次序和数目叠加而组成各种典型的液压系统。通常控制一个执行元件的系统的叠加阀叠成一叠。

图 3-70 为典型的使用叠加阀的液压系统，在回路 I 中，5、6、7、8 为叠加阀，最上层为主换向阀 4，底部为与执行元件连接用的底板 9。各种叠加阀的安装表面尺寸和高度尺寸都由 ISO 7790 和 ISO 4401 等标准规定，使叠加阀组成的系统具有很强的组合性。目前生产的叠加阀的主要通径系列为 6、10、16、20、32。

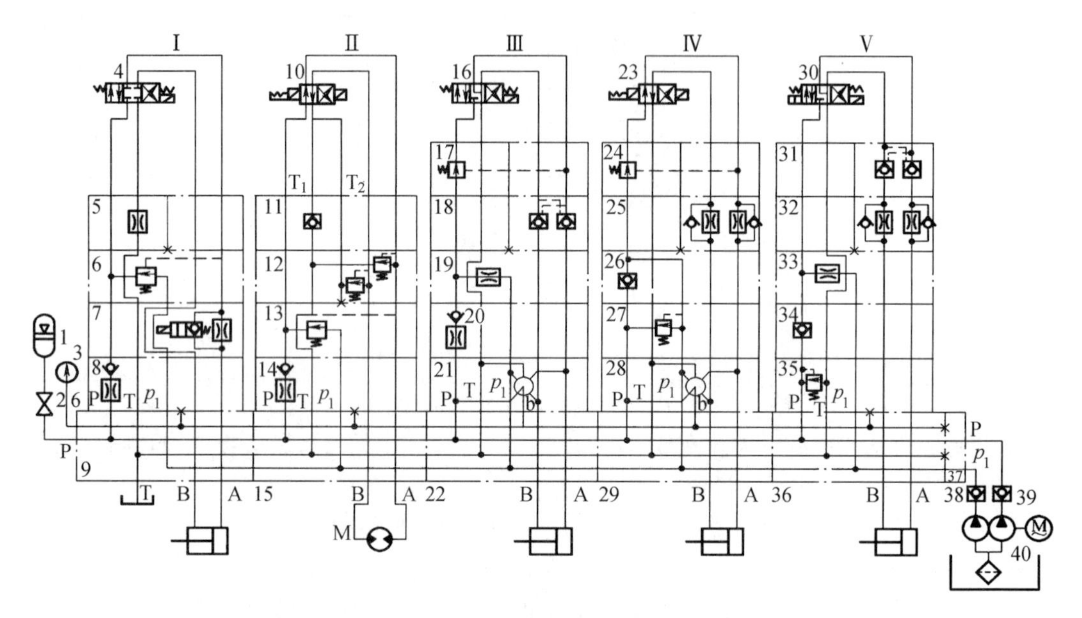

图 3-70　叠加阀液压系统的典型回路

3.3.1　叠加阀的典型结构

叠加阀的连接方法须符合 ISO 4401 和 GB 2514 标准。在一定的安装尺寸范围内，结构受到相应的限制。结构有多种形式，有滑阀式、插装式、板式外贴式、复合机能式等。另外，叠加阀还有整体式结构和组合式结构之分。所谓整体式结构叠加阀，就是将控制阀和油道设置在同一个阀体内，而组合式结构则是将控制阀做成板式连接件，阀体则只做成油道体，再把控制阀安装在阀体上。一般较大通径的叠加阀多采用整体式结构，小通径叠加阀多采用组合式结构。

1. 滑阀式

滑阀结构简单，使用寿命长，阀芯上有几个串联阀口，与阀体上的阀口配合完成控制功能，这种结构容易实现多机能控制功能。但它的缺点是体积较大，受液压夹紧力和液动力影响较大，一般用于直动型或中低压场合。

2. 插装式

从叠加阀结构变化趋势来看，新的叠加阀更多地采用螺纹插装组件结构，其突出优点是内阻力小，流量大，动态性能好，响应速度快。在所有结构之中，插装结构最紧凑，基本结构参数可以系列化、微型化，以适应数控精密加工规范管理。螺纹插装组件维修更换方便，根据功能需要，还可以应用到油路块场合，组件供应较方便。

3. 叠加阀的安装

在多位置底板与换向阀之间可组成各种十分紧凑的液压回路，叠加形式有垂直叠加、水平叠加、塔式叠加等。安装叠加阀时，选用的螺栓长度等于穿过换向阀和叠加阀的长度加上底板块螺纹深度和螺母的配合长度。

叠加阀连接螺栓对安全性和泄漏性有一定要求，根据使用压力和螺栓的长度不同选用不同的螺栓材料。叠加阀阀体采用铸铁材质（一般为 HT300），特别应用场合可以采用钢、铝或不锈钢材质。$\phi 6$、$\phi 10$ 通径系列产品大部分是加工通道，阀体道大量采用斜孔加工。$\phi 16$ 通径以上系列品种，一般采用内部铸造油道，阀体外形一次铸造成型。

3.3.2 叠加阀的功能及应用

1. 单功能叠加阀

一个单功能叠加阀只具有一种普通液压阀的功能，如压力控制阀（包括溢流阀、减压阀、顺序阀）、流量控制阀（包括节流阀、单向节流阀、调速阀、单向调速阀等）、换向阀（包括单向阀、液控单向阀等），阀体按照通径标准确定 P、T、A、B 口及一些外接油口的位置和连接尺寸，各类阀根据其控制特点可有多种组合，构成型谱系列。

图 3-71（a）为 Y1 型叠加式先导溢流阀。此阀为整体式结构，由先导阀和主阀两部分组成，主阀阀体上开有通油孔 A、B、T 和外接油孔 P 及连接孔等，阀芯为带阻尼的锥阀式单向阀（该图为中间的机能）。当 A 口油压达到定值时，可打开先导阀芯，少量 A 口油液经阻尼孔和先导阀芯流向出口 T，由于主阀芯的小孔的阻尼作用，使主阀芯受到向左的推力而打开，A 口油液经主阀口溢流。对主阀体略做改动即有如图 3-71（b）所示的其他几种不同的调压功能。

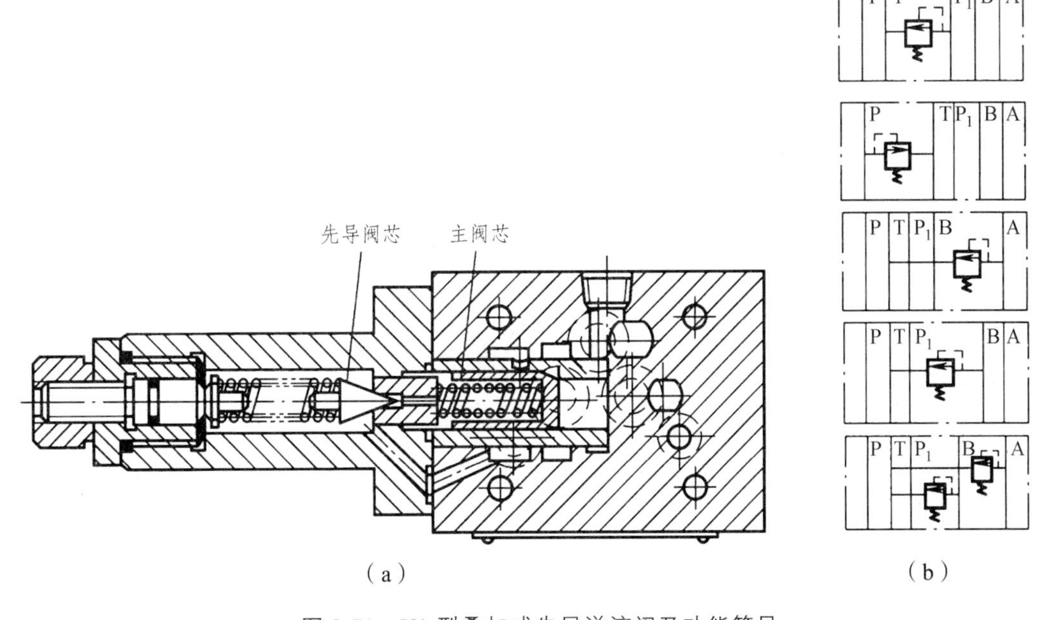

图 3-71　Y1 型叠加式先导溢流阀及功能符号

2. 复合功能叠加阀

复合功能叠加阀是在一个液压阀芯中实现两种以上控制机能的液压阀，这种元件结构紧凑，可大大简化专用液压系统。图 3-72 为顺序节流阀，该阀由顺序阀和节流阀复合而成，具有顺序阀和节流阀的功能。顺序阀和节流阀共用一个阀芯，将三角槽形的节流口开设在顺序阀阀芯的控制边上，控制口 A 的油压通过阀芯的小孔作用于右端阀芯，压力大于顺序阀的调定压力时阀芯左移，节流口打开，反之节流口关闭。节流口的开度由调节杆限定。此阀可用于多回路集中供油的液压系统中，以解决各执行元件工作时的压力干扰问题。如图 3-70 所示的液压系统，多个执行元件采用集中供油方式，当任意一个工作机构的液压缸由工作进给转变为快退时，会引起供油系统压力的突然降低而造成工作机构的进给力不足。如果采用顺序节流阀（如图 3-70 回路 I 中的 6），则当液压缸由工作进给转为快退时，在换向阀 4 转换的瞬间，P 与 B 油路接通之前，由于 A 油路压力降低，使顺序节流阀的节流口提前迅速关闭，保持高压油源口 P_1 压力不变，从而不影响其他液压缸的正常工作。

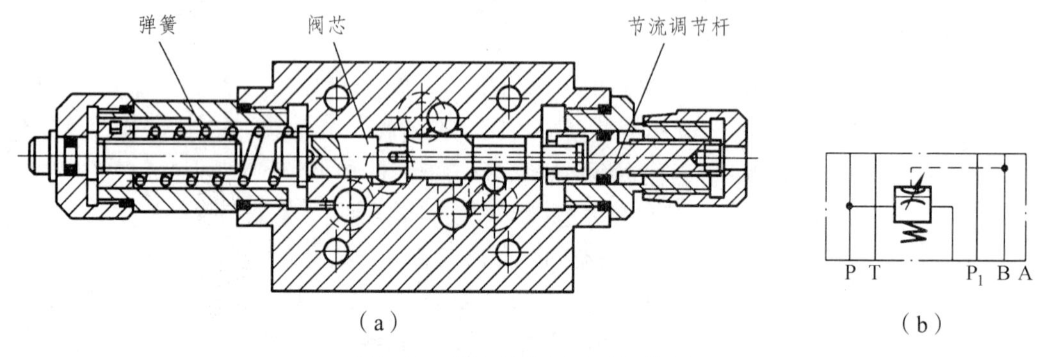

图 3-72　顺序节流阀及功能符号

图 3-73 为叠加式电动单向调速阀。阀为组合式结构，由三部分组成。Ⅰ是板式连接的调速阀，Ⅱ是叠加阀的主体部分，Ⅲ是板式结构先导阀。电磁铁通电时，先导阀 12 向左移动，将 d 腔与 e 腔切断，接通 e 腔与 f 腔，锥阀弹簧腔 b 的油经 e 腔、f 腔与叠加阀回油路 T 接通而卸荷。此时锥阀 10 在 a 腔压力油作用下被打开，压力油流经锥阀到 A，电磁铁断电时，先导阀复位，A_1 油路的压力油经 d、e 到 b 腔，将锥阀关闭，此时由 A_1 进入的压力油只能经调速阀部分到 A，实现调速，反向流动时，A 口压力油可打开锥阀流回 A_1。

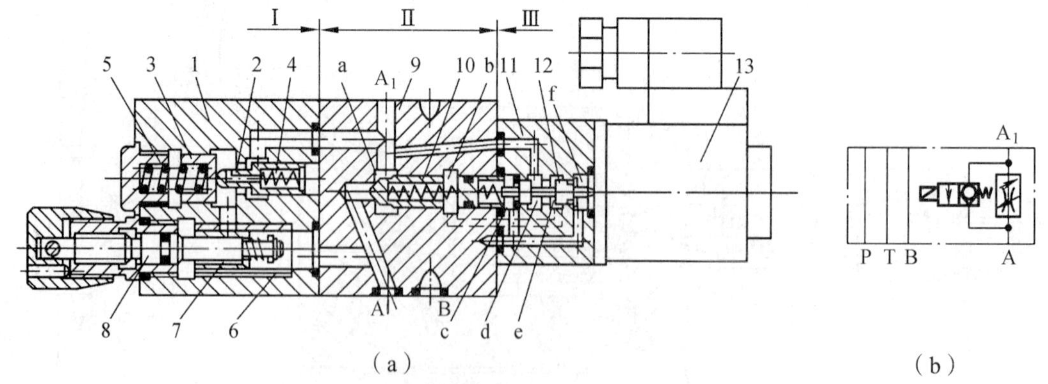

1—阀体；2—减压阀；3—平衡阀；4，5—弹簧；6—节流阀套；7—节流阀芯；8—节流阀调节杆；9—阀体；10—锥阀；11—先导阀体；12—先导阀；13—直流湿式电磁铁。

图 3-73　电动单向调速阀及功能符号

表 3-12 ~ 表 3-14 为部分叠加阀功能符号及说明。

表 3-12　液控单向阀功能符号及说明

作　用	说　明	功能符号
双液控	A 路单向，B 路控制 B 路单向，A 路控制	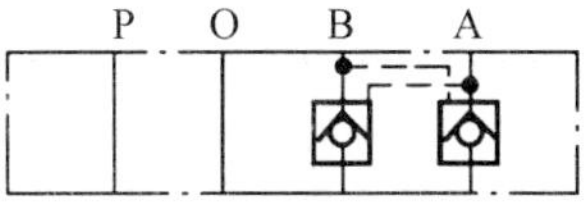 P　O　B　A
单液控	B 路单向，A 路控制	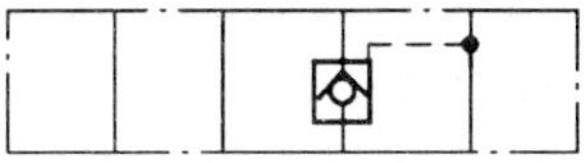
单液控	A 路单向，B 路控制	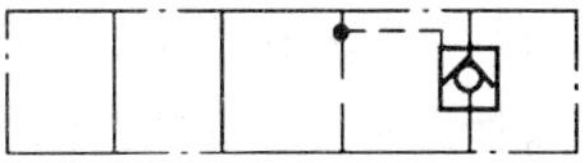

表 3-13　溢流阀功能符号及说明

作　用	说　明	功能符号
主油路溢流	P 路溢流至 O 路	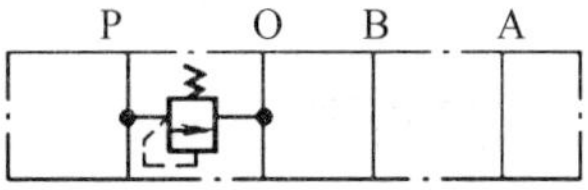 P　O　B　A
工作油路溢流	A 路溢流至 B 路	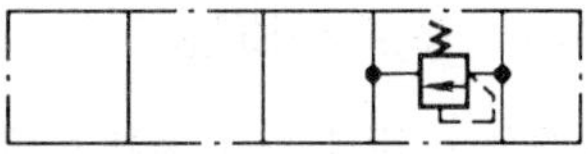
工作油路溢流	B 路溢流至 A 路	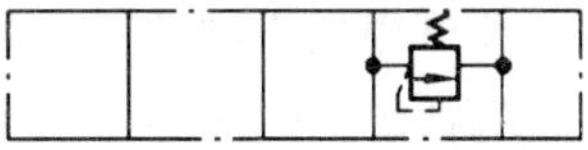
工作油路溢流	B 路溢流至 A 路 A 路溢流至 B 路	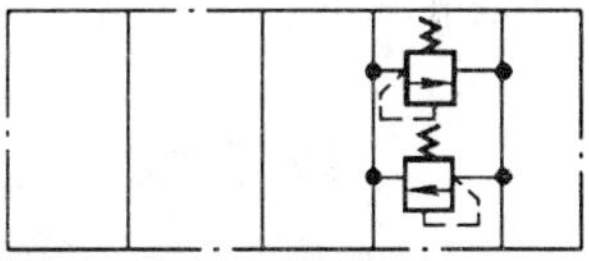

表 3-14　平衡阀及减压阀功能符号及说明

作　用	说　明	功能符号
平衡阀	O 路平衡阀 A 路先导，排油至 O 路	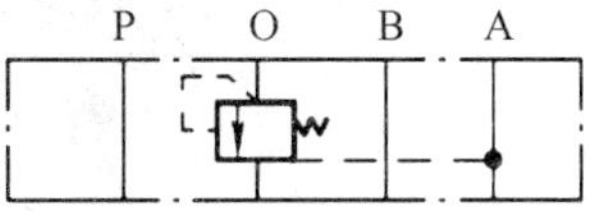 P　O　B　A
平衡阀	O 路平衡阀 B 路先导，排油至 O 路	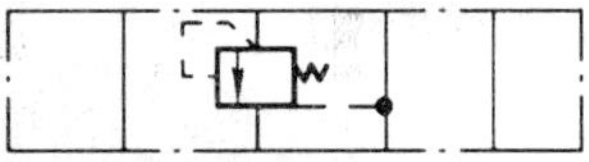
减压阀	P 路减压阀 A 路先导，排油至 O 路	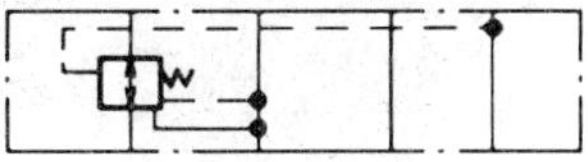
减压阀	P 路减压阀 B 路先导，排油至 O 路	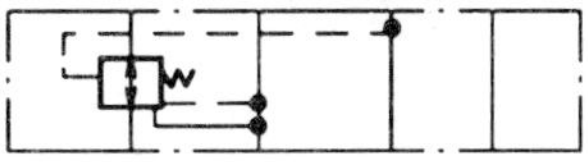

续表

作　用	说　明	功能符号
减压阀	P 路减压阀 P 路先导，排油至 O 路	
顺序阀	P 路直接顺序阀 向 O 路反向流动	

3. 叠加阀的应用

由叠加阀组成的液压系统，结构紧凑，体积小，质量轻，占地面积小；叠加阀安装简便，装配周期短，系统有变动需增减元件时，重新组装较为方便；使用叠加阀，元件间无管连接，消除了因管接头等引起的漏油、振动和噪声；使用叠加阀系统配置简单，元件规格统一，外形整齐美观，维护保养容易；采用叠加阀组成的集中供油系统节电效果显著。但由于规定尺寸的限制，由叠加阀组成的回路形式较少，通径较小，一般适用于工作压力小于 20 MPa，流量小于 200 L/min 的机床、轻工机械、工程机械、煤炭机械、船舶、冶金设备等行业。

3.4　多路阀

3.4.1　多路阀概述

多路阀是用于控制多执行元件的一组换向阀（或换向节流阀），它是由两个以上的换向阀为主体，并可根据不同的工作要求加上限压阀、限速阀、补油阀、单向阀、安全阀等辅助装置的多路组合阀。图 3-74 为多种形式的多路阀，多路阀中每一个换向阀称为联，各联换向阀之间可以是并联的、串联的，或并串联混合连接。

图 3-74　多路阀

多路换向阀具有结构紧凑、通用性强、流量特性好、一阀多能、不易泄漏以及流道阻力损失小、速度响应快等特点，常用于起重运输机械、挖掘机、装载机、推土机、铲运机、平地机等多执行元件的工程机械及其他行走机械中。图 3-75 为多路阀在工程机械中的应用。

图 3-75　多路阀在多功能斜钻机上的应用

随着液压技术的发展，多路阀的结构和控制方法发生了很大变化。目前的多路阀属于广义流量阀的范畴，从性能上看，具有方向和流量控制双重功能。一些新技术，例如正、负流量控制，压力补偿，负荷传感等已经广泛应用于多路阀液压系统中，这些技术的应用大大提高了工程机械的行驶性、作业性、安全性、舒适性和经济性。

1. 多路阀的分类

（1）按阀体结构形式，多路阀可分为整体式和分片式。

整体式：这种结构的特点是滑阀机能以及各种阀类元件均装在同一阀体内，具有固定的滑阀数目和滑阀机能。整体式多路换向阀结构紧凑，密封性能好，质量轻，压力损失较小，但加工及铸造工艺较分片式复杂，通用性差，一个阀孔不合格即全部报废，且铸造工艺较复杂，适用于较为简单和大批量生产的设备。

图 3-76 为 DF 型整体式多路换向阀的结构。这种阀有两联，采用整体式结构。下联为三位六通，中位为封闭状态，上联为四位六通，包括有封闭和浮动状态，油路采用串并联形式。当下联为封闭状态时，上联与压力油接通。另外，阀内还设有安全阀和过载补油阀。

分片式：这种多路换向阀指组成多路换向阀的各滑阀或其他有关辅件的阀体分别制造，再经螺栓连接成一体。组成件多已标准化和系列化，可根据工作要求进行选用、组装而得到多种功能的多路换向阀。这种结构有利于少量或单件产品的开发和使用，如专用机械的操纵机构等。分片式多路换向阀的缺点是阀体加工面多，外形尺寸大，质量大，外泄漏的机会多，还可能因为装配变形，使阀芯容易卡死。它的优点是阀体的铸造工艺较整体式结构简单，因此产品品质比较容易保证，且如果一片阀体加工不合格，其他片照样可以使用，损坏的单元也容易更换和修理。

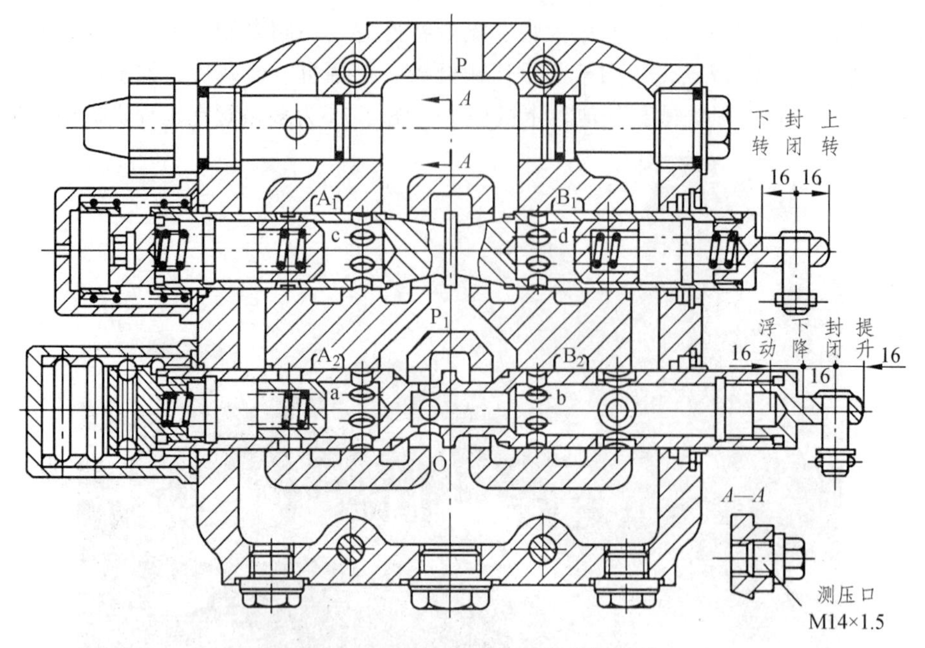

图 3-76 DF 型整体式多路换向阀结构

图 3-77 是 ZFS 型分片式多路换向阀的结构图。这种多路换向阀由两联三位六通滑阀组成。阀体为铸件，各片之间有金属隔板，连接通孔用密封圈密封。图 3-78 为 HVSP15 型片式多路阀分解图。

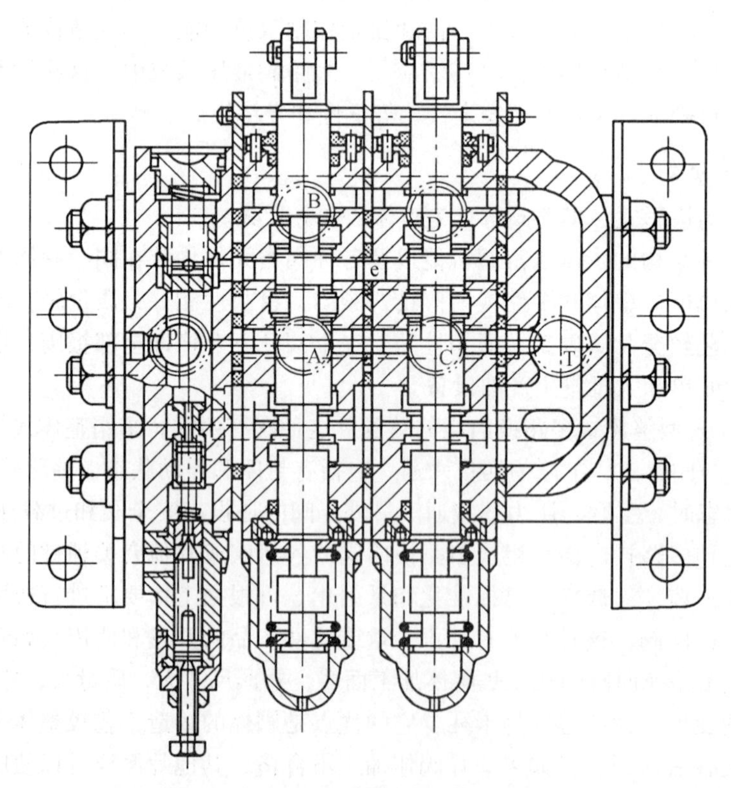

图 3-77 ZFS 型分片式多路换向阀结构

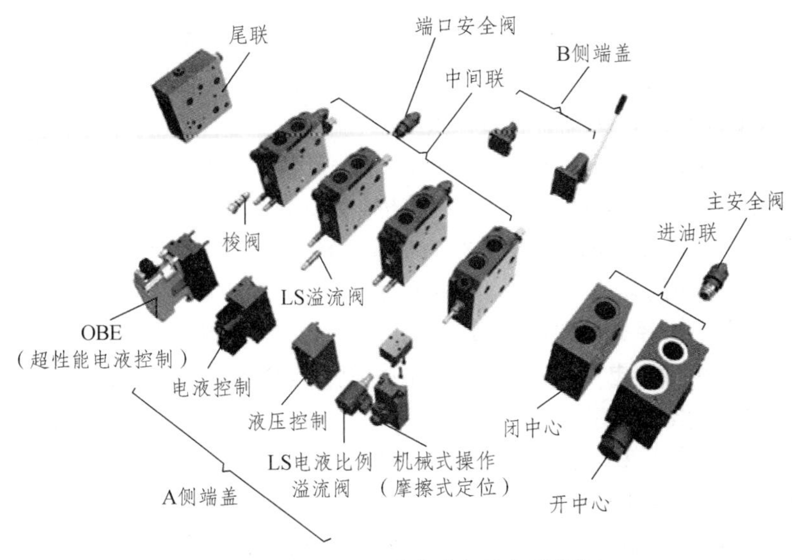

图 3-78　HVSP15 型片式多路阀分解图

（2）按操纵方式的不同，多路阀分为以下几种：

A. 手柄→直接推动→主阀芯运动。

B. 手柄→先导阀芯运动→液压力→主阀芯运动。

C. 手柄→电位器→电-机械转换器→先导阀芯运动→液压力→主阀芯运动。

D. 手动电位器→电-机械转换器→先导阀芯运动→液压力→主阀芯运动。

E. 计算机输出→电-机械转换器→先导阀芯运动→液压力→主阀芯运动。

F. 电位器→无线发射器→无线接收器→电-机械转换器→先导阀芯运动→液压力→主阀芯运动。

以上 A 为直动式，其余为先导式。也就是说，多路阀按换向阀的操纵方式可分为手动直接控制式和先导控制式两类。手动直接控制式是通过手柄直接操纵主阀芯的运动（A）。先导控制式又有以下三种形式：

① 利用手柄操纵先导阀芯的运动来控制液压力，然后通过液压力控制主阀芯运动并定位，这类阀也称为手动先导式多路阀（B）。先导压力一般可达 2 ~ 3 MPa，若换向阀阀芯直径为 20 mm，驱动力可达 600 ~ 900 N，足以克服比较硬的弹簧力与液动力，所以液控成为最普遍使用的方式。

② 利用手柄操纵电位器，然后由电-机械转换器控制先导阀芯运动，从而控制液压力，再控制主阀芯运动并定位，这类阀为电液比例多路阀（C、D）。

③ 利用微型计算机输出信号，控制电-机械转换器来控制先导阀芯运动，然后通过液压力控制主阀芯运动并定位，这是电液比例多路阀的更高形式（E）。

无线遥控是为了适应大型工程机械或在危险地带施工的需要而发展起来，这类阀为遥控电液比例多路阀（F），除了信号的无线发射与接收外，其余与 C、D、E 基本相同。

手动直接控制式，需要把多路阀布置在操作方便的地方（主阀在驾驶室地面下）。这给整机的布管带来困难，使管路复杂，从而增加了液压系统总的压力损失，适合于低压、中小流量的场合。一般，越趋于极限位置，弹簧力越强。由于需要的操控力大，而且布管不便，因此应用越来越少。这类阀是最早的多路阀，只在要求不高的简单机械中使用。

先导控制式中的手动先导式，只需把先导阀布置在操作方便的位置，而多路阀本体可布置到任何适当的位置，两者间用直径较小的耐压管连接，以沟通先导油路，从而增强了布置的灵活性，减少管路损失，提高系统的总效率。

电液比例控制多路阀，只需将电控器布置在操作方便的位置，整个多路阀组可以根据系统需要任意布置，不仅操作方便，而且系统结构紧凑，降低了压力损失，提高了系统可靠性。

由于液压力可以很强，所以电液比例控制可以轻松地克服液动力、弹簧力及其他阻力，适用于任何直径的换向阀阀芯。例如，使用 3 通径的电液比例减压阀作为先导阀，2.5 MPa 的先导源压力，控制 25 通径的换向阀游刃有余。而电液比例控制的多路阀，由于受液动力和比例电磁铁功率（约 30 W，电磁力约 100 N）的限制，电液比例控制换向阀的流量一般都不大（20 L/min 以下）。无线电遥控主要用于大型工程机械以及危险地带施工场合。在大型工程机械的驾驶室，往往很难直接观察到施工情况，采用无线遥控，施工人员就可离开驾驶室，手持遥控器在最便于观察施工情况的位置进行操作，以保证工程质量，提高工作效率。当在不允许操作人员接近的地方施工时，无线遥控需要配置工业显示器等监视装置。

随着液压系统的功率增大及操作频繁的需要，为减轻操纵力，改善操作舒适性，目前在工程机械上越来越多地采用先导型多路阀。其中，第一类（B）先导式用得最多。在技术比较先进、要求比较高的场合，才逐步开始应用后两种多路阀（C、D），通常称之为电液比例控制多路阀。

（3）按节能效果的不同，多路阀分为普通多路阀和负荷传感多路阀。负荷传感型按压力补偿阀的位置又分为阀前补偿、阀后补偿和回油补偿（压力补偿阀设在回油路上）。

（4）按阀的位数和通数，多路阀分为四通型、五通型、六通型和特殊的多通型。与传统控制阀一样，“通”均指工作油口，不包括控制油口、泄漏油口等。目前应用最多的是六通型。最早用的手柄直推式和最新型的电液比例控制大多是四通型。五通型应用较少，只在某些特殊场合使用。位数常用三位和四位，特殊的需要多位。

（5）按液压泵的卸荷方式，多路阀可分为六通型多路阀与四通型多路阀。六通阀中位回油卸荷，四通阀为卸荷阀卸荷，如图 3-79 所示。

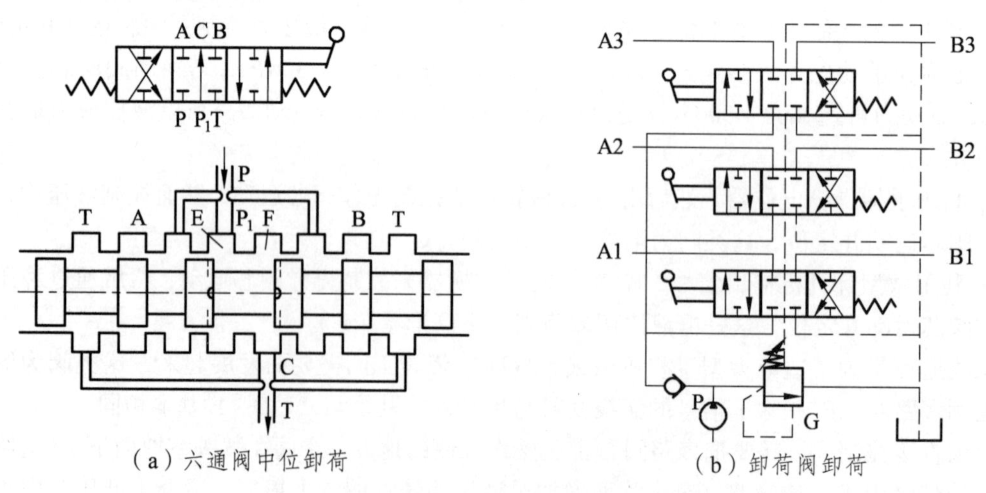

（a）六通阀中位卸荷　　（b）卸荷阀卸荷

图 3-79　多路阀系统卸荷方式

图 3-79（a）所示的多路阀入口压力油经一条专用的直通油路，即中位回油路 $P \to P_1 \to C \to T$

卸荷。该回油路由每联换向阀的两个腔 E、F 组成，当各联阀均在中位时，每联换向阀的这两个腔都是连通的，从而使整个中位回油路畅通，液压泵输出的油液经此油路直接回油箱而卸荷。当多路阀任何一联换向阀换向时，都会把此油路切断，液压泵输出的油液，就从这联阀经已接通的工作油口进入所控制的执行元件。因为在换向阀阀芯的移动过程中，中位回油路是逐渐减小最后被切断的，所以从此阀口回油箱的流量是逐渐减小的，并一直减小到零；而进入执行元件的流量，则从零逐渐增加并一直增大到泵的供油量。因而执行元件启动平稳，无冲击，调速性能好。其缺点是：中位的压力损失较大，而且多路阀的联数越多，压力损失也越大。用中位卸荷的多路阀，多为六通多路阀。这类阀具有流量微调和压力微调特性，还可进行负流量控制、正流量控制等，在工程上得到了广泛应用。但这类阀很难实现负载压力补偿或负荷传感控制功能。

图 3-79（b）所示的多路阀，入口压力油经卸荷阀 G 卸荷，当所有换向联均处于中位时，控制通路 B 与回油路接通，压力油流经卸荷阀回油箱。这种多路阀的优点是：换向阀在中位时的压力损失与换向阀的联数无关，始终保持为较小的数值。因为在卸荷阀的控制通道 B 被切断的瞬时，卸荷阀 G 是突然关闭的，所以会产生液压冲击，失去滑阀的微调特性。采用这种方式卸荷的多路阀多为四通多路阀。这种阀本身不具有微调特性，但能方便地实现比例控制、负载压力补偿或负荷传感控制功能。

2. 多路阀的性能

图 3-80 所示曲线为额定流量 65 L/min 的多路换向阀，当滑阀处于中间位置，通过不同流量及不同通路数时，其进回油路间的压力损失曲线。

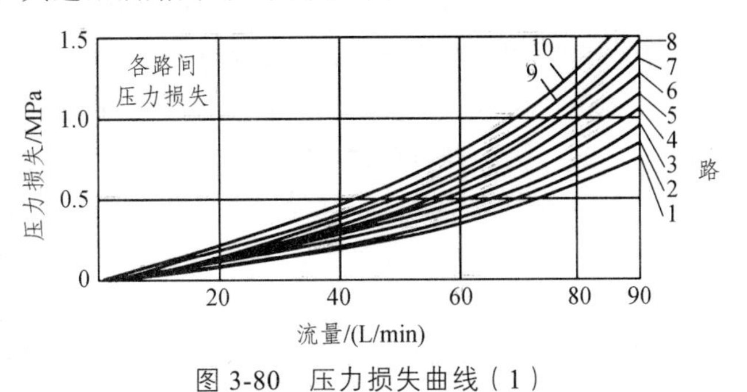

图 3-80　压力损失曲线（1）

图 3-81 为该多路换向阀在工作位置时，进油口 P 至工作油口 A、B 至回油口 T 的压力损失曲线。

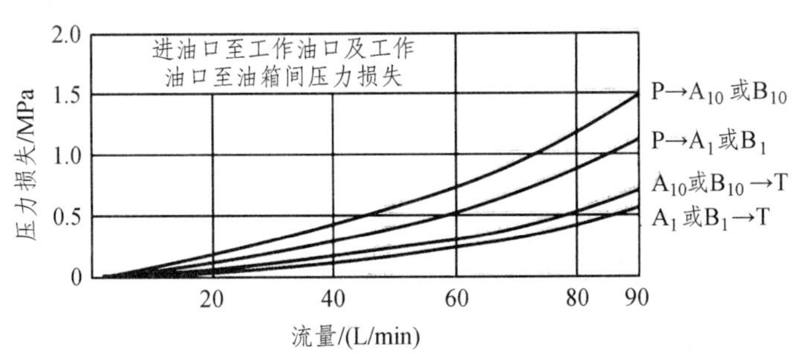

图 3-81　压力损失曲线（2）

图 3-82 为滑阀的微调特性曲线，图中 P 为进油口，A、B 为工作油口，T 为通油箱的回油

口。压力微调特性是在工作油口堵死（或负载顶死）的工况下，多路换向阀通过额定流量移动滑阀过程中的压力变化曲线。流量微调特性是在工作油口的负载为最大工作压力的75%情况下，移动滑阀时的流量变化情况。曲线的坐标值以压力、流量和位移量的百分数表示。若随行程变化，压力和流量的变化率越小，则该阀的微调特性越好，使用时工作负载的动作越平稳。

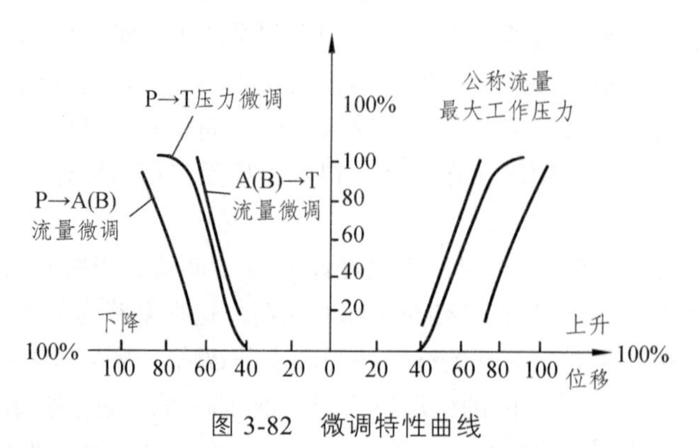

图 3-82　微调特性曲线

3. 多路阀的滑阀机能

对应于各种操纵机构的不同使用要求，多路换向阀可选用多种滑阀机能。对于并联和串并联油路，有 O、A、Y、OY 四种机能，对于串联油路，有 M、K、H、MH 四种机能，如图 3-83 所示。这 8 种机能中，以 O 型、M 型应用最广；A 型应用在叉车上；OY 型和 MH 型用于铲土运输机械，作为浮动用；K 型用于起重机的提升机构，当制动器失灵，液压马达要反转时，使液压马达的低压腔与滑阀的回油腔相通，补偿液压马达的内泄漏；Y 型和 H 型多用于液压马达回路，因为中位时液压马达两腔都通回油，马达可以自由转动。

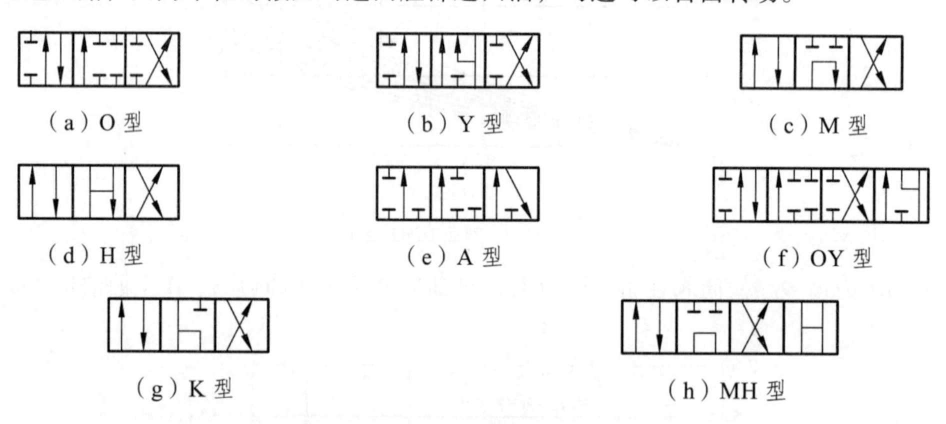

图 3-83　多路阀滑阀机能

3.4.2　多路阀油路连接形式

多路阀按换向联之间的油路连接方式，可分为并联、串联、串并联、混合油路四种形式。

1. 多路阀并联

如图 3-84 所示，阀进油口可直接通到各中间换向联的进油口，中间各联的回油口都直接通到多路阀的总回油口。

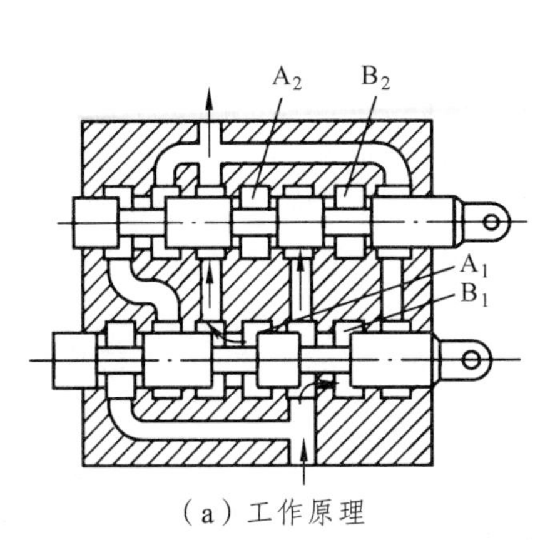

（a）工作原理

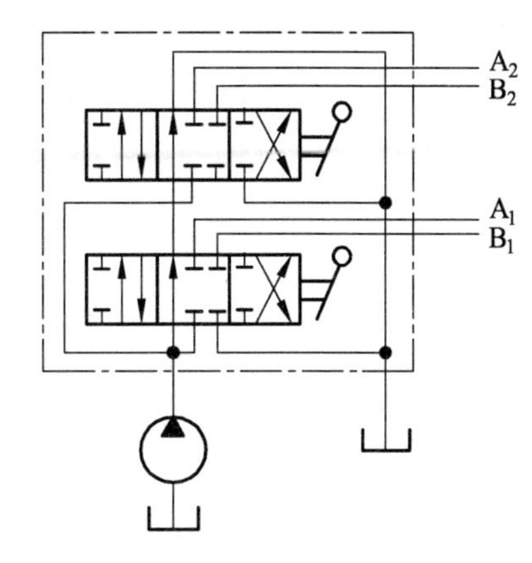

（b）图形符号

A_1，B_1—通第一个执行元件的进出油口；A_2，B_2—通第二个执行元件的进出油口。

图 3-84　并联油路多路换向阀

四通阀的并联如图 3-85 所示，各联都不能是开中心阀，而必须是闭中心阀，以保证其中任一联切换到工作位置后，液压油不从其他阀旁路流掉，从而建立油路压力。通常还需要附加旁路阀 V0，让泵提供的液压油在所有换向联都在中位时可以旁路回油。如果把旁路阀装在靠近液压泵出口，则可以减小通过管路时的压力损失。

如果液压源采用恒压变量泵，则旁路阀也可以放弃。

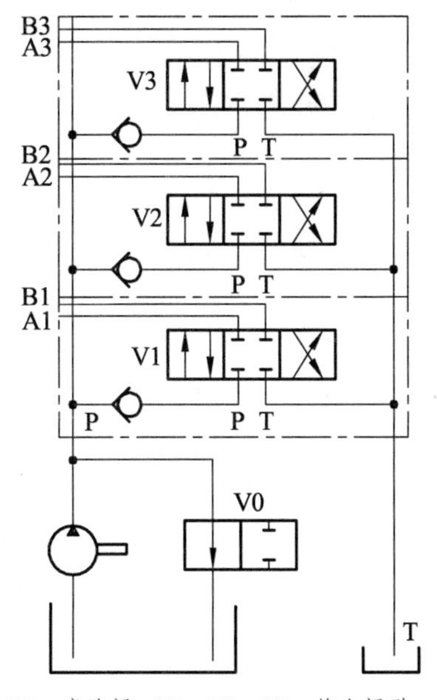

V0—旁路阀；V1，V2，V3—换向阀联。

图 3-85　四通换向联并联

如果几个换向联同时都切换到工作位置，则连接在这些联上的执行元件处于并联状态，液压油会流向负载低的执行元件。图 3-85 中各个换向联进口前的单向阀可以保证驱动压力高的执行元件不会退回。

六通阀的并联如图 3-86 所示，在各联都不工作时，让液压油经过通道 PP→PT 旁路，就不再需要图 3-85 中的旁路阀 V0；而在任一联切换后，可以切断旁路通道 PP→PT，所有阀都相当于处于闭中心状态，液压油不会从旁路流掉。

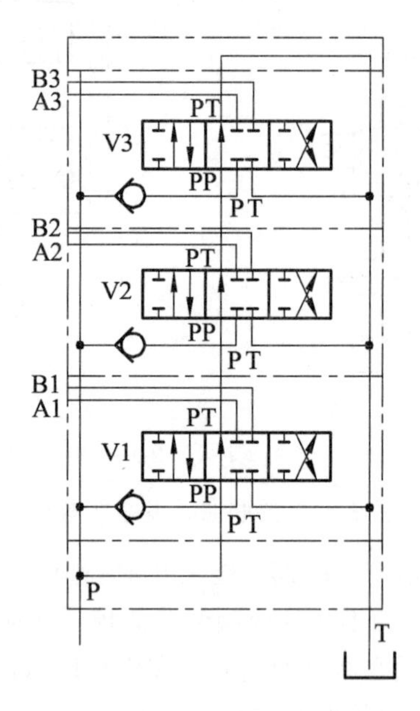

图 3-86　六通换向联并联

多路阀并联的主要特点如下：

（1）液压泵的流量是按可同时动作执行元件之和选取的，可见泵的流量要求比较大。

（2）液压泵的压力是按各执行元件中最高一个所需压力（执行元件中最高的一个工作压力及其油路压力损失之和）选取的。

（3）当液压泵的流量不变时，并联油路中的执行元件的速度将与外负载有关，各通道的流量受其他通道的负载影响，且随外负载增大而减小，随外负载减小而增大。

（4）主泵向多路换向阀控制的各执行元件供油时，当同时操作各换向阀时，流量的分配是随各执行元件上外负载的不同而变化的。首先进入外负载较小的执行元件，也就是说，只有当各执行元件上外负载相等时，才能实现同时动作，否则由于各执行元件上外负载的不同而有先后动作。由于并联系统在工作过程中只需克服一次外负载，因此克服外负载的能力较大。并联式多路阀压力损失较小，分配到各执行元件的流量只是泵流量的一部分。

（5）由于主阀节流口液阻的作用，不仅不同的负载可以同时运动，甚至重载的执行元件也可能得到比轻载执行元件更多的流量。

（6）四通阀动作时，旁路阀必须同时调节，至少一定程度地关闭，否则液压油可能完全从旁路阀流走。采用六通阀则可以同步地关小旁路通道。

2. 多路阀串联

如图 3-87 所示为串联式多路阀。除第一联外，其余各联的进油腔都和前一联阀的回油路相通，其回油腔又都和后一联阀的进油路相通。采用这种油路的多路阀，也可使各联阀所控制的执行元件同时工作，但要求液压泵所能提供的油压要大于所有正在工作的执行元件两腔压差之和。因此，串联式多路阀的阻力较大。

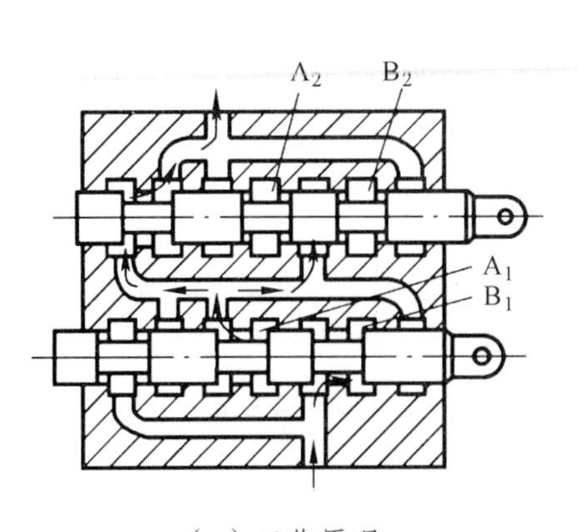

（a）工作原理

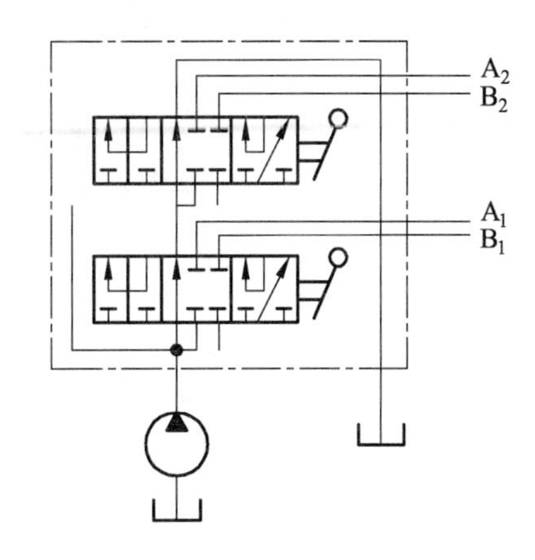

（b）图形符号

A_1，B_1—通第一个执行元件的进出油口；A_2，B_2—通第二个执行元件的进出油口。

图 3-87　串联油路多路换向阀

图 3-88 所示为四通换向联的串联回路，各换向阀联的 P 口、T 口依次连接，可以控制各执行元件分别动作，也可以同时动作。

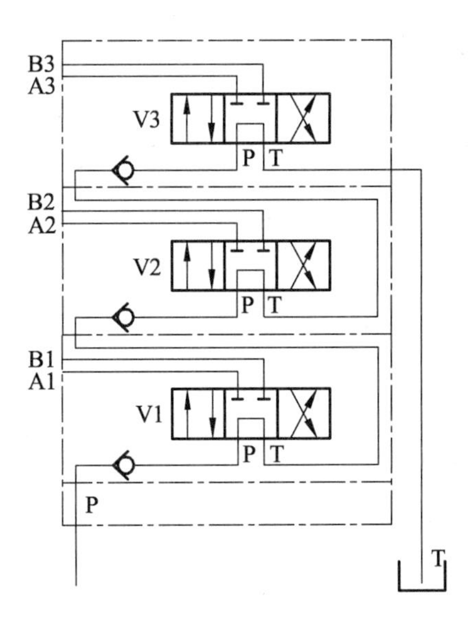

图 3-88　四通换向联串联

各换向联必须是开中心阀。如果两换向联都切换到工作位置，则连接在这些联上的执行元件处于串联状态，运动速度互相关联。如果某一个执行元件由于某种原因不能动作，例如一个执行元件已运动到底时，其他的执行元件则不能动作。为了避免这种现象，可以在换向联的进口和出口并联一个溢流阀，如图 3-89 所示。

图 3-90 所示为六通换向联串联回路，用带旁路的六通换向联，各联中的回油路是多余的，可以换成五通换向联，如图 3-91 所示。

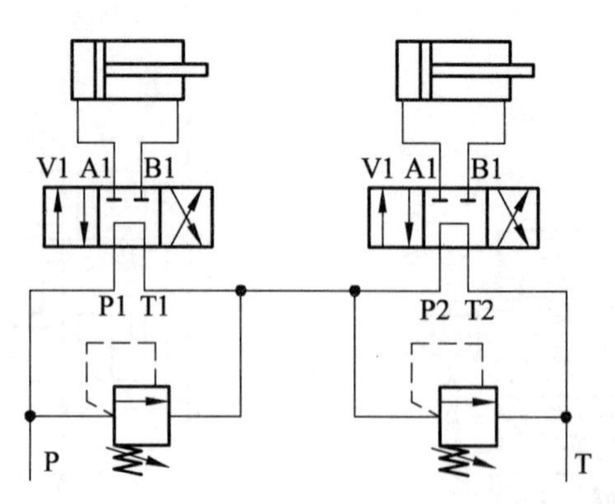

图 3-89　用溢流阀来避免串联回路中各执行元件相互阻塞

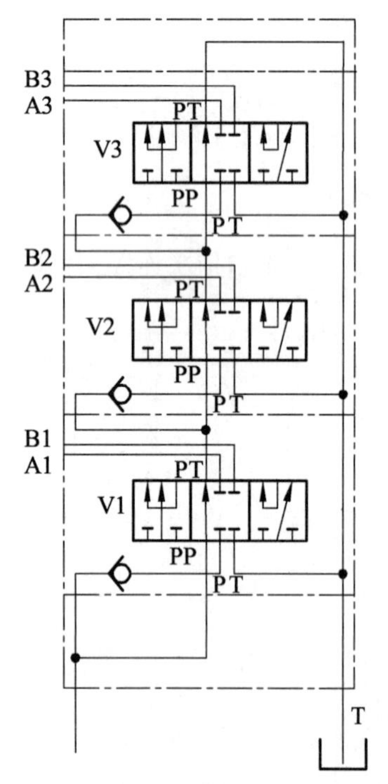

图 3-90　六通换向联串联

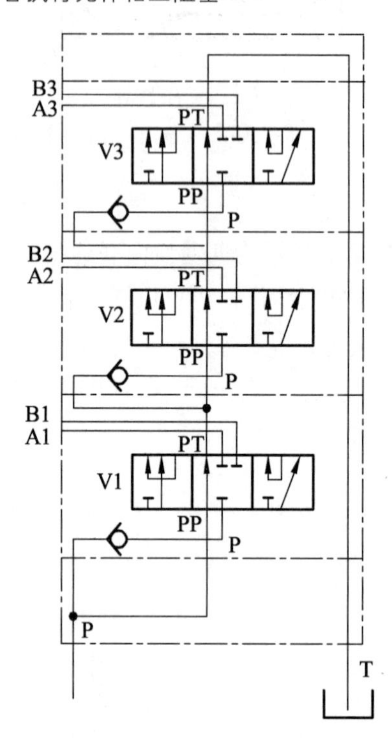

图 3-91　五通换向联串联

多路阀串联系统的主要特点如下：

（1）液压泵的流量（系统最大流量）是按动作中最大的一个执行元件的流量选取的。

（2）液压泵的压力（系统压力）是按同时动作的执行元件所有压力之和选取的。由于负载叠加，所以克服外负载的能力将随执行元件的数量增多而降低，或者泵的压力较高，要注意总压力不能超过液压源的许用压力。

（3）液压泵的流量不变时，串联系统中各执行元件的速度与负载无关。

3. 多路阀的串并联

图 3-92 所示为串并联式多路阀，也称为优先回路式。在实际应用中，多个执行元件作业时，需要某个执行元件有优先权。例如，装载机工装作业油缸和转向油缸的双泵合流系统，需要转向时转向系统优先，不转向时油供给工作装置油缸，以提高作业速度。

每一换向联的进油腔均与该联之前的中位回油路相通，而各联的回油腔又都直接与总回油口连接，即各联的进油是串联的，回油是并联的，故称串并联式。

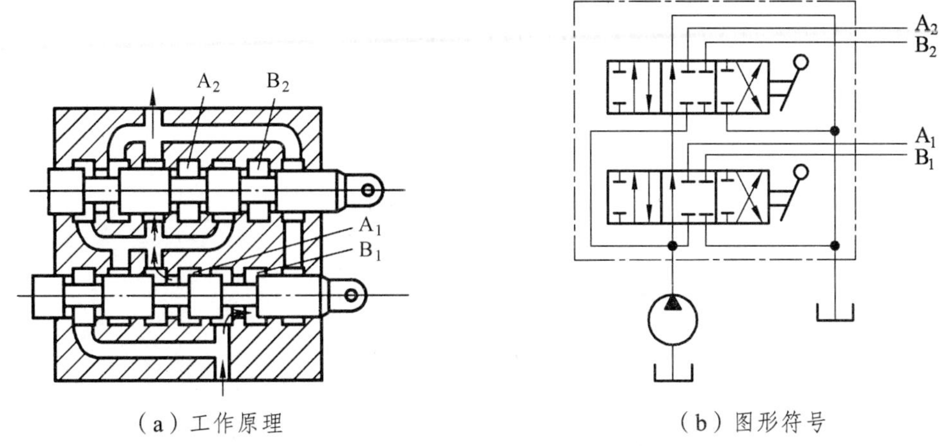

（a）工作原理　　（b）图形符号

A_1，B_1—通第一个执行元件的进出油口；A_2，B_2—通第二个执行元件的进出油口。

图 3-92　串并联油路多路换向阀

如图 3-93 所示的五通换向联串并联回路（Priority-Circuit），各换向联的 P 口串联，T 口并联，它具有以下特点：

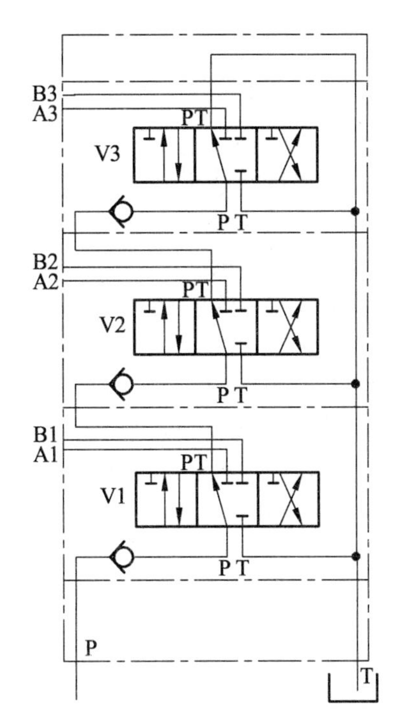

图 3-93　五通换向联串并联

（1）因为 P 口串联，所以，如果前列换向联切换到工作位置，则后续所有的执行元件，无论相应的换向联切换与否，都得不到供油。优先回路之名即由此而来。

（2）因为 P 口串联，必须通过附加通道（P→PT）来实现，所以必须使用至少五通联（通常多采用六通联，见图 3-94）来构成。

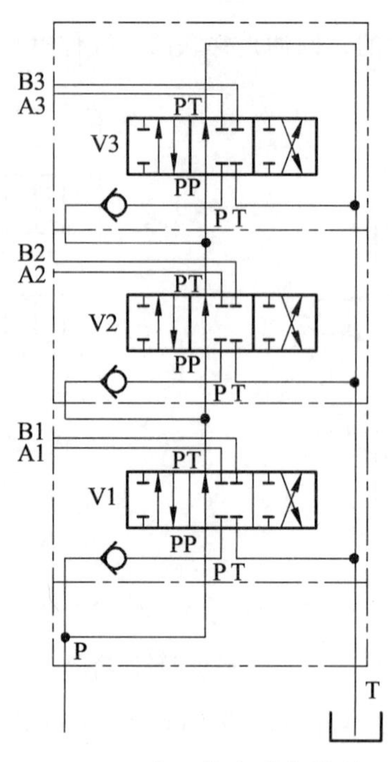

图 3-94　六通换向联串并联

（3）由于 T 口并联，执行元件形式上处于部分并联状态。但因为始终只有一个执行元件能够得到供油，所以这个并联没有什么实际意义。除非这个执行元件是一个单作用缸，可以独自靠外力返回。

（4）由于 T 口并联，回油阻力较串联回路小。

串并联系统的主要特点如下：

① 液压泵的流量和压力均按系统中单动执行元件动作中最大的一个流量和压力进行选取。

② 当液压泵的流量不变时，动作的执行元件速度与负载无关。

③ 当某一联换向时，其后各联的进油路即被切断，因而一组多路阀不可能有任何两联同时工作，故这种油路也称互锁油路；又由于同时操纵任意两联换向阀，总是前面一联工作，要想使后一联工作，必须把前一联回到中位，故又称"顺序单动油路"。但某一联在微调范围内操作时，后一联尚能控制该执行元件动作。可见这种系统不能实现复合动作，可防止误操作。

④ 这种油路克服外载荷的能力比较强，但是几个执行元件同时工作时负载小的先动，负载大的后动，复合动作不协调。

4. 多路阀复合连接形式

复合连接是当要求多路阀的联数较多时，采用上述基本油路中的任意两种或三种油路组合的连接形式。

如图 3-95 所示为采用换向阀联的复合式多路阀，V1 和 V2 联是并联关系，与 V3 联是串联关系。

在实际工程应用中，为了使流量可调，应用得更多的是换向节流阀（简称换节阀，具有方向和流量控制双重功能），由换节阀组成串联、并联、串并联和复合油路，在形式上与换向阀相似，但有一些不同的特性。

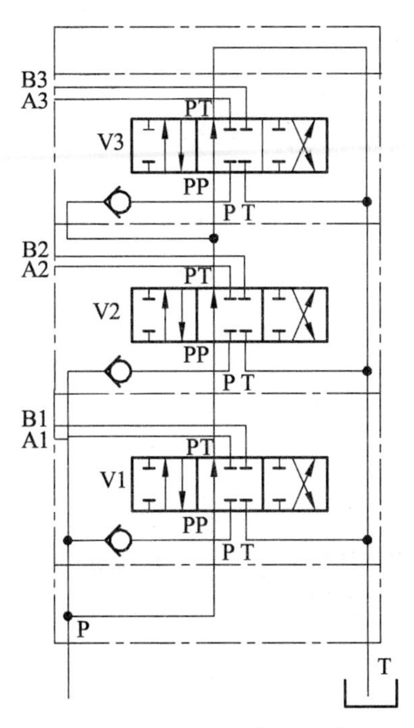

图 3-95　换向联复合连接

如图 3-96 所示为用六通换节阀组成的串并联回路，与换向阀串并联回路不同的是，在前列换节阀工作时，如果旁路通道没有完全关闭，后续阀还可能得到液压油，驱动执行元件。

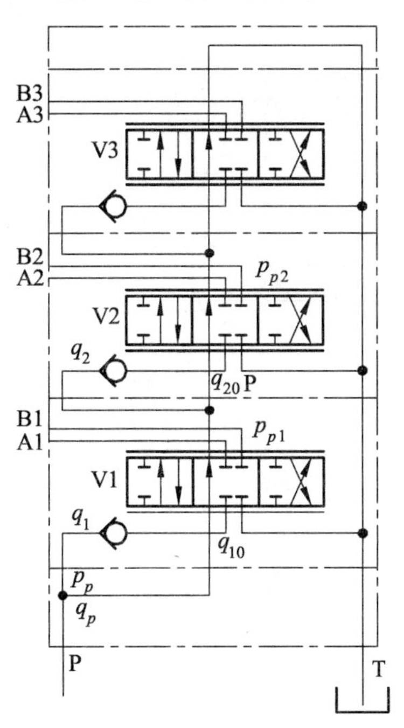

图 3-96　六通换节阀串并联

在 V1 联动作后，但旁路通道并未完全关闭时，输入流量 q_p 中，部分流量 q_1 流向执行元件，部分流量 q_{10} 经过旁路通道流向 V2 联（流量分配调节见第 2 章泵的流量控制）。

采用换节阀的并联回路，由于换节阀节流口液阻的作用，不仅不同的负载可以同时运动，重载的执行元件甚至可能得到比轻载执行元件更多的流量；各通道的流量受其他通道的负载影响。

采用换节阀的串联回路，在换节阀部分开启，旁路通道未完全关闭时，如果前列执行元件不再运动，则全部流量经过旁路通道去到后续换节阀，后续执行元件还可以运动，这个特性与换向阀串联回路不同。

用换节阀组成的复合回路，如图 3-97 所示的 SM12 型复合式多路阀，采用了三种换节阀联，分别为带单向阀的并联换节阀联、带单向阀的串并联换节阀联和串联换节阀联。

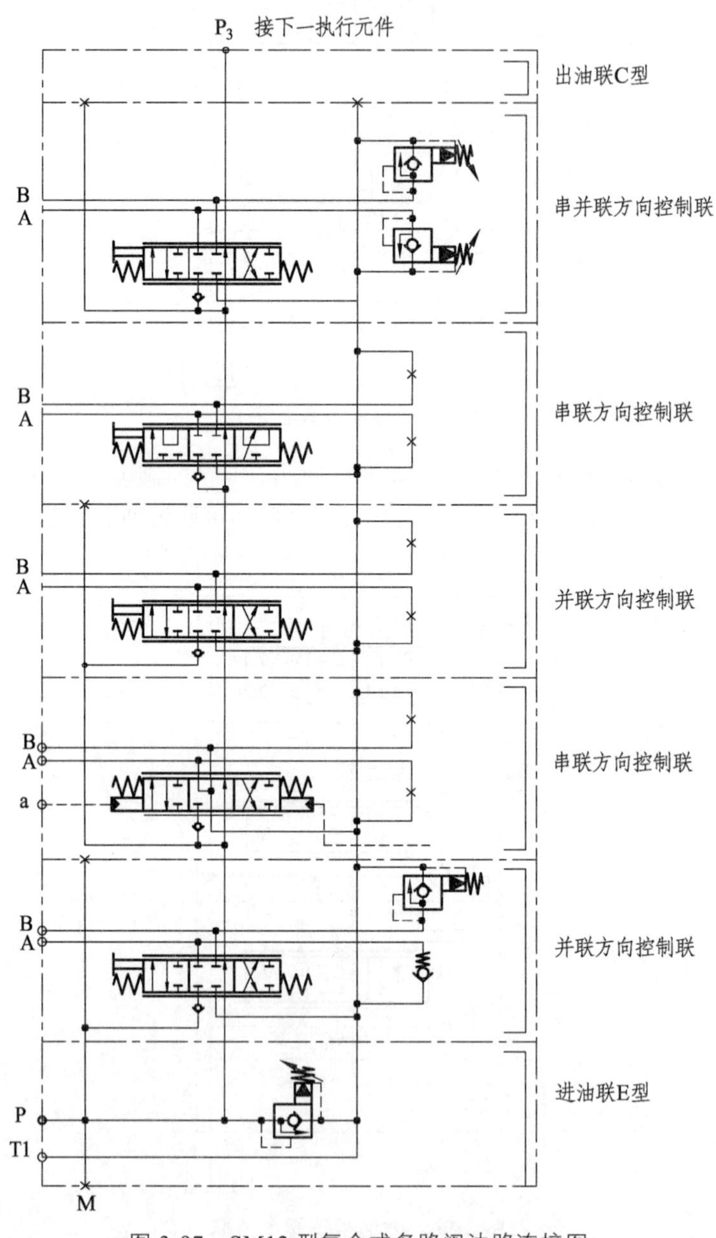

图 3-97　SM12 型复合式多路阀油路连接图

3.4.3　多路阀的先导控制阀

先导阀分机液先导式和电液先导式两种，如图 3-98 所示。机液先导式指的是用手柄操纵先导阀，先导油作用于主阀芯并使其动作。这种形式允许将多路阀布置在离操纵者有一定距离的地方，伺服式多路阀除外。电液先导式指的是用比例式或数字式电-机械转换器（常用比例电磁铁）操纵先导阀，先导油液再控制主阀动作，这种形式允许远距离操纵，可用于遥控场合。

图 3-98 先导阀

用于多路阀先导级控制的阀有以下几种：

（1）减压式先导阀：用三通减压阀输出一个与输入信号（手柄位置）成比例的先导油压力控制主阀。

（2）溢流式先导阀：用比例溢流阀及固定液阻输出一个与输入信号成比例的先导油压力控制主阀。

（3）双节流先导阀：用手动或比例电磁铁来改变两个 A 型液压半桥的节流开度，输出一个与输入信号成比例的先导油压力控制主阀。

（4）高速电磁开关阀：用二位二通型高速开关阀及固定液阻输出一个与输入信号成比例的先导油压力控制主阀，也可用三通高速开关阀来控制主阀。

（5）伺服先导阀：用手动、比例电磁铁或步进电机控制先导伺服阀，先导油使主阀芯跟随先导伺服阀芯运动。

（6）先导阀的反馈形式：当液压执行元件控制精度要求高时，常用主阀芯位置反馈构成主阀芯位置闭环控制，主要有位置机械直接反馈式、位移电反馈式和位移力反馈式。位置机械直接反馈式多路阀应用不多，位移电反馈式控制精度高、价格较贵，应用不是很普遍。位移力反馈式价格适中，主阀芯位置控制精度较高，在多路阀中得到一定的应用。

1. 减压式先导阀的结构和原理

减压阀式先导阀结构如图 3-99（a）所示。其由推杆 1、限位杆 2、主弹簧 3、阀芯 4 和副弹簧 5 组成。由 A 口提供压力油（来自油泵），O 口连接无背压回油箱，B 口输出压力 P 作为控制压力。主弹簧 3 的刚度较大，用于调节阀芯 4 的平衡。副弹簧 5 的刚度较小，用于阀芯 3 的回位。限位杆 2 用于限制主弹簧 3 的初预压缩量。操纵杆转动可使推杆 1 产生位移 S，压缩主弹簧 3，继而移动阀芯 4。当不转动操纵杆，由于限位杆 2 的作用使阀芯 4 处上位，孔 C、D、B、O 连通，输出压力 p 为零。若转动操纵杆使推杆 1 下移，先关闭 C 口，继而打开 C 口，使 A、C、D、B 四口连通，弹簧 5 的腔室与高压相通，此压力作用在阀芯 4 上，与弹簧 3 的弹簧力平衡，输出压力 P 可由下式确定：

$$p = \frac{k(x_0 + S)}{A_D}$$

式中　k——主弹簧 3 刚度；

x_0——主弹簧预压缩量，由限位杆确定；

S——推杆 1 下压位移；

A_D——阀芯 4 断面面积。

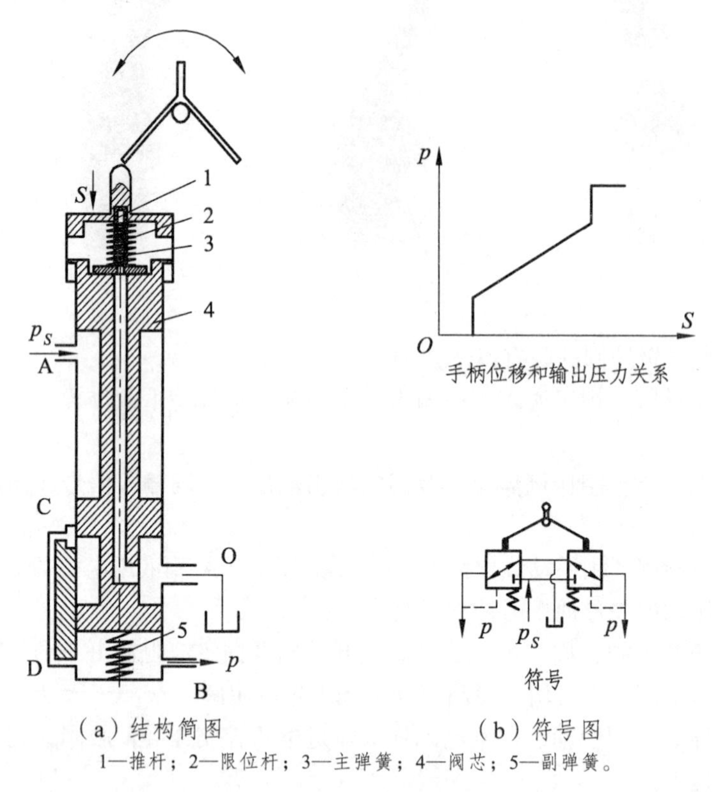

（a）结构简图　　（b）符号图

1—推杆；2—限位杆；3—主弹簧；4—阀芯；5—副弹簧。

图 3-99　减压阀式先导阀结构和工作原理

随着推杆 1 下压位移 S 的增加，输出压力 p 线性增加，如图 3-99（b）所示。由图可知，行程 S=0 时，输出压力 p=0。以后，输出压力随推杆 1 位移 S 线性增加。若使用线性段控制液动换向阀时，液动换向阀的开口量随 S 增加而增加，有利于液动阀开口量远控比例控制的实现。当弹簧被压缩限位，输出压力升到溢流阀的调定压力 p_S。实质上，该阀是一个预压缩量可变化的定值减压阀，下压距离 S 等于增加定值减压阀的弹簧预压缩量。定值减压阀的预压缩量增加，输出压力也增加。

使用减压阀式先导控制阀，可成比例远控液动阀的开口量。这样，减压阀式先导阀可安放在驾驶室中，而液动阀可按要求任意布置，有利于减少阻力损失。使用减压阀式先导阀控制可减少操纵力，应用较为广泛。一般减压阀式先导阀成对使用，以便控制液动阀的两个方向的运动位移。

2. 脚踏板式先导控制阀

脚踏板式先导阀在挖掘机、挖掘装载机、轮式装载机、打桩机上应用广泛，如图 3-100

所示。图 3-101 为 PVH1 型液控先导阀剖视图和液压原理图。

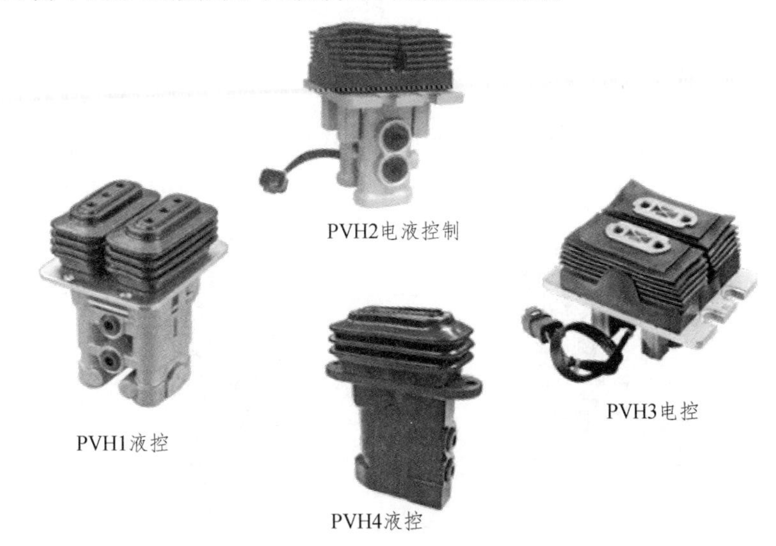

图 3-100　脚踏板式先导控制阀

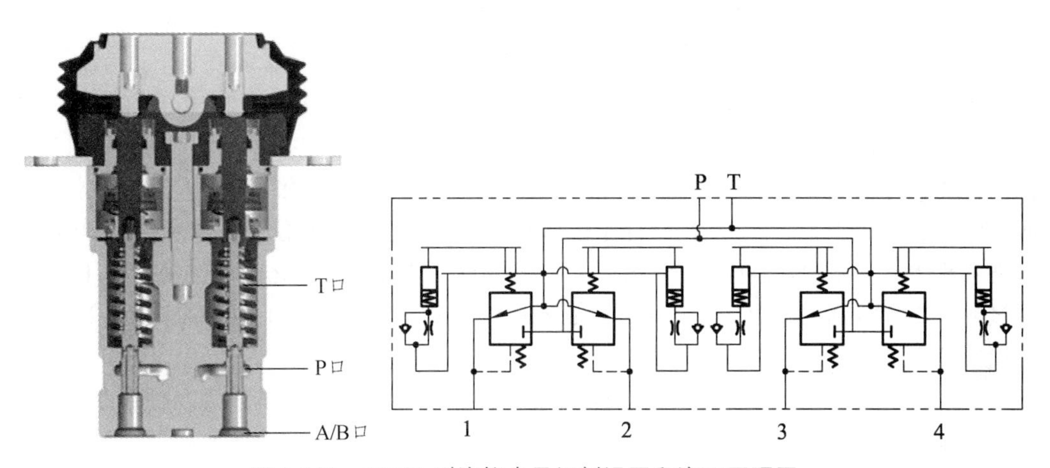

图 3-101　PVH1 型液控先导阀剖视图和液压原理图

3. 2TH6 型先导阀

图 3-102 为 2TH6 型先导控制阀，为脚踏板控制，用于换向阀、泵和马达的远程控制。其特点是渐进式操作、精确度高、操纵力小，并用橡胶保护套保护控制元件。

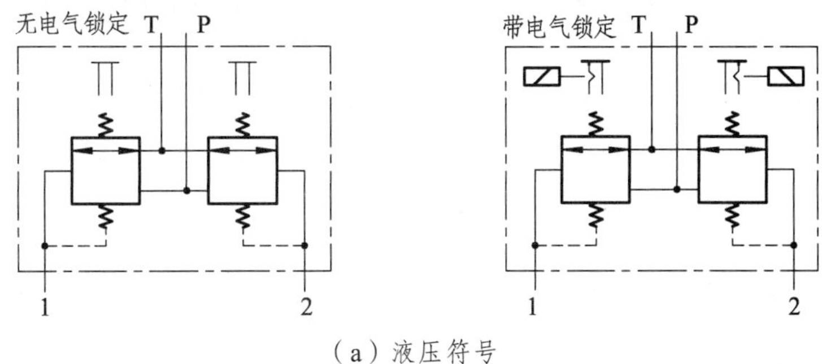

（a）液压符号

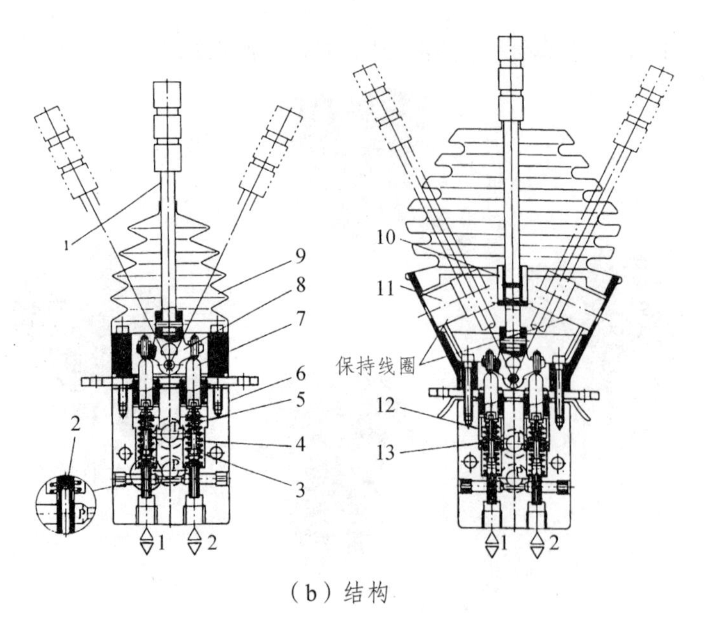

（b）结构

1—控制杆；2—油道；3—阀芯；4—复位弹簧；5—控制弹簧；6—阀体；7—柱塞；8—压板；
9—橡胶保护套；10—衔铁；11—电磁铁；12—附加板；13—附加弹簧。

图 3-102　2TH6 液压先导控制阀

工作原理：2TH6 型液压先导控制阀基于直动式减压阀进行工作。2TH6 型液压先导控制设备主要由控制杆 1、两个减压阀和阀体 6 组成。每个减压阀都包括控制阀芯 3、控制弹簧 5、复位弹簧 4 和柱塞 7。在无操作的情况下，控制杆 1 由复位弹簧 4 保持在中位，控制油口 1、2 通过油道 2 连接到回油口 T。控制杆 1 偏移时，柱塞 7 将压向复位弹簧 4 和控制弹簧 5。复位弹簧 4 开始向下移动控制阀芯 3，然后关闭相应油口与回油口 T 之间的连接。同时，相应油口通过油道 2 连接到油口 P。控制阀芯 3 在控制弹簧 5 的力与相应油口（油口 1、2）的液压力作用下处于平衡后，控制阶段即开始。

由于控制阀芯 3 与控制弹簧 5 之间存在相互作用，相应油口中的压力与柱塞 7 的行程成比例，从而与控制杆 1 的位置成比例。此压力控制作为控制杆 1 的位置和控制弹簧 5 的特性函数，可以对液压泵、马达的换向阀和高频响应控制阀进行成比例液压控制。橡胶保护套 9 可保护阀体中的机械部件免受污染，可用于恶劣环境。

电磁锁：端部锁定仅为需要控制杆保持在偏移位置的控制油口提供。附加弹簧 13 安装在附加板 12 下，通过弹簧预压力将柱塞 7 和控制杆 1 推向端部时报警。超过此阈值后，电磁铁衔铁 10 与电磁铁 11 接触；如果线圈通电，则控制杆 1 通过磁力保持在端部位置。切断线圈电流时，可自动执行解锁。

图 3-103 为先导阀控制主阀的液压回路图，有先导泵供油和主泵供油两种形式，主泵供油通过减压阀减压后供给先导阀。

3.4.4　典型多路阀的结构与工作原理

多路阀主要由进油联、工作联（中间换向联）、尾联（回油联）三大功能组件构成。

哈威比例多路阀广泛用于高空作业车、掘进机、混凝土臂架泵车、铁路起重机等工程设备中。下面以哈威负荷传感式比例多路阀为例，介绍多路阀的结构与工作原理。

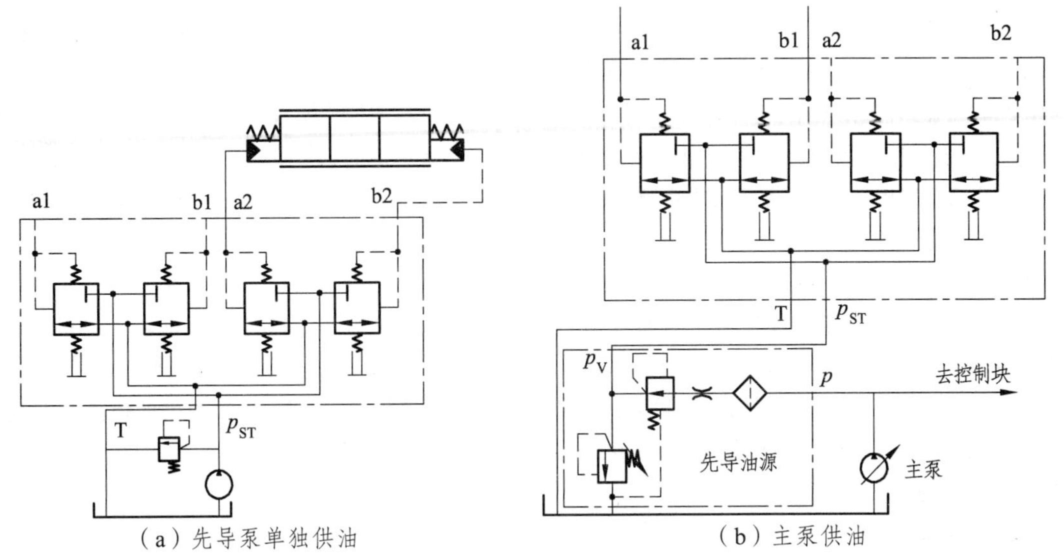

（a）先导泵单独供油

（b）主泵供油

图 3-103　先导阀控制主阀液压图

1. 进油联

图 3-104 为哈威某型进油联，为装有三通流量阀的进油联，用于定量泵系统（开中心系统）。进油联上带有泵侧压力油进口 P 和回油箱接口 R，另外还有控制接口 Z 和测量接口 M 以及负荷传感接口 LS。

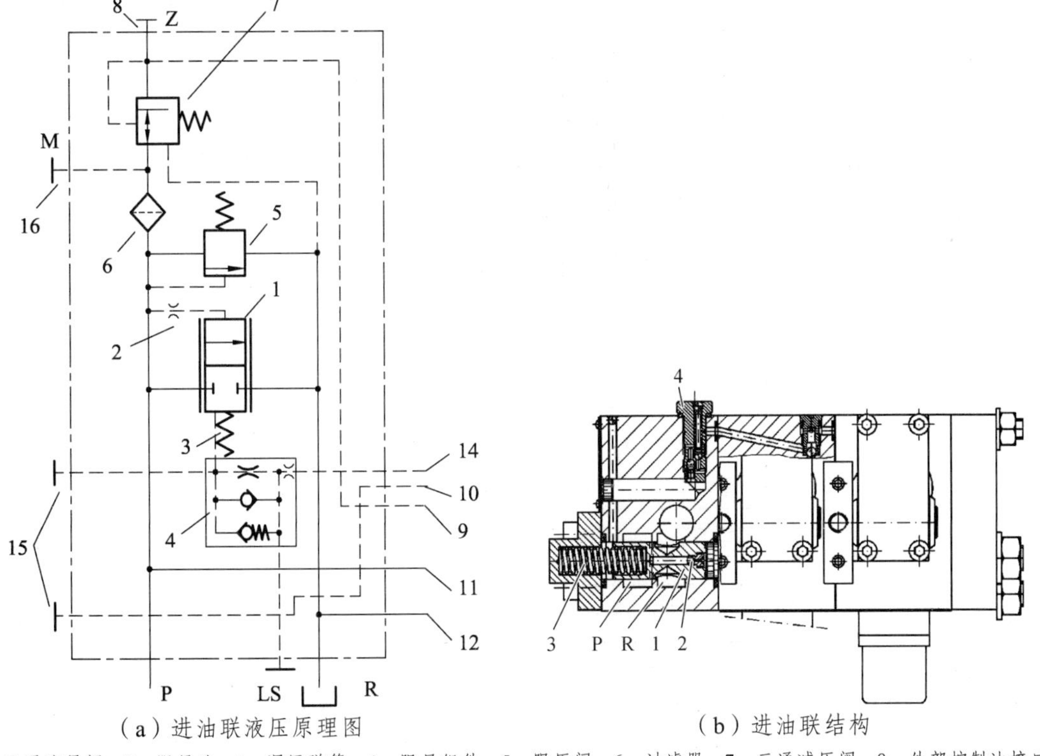

（a）进油联液压原理图

（b）进油联结构

1—三通流量阀；2—阻尼孔；3—调压弹簧；4—阻尼组件；5—限压阀；6—过滤器；7—三通减压阀；8—外部控制油接口；9—电控压力油控制通道；10—控制油的回油通道；11—压力油路（泵侧）；12—回油油路；14—LS 通道；15—油口；16—压力表接口。

图 3-104　哈威多路阀某型进油联结构和原理图

图 3-104（a）中元件 1 为三通流量阀，用于与定量泵一起实现控制。2 为用来消除和平衡进油管路压力冲击的阻尼孔。3 为调压弹簧，控制压力 p=0.9 MPa。4 为阻尼组件，在滑阀回到中位时可减少振荡和快速卸压，同时慢速地带阻尼地进行空转循环。5 为限压阀，用于限制系统的最高压力，起安全阀的作用。6 为保护三通减压阀 7 的过滤器。7 为三通减压阀，出口压力约为 2.5 MPa，在操纵方式为电液控制 E（EA）的情况下，用来提供内部控制油，也可以向外部的控制阀供油。8 是外部控制油接口，如果没有内置三通减压阀 7，可提供 2.5 ~ 3.0 MPa 的压力油；此外，它能向控制主控阀的遥控阀供油（最大流量 2 L/min）。9 为操纵方式 E（EA）的压力油控制通道。10 为控制油的回油通道，在终端块处可由外部连接到油箱，也可以内部连接到回油油路 12。11 为压力油路（泵侧）。12 为回油油路，在原理图上只画出一条油路，在结构图上 12 为上回油油路，13 为下回油油路（图中未画出）。14 为 LS（负荷传感）通道。油口 15 处如果可选择，可以安装一台电磁阀，用来使泵空转循环。16 为压力表接口，用于观测泵供油侧的压力。

2. 工作联

如图 3-105 所示为哈威多路阀某型工作联液压原理图。1 为阀体，2 为阀芯，可以根据需要更换不同中位机能。3 为阀芯上有特殊的控制节流槽设计，在阀芯移动的过程中横截面面积是变化的；其设计思路为：直到其行程终点，它都会使通往执行元件的流量呈线性增长。当

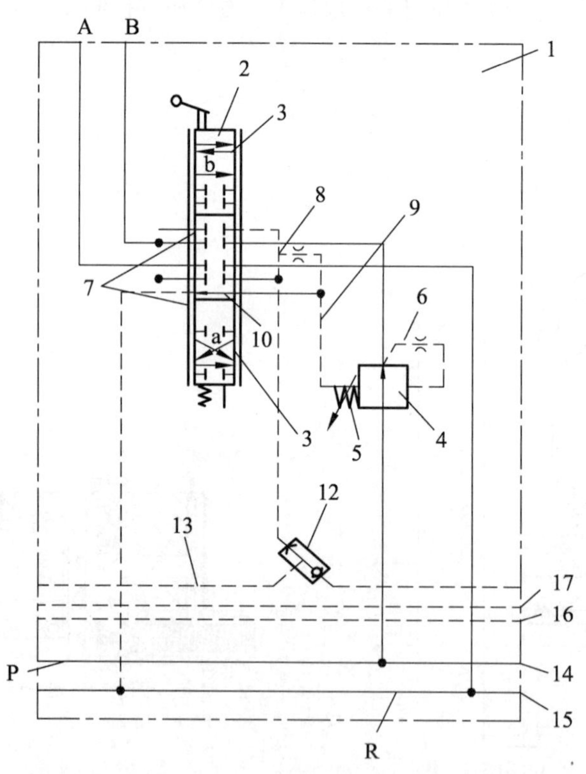

1—阀体；2—阀芯；3—阀芯节流槽；4—二通压力补偿器（二通流量阀）；5—流量阀弹簧；6—阻尼孔；7—LS 信号采集点；8—去 9、10 的油路；12—梭阀；13—通往进油联压力补偿器的油路或通往泵调节器的 LS 信号通路；14—泵来的压力油路 P；15—电控油路；16—通尾联回油路；17—控制油回油通路。

图 3-105　哈威多路阀某型工作联液压原理图

其移动到终点时，其横截面的尺寸将限制通往执行元件的最大流量。油口 a 和 b 提供流量的阀芯两侧可以具有不同的最大流量限制值，因而它可以使阀芯适应于各种不同面积比的执行元件。4 为集成的二通压力补偿器（二通流量阀）。5 为流量阀的弹簧。6 为集成有消除振荡用的阻尼孔。7 为负载压力（LS 信号）的采集点。8 为由负载采集点至压力信号通路 9 和至卸荷通路 10 的油路。压力信号通路 9 是通往压力补偿器 4 的通路，压力补偿器用于调节油流。如果阀芯 2 处于中位，油从卸荷通路 10 流至回油路 15，于是进油联中三通压力补偿器处于卸荷循环位置，压力补偿器 4 处于关闭位置。12 为梭阀，如果只有一个滑阀动作，它便开启通往 LS 通路 13 的通路。如果有两个以上的滑阀动作，它就给较高压力的 LS 信号开启通路，而关闭另一条 LS 信号（较低压力的）的通路。13 为通往进油联中的压力补偿器，或是通往泵调节器的 LS 信号通路。14 为从泵来的压力油路（P）。15 为回油路（R）。16 为 E/EA 电控操纵方式的控制油供油通路。17 为控制油回油通路（通过尾联流回油箱）。

3. 尾　联

尾联是在组合阀的尾部，作为阀块组合的终端，根据功能需求有不同型号的尾联。如带控制油回油的内排或外排接口 T，带或不带附加的 LS 进口，其中包括外控油接口、内控油接口和二位三通阀，电磁阀可以任意地将泵的循环油路锁住（使其不卸荷）。

不同类型尾板的液压原理图如图 3-106 所示，其中，1 为 A 和 B 侧 R 油路之间的内部连接孔。2 为 E1、E2 和 E3 型的控制油路回油口，标准尾板外接回油 T（单独回油管道），使控制油可以无压状态回油，如同主油路 1 中没有液阻和压力冲击。在 E4、E5 和 E6 型中，控制油从主油路内部回油，T 口用油堵封死。3 为 E4、E5 和 E6 型中的单向阀，防止主油路的回油压力波动。4 为远程 LS 信号外部油路接口 Y，如用来连接另一个阀组的 LS 控制油管道。5 为滤芯，防止 LS 信号外部油路受杂质损坏。

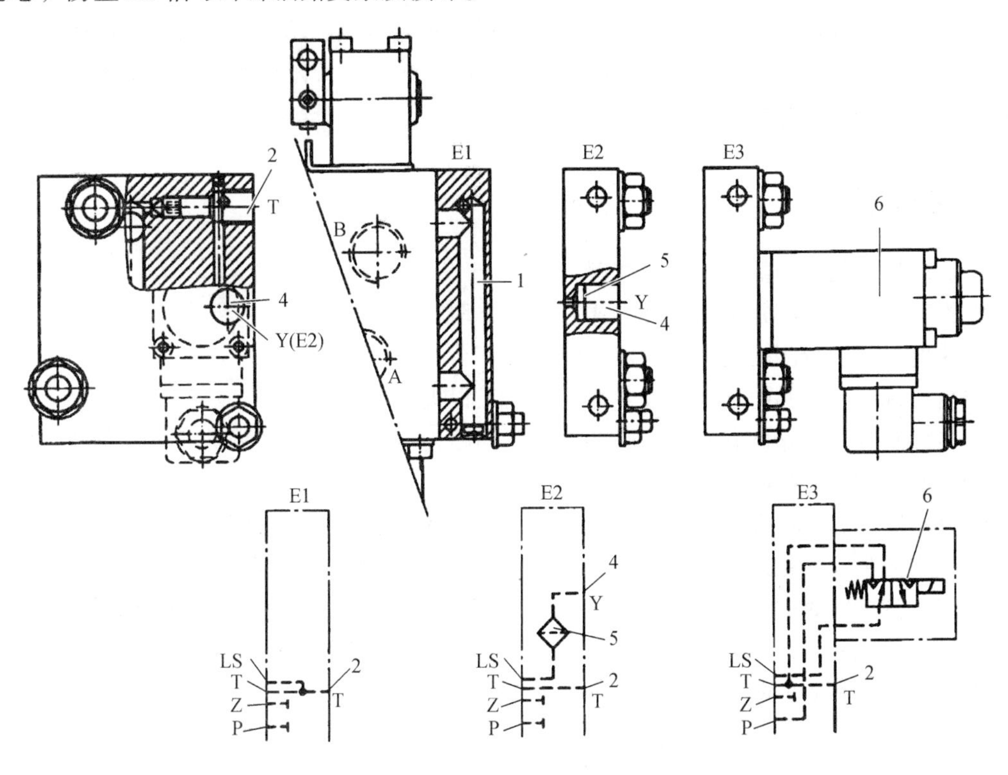

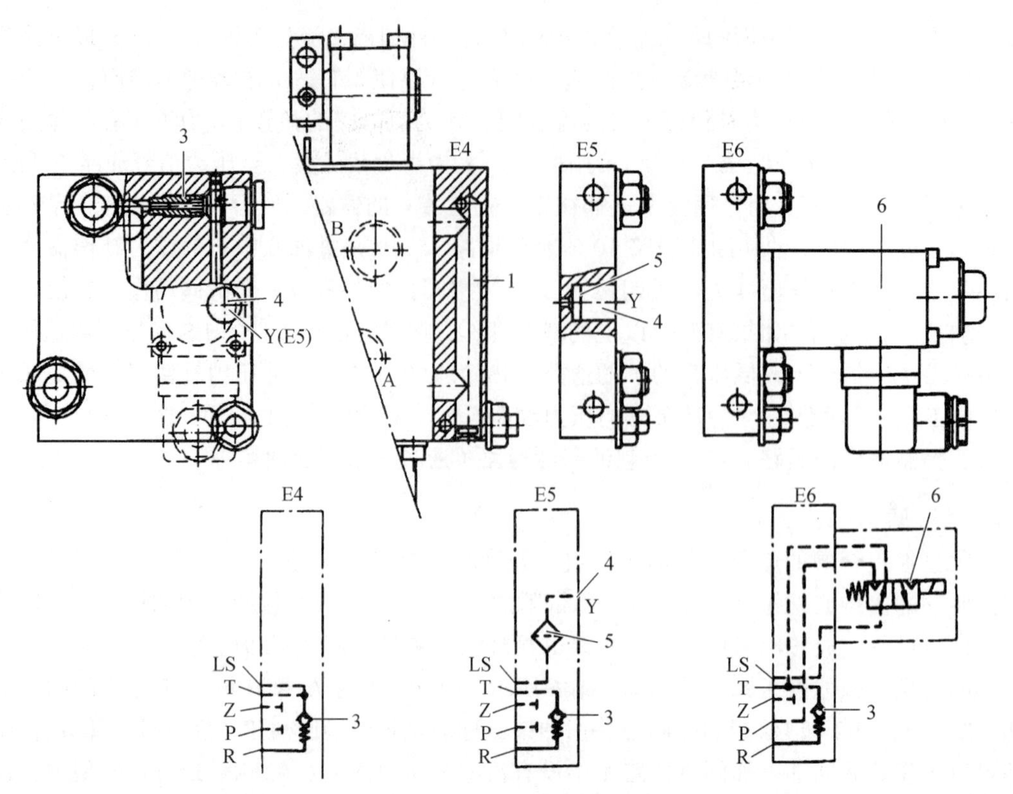

1—A、B侧R油路连接孔；2—控制油回油口；3—单向阀；4—LS外部油接口；5—滤芯；6—二位三通电磁阀；P—泵侧进油口；R—回油箱接口；LS—负荷传感控制口；T—回油口；Z—控制口；Y—接外部油口。

图3-106 哈威多路阀不同类型尾板液压原理图

6为二位三通电磁阀，在电控下将P油路与LS油路连接和切断，连接时连接块中压力平衡处的压力保持最大，因而可以向其他油路提供压力油。为了让其他并联油路正常工作，所有阀片必须处于中位关闭状态。

复习思考题

1. 液压控制阀按功能分有哪些类型？

2. 工程机械液压阀常用的连接方式有几种类型？各有什么特点？

3. 简要说明插装阀的类型、特点及应用。

4. 简要说明多路阀的结构组成、特点及在工程机械中的应用。

5. 名词解释：多路阀并联、串联和串并联油路连接方式；并以两联多路阀为例，绘制并联和串联油路连接方式的多路阀符号图。

6. 分析图3-107所示插装阀油路，绘制出对应的常规方向控制阀符号。

7. 试用插装阀回路组成具有图3-108所示功能的三位四通换向阀

8. 某比例多路阀的符号图如图3-109所示，具有：① 无级控制，与负载变化无关；② 满足多个执行元件同时工作的要求；③ 液压系统效率高、发热少等诸多优点，结合图简要说明该多路阀具备上述优点的主要原因。

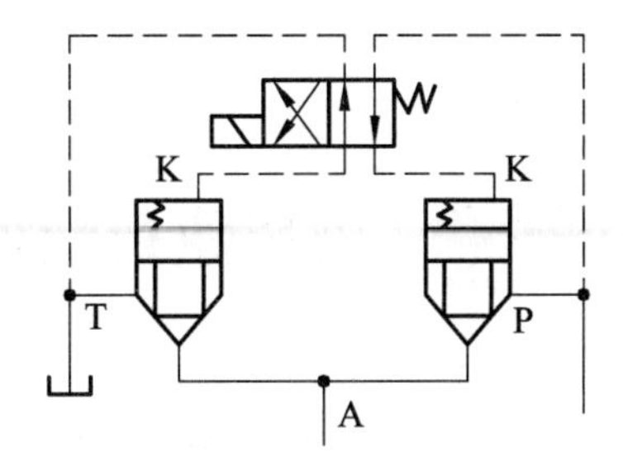

图 3-107　插装阀油路

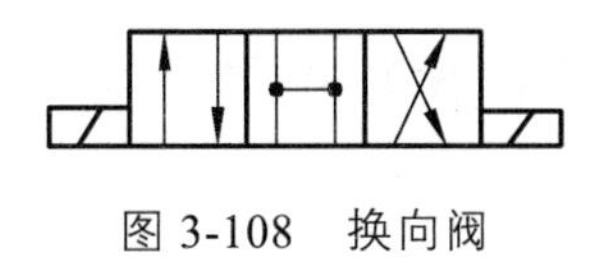

图 3-108　换向阀

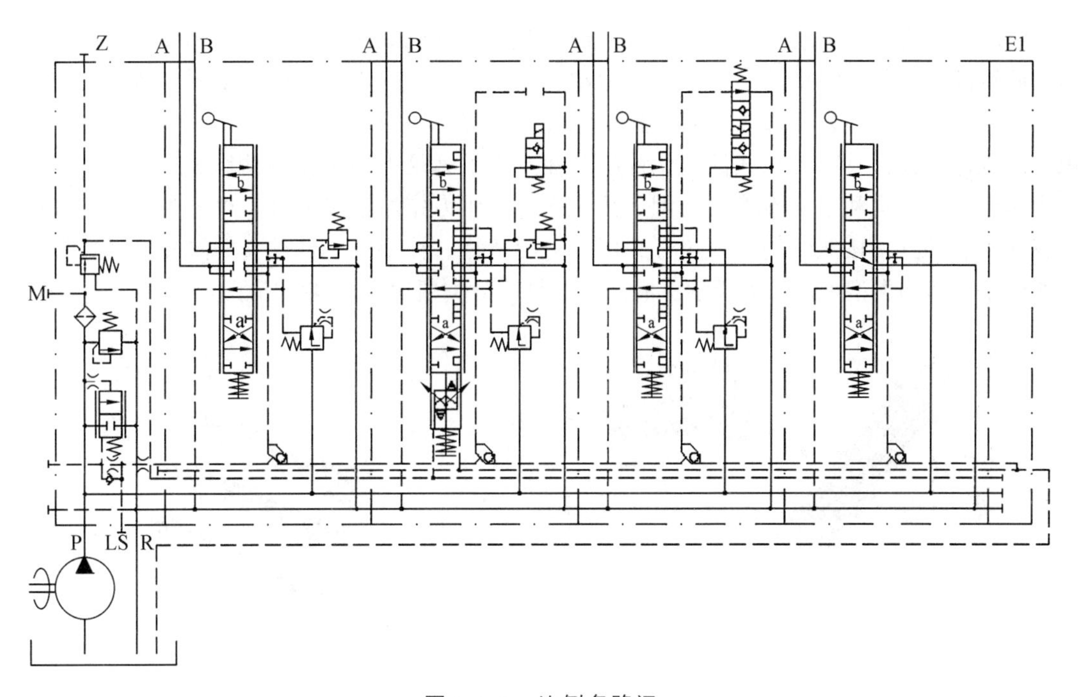

图 3-109　比例多路阀

9. 设计某型装载机工作装置液压缸多路阀控制回路，并绘制原理图，要求：

（1）动臂油缸和转斗油缸可单独动作又可复合动作。

（2）动臂能完成举升、下降、保持三个工作位。

（3）转斗能完成正转、反转和保持三个工作位。

（4）多路阀采用先导控制。

第4章　液压执行元件

液压执行元件是指依靠液体压力能驱动，从而将其转换为机械能输出的一种元件，其对外表现出的运动形式主要有往复的运动和绕轴的旋转两种，对应的执行元件分别是液压缸和液压马达。液压缸输出的机械能形式是力和速度，液压马达输出的机械能形式是转矩和角速度。根据结构和功能的区别，上述两种执行元件又有多种类型，以适应不同工况的功能需求。

4.1　液压缸的类型与特点

液压缸作为液压系统中常见的执行机构，对外表现机械能的运动方式主要有直线往复运动和回转摆动两种，输出的主要参数是力和速度。液压缸输入液压能的主要参数指工作介质的流量和压力，上述各项参数主要由执行元件工作容积的变化来体现，所以液压缸是一种容积式的执行元件，具有容积式液压元件的共性。为了满足不同工作的动作需求，液压缸被细分为多种不同结构和不同性能的类型，按工作介质压力作用情况来分，可分为单作用液压缸和双作用液压缸；按照结构形式来分，可分为活塞缸、柱塞缸、伸缩套筒缸和摆动缸等。常见的液压缸结构类型如图4-1所示，液压缸的具体分类情况如表4-1所示。

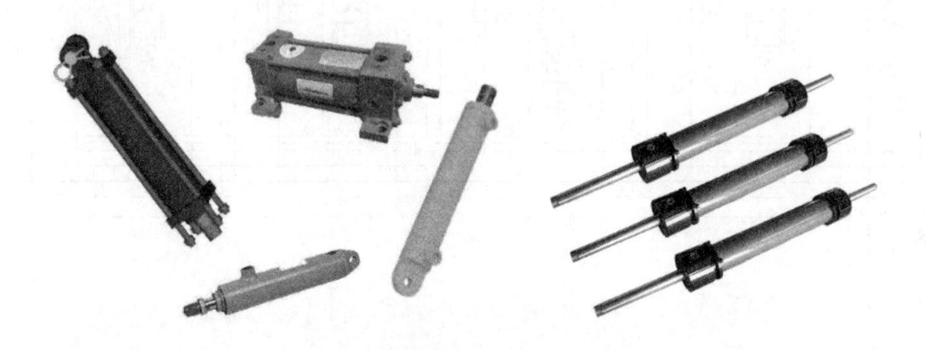

图4-1　常见液压缸

表 4-1　液压缸的分类

类别	序号	名称	符号	说明
单作用液压缸	1	单作用活塞式液压缸	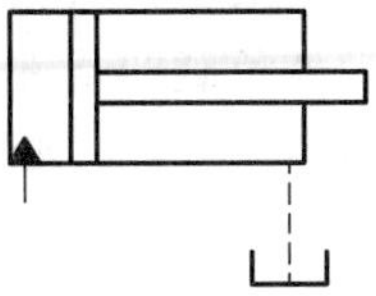	高压液压油推动活塞正向运动，活塞杆复位运动由负载力或者设置在连通油箱一腔内的弹簧力驱动
	2	单作用伸缩式液压缸	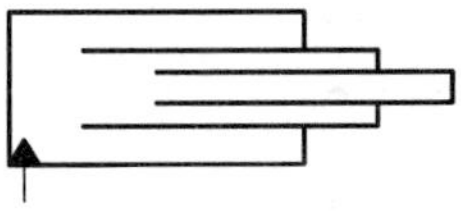	有多级依次运动的柱塞。各级柱塞的动作顺序由其作用面积的大小确定，柱塞复位力由外负载提供
	3	单作用柱塞式液压缸	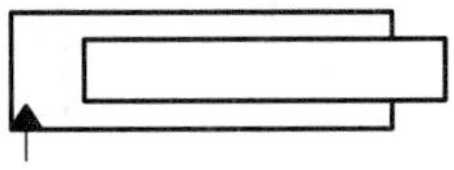	液压缸柱塞的正向运动由高压液压油驱动，柱塞式油缸的行程较长，柱塞的复位力由外负载提供
	4	多级液压缸	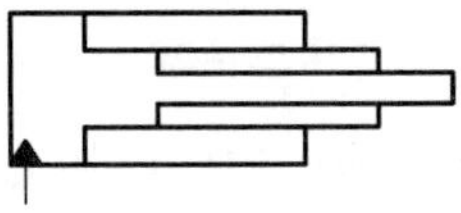	多级柱塞在高压油液驱动下运动，具备单作用柱塞油缸长行程的特点，油缸伸出长度为各级之和
双作用液压缸	5	双作用单活塞杆液压缸	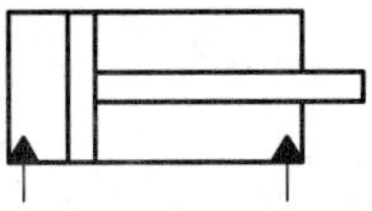	非对称油缸，双向液压力使活塞杆实现双向运动，带缓冲装置或不带，缓冲减速值可调或不可调
	6	双作用双出杆液压缸	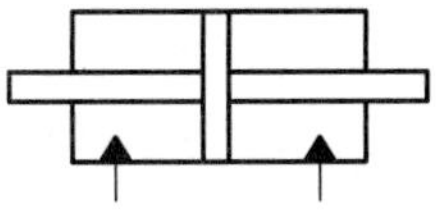	对称油缸，双向液压力使活塞杆实现双向运动，带缓冲装置或不带，缓冲减速值可调或不可调
	7	双作用伸缩式液压缸	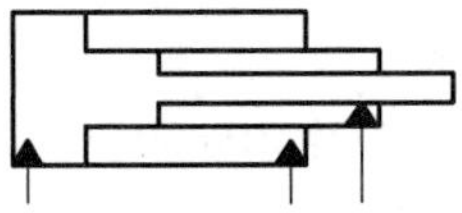	有多级依次运动的活塞，油缸行程较长，运动速度和推拉力均是变化的，特殊设计后，也可同步伸缩
组合液压缸	8	增压液压缸	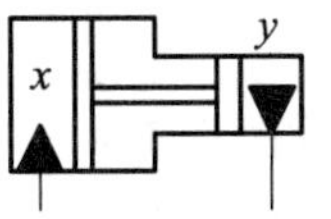	由两个不同压力的压力室组成，大活塞腔压力小于小活塞腔压力，以此来达到增压的目的
	9	齿条传动液压缸	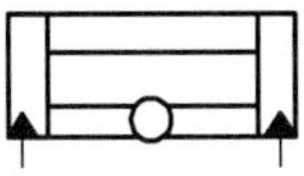	高压油液驱动齿条左右移动，与齿条啮合的齿轮受齿条驱动而旋转，最终的输出运动为齿轮旋转运动
摆动液压缸	10	单叶片摆动缸	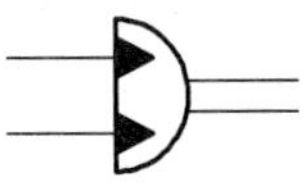	单叶片摆动缸可做小于 360°的往复摆动
	11	多叶片摆动缸		多叶片摆动缸可做小于 180°的往复摆动

1. 活塞式液压缸

1）双作用单活塞杆液压缸

图 4-2 为双作用单活塞杆液压缸的结构示意图。单活塞杆液压缸，又名单出杆液压缸，顾

名思义，是一种非对称式的、只在活塞一端有活塞杆的液压缸，油缸内部被活塞分为两部分：有杆腔（小腔）和无杆腔（大腔）。按活塞杆伸出和缩回的驱动力又可分为单作用活塞杆液压缸和双作用活塞杆液压缸两种。以双作用活塞杆液压缸为例，由于液压缸有杆腔和无杆腔两端的有效工作面积存在差异，所以在无外负载的条件下，分别向液压缸两腔注入相同压力的高压油液，活塞杆的往复运动位移和力各不相同。此类液压缸的安装方式主要有两种：缸筒固定和活塞杆固定，同时液压缸的有效工作行程是活塞杆有效行程的两倍。

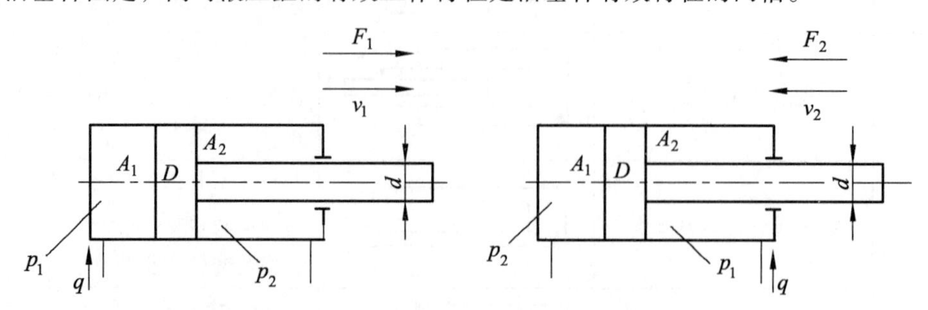

图 4-2　双作用单活塞杆液压缸示意图

双作用单活塞杆液压缸推力和运动速度的计算公式如下：

$$F_1=(p_1A_1-p_2A_2)\eta_m=\frac{\pi}{4}\eta_m[p_1D^2-p_2(D^2-d^2)] \tag{4-1}$$

$$F_2=(p_1A_2-p_2A_1)\eta_m=\frac{\pi}{4}\eta_m[p_1(D^2-d^2)-p_2D^2] \tag{4-2}$$

$$v_1=\frac{q}{A_1}\eta_v=\frac{4q\eta_v}{\pi D^2} \tag{4-3}$$

$$v_2=\frac{q}{A_2}\eta_v=\frac{4q\eta_v}{\pi(D^2-d^2)} \tag{4-4}$$

式中　A_1、A_2——有杆腔和无杆腔的有效作用面积；

D、d——活塞直径和活塞杆直径；

q——输入流量；

p_1、p_2——液压缸进油腔和出油腔的压力；

η_m、η_v——液压缸的机械效率和容积效率；

v_1、v_2——活塞杆伸出和缩回的速度；

F_1、F_2——活塞杆伸出和缩回的力。

非对称双作用液压缸的特性除了力与速度外，速比也是十分重要的一个参数。速比指液压缸伸出和缩回速度的比值，在对液压缸活塞往复运动速度有一定要求时，活塞杆的直径一般需要根据液压缸缸筒内径和速比来确定。速比 λ_v 的计算公式如下：

$$\lambda_v=\frac{v_2}{v_1}=\frac{1}{\left[1-\left(\frac{d}{D}\right)^2\right]} \tag{4-5}$$

$$d=D\sqrt{\frac{\lambda_v-1}{\lambda_v}} \tag{4-6}$$

从上述公式可见，速比 λ_v 的大小取决于液压缸活塞杆杆径和缸径，即有杆腔和无杆腔有效作用面积的大小，且液压缸速比仅针对非对称缸存在多种类型，根据 ISO 7181 或 GB 7933 等标准，速比一般有 1.06、1.12、1.25、1.4、1.6、2、2.5 等多种，但当对称缸由于活塞两侧腔体有效作用面积相等，在相同压力和流量输入的条件下，液压缸伸出和缩回的速度相等，即速比为 1。

2）双作用双活塞杆液压缸

图 4-3 为双作用双活塞杆液压缸的结构示意图。双作用双活塞杆液压缸的最大特点是在相同的输入条件下，即输入压力与流量相同时，液压缸向两侧伸出、缩回的速度和推力均相同，此类液压缸的安装方式主要有两种：缸筒固定和活塞杆固定，同时液压缸的有效工作行程是活塞杆有效行程的 3 倍。

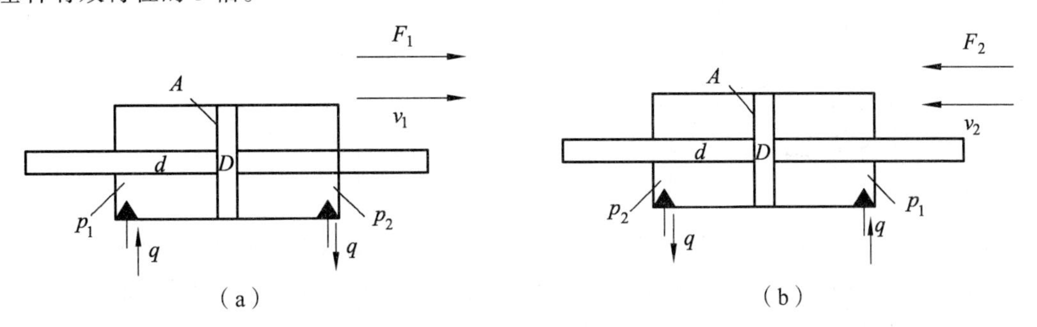

图 4-3 双作用双活塞杆结构示意图

双作用双活塞杆液压缸分别向两侧运动，此时液压缸的输出力和速度计算公式如下：

$$F_1 = F_2 = (p_1 - p_2)A\eta_m = (p_1 - p_2)\frac{\pi}{4}(D^2 - d^2)\eta_m \tag{4-7}$$

$$v_1 = v_2 = \frac{q}{A}\eta_v = \frac{4q\eta_v}{\pi(D^2 - d^2)} \tag{4-8}$$

双活塞杆液压缸一般应用于可双向驱动的场合，同时有双向等速运动和运动距离较长等需求，常见的应用场合如磨床工作台的往复运动等。

2. 柱塞式液压缸

柱塞式液压缸如图 4-4（a）所示，柱塞式液压缸一般为单作用液压缸，单个柱塞只能实现一个方向的运动，其反向运动的实现依靠外力驱动。基于上述特点，为了实现单个柱塞式液压缸的双向往复运动，柱塞式液压缸一般错位成对布置，一个柱塞伸出，另一个柱塞受压缩回，反之亦然。错位成对布置的柱塞式液压缸如图 4-4（b）所示。柱塞式液压缸与活塞式液压缸的最大区别是柱塞运动时与缸筒内壁不接触，由缸盖上的导向套来导向，则柱塞式液压缸的缸筒内壁加工精度要求远远小于活塞式液压缸，直接降低制造成本，且由于柱塞的特殊结构，柱塞式液压缸的行程较长，适用于有较长行程的场合。

柱塞式液压缸的特性方程如下：

$$F = pA\eta_m = p\frac{\pi}{4}d^2\eta_m \tag{4-9}$$

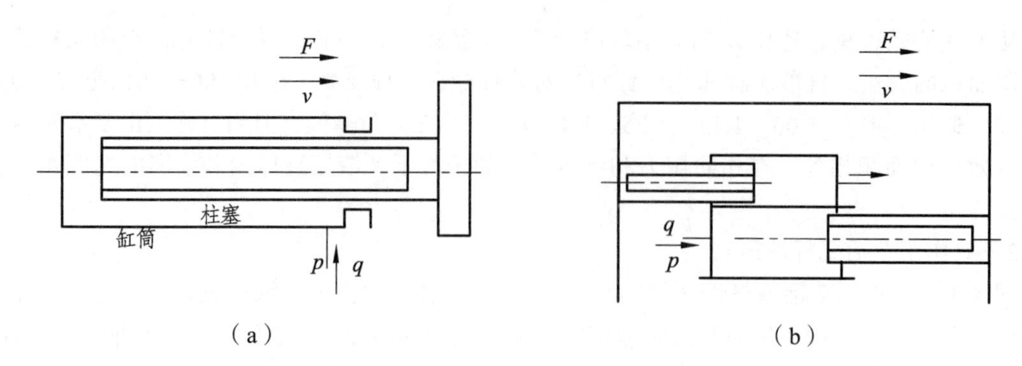

（a）　　　　　　　　　　　　（b）

图 4-4　柱塞式液压缸结构示意图

$$v=\frac{q\eta_v}{A}=\frac{4q\eta_v}{\pi d^2} \tag{4-10}$$

式中　A——柱塞截面面积；

d——柱塞直径。

3. 伸缩式液压缸

图 4-5 所示的是伸缩式液压缸结构示意图与实物图。伸缩式液压缸是多级液压缸，由两个或多个活塞套装而成，前一级液压缸的活塞杆是后一级液压缸的缸筒。伸缩式液压缸的最大特点是行程大且结构紧凑，即伸出时工作行程较长，缩回时可以保持很小的结构尺寸，当伸缩式液压缸伸出工作时，由于各级伸缩套筒的有效作用面积不同，其伸出顺序根据各级套筒的直径由大到小依次伸出；当伸缩式液压缸缩回工作时，各级套筒按直径从小到大依次回缩，与伸出顺序相反。由于伸缩式液压缸的上述特点，其广泛应用于汽车式起重机等长臂机械设备的伸缩臂。此外，在伸缩式液压缸的输入流量和压力不变的情况下，液压缸的输出推力和速度也逐级变化，当伸缩式液压缸启动时，由于活塞的有效面积最大，因此输出推力也越大，随着行程逐级增长，其推力逐级减小；反之，由于各级套筒的直径逐级变小，后伸出的套筒伸出速度反而逐级增大。伸缩式液压缸的特性方程如下：

$$F_i=\frac{\pi}{4}D_i^2 p\eta_{mi} \tag{4-11}$$

$$v_i=\frac{4q\eta_{vi}}{\pi D_i^2} \tag{4-12}$$

式中　i——伸缩式液压缸的第 i 级活塞。

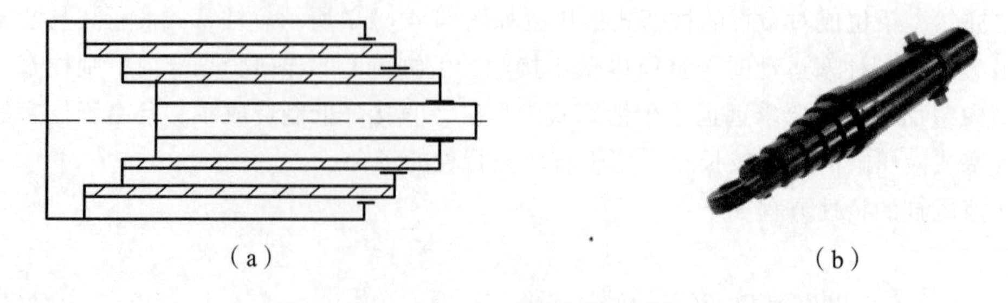

（a）　　　　　　　　　　　　（b）

图 4-5　伸缩式液压缸

4. 齿条活塞缸

齿条活塞缸由带有齿条杆的双作用活塞缸和齿轮齿条机构组成，活塞往复移动经齿条、齿轮机构变成齿轮轴往复转动，如图 4-6 所示。

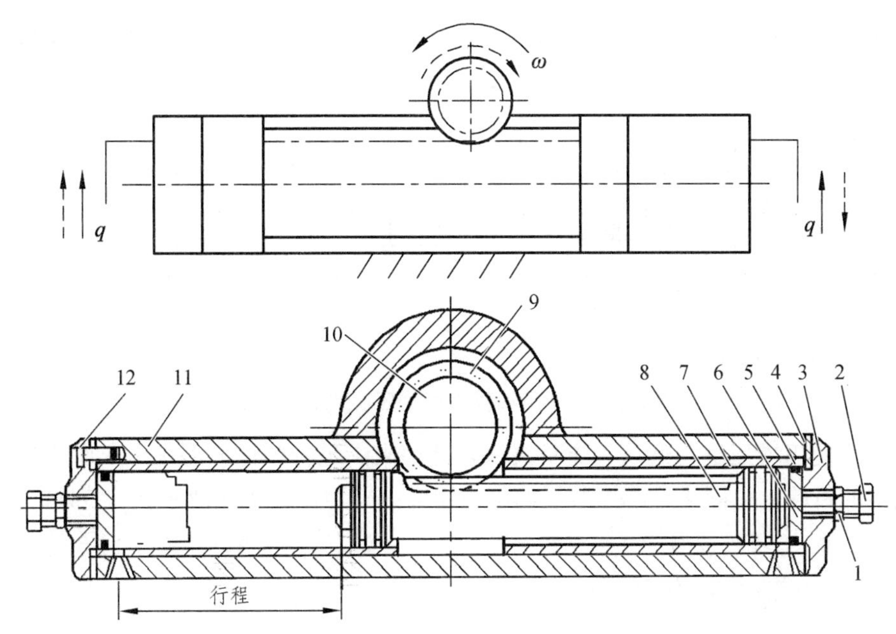

1—紧固螺帽；2—调节螺钉；3—端盖；4—垫圈；5—O 形密封圈；6—挡圈；7—缸套；8—齿条活塞；9—齿轮；10—传动轴；11—缸体；12—螺钉。

图 4-6　齿条活塞液压缸的结构图

5. 摆动式液压缸

摆动式液压缸能实现小于 360°角度的往复摆动运动，由于它可直接输出扭矩，故又称为摆动液压马达。摆动式液压缸主要有单叶片式和双叶片式两种结构形式，如图 4-7 所示。当输入压力和流量不变时，双叶片摆动液压缸摆动轴输出转矩是相同参数单叶片摆动缸的两倍，而摆动角速度则是单叶片的一半。

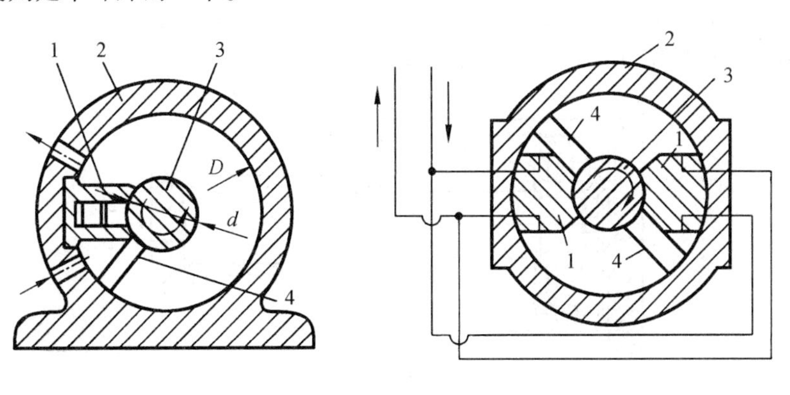

（a）单叶片式　　（b）双叶片式

1—定子；2—缸体；3—摆动轴；4—叶片。

图 4-7　摆动液压缸

6. 增压液压缸

增压液压缸又称增压器，图 4-8 所示为两种增压液压缸的结构示意图，分别为单作用增压缸和双作用增压缸。增压液压缸一般由大直径的活塞缸和小直径的活塞缸或者柱塞缸串接组成，大活塞腔俗称大腔，小活塞或小柱塞腔俗称小腔。一般而言，增压液压缸的大腔输入低压大流量液体，推动大活塞以及与之相连的小活塞或者小柱塞运动，此时小腔输出高压小流量液体。此类增压液压缸适用于一些短时或者局部需要高压液体的液压系统。

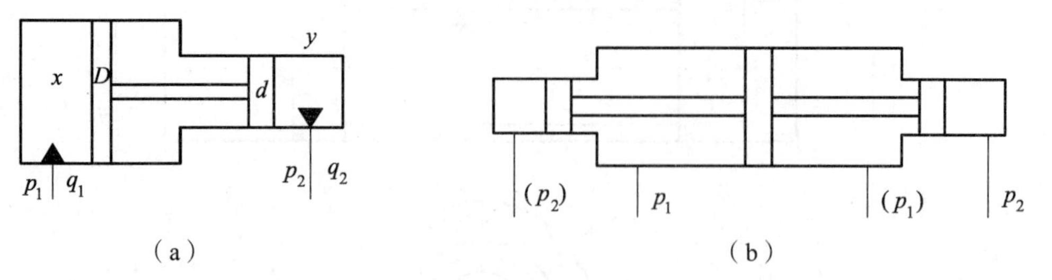

图 4-8　单作用和双作用增压缸结构示意图

此类工况使用增压缸与低压大流量泵配合使用来满足特殊性能需求，从而达到降低设备或系统成本的目的。以图 4-8（a）所示的单作用增压缸为例，增压液压缸的特性方程如下：

$$\frac{p_2}{p_1}=\frac{D^2}{d^2}\eta_m=K\eta_m \tag{4-13}$$

$$\frac{q_2}{q_1}=\frac{D^2}{d^2}\eta_v=\frac{1}{K}\eta_v \tag{4-14}$$

式中　p_1、p_2——增压缸输入压力和输出压力；

D、d——增压缸大活塞腔直径和小活塞腔直径；

K——增压比，为增压缸大活塞直径的平方与小活塞直径的平方的比值；

η_m 、η_v——增压缸的机械效率和容积效率；

q_1、q_2——增压缸的输入流量和输出流量。

增压缸是活塞缸与柱塞缸组成的复合缸，但它不是能量转换装置，只是一个增压器件。增压比为大活塞与小柱塞的面积之比，如图 4-9 所示。

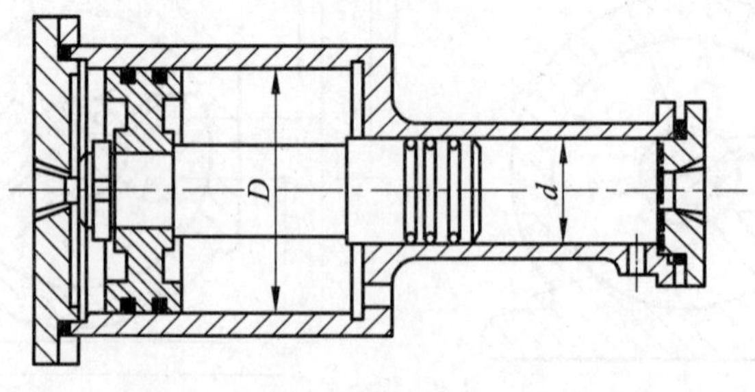

图 4-9　增压缸

增压缸作为中间环节，用在低压系统要求有局部高压油路的场合，局部区域获得高压，增压缸只能将高压油输入其他液压缸以获得大的推力，其本身不能直接作为执行元件。

4.2 液压缸的基本参数

液压缸的输入量是液体的流量和压力，输出量是速度和力。液压缸的基本参数主要是指内径尺寸、活塞杆直径、行程长度、活塞杆螺纹形式和尺寸、连接油口尺寸等。液压缸公称压力系列见表 4-2，各类液压设备常用的工作压力见表 4-3。

表 4-2　液压缸公称压力系列（摘自 GB/T 2346）　单位：MPa

0.010	0.016	0.025	0.040	0.063	0.10	0.16	（0.20）	0.25					
0.40	0.63	（0.80）	1.0	1.6	2.5	4.0	5.2	（8.0）	10.0				
12.5	15.0	20.0	25.0	31.5	40.0	50.0	63.0	80.0	100	125	160	200	250

注：括号内公称压力值为非优先用值。

表 4-3　各类液压设备常用的工作压力

设备类型	一般机床	一般冶金设备	农业机械、小型工程机械	重型机械、液压机、起重运输机械
工作压力/MPa	1～5.2	5.2～16	10～16	20～32

液压缸内径尺寸系列、液压缸活塞杆外径尺寸系列、液压缸行程系列、液压缸活塞杆螺纹形式和尺寸系列、液压缸活塞杆螺纹尺寸系列以及液压缸活塞杆螺纹尺寸系列分别见表 4-4～表 4-8。

表 4-4　液压缸内径尺寸系列（摘自 GB/T 2348）　单位：mm

8	40	125	（280）
10	50	（140）	320
12	63	160	（360）
16	80	（180）	400
20	（90）	200	（450）
25	100	（220）	500
32	（110）	250	

注：圆括号内的尺寸为非优先选用尺寸。

表 4-5　液压缸活塞杆外径尺寸系列（摘自 GB/T 2348）　单位：mm

4	20	56	160
5	22	63	180
6	25	70	200
8	28	80	220
10	32	90	250
12	36	100	280
14	40	110	320
16	45	125	360
18	50	140	

表 4-6　液压缸活塞行程第一系列　　　　单位：mm

25	50	80	100	125	160	200	250	320	400
500	630	800	1 000	1 250	1 600	2 000	2 500	3 200	4 000

表 4-7　液压缸活塞行程第二系列　　　　单位：mm

	40			63		90	110	140	180
220	280	360	450	550	700	900	1 100	1 400	1 800
2 200	2 800	3 600							

表 4-8　液压缸活塞行程第三系列　　　　单位：mm

240	260	300	340	380	420	480	530	600	650
750	850	950	1 050	1 200	1 300	1 500	1 700	1 900	2 100
2 400	2 600	3 000	3 400	3 800					

注：当活塞行程>4 000 mm 时，按《优先数和优先数列》(GB/T 321) 中 R10 数系选用，如不能满足要求时，允许按 R40 数系选用。

4.3　工程机械液压缸典型结构

工程机械液压缸多为单杆双作用液压缸（见图 4-10），主要由缸底 1、缸筒 6、缸盖 10、活塞 4、活塞杆 7 和导向套 8 等组成。缸筒一端与缸底焊接，另一端与缸盖采用螺纹连接。活塞与活塞杆采用卡键连接。为了保证液压缸的可靠密封，在相应部位设置了密封圈 3、5、9、11 和防尘圈 12。

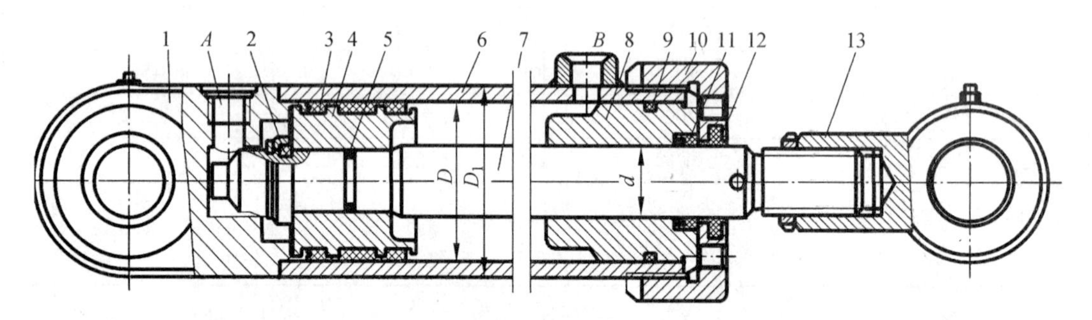

1—缸底；2—卡键；3，5，9，11—密封圈；4—活塞；6—缸筒；7—活塞杆；8—导向套；10—缸盖；12—防尘圈；13—耳轴。

图 4-10　双作用单活塞杆液压缸结构图

4.3.1　缸筒与端盖的连接

缸筒与端盖的连接形式和特点如表 4-9 所示。

（1）法兰式连接（The Type of Flange Connection）：结构简单，加工方便，连接可靠，但是要求缸筒端部有足够的壁厚，用以安装螺栓或旋入螺钉。缸筒端部一般用铸造、镦粗或焊接方式制成粗大的外径，它是常用的一种连接形式。

表 4-9　缸筒与端盖的连接形式和特点

连接形式	结构简图	特　点
拉杆	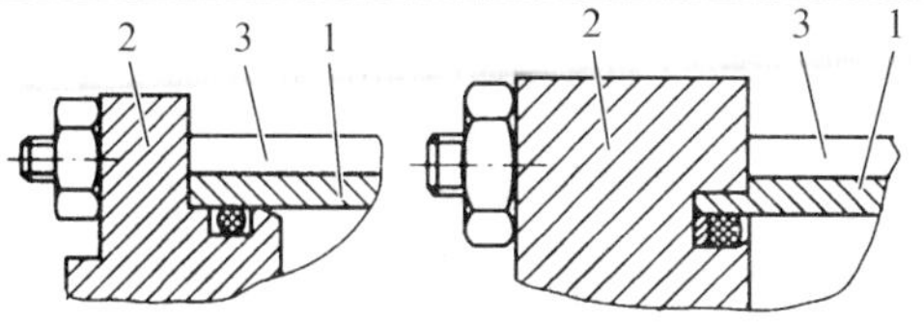 (a)　(b)	零件通用性大，缸筒加工简便，装拆方便，应用较广，质量以及外形尺寸较大
法兰	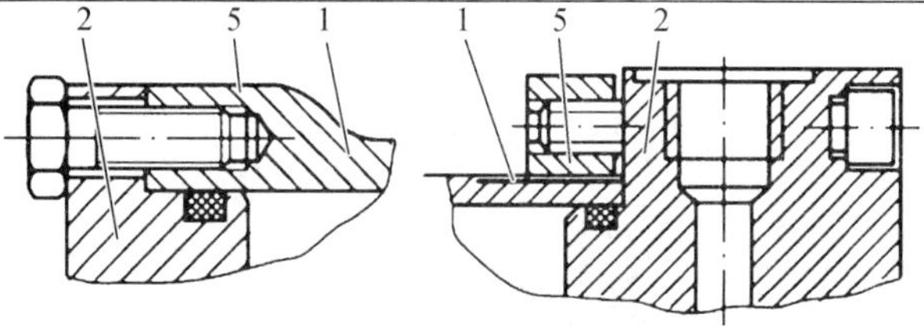 (a)　(b) 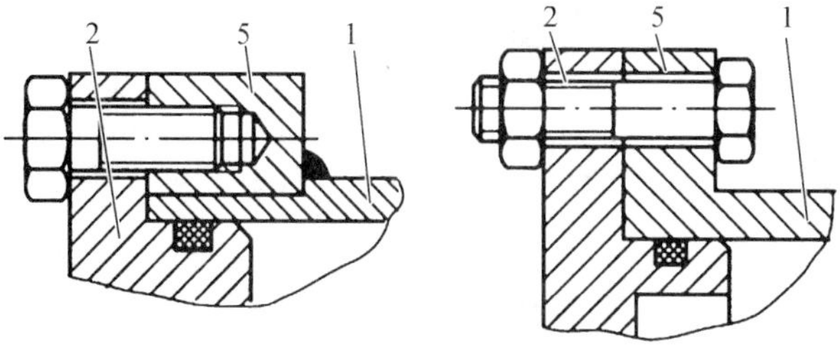　(c)　(d)	法兰盘与缸筒有焊接[图(c)]和螺纹连接[图(b)]或整体的铸、锻件[图(a)]、[图(d)]。结构较简单，易加工、易装拆，整体的铸、锻件质量及外形尺寸较大，且加工复杂
焊接	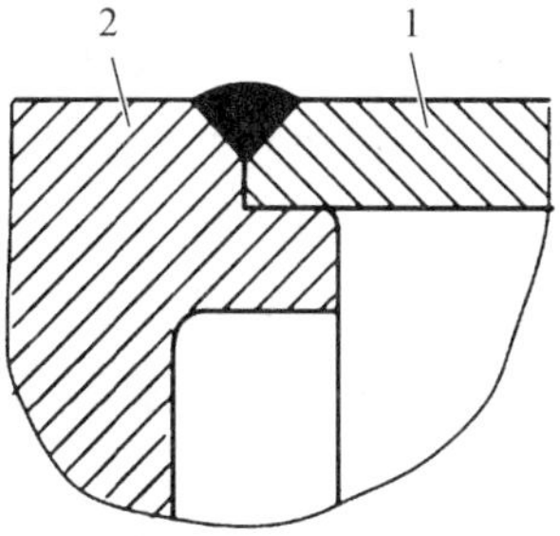	结构简单，外形尺寸小。焊后易变形，清洗、装拆较困难
外螺纹	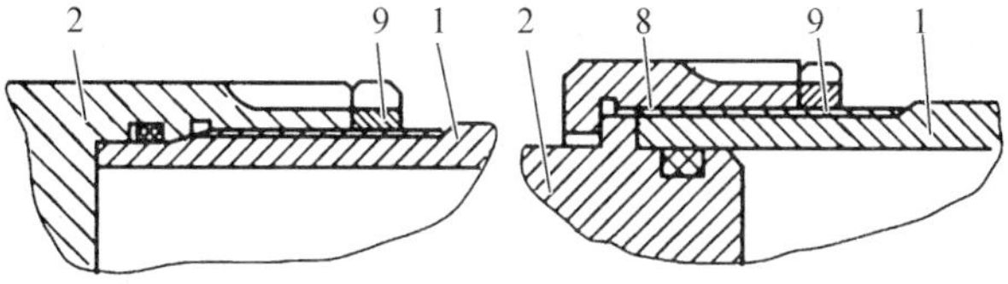 (a)　(b)	质量和外形尺寸，外螺纹结构较内螺纹大。装拆时需专用工具，缸径大时装拆比较费劲。为防止装拆时扭伤密封件和改善同轴度，前端盖可设计成分体结构[图(b)]。图(a)为整体结构
内螺纹	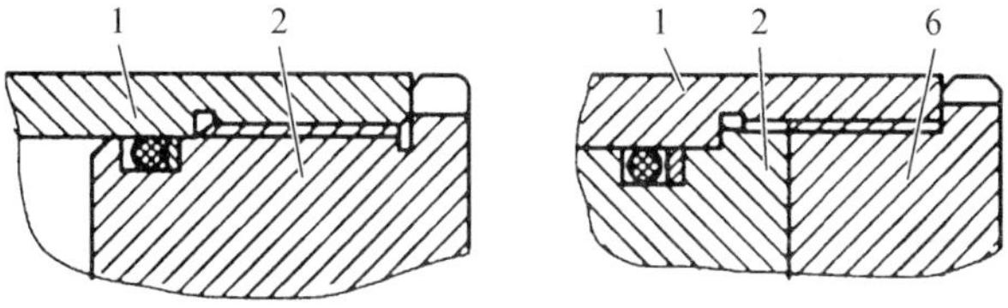 (a)　(b)	

续表

连接形式	结构简图	特　点
外卡环	（a）　（b）	外形尺寸较大；缸筒外表面需加工；卡环槽削弱了缸筒壁厚，相应地需加厚；装拆比较简单。图（a）为普通螺钉，图（b）为内六角螺钉
内卡环	（a）　（b）	结构紧凑，外形尺寸较小。卡环槽削弱了缸筒壁厚，相应地需加厚。装拆时，密封件易被擦伤。为防止端盖移动，图（a）用隔套、挡圈；图（b）用螺钉连接，但增加了径向尺寸

注：简图中 1—缸筒；2—端盖；3—拉杆；4—卡环；5—法兰；5—盖；6—套环；7—螺套；9—锁紧螺母。

（2）半环式连接（The Whitney Key Type Connection）：分为外半环连接和内半环连接两种连接形式，半环连接工艺性好，连接可靠，结构紧凑，但削弱了缸筒强度。半环连接应用十分普遍，常用于无缝钢管缸筒与端盖的连接中。

（3）螺纹式连接（The Thread Type Connection）：有外螺纹连接和内螺纹连接两种，其特点是体积小，质量轻，结构紧凑，但缸筒端部结构较复杂，这种连接形式一般用于要求外形尺寸小，质量轻的场合。

（4）拉杆式连接（The Draw-bar Type Connection）：结构简单，工艺性好，通用性强，但端盖的体积和质量较大，拉杆受力后会拉伸变长，影响密封效果，只适用于长度不大的中、低压液压缸。

（5）焊接式连接（The Welding Type Connection）：强度高，制造简单，但焊接时易引起缸筒变形。导向套对活塞杆或柱塞起导向和支承作用，有些液压缸不设导向套，直接用端盖孔导向，这种液压缸结构简单，但磨损后必须更换端盖。

4.3.2　活塞组件

活塞组件由活塞（Piston）、密封件（Sealing）、活塞杆（Rod）和连接件（Connector）等组成。活塞与活塞杆的连接形式如图 4-11 所示，活塞与活塞杆的连接最常用的有螺纹连接和半环连接形式，除此之外还有整体式结构、焊接式结构、锥销式结构等。

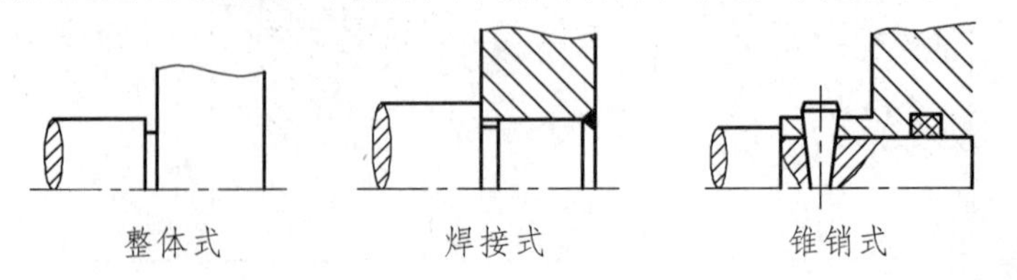

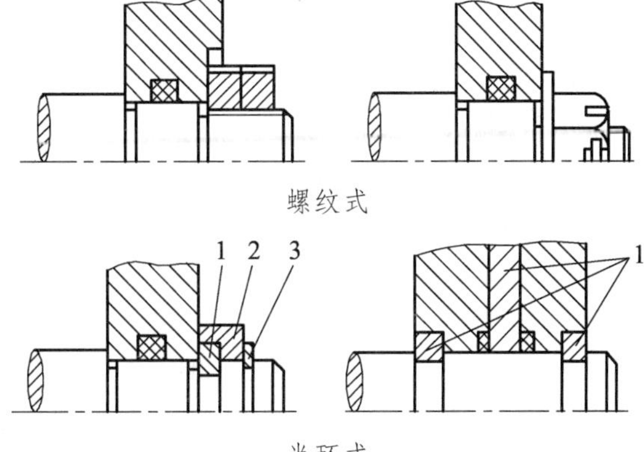

螺纹式

半环式

1—卡键；2—套环；3—弹簧卡圈。

图 4-11　活塞与活塞杆连接方式

1. 活　塞

活塞的常用结构形式见表 4-10。

表 4-10　常用的活塞结构形式

结构形式	结构简图	特　点
整体活塞	1 2	无导向环（支承环）
	3 1 2 3	密封件、有导向环（支承环）分槽安装
	3 1 2	密封件、有导向环（支承环）同槽安装
分体活塞	2	密封件安装的要求较高

注：1—挡圈；2—密封件；3—导向环（支承环）。

2. 活塞组件的密封

活塞组件密封装置主要用来防止液压油的泄漏。对密封装置的基本要求是具有良好的密封性能，并随压力的增加能自动提高密封性，除此以外，摩擦阻力要小，耐油，抗腐蚀，耐磨，寿命长，制造简单，拆装方便。液压缸主要采用密封圈密封，常用的活塞密封有 O 形、V 形、Y 形及其组合等数种，其材料为耐油橡胶、尼龙、聚氨酯等。

（1）O 形密封圈（O-ring）。

O 形密封圈的截面为圆形，主要用于静密封。O 形密封圈安装方便，价格便宜，可在-40 ~ 120 °C 的温度范围内工作，但与唇形密封圈相比，运动阻力较大，做运动密封时容易产生扭转，故一般不单独用于液压缸运动密封（可与其他密封件组合使用）。

O 形圈密封的原理如图 4-12（a）（b）所示，O 形圈装入密封槽后，其截面受到压缩后变形。在无液压力时，靠 O 形圈的弹性对接触面产生预接触压力，实现初始密封，当密封腔充入压力油后，在液压力的作用下，O 形圈挤向槽一侧，密封面上的接触压力上升，提高了密封效果。任何形状的密封圈在安装时，必须保证适当的预压缩量，过小不能密封，过大则摩擦力增大，且易于损坏。因此，安装密封圈的沟槽尺寸和表面精度必须按有关手册给出的数据严格保证。在动密封中，当压力大于 10 MPa 时，O 形圈就会被挤入间隙中而损坏，为此需在 O 形圈低压侧设置聚四氟乙烯或尼龙制成的挡圈，其厚度为 1.25 ~ 2.5 mm，双向受高压时，两侧都要加挡圈，其结构如图 4-12（c）所示。

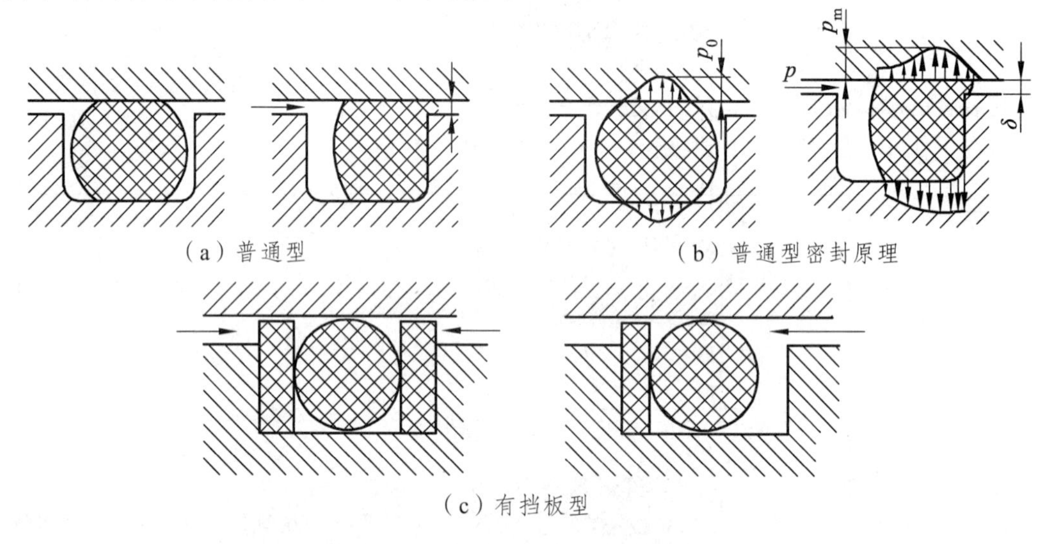

图 4-12　O 形密封圈的结构原理

（2）Y（Yx）形密封圈（Y-ring）。

Y 形密封圈的截面为 Y 形，属唇形密封圈。它是一种密封性、稳定性和耐压性较好，摩擦阻力小，寿命较长的密封圈，故应用也很普遍。Y 形圈主要用于往复运动的密封，根据截面长宽比例的不同，Y 形密封圈可分为宽断面和窄断面两种形式，图 4-13 所示为窄断面 Y 形密封圈密封。

Y 形圈的密封作用依赖于它的唇边对耦合面的紧密接触，并在压力油作用下产生较大的接触压力，达到密封的目的。当液压力升高时，唇边与耦合面贴得更紧，接触压力更高，密封性能更好。Y 形圈安装时，唇口端面应对着液压力高的一侧，当压力变化较大，滑动速度较高时，要使用支承环，以固定密封圈，如图 4-13 所示。宽断面 Y 形圈一般适用于工作压力 p<20 MPa 的场合；窄断面 Y 形圈一般适用于工作压力 p<32 MPa 的场合。

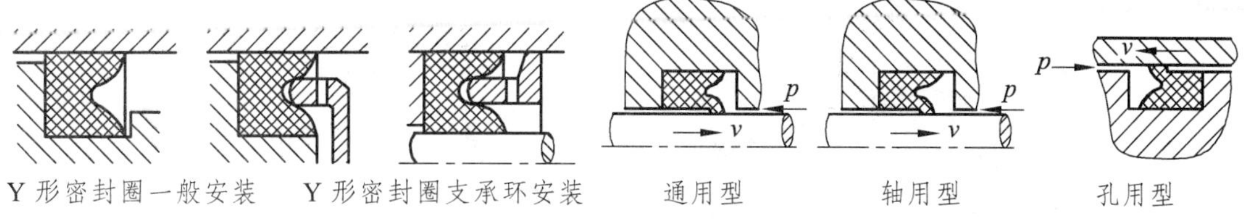

图 4-13　窄断面 Y 形密封圈密封

（3）V 形密封圈（V-ring）。

V 形密封圈的截面为 V 形，如图 4-14 所示。V 形密封装置由压环、V 形圈和支承环组成。当工作压力高于 10 MPa 时，可增加 V 形圈的数量，以提高密封效果。安装时，V 形圈的开口应面向压力高的一侧。

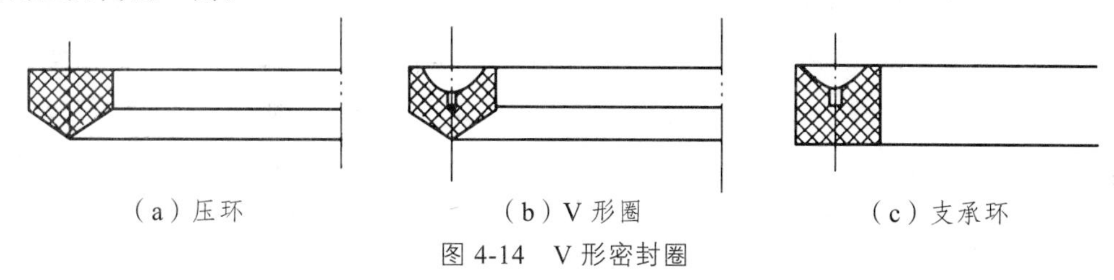

图 4-14　V 形密封圈

V 形圈密封性能良好，耐高压，寿命长，通过调节压紧力，可获得最佳的密封效果；但 V 形密封装置的摩擦阻力及结构尺寸较大，主要用于活塞杆的往复运动密封，如图 4-15 所示。它适宜在工作压力为 p>50 MPa，温度−40 ~ 80 °C 的条件下工作。

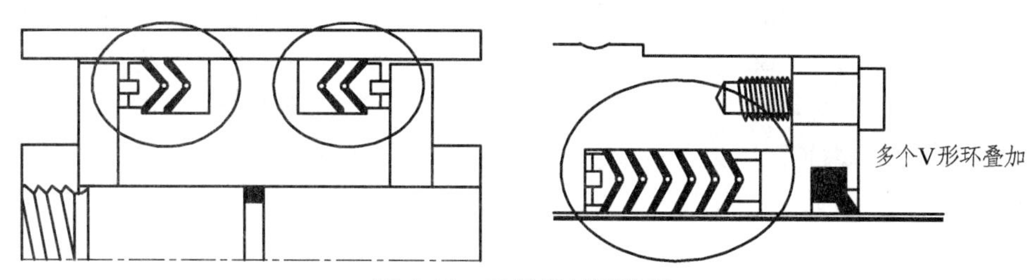

图 4-15　V 形密封圈密封

（4）组合密封。

图 4-16 为一组合式密封装置，由 O 形圈、滑环或支持环组成。其特点是寿命长，摩擦阻力小且稳定，常用于小于 40 MPa 的活塞及活塞杆往复运动密封。

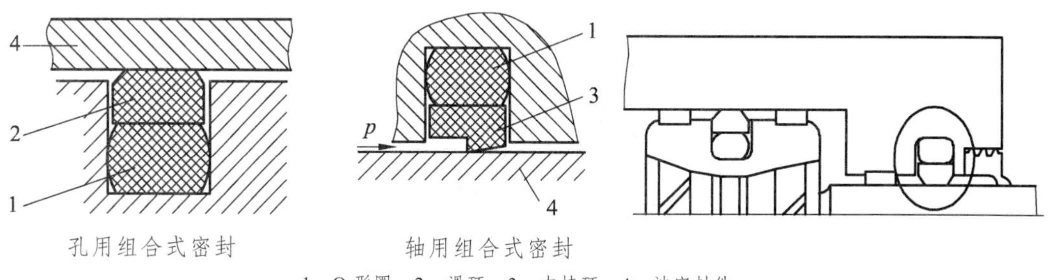

1—O 形圈；2—滑环；3—支持环；4—被密封件。

图 4-16　组合式密封

（5）防尘圈。

防尘圈的作用是防止外界灰尘、沙粒等异物进入缸内，如图 4-17 所示。防尘圈有无骨架式和骨架式两种类型。

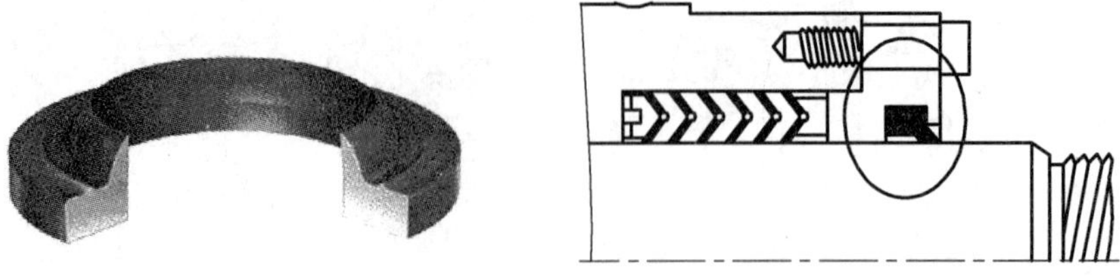

图 4-17　防尘圈

4.3.3　缓冲装置

液压缸拖动沉重的部件做高速运动至行程终端时，往往会发生剧烈的机械碰撞。另外，由于活塞突然停止运动也常常会引起压力管路的冲击现象，从而产生很大的冲击和噪声。这种机械冲击的产生，不仅会影响机械设备的工作性能，而且会损坏液压缸及液压系统的其他元件，具有很大的危险性。缓冲器就是为防止或减轻这种冲击振动而在液压缸内部设置的装置，在一定程度上能起到缓冲的作用。液压缸一般都设置缓冲装置，特别是对大型、高速或要求高的液压缸，为了防止活塞在行程终点时和缸盖相互撞击，引起噪声、冲击，则必须设置缓冲装置。

缓冲装置的工作原理是利用活塞或缸筒在其走向行程终端时封住活塞和缸盖之间的部分油液，强迫它从小孔或细缝中挤出，以产生很大的阻力，使工作部件受到制动，逐渐减慢运动速度，达到避免活塞和缸盖相互撞击的目的。如图 4-18（a）所示，当缓冲柱塞进入与其相配的缸盖上的内孔时，孔中的液压油只能通过间隙 δ 排出，使活塞速度降低。由于配合间隙不变，故随着活塞运动速度的降低，其缓冲作用减弱。当缓冲柱塞进入配合孔之后，油腔中的油只能经节流阀排出，如图 4-18（b）所示。由于节流阀是可调的，因此缓冲作用也可调节，但仍不能解决速度降低后缓冲作用减弱的缺点。如图 4-18（c）所示，在缓冲柱塞上开有三角槽，随着柱塞逐渐进入配合孔中，其节流面积越来越小，解决了在行程最后阶段缓冲作用过弱的问题。

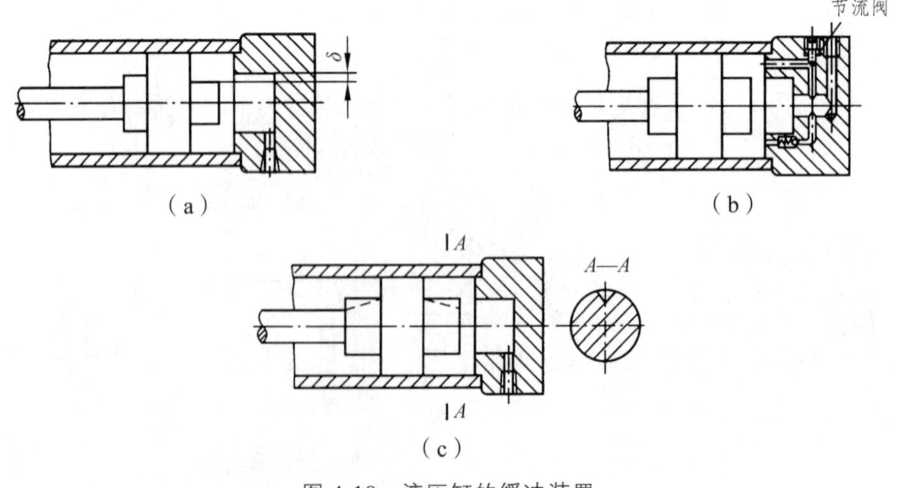

图 4-18　液压缸的缓冲装置

常见的缓冲柱塞的几种结构形式如图 4-19 所示。

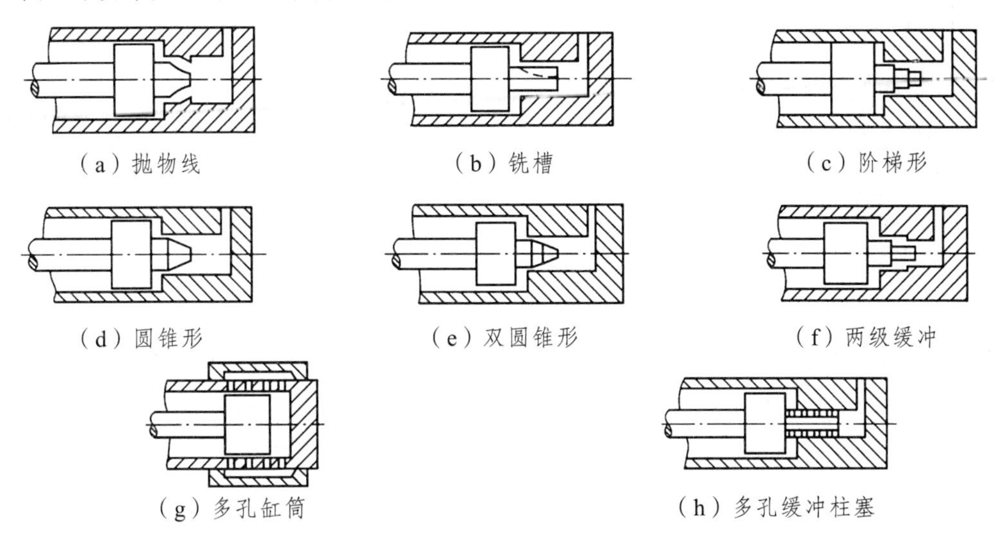

图 4-19　缓冲柱塞的几种结构形式

4.3.4　排气装置

液压传动系统往往会混入空气，使系统工作不稳定，产生振动、爬行或前冲等现象，严重时会使系统不能正常工作。因此，设计液压缸时，必须考虑空气的排放。

对于速度稳定性要求较高的液压缸和大型液压缸，常在液压缸的最高处设置专门的排气装置，如排气塞、排气阀等，如图 4-20 所示。当松开排气塞或阀的锁紧螺钉后，低压往复运动几次，带有气泡的油液就会排出，空气排完后拧紧螺钉，液压缸便可正常使用。

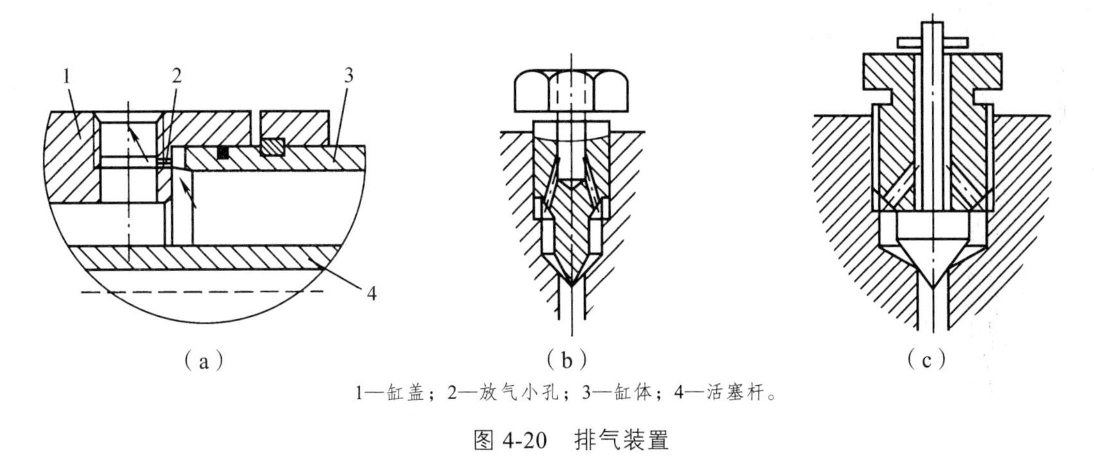

1—缸盖；2—放气小孔；3—缸体；4—活塞杆。

图 4-20　排气装置

4.4　液压马达

液压马达是将液压能转换为机械能的能量转换装置，在液压系统中作为执行元件使用。液压马达和液压泵在结构上基本相同，也是靠密封容积的变化进行工作的。常见的液压马达也有齿轮式、叶片式和柱塞式等几种主要形式；从转速扭矩范围分，有高速马达和低速大扭矩马达之分。马达和泵在工作原理上是互逆的，当向泵输入压力油时，其轴输出转速和扭矩就成为马达。

由于二者的任务和要求有所不同，故在实际结构上只有少数泵能作马达使用。

1. 高速液压马达

一般来说，额定转速高于 500 r/min 的马达属于高速马达，额定转速低于 500 r/min 的马达属于低速马达。

高速液压马达的基本形式有齿轮式、叶片式和轴向柱塞式等。

它们的主要特点是转速高，转动惯量小，便于起动、制动、调速和换向。通常高速马达的输出扭矩不大，最低稳定转速较高，只能满足高速小扭矩工况。

2. 低速大扭矩液压马达

低速大扭矩液压马达是相对于高速马达而言的，通常这类马达在结构形式上多为径向柱塞式，其特点是：最低转速低，为 5 ~ 10 r/min；输出扭矩大，可达几万 N · m；径向尺寸大，转动惯量大。

它可以直接与工作机构连接，不需要减速装置，使传动结构大为简化。低速大扭矩液压马达广泛用于起重、运输、建筑、矿山和船舶等机械上。

低速大扭矩液压马达的基本形式有三种：曲柄连杆马达、静力平衡柱塞马达和多作用内曲线马达。

表 4-11 列出了典型高低速液压马达的特性对比。

表 4-11　典型液压马达的特性对比

特　性	高速马达			低速马达
	齿轮式	叶片式	柱塞式	静力平衡径向柱塞式
额定压力/MPa	21	16.4	35	21
排量/（mL/r）	4 ~ 300	25 ~ 300	10 ~ 1 000	125 ~ 38 000
转速/（r/min）	300 ~ 5 000	400 ~ 3 000	10 ~ 5 000	1 ~ 500
总效率/%	75 ~ 90	75 ~ 90	85 ~ 95	80 ~ 92
堵转效率/%	50 ~ 85	70 ~ 85	80 ~ 90	75 ~ 85
堵转泄漏	大	大	小	小
变量能力	不能	困难	可	可

3. 液压马达的性能

1）起动性能

马达的起动性能主要用起动扭矩和起动效率来描述。如果起动效率低，起动扭矩就小，马达的起动性能就差。起动扭矩和起动机械效率的大小，除了与摩擦力矩有关外，还受扭矩脉动性的影响。

2）制动性能

液压马达的容积效率直接影响马达的制动性能，若容积效率低，泄漏大，马达的制动性能就差（因泄漏不可避免，常设其他制动装置）。

3）最低稳定转速

最低稳定转速是指液压马达在额定负载下，不出现爬行现象的最低转速。

爬行指油液中渗入空气的积聚使马达运转不平稳的现象。要求马达起动扭矩要大、稳定速度要低。

4. 液压马达的主要参数及计算公式

1）排量 V（m^3/r 或 mL/r）

理论（或几何）排量：液压马达转动一周，由其密封容积几何尺寸变化计算而得的需输进液体的体积。

空载排量：在规定的最低工作压力下，用两种不同转速测出流量，计算出排量再取平均值。

2）流量 q（m^3/min 或 L/min）

理论流量：液压马达在单位时间内，需输进液体的体积。其值由理论排量和转速计算而得。

有效流量：液压马达进口处，在指定温度和压力下测得的实际流量。

3）压力和压差（MPa）

额定压力：液压马达在正常工作条件下，按试验标准规定能连续运转的最高压力。

最高压力：液压马达按试验标准规定，允许短暂运转的最高压力。

工作压力：液压马达实际工作时的压力。

压差 Δp：液压马达输入压力与输出压力的差值。

4）扭矩 T（N·m）

理论扭矩：由输入压力产生的作用于液压马达转子上的扭矩。

实际扭矩：在液压马达输出轴上测得的扭矩。

5）功率 P（kW）

输入功率：液压马达入口处输入的液压功率。

输出功率：液压马达输出轴上输出的机械功率。

6）效率（%）

容积效率 η_V：液压马达的理论流量与有效流量的比值。

机械效率 η_m：液压马达的实际扭矩与理论扭矩的比值。

总效率 η：液压马达输出的机械功率与输入的液压功率的比值。

7）转速 n（r/min）

额定转速：液压马达在额定条件下，能长时间持续正常运转的最高转速。

最高转速：液压马达在额定条件下，能超过额定转速允许短暂运转的最高转速。

最低转速：液压马达在正常工作条件下，能稳定运转的最小转速。

液压马达主要参数计算公式见表 4-12。

表 4-12　液压马达的主要参数计算

参数名称	单　位	计算公式	说　明
流量	L/min	$q_0 = Vn$ $q = \dfrac{Vn}{\eta_V}$	V——排量，mL/r; n——转速，r/min; q_0——理论流量，L/min; q——实际流量，L/min

续表

参数名称	单　位	计算公式	说　明
输出功率	kW	$P_o = \frac{2\pi Mn}{60\,000}$	M——输出扭矩，N·m； P_o——输出功率，kW
输入功率	kW	$P_i = \frac{\Delta pq}{60}$	Δp——入口压力和出口压力差； P_i——输入功率，kW
容积效率	%	$\eta_V = \frac{q_0}{q} \times 100$	η_V——容积效率，%
机械效率	%	$\eta_m = \frac{\eta}{\eta_V} \times 100$	η_m——机械效率，%
总效率	%	$\eta = \frac{P_o}{P_i} \times 100$	η——总效率，%

5. 液压马达的选择

选定液压马达时要考虑的因素有工作压力、转速范围、运行扭矩、总效率、容积效率、滑差特性、寿命等机械性能以及在机械设备上的安装条件、外观等。液压马达的种类很多，特性不一样，应针对具体用途选择合适的液压马达。低速场合可以应用低速马达，也可以用带减速器装置的高速马达。两者在结构布置、成本、效率等方面各有优点，必须仔细论证。

明确了所用液压马达的种类之后，可根据所需要的转速和扭矩从产品系列中选取出能满足需要的若干种规格，然后利用各种规格的特性曲线确定（或算出）相应的压降、流量和总效率，接着进行综合技术评价来确定某个规格。如果考虑原始成本，则应选择流量最小的液压马达，这样泵、阀、管路等都最小；如果考虑运行成本，则应选择总效率最高的液压马达；如果考虑工作寿命，则应选择压降最小的液压马达；有时是上述方案的折中。需要低速运行的马达，要核对其最低稳定速度。如果缺乏数据，应在有关系统的所需工况下实际试验后再定取舍。为了在极低转速下平稳运行，马达的泄漏必须恒定，负载要恒定，要有一定的回油背压（0.3 ~ 0.5 MPa）和至少 35 mm^2/s 的油液黏度。轴承寿命和转速、载荷有关，如果载荷减半，则同等转速下轴承理论寿命增加到原来的 7 ~ 10 倍，因为轴承额定寿命=$\left(\frac{C_r}{P}\right)^m \times 100$万转，$C_r$是轴承额定动载荷，$P$ 是实际载荷，球轴承 m 取 3，滚子滚针轴承 m 取 10/3。故轴承载荷减半后寿命为之前的 2^m 倍。

需要马达带载启动时要核对堵转扭矩；要用液压马达制动时，其制动扭矩不得大于马达的最大工作扭矩。为了防止作为泵工作的制动马达发生气蚀或丧失制动能力，应保障这时马达的吸油口有足够的补油压力。可以靠闭式回路中的补油泵或开式回路中的背压阀来实现。当液压马达驱动大惯量负载时，为了防止停车过程中惯性运动的马达缺油，应设置与马达并联的旁通单向阀补油。需要长时间防止负载运动时，应使用在马达轴上的液压释放机械制动器。

复习思考题

1. 列举液压缸的类型、特点及应用。

2. 绘制增压缸符号图，简要说明增压式液压缸的工作原理和应用。

3. 列举液压缸缸筒与端盖的连接形式、特点及应用。

4. 列举活塞与活塞杆的连接形式、特点及应用。

5. 列举活塞组件的密封类型、特点及应用。

6. 液压缸缓冲装置的作用是什么？列举几种常用结构，说明其特点。

7. 液压缸为什么要设置放气装置？安装液压缸时有哪些注意要点？

8. 比较低速液压马达和高速液压马达的性能。工程机械选用液压马达需考虑哪些因素？

9. 如图 4-21 所示的液压系统，液压缸活塞的面积 $A_1=A_2=A_3=20\ \text{cm}^2$，所受的负载 $F_1=4\ 000\ \text{N}$，$F_2=6\ 000\ \text{N}$，$F_3=8\ 000\ \text{N}$，泵的流量为 q，试分析：

（1）三个液压缸的动作顺序。

（2）液压泵的工作压力有何变化？

（3）各液压缸的运动速度。

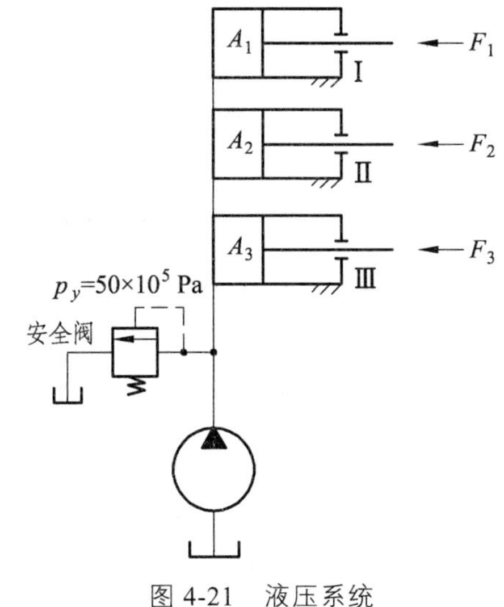

图 4-21　液压系统

10. 图 4-22 所示的两个结构相同相互串联的液压缸，无杆腔的面积 $A_1=100\ \text{cm}^2$，有杆腔面积 $A_2=80\ \text{cm}^2$，缸 1 的输入压力 $p_1=9\times10^5\ \text{Pa}$，输入流量 $q_1=12\ \text{L/min}$，不计损失和泄漏，求：

（1）两缸承受相同负载时（$F_1=F_2$），该负载的数值及两缸的运动速度。

（2）缸 2 的输入压力是缸 1 的一半时（$p_2=p_1/2$），两缸各能承受多少负载？

（3）缸 1 不承受负载时（$F_1=0$），缸 2 能承受多大的负载？

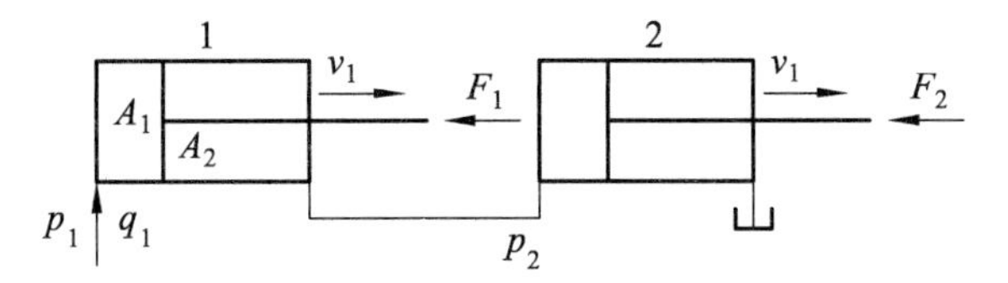

图 4-22　两个结构相同相互串联的液压缸

11. 一限压式变量叶片泵向定量液压马达供油。已知定量液压马达排量 V=20 mL/r，容积效率 η_V=0.9，机械效率 η_m=0.9，负载扭矩 M=10 N・m，设在压力管路中有 0.31 MPa 的压力损失，试求：

（1）液压泵的供油压力。

（2）液压马达的转速。

（3）液压马达的输出功率。

（4）液压泵的驱动功率（设液压泵的总效率 η=0.85）。

第5章　工程机械工作装置常用机构液压回路

工程机械液压系统可分成工作装置液压系统和底盘液压系统两大部分，分别独立分析，最后合成整机液压系统。本章介绍工作装置常用机构液压控制回路。以起重机为例，工程机械工作装置常用机构如图 5-1 所示。

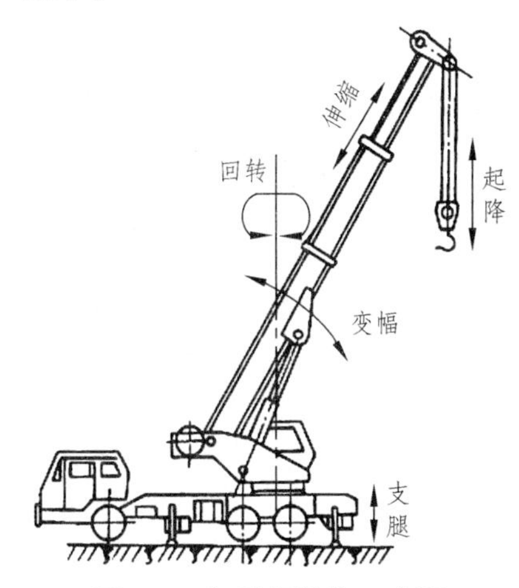

图 5-1　起重机结构示意图

变幅机构：很多工程机械中，如液压起重机、液压挖掘机等，为适应工作需要，要求工作装置大臂（吊臂）的幅度能任意改变，调整吊臂的倾角，以适应工作要求。这种机构称变幅机构，由变幅油缸驱动绕大臂销轴在一定范围内摆动，范围大小取决于油缸行程。

回转机构：主机与工作机构可以相对旋转的机构。回转机构可提高工程机械的工作效率和整机的机动性。如液压起重机、液压挖掘机、高空作业车、盾构机等，都设有回转机构。盾构机回转机构驱动刀盘回转完成切削土体作业。挖掘机、起重机等转台回转机构可提高工作范围，增强对空间的适应性，机动灵活，作业效率高。

起升机构：将重物完成上升和下降的机构。比如起重机，起升机构通常是使用液压马达驱动卷筒旋转，使卷筒上钢丝绳上升或下降，绳端吊钩上的重物上升或下降。另外，还有使用液压缸的起升机构。

伸缩机构：在工程机械中，特别在液压起重机中，为使其工作臂有多种长度，以适应不同的起升高度、幅度及吊重要求，起重臂的长度是可以伸缩的。该机构称为伸缩机构，机构的动作通常由液压缸来完成。

5.1　变幅机构液压回路

5.1.1　变幅机构设计要求

起重机、挖掘机、装载机、凿岩机等很多工程机械，为了扩大作业范围，都设置变幅机构。图 5-2 表示一起重机的变幅机构。臂 1 处于 I 位时，臂的幅角为 α_1，吊钩到回转中心的水平距离 L_1 称为幅度，相应高度为 H_1。向液压缸大腔供高压油，缸活塞杆伸长，臂可转到Ⅱ位工作，幅角增至 α_2，幅度减少到 L_2，吊钩高度升高到 H_2。液压缸处在不同工作位置时，可获得不同的 L、α、H 值，以适应不同的吊点要求。这就是变幅机构的功能。

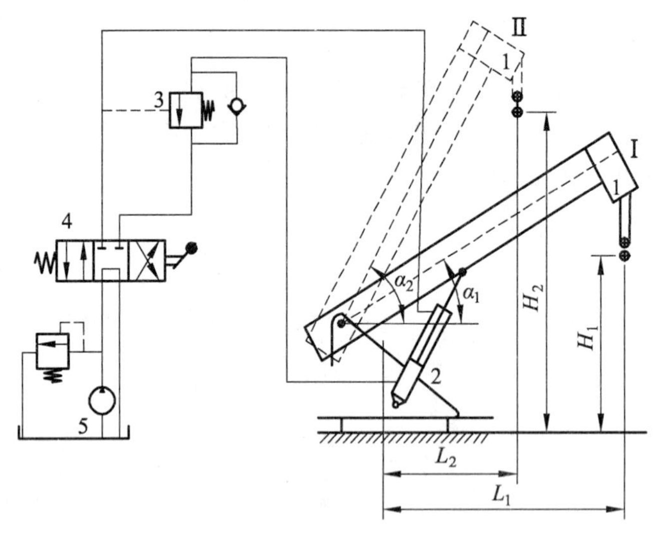

1—工作臂；2—变幅液压缸；3—平衡阀；4—换向阀；5—液压泵。

图 5-2　变幅机构及其液压回路

液压回路工作原理：如图 5-2 所示，换向阀 4 右位时，泵 5 高压油经平衡阀 3 的单向阀进入变幅缸 2 大腔，小腔回油，缸活塞杆伸长，驱动工作臂 1 逆时针转动，减小幅度，提高起升高度。换向阀 4 左位时，高压油进入缸小腔，在重力作用下下降，由于平衡阀产生背压作用，臂平稳下降，减少起升高度，加大幅度。换向阀处于中位时，由于平衡阀 3 具有锁止的作用，使臂保持在一定位置。

液压回路设计要求：对于变幅机构，除满足驱动力和速度外，还有如下要求。

（1）变幅机构是一个重力系统，下降会产生超速现象，应在下降回油路设置限速装置。

（2）在作业中，臂不能产生自然下降，否则会使幅度增大，影响整机稳定性，甚至产生整机倾翻的危险。在系统中，换向阀处于中位时，变幅缸大腔不能有内外泄漏，缸本身可做到不漏，主要防止通过换向阀的泄漏。系统中平衡阀具有这种作用。

（3）管道破裂时，要确保臂不能无控制突然下降。

（4）能进行调速。

5.1.2　液压变幅机构布置形式

工程机械使用的多为液压缸驱动的变幅机构，按液压缸与臂的布置形式不同，有前倾式、后倾式和后拉式三种。

图 5-3（a）表示前倾式变幅机构。因液压缸前倾布置，其对臂作用力臂较长，对臂的受力有利，变幅缸所需推力较小，缸径较小，但要求缸的行程较长，臂下空间较小，会影响大型重物起吊。前倾式变幅机构可使用单缸，也可使用并联的双缸，以减小缸径。

图 5-3（b）表示后倾式变幅机构。液压缸是向后倾布置，其作用力臂较短，对臂的受力

不利，缸径较粗，但缸行程较短，臂下空间较大。通常后倾式变幅机构使用双缸驱动。

图 5-3（c）表示后拉式变幅机构。液压缸布置在臂后方，臂向上变幅时，靠缸小腔供油完成，活塞杆处于受拉伸状态，无压杆稳定问题，受力较好，臂下空间也较大，但液压缸径较大。

有的变幅机构为获得较粗的活塞杆直径，以获得较好的抗弯能力，使用单作用液压缸，如图 5-3（d）所示。其使用两个单作用柱塞式液压缸置于臂两侧，升臂靠高压油，落臂靠自重完成。

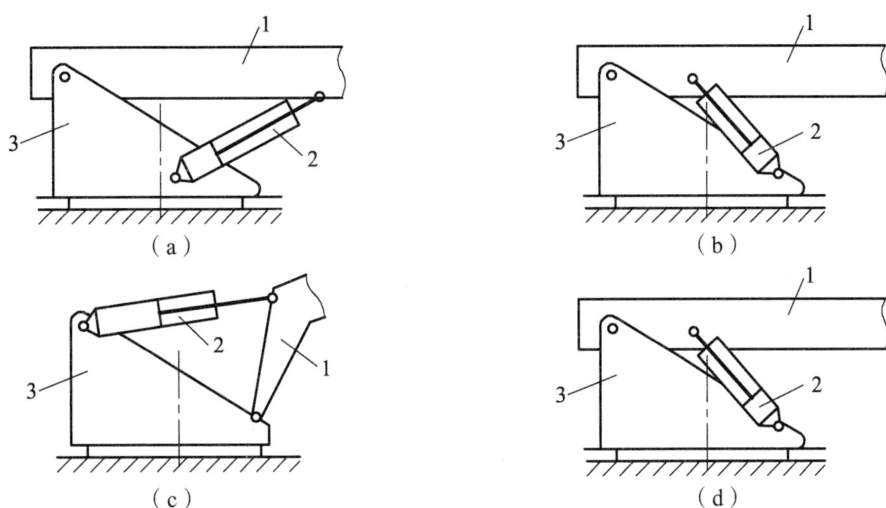

1—工作臂；2—变幅缸；3—机架。

图 5-3　液压缸驱动的变幅机构布置形式

5.1.3　变幅机构液压回路

1. 限速分析

如图 5-4 所示，把变幅液压缸所受到的轴向重力负载简化为 G。若换向阀处在右位使重力负载下降时，因为缸大腔已通回油，活塞杆在重力负载 G 作用下高速下降，缸小腔虽通泵高压油，但跟不上下降速度要求，泵供油压力下降到零压以下，重力负载已不受泵流量控制快速下降，这就是重力负载超速现象。重力超速下降是很危险的工况，应予以防止。防止的方法是在缸大腔设法建立压力 p_D 并满足下式：

$$p_D A_D \geqslant G \tag{5-1}$$

$$p_D \geqslant \frac{G}{A_D} \tag{5-2}$$

由上式可知，在变幅液压缸产生足够背压时，即变幅缸小腔保持一定的压力值，则可保持匀速下降。通过活塞杆力平衡可得：

$$p_D = \frac{G}{A_D} + p_P \frac{A_d}{A_D} \tag{5-3}$$

式中，A_d 为变幅缸小腔面积；A_D 为变幅缸大腔面积；p_D 为缸大腔回油背压。

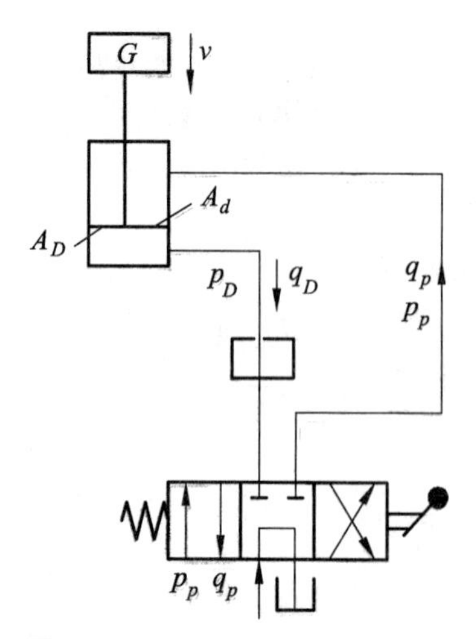

图 5-4　变幅缸下降分析简图

满足上式，就能防止超速，此时泵保持一定压力工作，其下降速度受泵流量控制，为动力下降。

2. 限速方法

限速方法主要是如何产生背压 p_D。在液压传动中，可利用节流方法产生背压，一般有两种限速方法。

1）采用单向节流限速

图 5-5（a）表示采用单向节流阀的限速回路。换向阀处于左位时。高压油经单向阀 4 无阻力进入变幅缸 2 大腔，小腔回油，活塞杆伸长，使工作臂 1 上升，幅度减小。换向阀处于右位时，高压油进入缸小腔，缸活塞缩回，重力负载 G 引起的压力促使缸超速，但由于大腔回油经节流阀产生背压阻止超速，起限速作用。

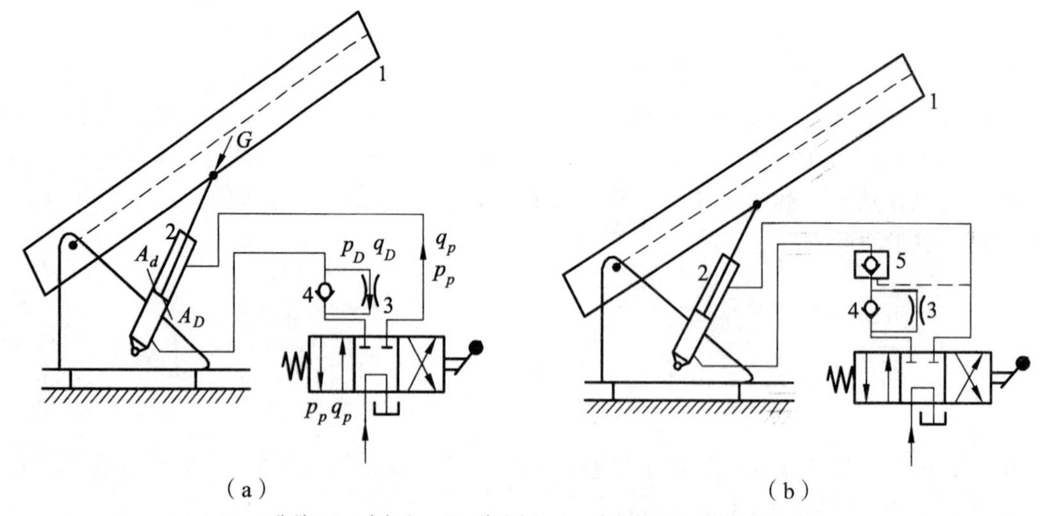

（a）　　　　（b）

1—工作臂；2—变幅缸；3—节流阀；4—单向阀；5—液控单向阀。

图 5-5　采用单向节流阀限速

在下降时，泵供油压力随重力负载减小而增大。单向节流阀限速方法，结构较简单。但在变幅静止时，由于重力负载作用，在缸大腔产生很大的反压力，会通过节流阀，在换向阀产生泄漏，造成变幅缸的下降，不具有锁紧作用，仅适用限速和锁紧要求不高的场合，如挖掘机、叉车等机械。

为解决锁紧问题，可在回路上安装液控单向阀，如图 5-5（b）所示。液控单向阀 5 是锥阀式，可保证闭锁条件下不泄漏。换向阀处于右位，高压油可打开液控单向阀 5，缸大腔回油经节流阀 3 节流，重物限速下降。换向阀处于中位时，液控单向阀锁紧，防止泄漏。

2）采用平衡阀（限速阀）限速回路

平衡阀属于压力阀的一种，也称限速阀，主要用于防止重力系统超速现象的发生。一般滑阀式平衡阀因其密封性和稳定性不佳，不能使用在工程机械的限速系统中。在工程机械中使用的是特殊结构的平衡阀，它具有良好的密封性和工作稳定性。

图 5-6 为采用 BBVC 型平衡阀的限速回路，此回路有负载保持功能：防止加速下落，安全度比一般平衡阀更高；同时具有液控节流功能：开启比较柔和，可以减少液压冲击，减小负载压力波动引起的流量波动。

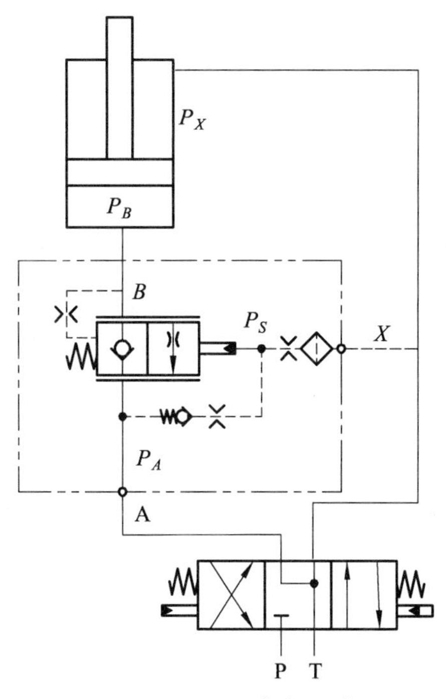

图 5-6　采用平衡阀限速

3. 双变幅缸限速回路

工程机械变幅机构很多采用两个变幅缸，两缸并联驱动一个刚性臂，靠臂的刚性同步、同步回路同步或分流阀同步。平衡阀布置方案常有如下几种：

（1）图 5-7（a）表示双缸使用一个平衡阀，前提是平衡阀的流量参数应满足双缸回油量的要求。其优点是平衡阀的泄漏，不会造成两缸沉降量不等，使变幅臂受扭。因两缸大腔回油量较大，需使用大规格的平衡阀。

（2）图 5-7（b）表示双缸使用两个相同规格的平衡阀，分别布置在两缸大腔的油路上。其优点是每个平衡阀只通过一个缸的流量，可选规格较小的平衡阀，但两阀泄漏不等，会造成沉降不等，使变幅臂受扭，对臂受力不利。

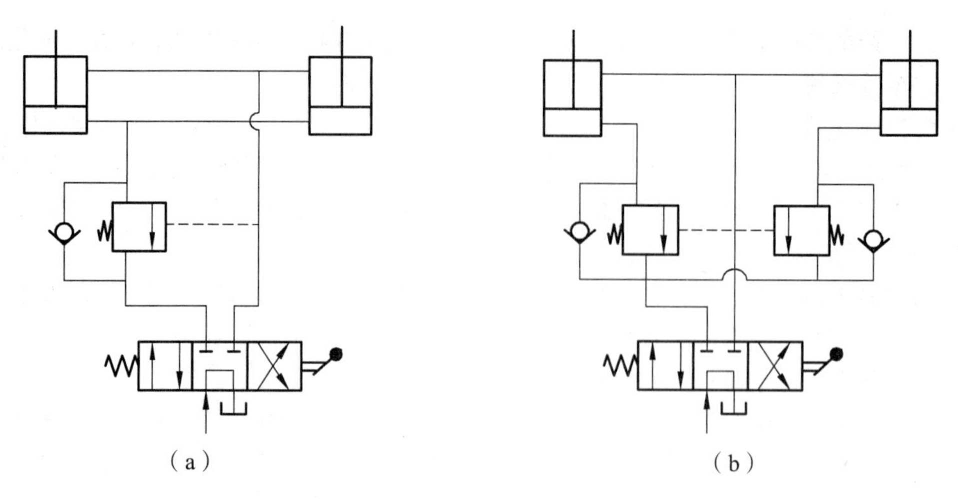

图 5-7　平衡阀布置方案

为解决两缸沉降不等的缺点，可以使用图 5-8（a）所示的连接形式。将两缸大腔的油路并联后与平衡阀连接，两缸的泄漏通过两平衡阀完成，这样可补偿两缸因平衡阀泄漏不等而产生缸的沉降不等，避免臂的受扭现象发生。

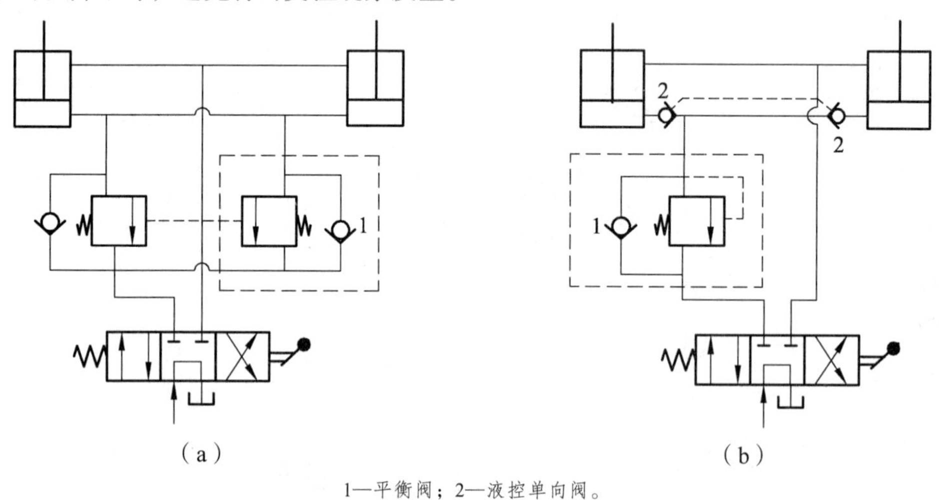

1—平衡阀；2—液控单向阀。

图 5-8　平衡阀布置方式

图 5-8（b）使用液控单向阀 2 帮助锁紧回路，当两个液控单向阀安装在油缸上时，还能起到防爆管功能，管路破裂时油缸不会突然失控下滑。

若使用的平衡阀锁紧能力不佳，可在回路中附加两个液控单向阀 2 帮助锁紧。由图 5-8（b）可知，换向阀处于中位时，缸大腔有很高的背压，要通过液控单向阀 2 和平衡阀 1 两道密封，锁紧能力提高了。换向阀处于右位时，缸小腔进高压，并打开液控单向阀 2，让缸大腔回油，平衡阀 1 起限速作用。

图 5-9 表示使用单作用柱塞液压缸的变幅机构，其使用双缸驱动变幅机构。缸伸出靠油压顶升，下降靠重力负载完成。换向阀处于左位，高压油经单向阀 2 并联进入两液压缸，柱塞伸出，驱动臂向上变幅。换向阀处于中位时，锥形单向阀 2 和液控单向阀 3 处于封闭状态，密封效果好，保证长时间锁紧定位。要使变幅臂下降时，移动脚踏缸 6，打开液控单向阀 3，

液压缸柱塞在重力载荷下缩回。控制脚踏缸行程，以使液控单向阀有足够小的开度，确保在回油路上建立足够背压，防止出现超速现象。

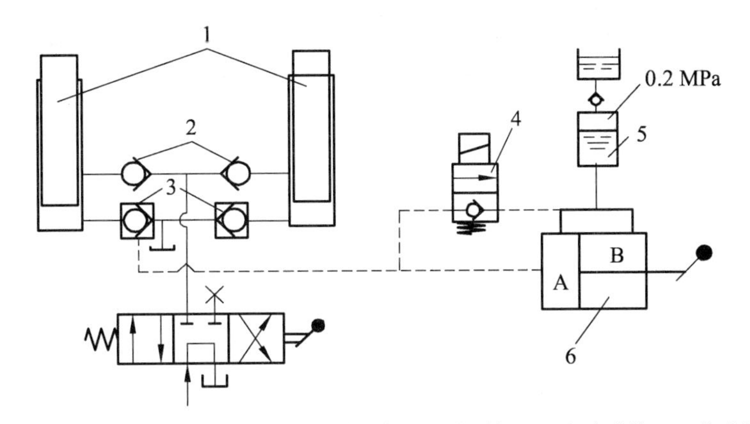

1—单作用液压缸；2—单向阀；3—液控单向阀；4—电磁阀；5—压力油箱；6—脚踏缸。

图 5-9　单作用缸变幅

脚踏缸 6 工作原理：若不对脚踏缸 6 活塞杆施压，缸 A、B 口与具有 0.2 MPa 压力的油箱相通，活塞杆在面积差的作用下处于右极限位置，当要打开液控单向阀 3，使柱塞缸大腔回油，臂下降时，推动脚踏缸 6 的活塞杆左移，一旦把 A 口堵塞，缸 6 前腔形成封闭状态，起泵的作用。活塞杆继续左移，其挤出油打开液控单向阀 3，而且阀的开口量与脚踏缸 6 的活塞杆位移成正比，以此调整单作用液压缸的限速运行。此时，脚踏缸 6 小腔有 0.2 MPa 的压力，起助力作用。在超载时，通过传感装置向电磁阀 4 发出信号，使其通电，移入上位工作，使缸 A、B 口相通，此时无论如何移动缸 6 活塞，均不能打开液控单向阀 3，缸 1 保持封闭状态，臂稳定在固定位置，保证变幅机构的安全。

5.1.4　设计时变幅机构液压回路注意要点

1. 限　速

在变幅机构下降回路中，一般都要设有限速措施，防止重力超速运行。锁紧定位要求较高的变幅机构，要选用密封性能好的锥阀式限速阀。限速阀和变幅缸之间不能用软管连接，以避免管路破裂时，变幅机构突然落臂。

采用液压马达的挠性变幅机构，因马达内漏，无长期锁紧定位能力。除在下降回路安放限速阀，防止超速外，还需安装常闭式制动器，即液压松闸、弹簧上闸的制动器，以保证变幅机构长期锁紧和定位。

2. 防止动臂拉弯

在有的变幅机构中，为保证工作臂下放到支架上，不致因变幅缸有杆腔拉力过大，使臂拉弯，在变幅缸有杆腔回路上，安装低压溢流阀 4，如图 5-10 所示。其调定压力低于泵的工作压力，但略高于缩回压力，以保证工作臂和支架 3 接触时，臂架和支架受力不致过大。当然，低压溢流阀 4 还有另一个作用：在下降时，若限速阀通过能力不足，而使导控压力升高，低压溢流阀还可限制导控压力值，避免功率过大。

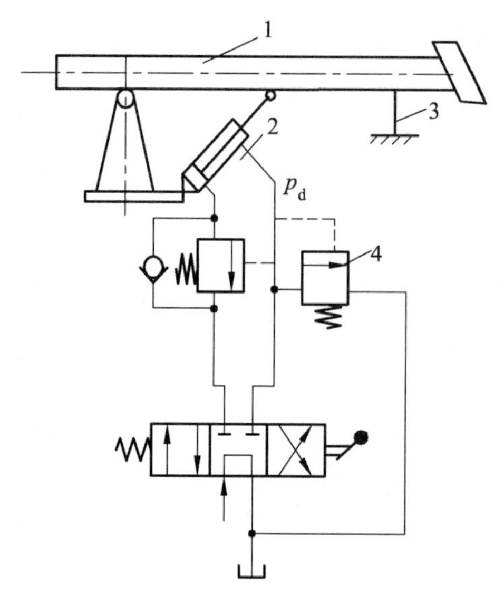

1—工作臂；2—变幅缸；3—支架；4—低压溢流阀。

图 5-10　防止动臂拉弯油路

3. 变幅机构合流增速

中大型机械变幅机构的液压缸受力大、缸径粗，需要的供油流量较大。但有的变幅机构利用率较低，在不增加泵数量的前提下，可采用合流增速措施。

1）手动合流

图 5-11 表示这种合流回路，泵 P_1 专管变幅缸 1，当需快速变幅时，操纵合流阀上位工作，泵 P_2 也向变幅缸供油，加快变幅速度。缸有杆腔受压面积较小，一般不需合流，这样可使用较小泵达到快速变幅的目的。

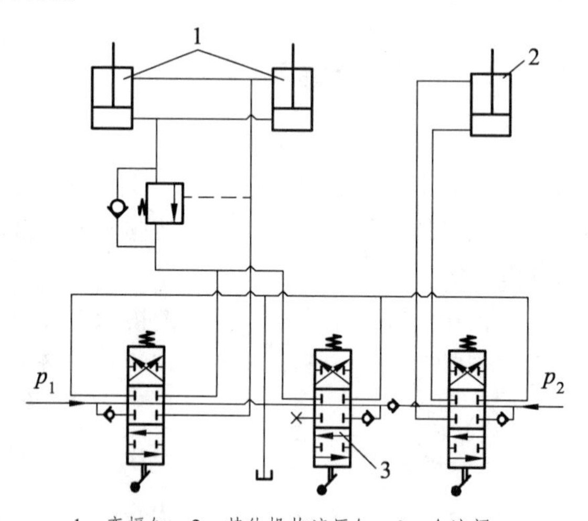

1—变幅缸；2—其他机构液压缸；3—合流阀。

图 5-11　手动合流

2）自动合流

为了更好地利用各泵功率，提高作业速度，可采用自动合流措施，但各机构动作不能相互干扰。图 5-12 表示这种合流回路。缸 1 是变幅缸，缸 2 是其他作业缸，缸 2 不工作时，即

能将泵 P_2 向变幅缸自动合流。缸 2 工作时，合流自行中断。单向阀 3 为防止液流倒流而设。

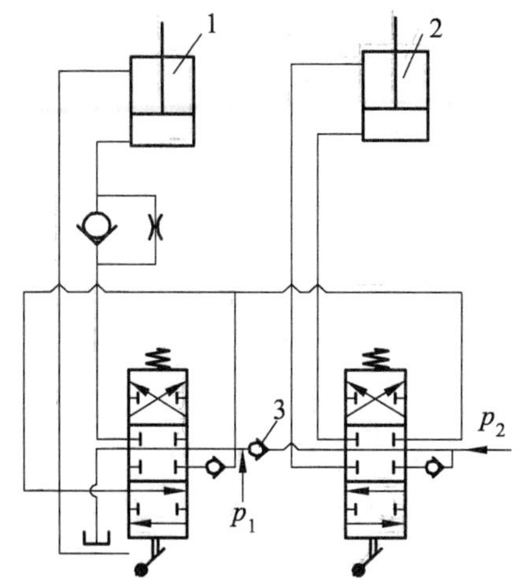

1—变幅缸；2—其他作业缸；3—单向阀。

图 5-12　自动合流

4. 增压措施

变幅液压缸受力很大，使用较高的工作压力，则缸径可减小。齿轮泵具有寿命长、抗污染能力强、尺寸紧凑和质量轻等优点，各种系统均可采用。其压力多低于 20 MPa，这样压力对其他机构已足够，但对变幅机构有时偏低，致使变幅缸径变粗。可使用分流马达来提高变幅回路的工作压力，如图 5-13 所示。液压缸 1 是变幅缸，缸 2 驱动其他机构工作。两机构无须同时工作。泵输出的高压油经分流马达 5 分成等量两股（也可不等），缸 2 不工作时，变幅缸 1 的使用压力可达泵工作压力的 2 倍，这就大大减小了变幅缸径。溢流阀 3 用来限制变幅回路压力，溢流阀 4 用来限制缸 2 的回路压力。

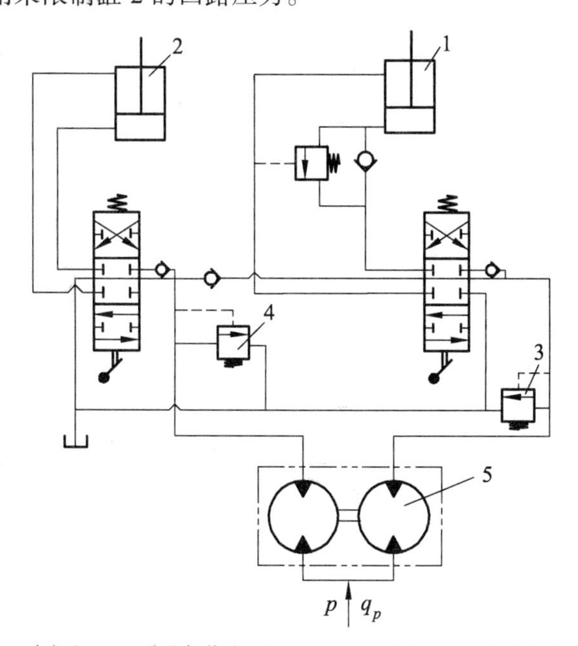

1—变幅缸；2—其他机构液压缸；3，4—溢流阀；5—分流马达。

图 5-13　使用分流马达的增压回路

分流马达有分流和增压两个功能。以两个分流马达为例，分析分流马达增压工作原理，如图 5-14 所示。

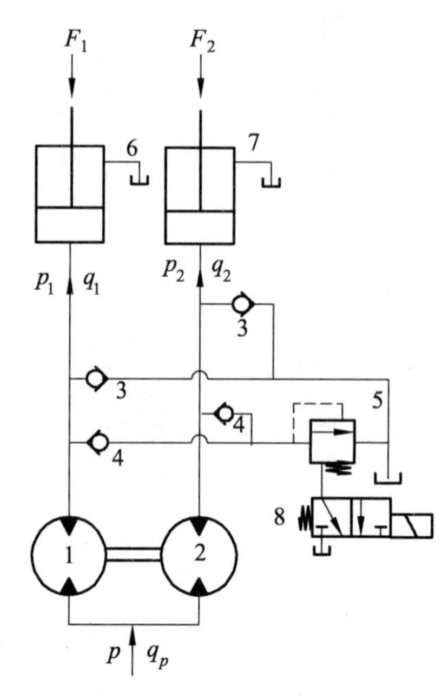

1，2—分流马达；3，4—单向阀；5—溢流阀；6，7—液压缸；8—卸荷电磁阀。

图 5-14　分流马达工作原理

分流原理：分流马达是由几个同轴相连的齿轮液压马达组成的。因而分流马达的转速相同，为 n。若不计泄漏损失，可有下式：

$$q_p = q_1 + q_2 = nV_1 + nV_2 \tag{5-4}$$

式中，q_p 为分流马达入口流量；q_1、q_2 为分流马达 1、2 分流流量；V_1、V_2 为马达 1、2 的排量。

若 $V_1 = kV_2$（k 为实数），则

$$q_p = q_1 + q_2 = knV_2 + nV_2 = q_2(k+1) \tag{5-5}$$

$$q_2 = q_p / (k+1)$$

$$q_1 = kq_p / (k+1)$$

若 $V_1 = V_2$，则

$$q_1 = q_2 = q_p / 2 \tag{5-6}$$

即通过分流马达，按分流马达的排量关系将输入流量分为成比例关系的两路流量，不受外负载的影响。若两分流马达的排量相等，则分成两路相等的流量。三等分流马达的分流原理同上分析。

增压原理：使用分流马达，当一个分流马达负载较小时，另一个分流马达可获得增压。若不计损失，分流马达的输入功率等于输出功率，即

$$pq_p = p_1q_1 + p_2q_2 \tag{5-7}$$

如果一路负载压力为零，则另一路可将输入压力按两分流马达排量比提高泵的使用压力。若两分流马达排量相等，则压力最高值提高一倍。

分流马达因泄漏，会产生分流误差，其误差为 1%～3%。分流误差还与分流马达两路负载差值有关。这种误差会造成一个缸到底，而另一缸不能到底的现象。如多次反复伸缩，造成误差越来越大，最终造成无法工作。因而系统应有终点误差修正措施，即每次运动，应使两缸强行到底。系统设置有终点修正回路。图 5-14 中单向阀 3、4，溢流阀 5 和电磁阀 8 可完成终点误差修正功能。原理如下：同步上升时，若缸 6 先行到达终点，系统压力升高，通过单向阀 4 打开溢流阀 5 溢流，使分流马达继续运转，使缸 7 获得高压油，达到终点。处于下降时，若缸 6 先到终点，因小腔进油压力不足以使大腔溢流阀 5 打开，需使电磁阀 5 通电，溢流阀 5 卸荷，缸 7 大腔卸荷，继而达到终点。缸 6 大腔若产生真空，可通过单向阀 3 补油，缸 7 到底为止。

5.2 回转机构液压回路

对于有些工程机械，如挖掘机、起重机等，为扩大作业范围和提高整机的机动性，一般都设有回转机构，它可使上部转台相对下部底盘回转，这种机构叫作回转机构。

图 5-15 表示回转机构及其液压回路。整机分上部机构 5 和下部机构 4 两大部分。中间通过回转支承 3 使上下两机构可相对低摩擦回转。回转液压马达 1 与上部机构 5 固定，大齿圈 3（回转支承下部）与下部机构 4 固定，下部机构支承在底盘上。小齿轮 2 与回转马达 1 的输出轴固定，并与大齿圈 3 相啮合。换向阀处于左、右位时，回转马达 1 分别进行左、右旋转，驱动小齿轮与大齿轮啮合旋转，从而驱动上部机构相对下部机构旋转，完成上部回转机构的旋转运动。换向阀处于中位时，马达停止，上部机构停止在相应位置。

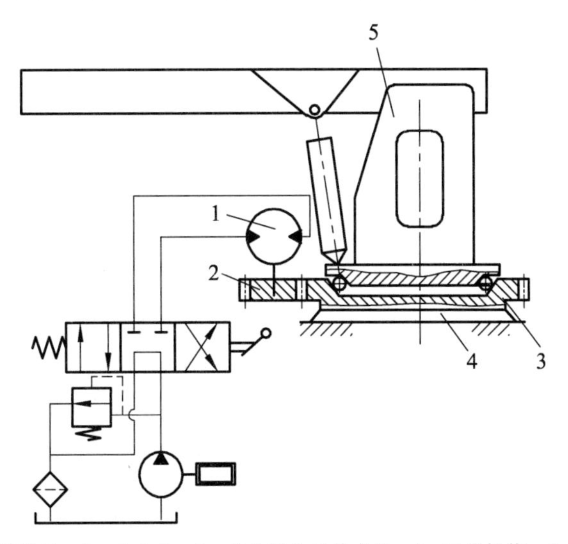

1—回转液压马达；2—小齿轮；3—带大圈的回转支承；4—下部机构；5—上部机构

图 5-15　回转机构及其液压回路

回转机构在工作过程中，惯性负载非常大，是影响回转机构运行特性的重要因素。当换向阀处于左、右位时，高压油进入回转马达 1 的入口，驱动具有大惯性负载的回转机构，从零转速加速到额定转速。在这个过程中，溢流阀一般处于溢流状态，回转机构加速过程可达 90 °C，能量损耗很大。达到额定转速后，若换向阀移入中位，使马达油口封闭，回转机构制动。回转机构巨大的惯性，使马达封闭油口产生高压力，致使回转机构制动加速度很大。这不仅使回转机构工作性能和液压回路工作恶化，还会使臂的受力恶化并增加系统的损耗。该不利因素在系统设计中应设法防止。

工程机械的回转机构，不仅负载惯性大、启动、制动频繁，而且其运动时间占整机循环时间比重大。如挖掘机的回转机构运行时间可占整机循环时间的 50%～70%，其能耗有的可占整机能耗的 25%～40%，引发的发热量很大。因而，合理设计回转机构的液压回路，对提高整机的生产率、改善整机性能、减少发热具有重要意义。

5.2.1 回转机构的类型

液压驱动的回转机构，按回转机构回转角度的大小，可分为全回转机构和半回转机构两大类。

1. 全回转机构

全回转机构可使上部机构进行多圈回转，一般采用液压马达作驱动装置，如图 5-16 所示。一般的主机多采用全回转机构。

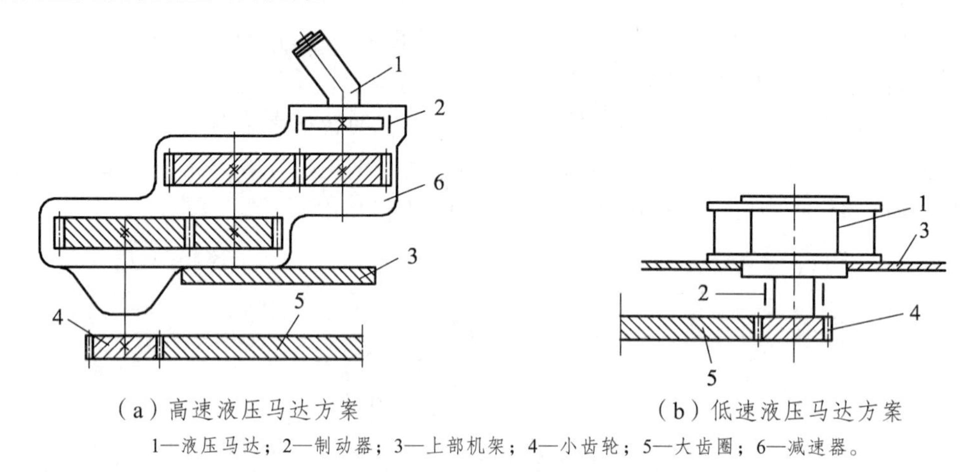

（a）高速液压马达方案　　（b）低速液压马达方案

1—液压马达；2—制动器；3—上部机架；4—小齿轮；5—大齿圈；6—减速器。

图 5-16　全回转机构驱动方案

全回转机构一般采用液压马达。所采用的液压马达有两种形式：

（1）高速液压马达驱动（称高速方案），如齿轮式、柱塞式等液压马达。高速液压马达转速高，排量较小，输出扭矩较小，要通过减速箱增扭降速，才能实际应用，如图 5-16（a）所示。图中回转机构是采用柱塞式高速液压马达 1 通过减速器 6 驱动小齿轮 4 旋转，继而驱动回转机构运动。制动器 2 可进行回转制动。

（2）低速液压马达驱动，如低速内曲线式、连杆式和双斜盘式等低速马达。低速液压马达的特点是转速低、排量大、输出扭矩大，无须使用减速箱或采用传动比较小的减速箱，即可驱动回转机构运转。图 5-16（b）表示使用低速马达 1 和小齿轮 4 直接驱动的回转机构。

采用高速液压马达的回转机构，其轴向长度较长，但便于与泵通用，市场品种较多，便于购买，可在高速轴制动，制动力矩较小。

采用低速马达驱动的回转机构，因可直接驱动，可省去减速器，结构简单，便于布置。但制动力矩较大，泵和马达结构差异大，不通用。当回转机构阻力矩过大，选不到相应规格的液压马达时，可选用多个小规格液压马达并联驱动回转机构，比如盾构机刀盘回转驱动，如图 5-17 所示。每个马达使用单独减速箱的并联驱动方案。也可采用多马达共用一个减速箱的并联驱动方案。

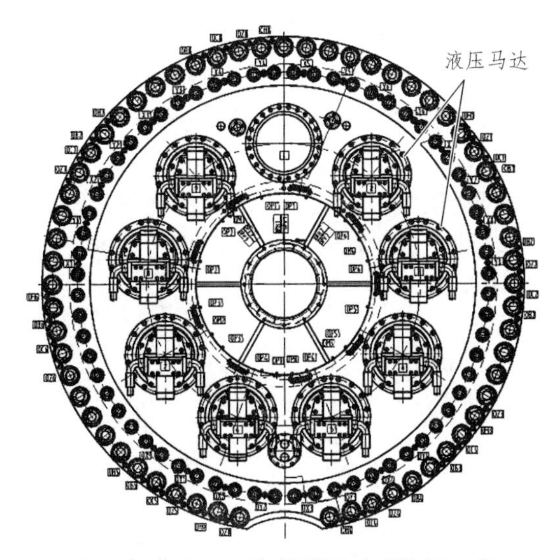

图 5-17　液压马达并联驱动盾构机刀盘

2. 半回转机构

半回转机构指回转角度小于 360°的回转机构。这种回转机构简单可靠，适用于较小的工程机械回转机构。常用的回转方案如下：

1）摆动液压马达回转机构

如图 5-18 所示，摆动液压马达（也称为摆动液压缸）能实现小于 360°角度的往复摆动运动，由于它可直接输出扭矩，故主要有单叶片式和双叶片式两种结构形式。单叶片摆动液压马达的摆角一般不超过 280°，双叶片摆动液压马达的摆角一般不超过 150°。

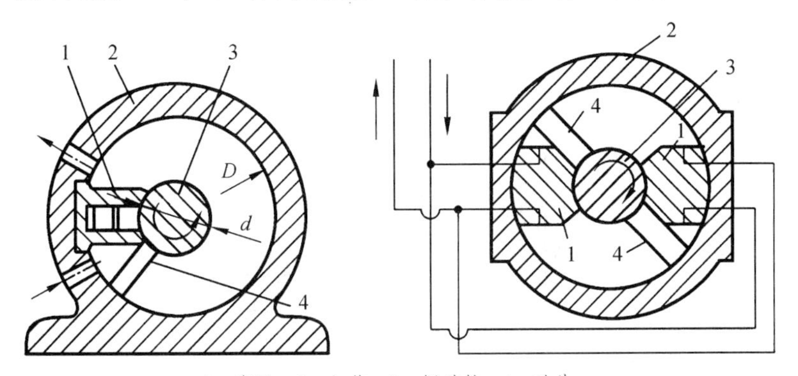

1—定子；2—缸体；3—摆动轴；4—叶片。

图 5-18　叶片马达半回转方案

摆动液压马达主要由定子 1、缸体 2、摆动轴 3、叶片 4、左右支承盘和左右盖板等主要零件组成。定子固定在缸体上，叶片和摆动轴固连在一起，当两油口相继通以压力油时，叶片即带动摆动轴做往复摆动。当输入压力和流量不变时，双叶片摆动液压马达摆动轴输出转矩是相同参数单叶片摆动缸的两倍，而摆动角速度则是单叶片的一半。

摆动液压马达结构紧凑，输出转矩大，但密封困难，一般只用于中、低压系统中往复摆动，转位或间歇运动的地方。

2）齿条液压缸驱动齿轮回转机构

如图 5-19 所示，齿条缸由带有齿条杆的双作用活塞缸和齿轮齿条机构组成，活塞往复移动经齿条、齿轮机构变成齿轮轴的往复转动。一般回转角度小于 360°，具体回转角大小，与齿条长度和小齿轮的齿数有关。齿轮转角可设计超过一圈，但活塞杆会太长，影响活塞杆的受力。

该机构将液压缸的直线往复运动转化成回转机构的往复摆动，充分发挥液压缸、齿轮齿条传动结构简单、工作可靠、便于加工的特点，可应用于一些小型半回转的挖掘机、装载机和随车吊等机械的回转机构中。

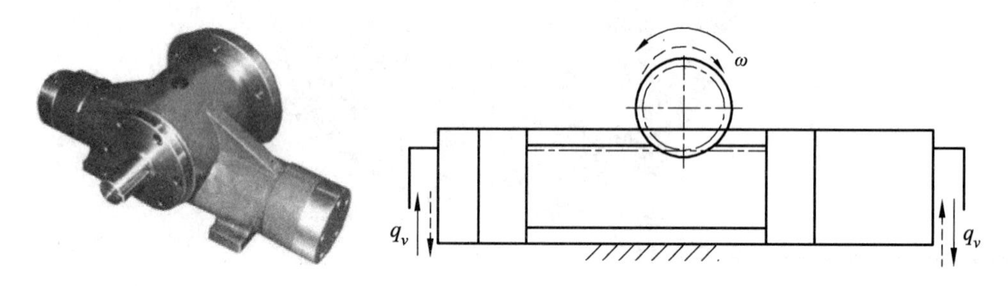

图 5-19　齿条-活塞缸半回转方案

3）液压缸链传动回转机构

如图 5-20 所示，该回转机构回转角一般小于 360°，充分发挥液压缸和链传动结构简单、工作可靠和液压缸不产生摆动的优点。但因小腔进油工作，缸径要大些，布置空间也较大，适用于小型回转机构。

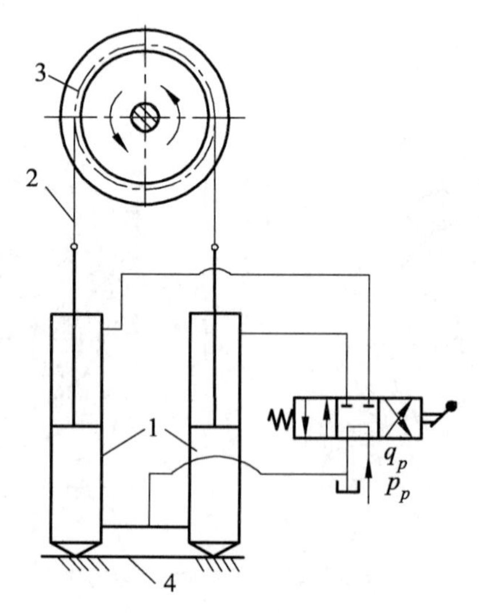

1—液压缸；2—链条；3—链轮；4—机架。

图 5-20　液压缸链传动方案

5.2.2 回转机构液压回路要求

从前述内容可知，在回转机构启动和制动过程中，回转机构惯性是很大的。在换向阀处于工作位置时，是回转机构转速从零加速到额定转速的过程，液压泵处于溢流状态，形成能量损失。另外，回转机构在额定转速运转时，换向阀回到中位，回转马达两油口突然封闭使回转机构制动，回转机构的巨大惯性必须由马达产生的反扭矩平衡，因马达两油口已封闭，在马达的封闭腔内就产生巨大反压力，由于液压油的压缩性很小，这就产生两个不利的后果：一是回转机构制动加速度很大，引起回转机构的工作机构惯性力巨大，使回转机构及工作机构受力恶化；二是在马达封闭腔内产生巨大反压力，使马达和管道等液压元件因压力过高而破坏。由于回转机构启动、制动频繁，后果更为严重。

解决回转机构启动加速过大的办法：一是溢流阀调定压力不能过大，二是采用变量泵控制等措施。

解决回转机构制动加速度过大的方法有如下三种。

1. 使用H型中位机能和脚踏制动器

如图 5-21 所示，当换向阀处于中位时，回转马达两腔连通，马达无液压制动作用。此时，脚踏制动泵，使制动缸 7 制动，完成定位制动。制动力矩大小由脚踏力的大小决定。

脚踏泵的结构和工作原理：脚踏泵由活塞 1、缸筒 2、带顶杆的锥阀 3、弹簧 4 和 5、挡销 6 组成。挡销 6 和缸筒 2 固定，通过锥阀 3 的顶杆限制单向阀 3 的位置。弹簧 5 的作用是将活塞 1 推动到右极限位置。弹簧 4 是标准单向阀弹簧，较软，其作用是关闭单向阀 3。脚踏活塞右端，可使脚踏活塞左移。当不对活塞 1 使力时，弹簧 5 将活塞 1 移至右极限位置，由于挡销 6 的限位作用，单向阀 3 被强制打开，此时 A、B 两口之间由于单向阀 1 打开形成一条通道。当脚踏活塞左移时，单向阀脱离挡销 6 的限制而关闭，活塞 1 左腔形成封闭腔，继续移动活塞，左腔封闭油挤入制动缸进行制动，活塞移动越多，制动力越大。脚踏力的大小反映制动力的大小。

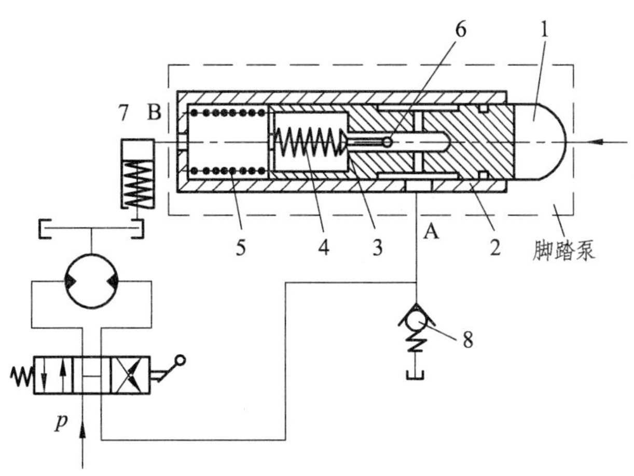

1—活塞；2—缸筒；3—带顶杆的锥阀；4—单向阀弹簧；5—活塞回位弹簧；6—挡销；7—制动缸；8—背压阀。

图 5-21 采用脚踏泵的制动回路

2. 设置缓冲补油阀回路

图 5-22（a）是使用双缓冲阀和双单向阀的缓冲回路，其特点是回转机构两个方向的缓冲

压力可以调得不相同。换向阀处于中位使马达回转制动时，通过溢流阀 2（缓冲阀）限制制动压力，由于换向阀已处于中位，回转马达两油口封闭，缓冲阀 2 溢流限压，使马达继续回转一个角度，减缓回转机构的制动加速度。由于马达油口在封闭下转动，另一腔产生真空，此时，可通过单向阀 1 补油。这就是缓冲补油原理。缓冲阀 2 的调定压力越小，缓冲效果越好，但会影响起动扭矩，造成起动过慢。图 5-22（b）表示采用四个单向阀 1 和一个缓冲阀 2 组成的全桥式缓冲补油回路，其特点是回转机构两个方向的缓冲压力是相同的。背压阀 3 的作用是在总回油路形成一定压力，以利于补油。

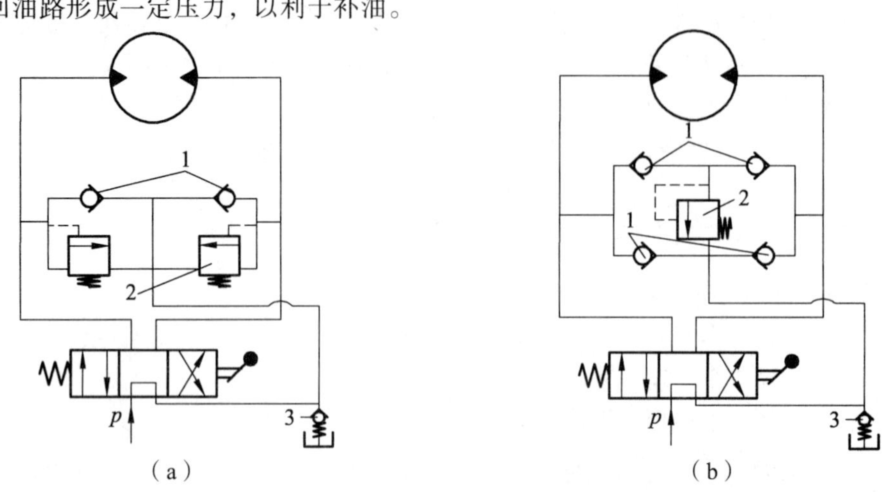

1—单向阀；2—缓冲阀；3—背压阀。

图 5-22　缓冲补油回路

3. 采用导控缓冲阀的回转机构液压回路

能否使缓冲阀的调定压力小于泵溢流阀的调定压力，以使回转机构起动力矩大于缓冲制动力矩？为解决这个问题，先分析图 5-23 所示的回转机构液压回路。

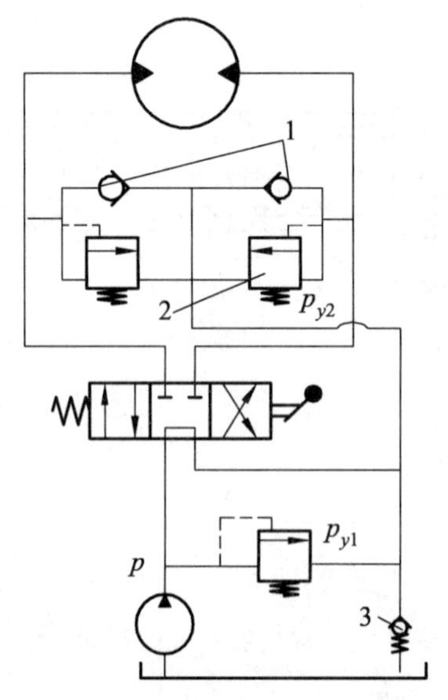

1—单向阀；2—缓冲阀；3—背压阀

图 5-23　回转机构起制动分析

分析主溢流阀和缓冲阀调定压力两种不同的调定工况：第一种工况，主溢流阀的调定压力 p_{y1} 大于缓冲侧的调定压力 p_{y2}；第二种工况，主溢流阀的调定压力 p_{y1} 小于缓冲阀的调定压力 p_{y2}。

第一种工况，回转马达的起动压力和缓冲压力相等，起动、制动力矩均由缓冲阀调定压力 p_{y2} 决定。而第二种工况，起动压力小于缓冲压力，即起动压力由溢流阀调定压力 p_{y1} 决定，而制动压力由缓冲阀调定压力 p_{y2} 决定，制动过程快于起动过程。图 5-23 所示的回路，无法确保回转机构具有较快的起动过程和较慢的缓冲制动过程，即无法完成两阀的调定压力按回路要求自由设定。

图 5-24 是能完成这种功能的液压回路。回路中设置导控缓冲阀 1，在有导控压力时，缓冲阀关闭。在导控压力很小时，缓冲阀是一个标准缓冲阀，按其调定压力工作。若换向阀 4 处于左位，泵的压力油同时进入马达左腔和下缓冲阀 1 的下腔（控制腔），使缓冲阀不能打开。液控换向阀 3 在高压油作用下移入左位工作，使马达另一腔回油，回转机构回转。显然回转机构起动过程取决于泵溢流阀调定压力，回转制动压力与缓冲阀的调定压力和缓冲阀 1 的调定压力无关。当换向阀回到中位使回转机构制动时，缓冲阀 1 下面的控制压力变为回油压力，回转制动压力由缓冲阀的调定压力决定，与泵溢流阀调定压力无关。所以缓冲阀的调定压力可调得很低，并可通过脚踏泵进行定位制动。回转马达另一腔产生真空，由背压阀 5 产生的背压进行补油。回路中采用 H 型中位换向阀是为缓冲补油而设置的。

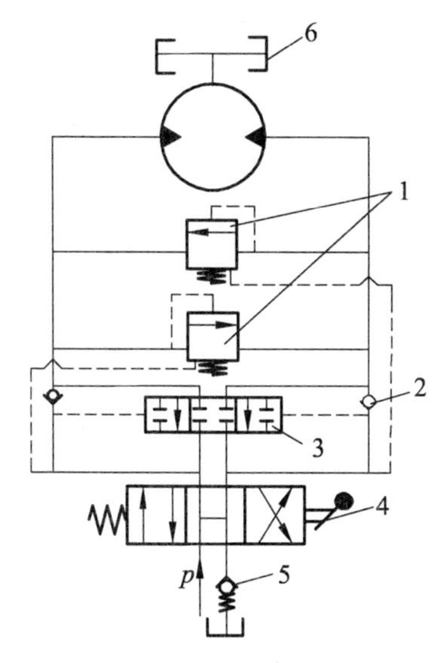

1—导控缓冲阀；2—单向阀；3—液控换向阀；4—换向阀；5—背压阀。

图 5-24　采用导控缓冲阀回转机构回路

5.2.3　回转机构液压回路在整机液压系统中的布置方案

在工程机械液压系统中，一般有多个机构。有的还要求若干个机构能同时工作，比如挖掘机的复合挖掘模式，相互不干扰。但对于某些设备的回转机构，要求工作时转速稳定，不能因其他机构工作而影响回转机构的转速。有如下几种处理方法。

1. 回转机构单泵供油开式回路

这种回路由单独一个液压泵供给回转机构使用，组成一个与其他机构无关的独立液压回路。它可保证回转机构的转速稳定，不受其他机构工作的影响。但这种系统需增加泵数，仅适用于大型工程机械。单泵供油可组成闭式和开式回路。

图 5-25 所示是一个液压挖掘机回转机构液压开式回路。它使用一个单独液压泵 3 向回转马达 5 供油，以保证回转转速的稳定。缓冲阀的调定压力大于主溢流阀的调定压力，所以回转起动扭矩由溢流阀 4 的调定压力决定。回转机构不设制动器制动，制动扭矩由缓冲阀 1 调定压力决定。回转马达采用内曲线低速液压马达。背压阀 2 保证一定的回油压力，以确保低速马达滚轮在滚道回油段不脱离滚道的要求。回路设置节流阀 6，通过节流阀 6 节流后，流入马达壳体内，再通过另一条油路，无背压流回油箱。这样，马达壳体内油呈不断的流动状态。其有两个作用：一是马达壳体油流动，可带走马达壳体内的脏物；二是马达壳体内油的流动，可使马达各零件所受油温一致，避免马达起动时，由于油温不同，造成热冲击，损坏马达的相关零件。节流阀 6 的节流口大小，可由背压阀 2 的调定值和要求通过节流阀的流量来确定。

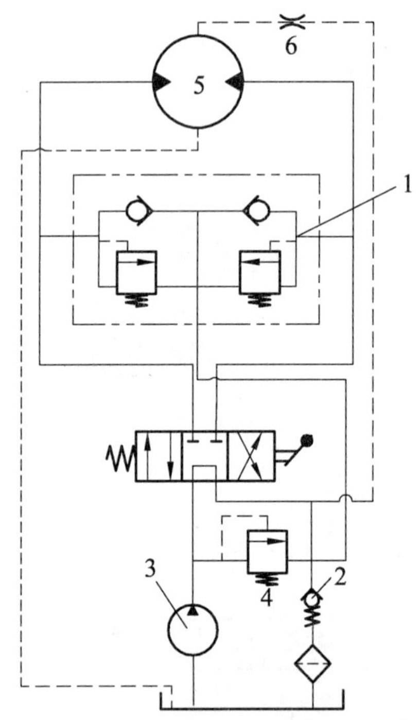

1—缓冲补油阀；2—背压阀；3—泵；4—溢流阀；5—回转马达；6—节流阀。

图 5-25 单泵供油开式回路

2. 回转机构单泵供油闭式回路

回转机构使用闭式系统。系统可通过变量泵调速和反向，省去换向阀。系统还可回收制动能量，减少发热。但结构较复杂，适用于大型机械的回转机构。

图 5-26 表示单泵和回转组成的闭式回路。它由变量泵 1 和定量马达 6 组成。变量泵 1 可用来调节回转马达的转速。它不需使用换向阀使液压马达正反转，而是通过变量泵的斜角反向调节，致使液压泵反流而使马达反转。为了补偿闭式系统的漏损，设置补油泵 2 和单向阀 4。补油压力由溢流阀 3 来限定，补油压力约 0.7 MPa。补油流量约为主泵流量的 20%。溢流阀 5

用于缓冲制动，并可回收制动能量。回路缺点是结构比较复杂，仅适用于大型机械。

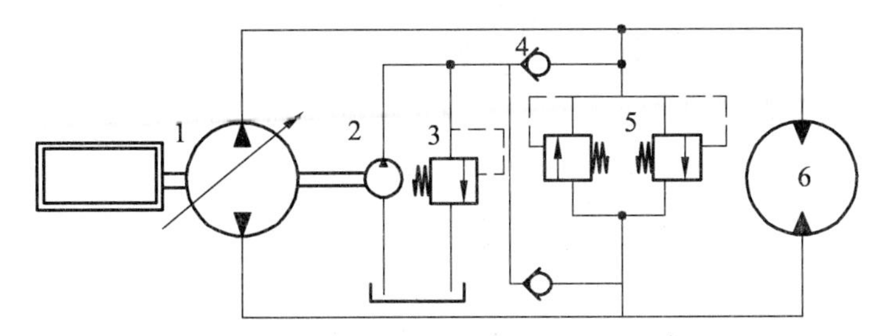

1—主泵；2—补油泵；3—补油溢流阀；4—单向阀；5—溢流阀；6—液压马达。

图 5-26　回转机构单泵供油闭式回路

3. 回转机构共泵供油液压回路

在工程机械液压系统中，常把回转机构和不要求同时工作的机构合在一个泵的供油回路中。这样可充分利用能量，减少泵数，结构简单。通常有如下几种处理方案：

1）共泵供油串联回路

如图 5-27 所示，回转机构液压马达和液压缸驱动的工作机构共用一个泵源，并组成串联回路。回转马达处在液压缸之前，这样就能保证回转速度的稳定。即使液压缸和回转马达同时工作，也不会影响回转速度的稳定。若两机构的次序颠倒，则缸在向两个方向运动时，会使马达的转速发生变化。这种串联回路，泵压力不能低于两机构阻力之和。否则，同时工作时，会发生回转机构不能动作的情况。但两机构能同时使用泵的全流量。

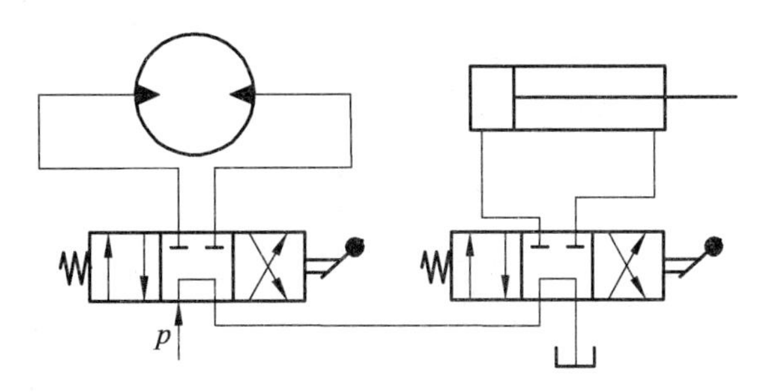

图 5-27　共泵供油串联回路

2）共泵供油并联回路

图 5-28 表示三个工作机构共泵供油并联回路。回转液压马达和两个液压缸处于并联状态，当两个液压缸不工作，而回转马达单独工作时，回转马达接受泵的全流量，回转速度稳定。若液压缸和回转马达同时工作，两个换向阀均打开，两机构并联供油，进入缸和马达的流量取决于各自的负载状态。负载小，则流量大。若两者负载相差较大，则会发生一机构得不到流量而静止不动，另一机构以泵全流量运行，这样致使回转速度不稳定。所以，并联回路仅适用于回转机构和其他机构不同时工作的场合。

3）共泵供油优先回路

图 5-29 表示三个工作机构组成的优先回路。由图所示，回转机构液压马达在前，其他机构在后。只要液压马达一工作，不管其他机构是否工作，由于马达换向阀的移位而使其他机构供油被切断，优先供马达工作。这样回转机构永远接受泵的全流量工作，转速不受其他机构的影响。

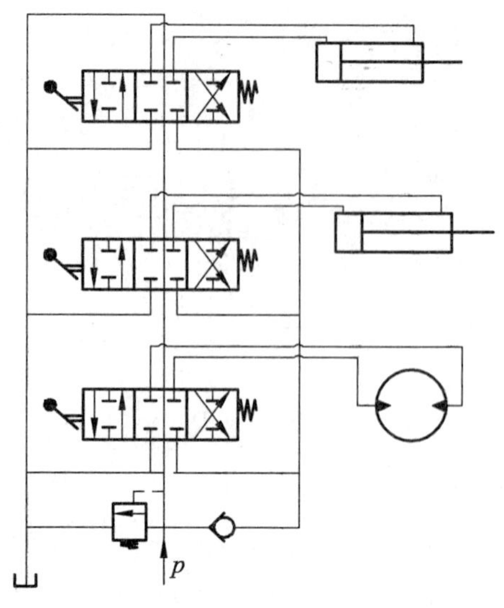

图 5-28　共泵供油并联回路

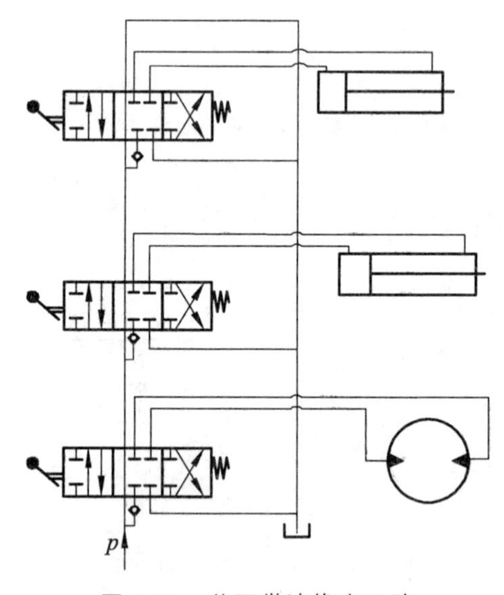

图 5-29　共泵供油优先回路

4）使用单路稳流阀的共泵回路

有些小型工程机械，为简化结构而使用一个泵。为了保证其他机构能与回转机构同时工作，可使用单路稳流阀解决这一问题。单路稳流阀可将一个泵的流量分成两路：一路稳定流量，供回转马达使用，保证回转速度稳定；另一路非稳定流量，供其他机构使用。通过单路稳流阀，将一个泵作为两个泵使用，但单路稳流阀在工作中要产生节流损失，特别在负载压力差值大时，节流损失较大。

单路稳流阀在系统中一般有串联和并联两种布置方式：

图 5-30 所示的单路稳流阀 3 串联在其他机构液压缸 2 的回油路上，液压缸 2 工作时的回油被分成两路：B 口为稳定流量，进入回转马达，以使回转机构转速稳定；A 口为非稳定流量，经节流后回油箱。在两机构同时工作时，泵输出压力是两机构阻力之和，而且，缸 2 回油流量的最小值应大于回转马达要求的流量。泵流量可小些，但泵输出压力要高些。

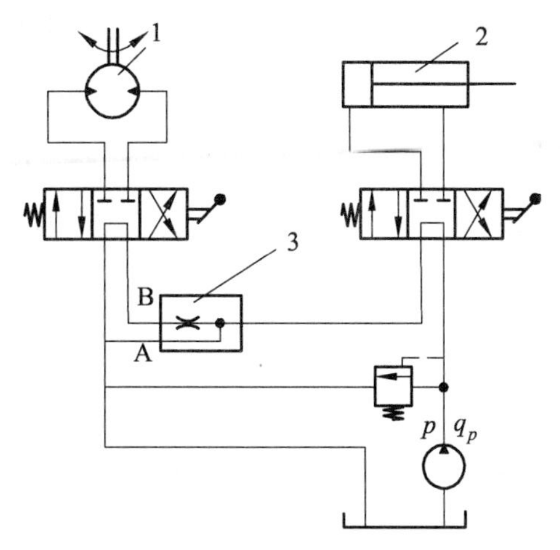

1—回转马达；2—液压缸；3—单路稳流阀。

图 5-30　单路稳流阀串联回路

图 5-31 表示单路稳流阀 3 并联在回转马达 1 和缸 2 的进油路上。单路稳流阀将泵输出流量也分成两路：B 口为稳定流量，供回转马达使用，保证回转机构转速稳定；A 口为非稳定流量，供液压缸使用。当两机构同时工作时，泵出口压力由两机构最大负载确定。当回转马达单独工作时，泵出口压力由回转马达最大负载确定，A 口流量经节流回油箱。该方案，泵流量需满足两个执行机构同时工作的要求，但泵压力较小。

两种布置方案的选择，还需根据整个循环中功率损失和发热量大小来确定。

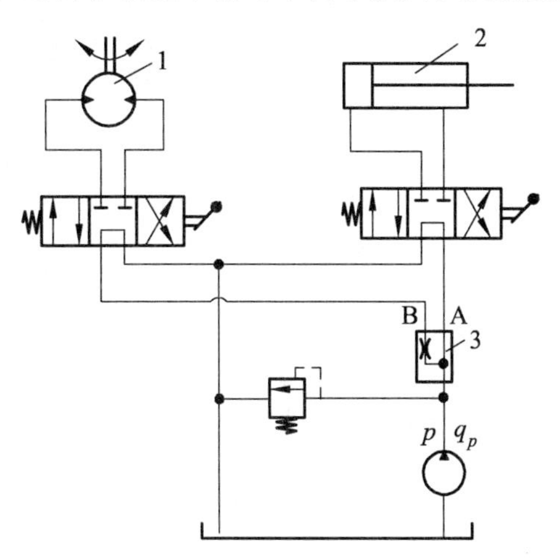

1—回转马达；2—液压缸；3—单路稳流阀

图 5-31　单路稳流阀并联回路

虽然使用单路稳流阀会引起一些发热，但实践证明，对于小型工程机械来说，稳流阀引起的发热，不会对液压系统产生严重问题，却带来结构简单、紧凑、便于布置的优点。

5.3　起升机构液压回路

起升机构的典型应用是液压起重机，它主要由液压马达和卷筒组成。以液压马达驱动卷筒旋转，并通过卷筒上的钢丝绳实现重物的升降运动，可使重物停止在空中某一位置，以便进行装卸和安装作业。

5.3.1 起升机构的要求

（1）液压回路应满足起升机构的动力要求，即液压回路应具有起升和下降规定质量重物的能力，并满足最大起升速度要求。

（2）起升机构为重力下降系统，下降时会产生超速现象，影响下降安全。在液压回路中要采取有效措施予以防止。

（3）应具有调速功能，以满足不同荷重对速度的要求。

（4）起升机构对安全要求高，单靠液压马达自身制动是不够的，应增加安全可靠的机械制动。

（5）有的起升机构还有微调要求，以满足安装需要。

这些要求都应由起升机构液压回路来满足。

图 5-32 表示起升机构的基本液压回路。它由液压泵 1、溢流阀 5、换向阀 3、平衡阀 4、起升液压马达 2、制动液压缸 8、减速箱 6 和起升卷筒 7 等组成。制动液压缸是常闭式的，即弹簧上闸，有压松闸。

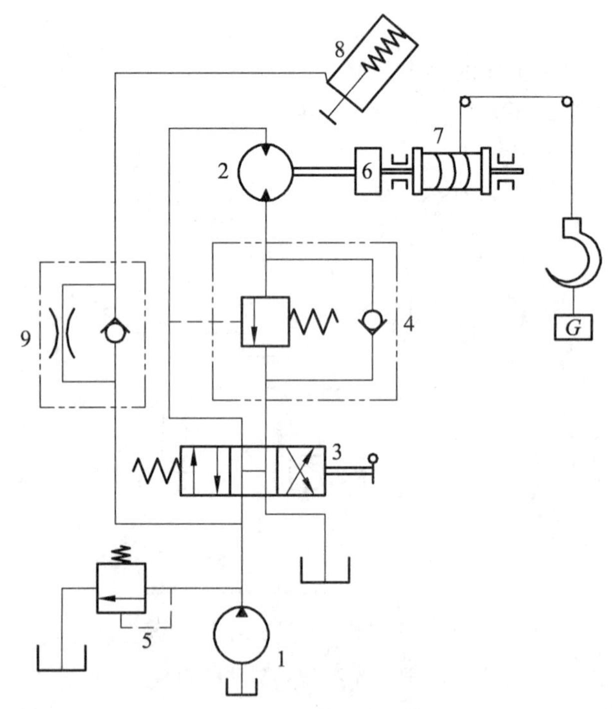

1—液压泵；2—起升液压马达；3—换向阀；4—平衡阀；5—溢流阀；6—减速器；
7—起升卷筒；8—制动液压缸；9—单向节流阀。

图 5-32 起升机构液压回路

5.3.2 起升机构工况

起升机构主要有三种工作工况，如图 5-32 所示。

（1）负重静止工况：换向阀 3 处于中位，泵 1 卸荷，制动液压缸 8 下腔零压，制动液压缸在弹簧的作用下上闸，重物安全停留在某一固定的位置。

（2）负载上升工况：换向阀 3 处于右位，泵 1 高压油经换向阀 3、平衡阀 4 的单向阀进入起升液压马达 2。同时，泵高压油进入制动液压缸 8 下腔，使制动液压缸松闸，起升液压马达 2 旋转，并通过减速箱 6 驱动卷筒旋转，带动钢绳运动，使重物上升。

（3）负载下降工况：换向阀 3 移入左位，松开制动液压缸。此时，无须油压重物即会自然超速下降，这种无控制的超速下降，对起升机构是很危险的，必须予以防止。系统中的平衡阀 4，在马达回油路上建立足够背压，使马达下降速度受泵流量控制下降，以防超速现象发生。

对于起升机构液压回路，为保证安全和下降限速，在系统中安放常闭式制动液压缸 6 和平衡阀 4 等必需的特殊元件。

5.3.3 液压起升机构的类型

1. 按传动液压马达的类型分

液压马达有高速液压马达和低速大扭矩液压马达之分，两者均可使用在起升机构的传动中。高速液压马达输出扭矩小而转速高，需要通过减速器减速升扭驱动起升卷筒。减速器可采用批量生产的标准减速器。减速器有圆柱齿轮式、蜗轮蜗杆式和行星齿轮式多种可供选择。

高速液压马达传动形式的特点是液压马达尺寸小、质量轻、容积效率高、生产成本较低。因需要减速装置，组成的液压起升机构较重，体积较大。但制动器可安放在高速轴上，制动扭矩较小。

低速大扭矩马达由于本身传递扭矩较大而转速较低，可直接或通过小传动比的变速箱驱动起升卷筒。虽然低速马达本身体积和质量较大，但因不用减速箱，所组成的起升机构质量较轻、总体积较小、传动简单、起动性能和制动性能好。有些低速大扭矩马达，可以安装在卷筒内部或与卷筒设计成一体，由液压马达直接驱动卷筒旋转，结构简单紧凑、便于布置。但制动液压缸要安放在低速轴上，制动扭矩较大，尺寸较大。

2. 按结构特点分

按结构特点，起升机构可分为单卷筒式、双卷筒单轴式和双卷筒双轴式三种。

1）单卷筒起升机构

对于小型起升机构，一般只设置主起升机构，不设置副起升机构。只有一个卷筒装在传动轴上，结构较简单，液压回路简单，液压马达与制动液压缸协同工作由系统本身保证，不需另设控制油路，如图 5-32 所示。

2）双卷筒起升机构

对于中大型起升机构，为提高作业效率，扩大使用范围或进行辅助工作，需要设置主、副两套起升机构。两套起升机构可采用两个液压马达分别驱动两套独立的主、副起升机构，结构较复杂，占用空间大。一般采用一个液压马达分别驱动主、副卷筒来完成主、副起升机构功能。传动机构可采用双卷筒单轴式或双卷筒双轴式两种。

图 5-33（a）所示为双卷筒单轴式起升机构。其主卷筒 9 和副卷筒 10 安装在同一根轴上，由一个液压马达 5 通过减速箱 6 集中传动。两卷筒空套在输出轴上。在主副卷筒上分别装有独立的制动器和离合器，以便独立完成主、副起升机构的驱动。在主卷筒工作时，副卷筒的

制动器 11 上闸制动，离合器 12 松闸，副卷筒 10 处于固定不动状态。此时只要主卷筒离合器 8 上闸，使传动轴和主卷筒连成一体。马达 5 转，同时制动器 7 松闸，即可完成主起升机构的各种功能。同理，可完成副卷筒独立工作，主副卷筒工作互不干涉。

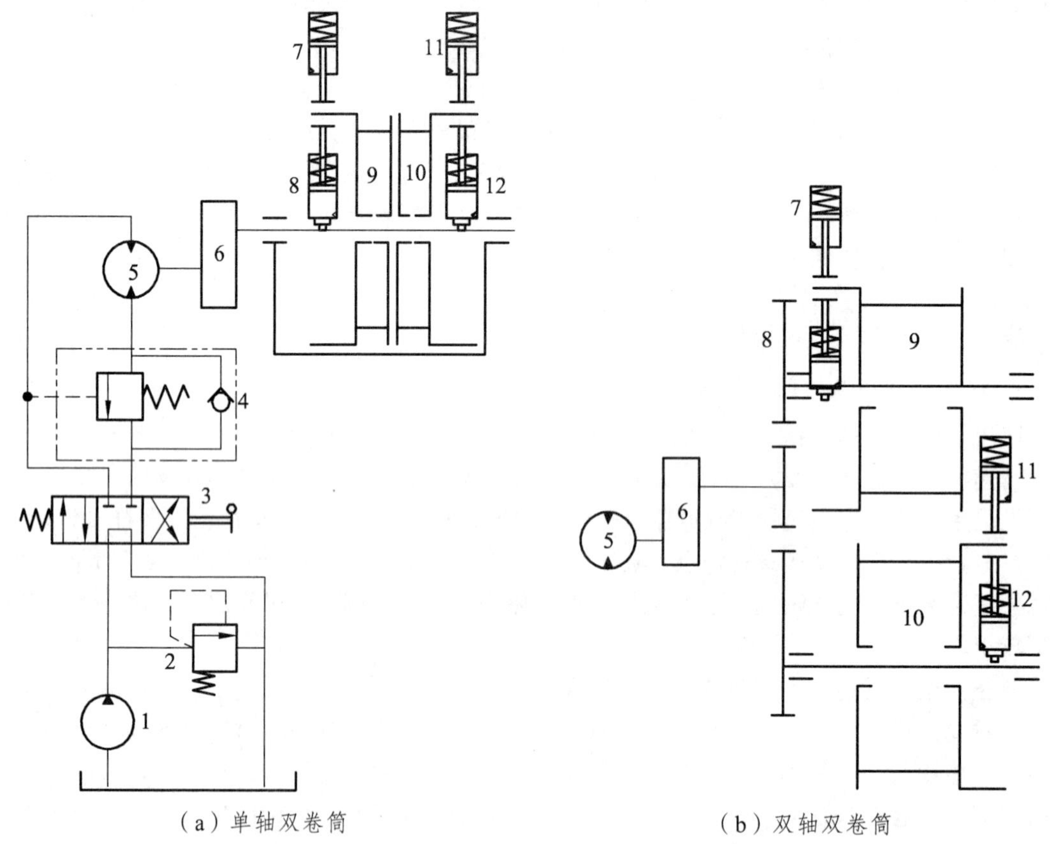

（a）单轴双卷筒　　　　　　　　（b）双轴双卷筒

1—液压泵；2—溢流阀；3—换向阀；4—平衡阀；5—液压马达；6—减速箱；7—主卷筒制动器；8—主卷筒离合器；9—主卷筒；10—副卷筒；11—副卷筒制动器；12—副卷筒离合器。

图 5-33　双卷筒起升机构

双卷筒单轴形式起升机构结构紧凑，有利于整个机构的布置，但卷筒的长度受到限制，影响卷筒的容绳量。

双卷筒双轴式起升机构如图 5-33（b）所示。主、副卷筒分别空套安装在两根平行的轴上，由一个液压马达 5 通过减速器 6 集中驱动。在主卷筒 9 上装有制动器 7 和离合器 8。在副卷筒 10 上装有制动器 11 和离合器 12。其液压回路可以与双卷筒单轴式完全相同，操纵原理也相同。只是制动器和离合器都安装在卷筒的外侧，便于安装调整和维护。

由于两个卷筒平行布置，卷筒长度可较长，可增加卷筒的容绳量，起升钢丝绳引出的偏移较小，不易出现乱绕现象。

5.3.4　起升机构液压回路

1. 制动器和离合器控制回路

在起升机械中，起升机构液压回路有多种回路方案，但主要应满足起升机构的要求。制动器和离合器的控制油路设置是起升回路的重要形式。制动器和离合器控制油路可分主油路油压控制和单独油路油压控制两种。

1）制动器由主油路油压控制的起升机构液压回路

在单卷筒的起升机构中，为简化回路，不另设单独油源来控制制动器打开，而直接使用主油路油压来打开制动器。制动器的液压缸与主油路的连接有如下 4 种形式：

第一种形式如图 5-32 所示，制动器液压缸为单出杆液压缸与起升马达进油连接。由回路可知，换向阀 3 处于中位时，主油路卸荷，压力为零，制动器在弹簧作用下形成上闸制动。在换向阀 3 处于左、右位工作时，由于液压马达驱动负载工作而形成油压，油压顶开弹簧松闸，马达驱动卷筒旋转而带动负载上升或下降。打开制动器的是主油路油压。要注意的是起升回路必须放在串联油路的最末端，即换向阀处于中位时，回油直通油箱。如果放在其他机构回路的前面，当起升机构停止工作时，而其他机构工作，其形成的压力仍会打开制动器，使起升机构制动失灵，容易发生事故。

第二种形式如图 5-34 所示。制动器液压缸为双出杆缸，分别与起升马达进、出油路连接。由图可知，制动器液压缸的 a 腔与起升马达进油路 A 相通，b 腔与起升马达回油路 B 相通。当后面的工作机构工作时，A、B 点均为压力油，两腔压力平衡，在弹簧的作用下，仍处于制动状态，不会打开。而在起升机构工作时，A 点压力一定大于 B 点压力，此时制动器才会打开。

这种布置方式，使起升机构回路与其他机构回路串联时，可以任意布置，不受位置的限制，只有起升机构工作时，制动器才会打开。起升机构不工作时，不管其他机构是否工作，制动器不会被打开，从而保证了起升机构的安全。

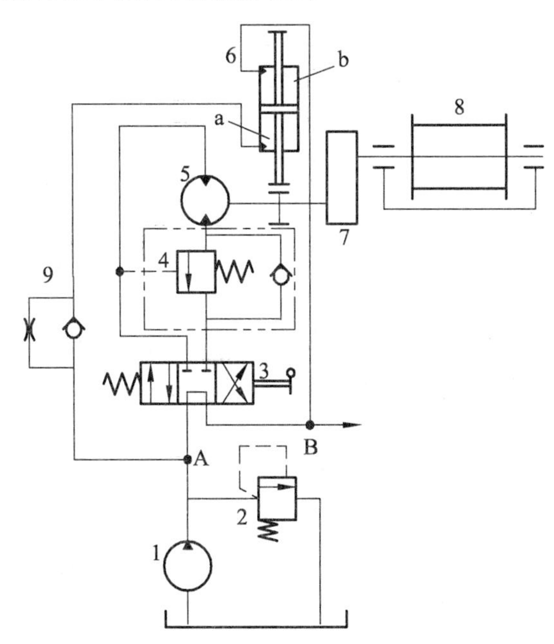

1—液压泵；2—溢流阀；3—换向阀；4—平衡阀；5—起升液压马达；
6—制动缸；7—减速箱；8—起升卷筒；9—单向节流阀。

图 5-34 双杆制动器液压缸

第三种形式如图 5-35 所示。制动器液压缸为单杆缸，通过交替逆止阀与起升马达的两条管路连接。当起升机构工作时，无论重物是起升还是下降状态，高压油均通过交替逆止阀（梭阀）9 进入制动器液压缸 6 打开制动器，使起升马达 5 旋转，驱动卷筒旋转，使重物上升或下降。起升马达不工作时，制动缸油路通过交替逆止阀 9 和换向阀 3 与油箱相通，制动缸 6 在弹簧的作用下处于制动状态。

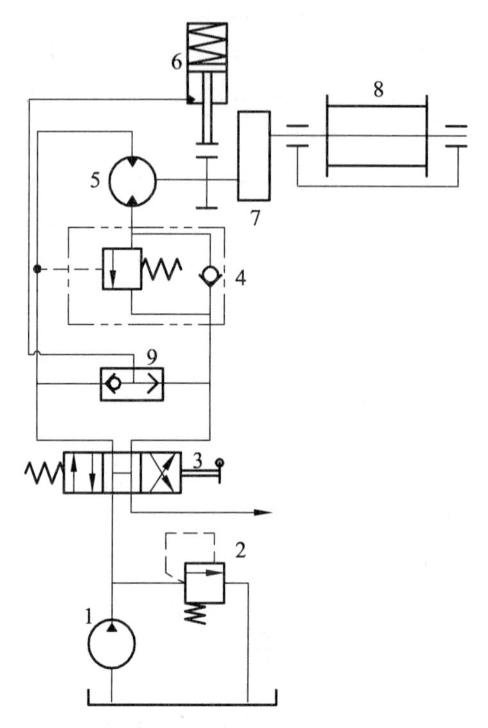

1—液压泵；2—溢流阀；3—换向阀；4—平衡阀；5—起升液压马达；
6—制动缸；7—减速箱；8—起升卷筒；9—交替逆止阀（梭阀）。

图 5-35　使用交替逆止阀控制制动缸

这种回路的换向阀必须采用 H 型中位机能，以保证换向阀处于中位时，制动器液压缸能与回油路相通，确保制动器处于制动状态；否则，制动器液压缸不能回油，会使制动器失灵。

第四种形式如图 5-36 所示。制动器由主油路控制，起升机构有主、副两套起升机构。对于中、大型起重机械，一般都设置主、副起升机构，以满足不同吊重的需要。如果用两个液压马达分别驱动，则主、副起升机构液压回路是独立的，但考虑重力下降和合流供油等问题，两者又有联系。图 5-36 表示某起重机起升机构的液压回路，它以两个液压马达分别驱动主、副起升机构。两个制动器是靠主油路压力打开的。

起重机起升机构为双泵双回路系统。泵 1 向主起升马达 4 和变幅液压缸（图中未画出）供油。泵 2 向副起升马达 13、伸缩机构液压缸、回转机构液压马达和支腿机构液压缸（图中未示）供油。因此，主副起升机构为独立的液压回路。其基本原理与前述的主起升机构液压回路是相同的。

主起升机构的卷筒轴与卷筒是空套的，因而设置常闭式离合器 6 和制动器 5，以完成重力下降。副起升机构不设重力下降装置，所以不设离合器。副起升机构的卷筒与传动轴固定连接。

主起升机构工作时，换向阀 3 处于左位或右位，泵 1 高压油进入主起升马达 4，同时高压油通过交替逆止阀 8 进入主制动缸 5 并打开主制动器。常闭式离合器缸 6 上腔通过交替逆止阀 10 回油箱，压力为零，在弹簧的作用下，将主卷筒和其传动轴连成一体，马达旋转，卷筒随之旋转。制动器 5 的打开是靠主油路油压完成的。

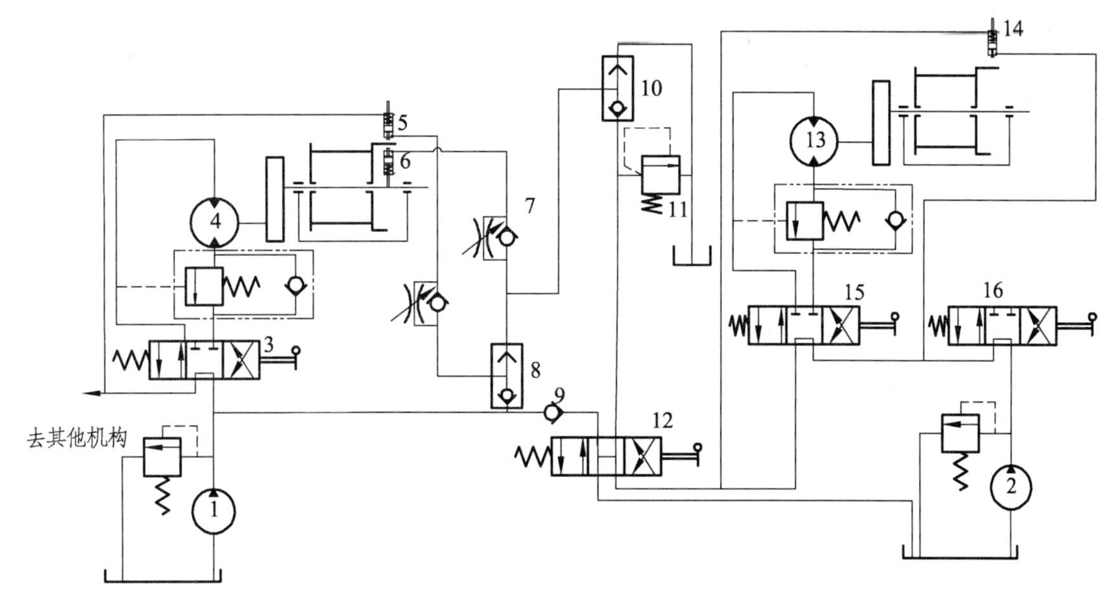

1—主起升泵；2—副起升泵；3—主起升换向阀；4—主起升马达；5—主起升制动器；6—主起升离合器；7—单向节流阀；8，10—交替逆止阀；9—单向阀；11—溢流阀；12—换向阀；13—副起升马达；14—副起升制动器；15—副起升换向阀；16—其他机构换向阀。

图 5-36 主副卷筒制动器控制回路

主起升机构还有合流功能。将换向阀 12 移入右位工作，泵 2 流量经换向阀 12、单向阀 9 汇入泵 1 回路，双泵的流量一起向主起升马达 4 供油，以提高主起升机构的速度。主起升机构可进行重力下降；将换向阀 12 移入左位，泵 2 的高压油经交替逆止阀 10 进入常闭式离合器液压缸上腔，打开离合器，使卷筒与其传动轴分离。同时，泵 2 高压油通过交替逆止阀 8，打开主制动器 5。此时，主卷筒处于自由轮状态，在重物的作用下，重物高速下降，以提高下降速度，这就是重力下降。溢流阀 11 的作用是保证制动器和离合器控制油路所需的压力，一般调定压力为 6 ~ 7 MPa，使制动器和离合器在重力下降时，控制压力不会太高。

该重力下降油路的特点是由泵 2 的油路来控制，不是由泵 1 的主油路来控制制动器和离合器打开的，因而不需要设置分流控制阀。另一特点是没有设置蓄能器，使油路简单，成本低，并由溢流阀 11 来控制较低的操作油压，具有节能效果；同时采用常闭式制动器可保证安全可靠。

副起升机构工作时，操纵换向阀 15，即可完成副起升机构工作。

选择或设计主起升机构换向阀 3 时，由于属于阀内合流，必须根据泵 1 和泵 2 的合流流量来选型和设计。如果只根据泵 1 的流量进行选型或设计，在合流时阀内流速过高，引起阻力损失增大，发热严重，对系统不利。

2）制动器和离合器由低压油路控制的起升机构液压回路

图 5-37 为某起重机采用专门的低压油路控制制动器和离合器的回路，它采用单液压马达驱动主、副起升机构。该起重机的起升机构采用双泵系统。泵 1 向起升机构液压马达 4 供油，泵 2 除向回转、变幅、伸缩和支腿机构供油外，还可向起升机构液压马达 4 合流供油，以提

高起升机构的速度。起升机构包括主、副卷筒两套装置，由一个液压马达通过机械减速器驱动主、副卷筒。

两卷筒支承在同一根传动轴上，如图 5-33（a）所示，处于空套状态。而且通过两套常开式离合器接合才能和传动轴连接成一体。只有打开常闭式制动器，接合离合器，液压马达才能驱动卷筒旋转，完成起升或下降作业。若同时松开制动器和离合器，在吊重作用下，卷筒自由旋转，形成重力下降（抛钩）作业。

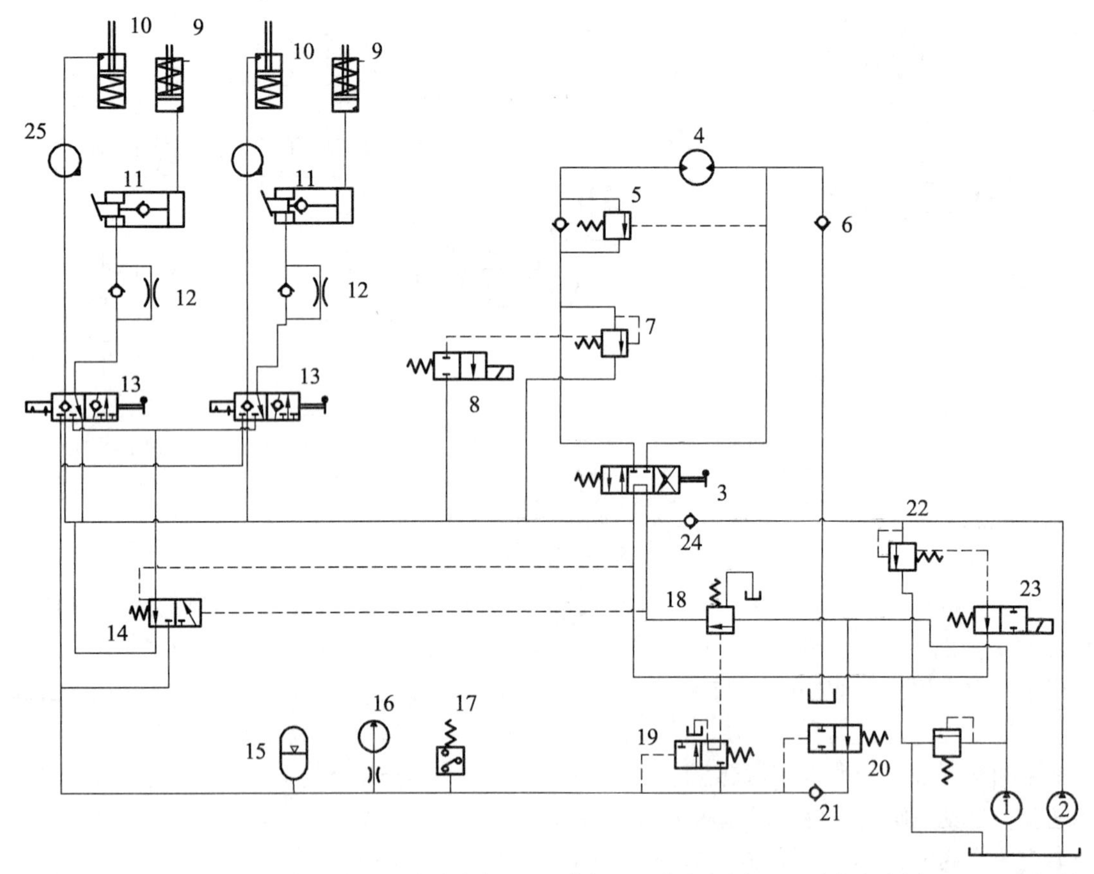

1—起升泵；2—合流泵；3—起升换向阀；4—起升马达；5—平衡阀；6—单向补油阀；7—先导式溢流阀；8，23—电磁阀；9—制动器缸；10—离合器缸；11—脚踏泵；12—单向节流阀；13—工况阀；14—液控阀；15—蓄能器；16—压力表；17—压力继电器；18—外控顺序阀；19，20—液控阀；21，24—单向阀；22—溢流阀；25—旋转接头。

图 5-37　制动器和离合器由低压油路控制回路

制动器打开和离合器的接合，不是靠主油路油压完成，而是靠蓄能器的低压油路来完成的。其优点是压力稳定，保证制动器和离合器工作平稳，不受液压泵压力波动的影响。若泵发生故障，控制油路靠蓄能器供油保持一定压力，离合器仍能完成接合，避免事故发生，保证控制安全可靠。

（1）溢流阀 22 和两位电磁阀 23 的作用。

溢流阀 22 是一个先导式溢流阀，虚线是从主阀上腔控制口引出，由先导式溢流阀原理可知，若虚线引出口被封闭，该阀是一个标准溢流阀，其溢流压力就是其调定压力。若引出口通零压，该阀是一个卸荷阀，打开压力很低。从回路可知，若电磁阀 23 通电，溢流阀 22 的引出口被封闭，该阀是一个标准溢流阀，泵 2 可在其调定压力下工作。泵 2 可向起升机构合流，提升起升速度。若电磁阀断电，引出口通油箱，溢流阀成卸荷阀，泵 2 低压卸荷，不合流。起升机构只有泵 1 供油，起升机构低速运行。单向阀 24 起防止液压油高压倒流的作用。

（2）溢流阀 7 和电磁阀 8 的作用。

溢流阀 7 也是先导式溢流阀，其原理与前述相同，主要作用是起升高度限位。当吊钩上升到臂端部时，若继续上升，会发生危险，此时碰到限位开关，使电磁阀 8 通电，溢流阀 7 成卸荷阀，系统已无压力，可避免事故发生。

（3）专门蓄能器的作用。

制动器打开和离合器接合由专门蓄能器油路供油。为保证起升机构安全，采用常闭式制动器，即弹簧上闸，油压松闸。而离合器则采用常开式，即油压上闸，弹簧松闸。制动器打开和离合器接合是靠蓄能器油路油压来完成的。根据要求，蓄能器油路压力应保持在 7 ~ 12 MPa。蓄能器油路由液控阀 20 保证压力不超过 12 MPa。当蓄能器油路压力低于 12 MPa 时，液控阀 20 在弹簧作用下在右位工作。在起升机构工作时，泵 1 高压油经液控阀 20、单向阀 21 进入蓄能器油路充油。当蓄能器油路油压达到 12 MPa 时，阀 20 的控制油压推动阀在左位工作，切断供油，蓄能器充油结束，使蓄能器油路不超过最高压力 12 MPa。

由外控顺序阀 18 和液控阀 19 保证蓄能器油路压力不低于 7 MPa。外控顺序阀 18 调定压力为 7 MPa。当蓄能器油路压力低于 7 MPa 时，液控阀 20、19 均处于右位工作，此时外控顺序阀 18 的外控油经液控阀 19 回油箱，阀 18 关闭，泵 1 的高压油经液控阀 20、单向阀 21 进入蓄能器油路进行充油，使其压力上升。当压力升高到 7 MPa 时，液控阀 19 的控制油压将其推到左位工作。此时，阀 18 控制油路与蓄能器油路接通，蓄能器油路油压将外控顺序阀打开，泵 1 卸荷或去起升机构。油路除保证蓄能器油路维持 7 ~ 12 MPa 压力外，还能确保起升机构在任何情况下（如长期停机而使蓄能器油路失压）先充满 7 MPa 油，然后才能进行起升作业，以确保制动器和离合器有足够的控制压力打开和接合，保证起升机构安全运行。

（4）制动器和离合器操纵原理。

系统可保证有三个作用：

其一是保证起升机构正常工作。离合器接合后，操纵换向阀 3 应立即打开制动器，马达运转，使吊重上升、下降或静止。

其二是安全作用。一般在非正常工作状态下，未接合离合器，不能打开制动，否则会发生危险。

其三完成重力下降（抛钩）作业。由泵的流量控制重物下降称为动力下降。有时动力下降显得太慢，如空钩下降。若使用快速重力下降，在离合器脱开条件下，设法松开制动器，使卷筒在吊重的重力作用下做自由落体式快速下降。

下面分析系统如何完成三个作用。为方便，只分析图 5-37 中左边制动器和离合器系统。

① 起升机构正常工作，即正常起升和下降。将工况阀 13 移入右位工作，蓄能器油路压力油经工况阀 13 进入离合器液压缸 10，离合器接合，卷筒与传动轴连成一体。在未操纵换向阀 3 之前，液控阀 14 处于左位，此时制动缸 9 油经脚踏泵 11 和阀 13、14 回油箱，制动器制动，吊重处于静止状态。若操纵换向阀 3 处于左位或右位，液压马达 4 处于重物起升或下降状态时，换向阀 3 入口压力升高，推动液控阀 14 右位工作，使蓄能器油路油压经阀 14、13 进入制动缸 9 打开制动器，使卷筒旋转，完成起升或下降。一旦换向阀回到中位，阀 14 在弹簧的

作用下回到左位，制动器上闸制动，吊重恢复静止。

② 安全作用。在起升机构不工作时，为防止误操纵换向阀 3 引起事故，可将工况阀 13 移入左位工作。离合器缸 10 通过工况阀 13 回油，离合器松闸，卷筒与传动轴脱开。制动器缸 9 总处于回油，制动器制动。在此工况下，不管如何操纵换向阀 3，制动缸总是通回油，制动器处于制动状态。离合器松闸。卷筒不会转动，从而保证了安全。

③ 重力下降（抛钩）。首先简要说明脚踏泵 11 的原理：不移动脚踏柱塞时，其相当于一条通路，油液可自由进出；一旦移动柱塞，前腔形成密封腔，继续移动，密封腔油进入制动缸，打开制动器，其相当一个脚踏泵。

将工况阀 13 移入左位，此时，离合器松闸，制动器上闸制动。若移动脚踏泵 11 打开制动器缸 9，卷筒形成自由状态，吊重在其重力作用下，快速重力下降。由于脚踏泵的行程可控制，这样可以适当调整制动器的摩擦力矩，以控制吊重的下降速度，或者时停时放，以保证重力下降时的安全性。

通过以上分析，可清楚地看出，该起升机构是由一个液压马达驱动的主、副起升机构，并由蓄能器油路控制制动器和离合器工作，由脚踏泵静力控制重力下降，并可进行双泵阀内合流，使起升机构有两挡速度，以适应不同工况的要求。

2. 起升机构重力下降（抛钩）其他方法和回路

起重机为了提高作业效率，缩短工序间的准备时间，要求空钩或带载 25%的工况下，进行重力下降，因此，一般都设置重力下降装置。前述的重力下降方法，结构较复杂，适用于较大型起升机构。下面综合介绍几种快速重力下降方法。

（1）使用离合器脱开的方法，如图 5-36 和图 5-37 所示。对于使用离合器的起升机构，使制动器和离合器同时脱开，即能完成重力下降。但其结构较复杂，适用于较大型起升机构。

（2）将起升液压马达进、回油路短接的重力下降方法，如图 5-38 所示。当换向阀 3 处于Ⅰ位时，操纵换向阀 1 起升机构完成正常起升和下降。当换向阀 3 处于Ⅱ位时，起升液压马达 4 进、回油口短接，两油口压力相等，马达不产生阻力矩。在吊重作用下，马达自由旋转，使吊重进行重力下降。由于液压马达有内漏，为避免产生真空，必须用补油阀 5 进行补油。

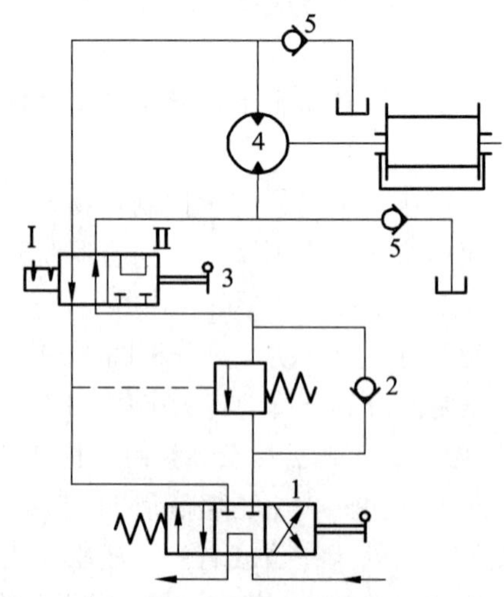

1—换向阀；2—平衡阀；3—两位阀；4—起升马达；5—补油单向阀。

图 5-38　将马达进回油短接重力下降回路

这种方法结构简单，操纵方便。但液压马达旋转时总会产生内阻力，在空钩下降时达不到完全自由落体下降的目的。

（3）使内曲线低速大力矩马达呈自由轮状态重力下降方法，如图 5-39 所示。液压马达 4 是壳转内曲线低速大扭矩马达，其传动轴与卷筒连成一体。当电磁阀 3、5 通电时，阀 3、5 处于Ⅰ位工作。阀 3 使马达两腔被阻断，阀 5 使马达壳体内通回油。操纵换向阀 1 使马达运转，起升机构正常运行。当电磁阀 3、5 断电时，其处于Ⅱ位工作，阀 3 使马达两腔均通回油。经减压阀 6 减压的较低压力油进入马达壳体内，迫使柱塞缩回柱塞缸体内，使滚轮和滚道脱离接触，马达外壳呈自由轮状态，无运转阻力，在吊重作用下，进行重力下降。

这种重力下降方法，采用壳转内曲线低速大扭矩马达作起升马达，可将其置于卷筒内部，结构简单，便于布置。

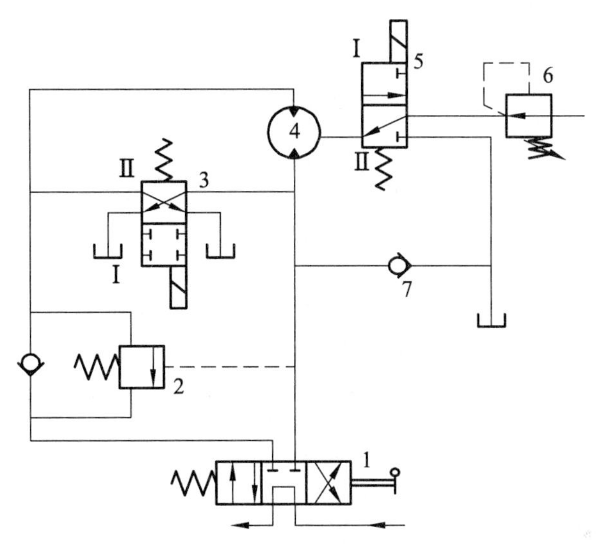

1—换向阀；2—平衡阀；3，5—两位电磁阀；4—起升马达；6—减压阀；7—补油单向阀。

图 5-39　内曲线马达呈自由轮状态重力下降回路

3. 起升回路的调速

起升机构一般需要进行速度调节，以满足各种负载工况要求。下面介绍几种常用调速方法。

1）双泵合流调速

前述的图 5-37 是使用两个定量泵 1、2 和一个定量马达 4 的起升机构液压回路。它可进行双泵合流调速。电磁阀 23 断电时，溢流阀 22 卸荷，泵 2 卸荷。此时只有泵 1 向起升液压马达供油，起升机构低速工作。当电磁阀 23 通电时，溢流阀 22 不卸荷，按其调定压力工作。泵 1、2 同时向起升马达供油，起升机构高速工作，回路可获得两挡速度，属于容积调速，无节流损失。

2）双泵合流混合调速回路

图 5-40 是一种混合调速回路。起升机构有主、副卷筒，分别由液压马达 12、13 独立驱动，由换向阀 10 和液动阀 11 完成主、副卷筒的工作转换和制动器缸的控制转换。换向阀 3 控制伸缩机构。换向阀 4 控制变幅机构，两者为并联回路。五位换向阀 6 控制起升机构，并完成对起升液压马达双泵合流混合调速的功能。

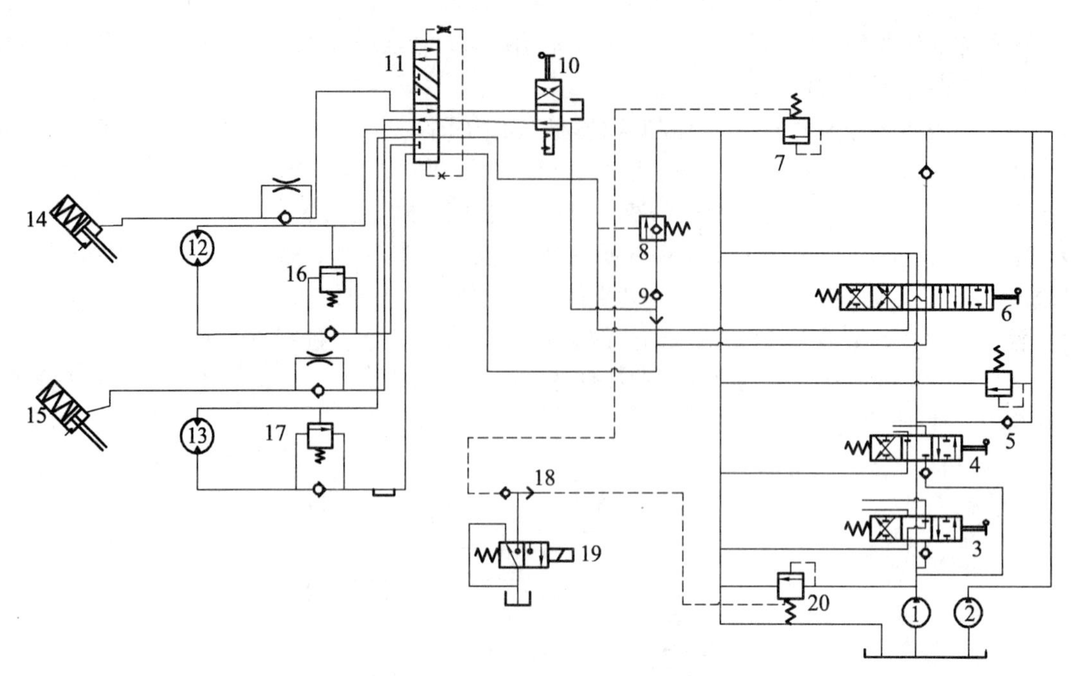

1，2—液压泵；3—伸缩换向阀；4—变幅换向阀；5—单向阀；6—五位阀；7，20—溢流阀；8—缓冲补油阀；9，18—交替逆止阀；10—手动选择阀；11—液动阀；12—副卷筒液压马达；13—主卷筒液压马达；14，15—制动器缸；16，17—平衡阀；19—电磁阀。

图 5-40　双泵合流混合调速回路

通过五位阀 6 可完成如下调速功能：① 泵 1 单独供油，使起升机构低速运行；② 泵 1、2 合流供油，起升机构高速运行：③ 泵 1 全部流量，而泵 2 通过五位阀过渡状态的节流，部分流量合流供油，节流无级调速，起升机构中速运行。

若手动选择阀 10 处于图示位置时，操作五位阀于工作位置，泵的工作压力经交替逆止阀 9 驱动液动阀 11 处下位，主卷筒马达 13 工作。若手动选择阀 10 处于上位，则副卷筒马达 12 工作。当换向阀 3、4、6 均处于中位时，泵 1 和泵 2 油流经阀中位回油箱，两泵卸荷。当五位阀移入右 Ⅰ 位时，泵 1 油经换向阀回油箱卸荷，只有泵 2 高压油经阀 6、11 进入起升马达 13 下腔，马达上腔油液经阀 11 和阀 6 回油箱，同时高压油经交替逆止阀 9、阀 10 和阀 11 进入制动缸 15 打开制动器，马达运转，驱动起升机构，使吊重上升。

若移动五位阀 6 处于右 Ⅱ 极限位置，由于阀 6 的阻断，泵 1 高压油只能通过单向阀 5 和泵 2 合流进入起升马达 13，双泵合流驱动其运转，起升机构高速提升吊重。

若五位阀 6 处于右 Ⅱ 极限位置之前的过渡位置，此时阀处于开式过渡，泵 1 高压油分为两路：一路经开式过渡区节流回油箱，另一路经阀 6 和泵 2 全流量合流进入起升马达 13，使起升机构中速提升。随着五位阀 6 过渡开口量的变化，泵 1 的合流量也在变化，此区域实际是节流无级调速。

五位阀 6 左 Ⅰ、Ⅱ 位是起升机构下降工况，原理相同。

手动选择阀 10 处于上位时，可切换到马达 12 运转工况，原理相同。

两位电磁阀 19 处于左位时，溢流阀 7 和 20 为正常调压状态，以使系统正常工作。当两位电磁阀 19 通电处于右位时，两溢流阀控制油口，经交替逆止阀 18、电磁阀 19 通油箱，两溢流阀卸荷，两泵均卸荷，可作为系统的安全保护。

3）变量泵和有级变量马达的混合调速回路

图 5-41 所示是使用变量泵和有级变量马达组成的混合调速回路。起升机构设有主、副两套起升机构，分别由各自起升马达驱动，因而只设制动器，无须离合器。为简化系统，图中只表示主起升机构，副起升机构系统和主起升机构回路完全相同，未表示。系统可完成如下调速功能：

（1）变量泵 1 可单独向起升马达 25 供油，也可和变量泵 2 合流向起升马达 25 供油，以提高起升速度。

（2）变量泵 1、2 输出流量可随外负载增加而减小，随外负载减小而增加，形成恒功率变量系统，以提高作业效率。

（3）变量马达 25 可根据作业要求，自动形成两级排量，扩大调速范围和提高起升机构的作业效率。

（4）变量马达也可形成最大排量且不受负载影响的定量形式，以提高起升机构低速作业性能。

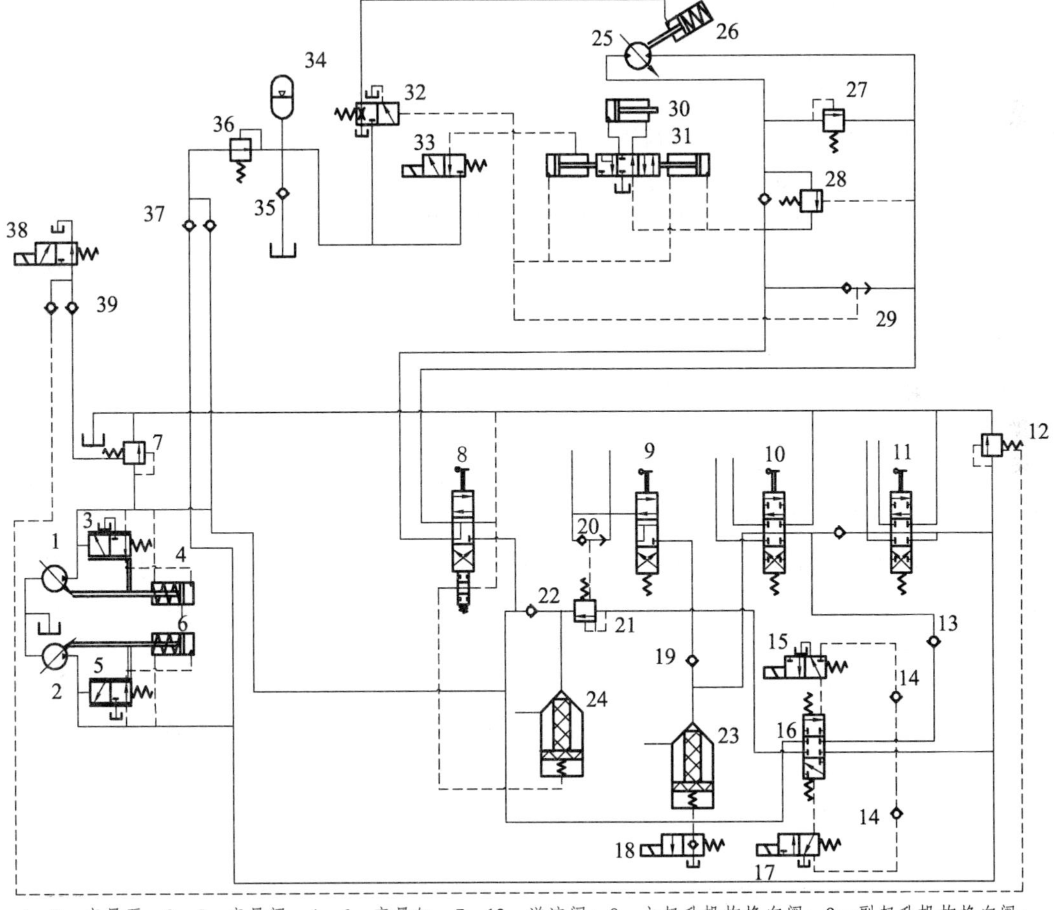

1，2—变量泵；3，5—变量阀；4，6—变量缸；7，12—溢流阀；8—主起升机构换向阀；9—副起升机构换向阀；10—伸缩机构换向阀；11—变幅机构换向阀；13，14，19，22，35—单向阀；15，17，18—电磁阀；16—合流液控阀；20，29—交替逆止阀；21—外控顺序阀；23，24—逻辑阀；25—主起升马达；26—制动缸；27，28—平衡阀；30—马达变量缸；31—马达变量阀；32—制动器控制阀；33—马达变量电磁阀；34—蓄能器；36—减压阀；37，39—单向阀组；38—卸荷电磁阀。

图 5-41　变量泵和有级变量马达混合调速回路

系统中的换向阀 8、9、10、11 分别用于主起升机构、副起升机构、伸缩机构和变幅机构的换向。起升马达 25 的有级变量和制动器 26 的打开，是由蓄能器 34 来驱动的。蓄能器回路由蓄能器 34、减压阀 36 和单向阀组 37 组成。当起升机构工作时，变量泵 1、2 通过单向阀组 37，并经定值减压阀 37 减压后，对蓄能器回路充油，作为低压控制油源。

换向阀 8、9、10、11 均处于中位时，远控溢流阀 7 和 12 的远控口通过单向阀组 39 与电磁阀 38 连接，当电磁阀 38 断电时，溢流阀 7 和 12 远控口通回油，处于卸荷状态，即泵 1 和 2 卸荷。逻辑阀 24 弹簧腔油经阀 8 回油，逻辑阀 24 处于打开状态。电磁阀 18 通电，使逻辑阀 23 成为卸荷阀，泵 2 也处于卸荷状态，不能合流。当换向阀 9 工作时，负载压力经交替逆止阀 20 作用在外控顺序阀 21，使其关闭，泵 2 流量直接供换向阀 9 使用，不参与合流。

当主起升机构换向阀 8 移入上位工作，泵 1 输出油经阀 8、平衡阀 28 的单向阀进入起升马达 25 左腔，马达右腔经阀 8 回油。马达管路高压油经交替逆止阀 29，推动制动器控制阀 32 右位工作，蓄能器 34 压力油经阀 32 进入制动缸 26 打开制动器，起升马达旋转，起升机构上升工作。若此时，电磁阀 15 断电，电磁阀 17 通电，使合流液控阀 16 下位工作，泵 2 输出流量经阀 16 与泵 1 合流供起升马达，以提高起升速度。若合流阀 16 处于中位，只有泵 1 单独向起升马达供油，起升机构以较低速度运行。

在起升机构工作时，变量泵 1、2 输出流量（排量）能自动随负载上升而下降，随负载下降而上升，形成恒功率控制，以提高作业效率。其变量原理如下：由图可知，泵的排量受到由变量阀和变量缸组成的变量机构控制的。当负载压力升高时，变量阀 3、5 在高压作用下，克服弹簧力移入左位工作，变量缸 4、6 大腔回油，小腔高压，活塞杆右移，使泵斜角减小，输出流量减小，同时驱动阀体反馈杆右移回到右位，流量稳定到某值。反之相同，可实现恒功率输出。

起升马达可实现最大和最小两级变量。其原理如下：在起机构上升工况时，马达变量电磁阀 33 通电，蓄能器液压油经阀 33 进入马达变量阀 31。左缸小腔，两缸大腔和右缸小腔均通系统高压。在此工况下，若系统压力大于蓄能器压力，则阀 31 处于左位工作，变量缸 30 两腔均通高压，变量缸活塞杆移动到右极限位置，马达达到最大斜角，变量马达以最大排量工作，起升马达以低速大扭矩运转。若负载压力下降到小于蓄能器控制压力，马达变量阀 31 自动移入右位工作，变量缸小腔高压，大腔回油，变量缸活塞杆移动到左极限位置，马达达到最小斜盘角，变量马达以最小排量工作，起升马达以高速小扭矩运转。在此工况下，变量马达可根据负载变化，自动形成两级排量工作，提高了作业效率。当电磁阀 33 断电，其移入右位，使马达变量阀 31 左位工作，缸小腔回油，使阀 31 左位，变量缸两腔均为高压，使马达处于最大排量工作，而不受负载压力影响，这有利于小负载工况下低速性能的调节。

起升液压马达和恒功率变量相结合的调速回路，提高了起升机构的调节范围、功率自适应性和起升机构的性能。

5.4 伸缩机构液压回路

在有的工程机械中，为提高机械的机动性和获得更好的作业性能而设置伸缩机构。如在汽车式起重机中，基本都有伸缩机构，以满足运行和实际作业要求。有的液压挖掘机，为满足特殊工况要求，也设置伸缩机构。图 5-42 表示起重机伸缩机构简图。它由基本臂 1、活动伸缩臂 2 和伸缩液压缸 3 组成。臂的断面可以是矩形或椭圆形。伸缩臂 2 套在基本臂 1 内，并可相对基本臂移动。液压缸 3 的缸筒固定于基本臂的后端，活塞杆铰接在伸缩臂 2 的前端。伸缩臂可由液压缸推拉自由伸缩，从而调节臂的工作长度，满足不同工况需要。在起重机不工作状态，整个臂缩得最短，便于起重机转场运行。工作时，可根据工况要求将臂伸长到所需要的长度。

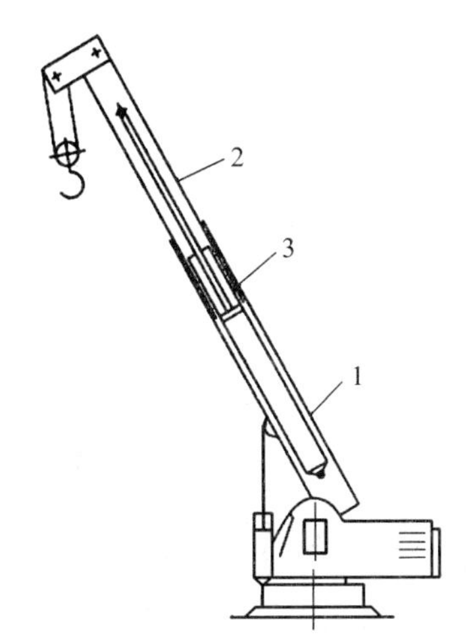

1—基本臂；2—伸缩臂；3—伸缩液压缸。

图 5-42　起重机伸缩机构简图

工程机械的伸缩机构，在工作中要承受很大的负载，而且要求工作中不能无控制地缩回。一般地，工程机械的伸缩机构断面较小，伸缩机构的布置和维修更是不可忽视的技术问题，因而设计简单、紧凑、可靠的伸缩机构。对于有些机械来说，这是提高整机性能的重要途径。

5.4.1　伸缩机构的类型

现代的伸缩机构，为操作方便，一般使用全液压驱动。伸缩机构可分为顺序伸缩机构和同步伸缩机构两种。

1. 顺序伸缩机构

顺序伸缩机构是各节伸缩臂按一定顺序规律进行伸缩的伸缩机构。顺序伸缩机构较为简单、可靠，应用较多，但起重性能较同步伸缩略差。

图 5-43 表示三节臂的伸缩机构。它有两节伸缩臂 2、3 和基本臂 1，使用两个液压缸 4、5 驱动伸缩臂 2、3 伸缩。为方便结构布置，液压缸 4 倒置，其活塞杆铰于基本臂的左端部，缸筒铰于臂 2 的左端部。液压缸 5 正置，其缸筒铰于臂 2 的左端，活塞杆铰于臂 3 的右端部。

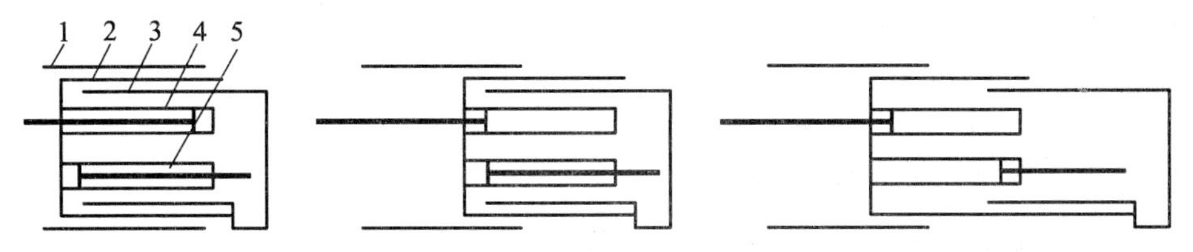

1—基本臂；2—第一节伸缩臂；3—第二节伸缩臂；4，5—液压缸。

图 5-43　顺序伸缩机构

它的伸出顺序是：先对缸 4 大腔通高压，使其活塞杆伸出，驱动臂 2、3 相对基本臂 1 一起伸出。到底后，再对缸 5 大腔通高压，使其伸出，驱动臂 3 相对臂 2 伸出，到底后，整个臂达到最长。缩回相反，先缩臂 3，然后臂 2、3 一起缩回。顺序伸缩的过程是由起重量和臂的强度决定的。

2. 同步伸缩机构

同步伸缩机构是各节伸缩臂以相同速率伸缩的伸缩机构。图 5-44 表示三节臂的同步伸缩机构，伸缩机构有两节伸缩臂 2、3 和基本臂 1。伸缩机构由伸缩臂、液压缸 5 和一套钢丝绳滑轮组（或链条和链轮）组成，可完成两节臂的同步伸缩。液压缸 5 倒置，活塞杆与基本臂左端部铰接，缸筒铰接臂 2 左端部。缸筒端部装有滑轮组 6。伸程钢丝绳 4，其一端固定于基本臂 1 上，绕过滑轮组 6，固定于臂 3 左端。同时设有回程钢丝绳 8 和滑轮组 7，回程钢丝绳 8 一端固定于臂 3 上，绕过固定于臂 2 的滑轮组 7 后，固定于基本臂 1 右端部。

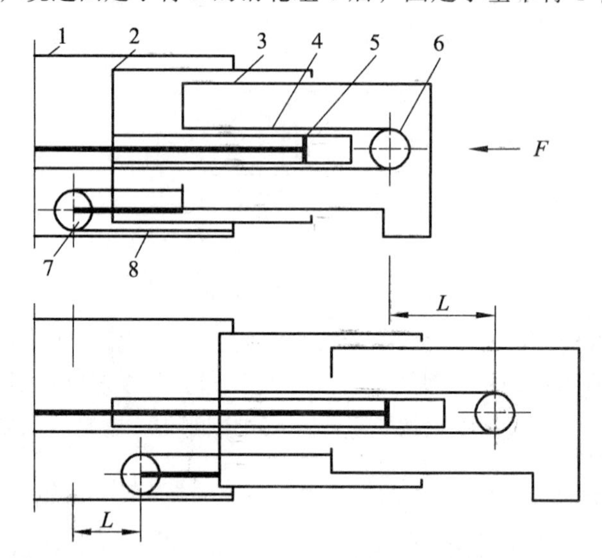

1—基本臂；2—第一节伸缩臂；3—第二节伸缩臂；4—伸程钢丝绳；5—液压缸；6—伸程滑轮组；7—回程滑轮组；8—回程钢丝绳。

图 5-44　同步伸缩机构

同步伸出：当向缸 5 大腔供高压油时，活塞杆伸出，若伸出距离为 L，则臂 2 相对基本臂 1 移动距离也为 L。由于滑轮组 6 的运动，下部钢丝绳伸长了 L，而上部钢丝绳缩短了 L，使臂 3 相对基本臂 1 移动了 $2L$，臂 1 相对臂 2 移动了 L。在伸出过程中，臂 2 相对基本臂移动距离和臂 3 相对臂 2 的移动距离相等，完成各节臂的同步伸出。缩回工况，缸小腔进油，回程钢丝绳 8 和滑轮组 7 起主动作用，以保证同步缩回。

这种同步伸缩机构，质量较轻，对臂的受力较好，可提高中等臂长工作能力。但缸和钢丝绳受力较大，超过三节臂的同步伸缩较难实现。

5.4.2　顺序伸缩机构典型回路

顺序伸缩机构可用多种方法完成，对三节臂顺序伸缩机构处理较为方便，但对三节臂以上的同步伸缩机构的处理较为复杂。

1. 采用电磁阀的伸缩机构

图 5-45 表示使用电磁阀控制的顺序伸缩机构液压回路。图 5-45（a）是伸缩液压缸和臂的连接图，图 5-45（b）是液压回路图。伸缩机构有四节臂（三节伸缩臂），使用三个液压缸完成顺序伸缩。臂 2 和臂 3 的伸缩使用两个活塞杆通油的特殊液压缸 5、6，并倒置安装。臂 4 伸缩使用普通液压缸，顺置安装。电磁阀 8、9 分别与缸 5、6 的缸筒连接，并分别随臂一起运动。通过电线卷筒完成对电磁阀的控制。三个液压缸小腔全部并联，无管路伸缩问题。

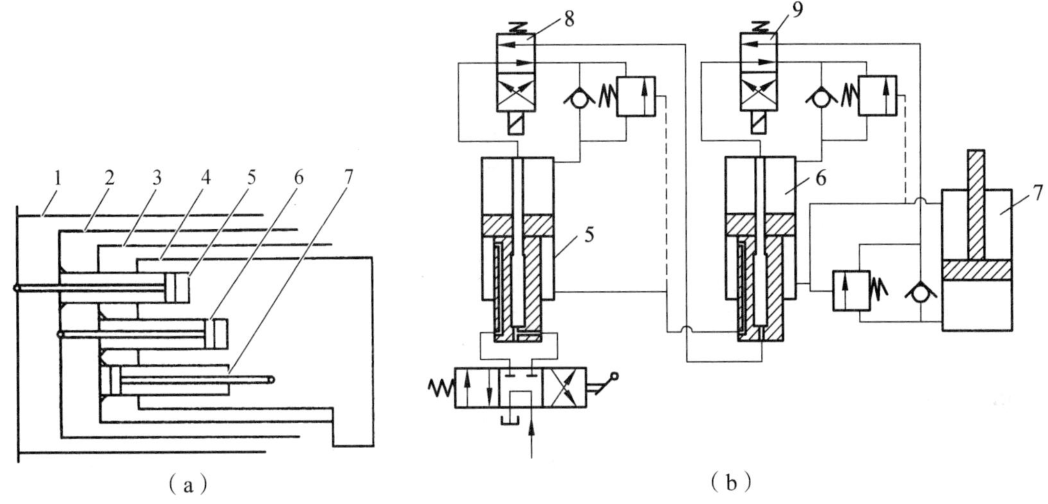

1—基本臂；2—第一节伸缩臂；3—第二节伸缩臂；4—第三节伸缩臂；
5，6，7—液压缸；8，9—电磁阀。

图 5-45 采用电磁阀控制的顺序伸缩机构

顺序伸出：换向阀移入左位，电磁阀 8、9 断电，泵高压油通过缸 5 活塞杆中心导油管、电磁阀 8、平衡阀的单向阀进入缸 5 大腔，其小腔回油，缸活塞杆伸出，驱动臂 2、3、4 相对基本臂 1 伸出。到底后，电磁阀 8 通电下位工作，泵高压油经电磁阀、缸 6 活塞杆中心导油管、电磁阀 9 进入缸 6 大腔，缸活塞杆伸出，驱动臂 3、4 相对臂 2 伸出。到底后，电磁阀 9 通电，高压油经电磁阀进入缸 7 大腔，驱动臂 4 相对臂 3 伸出，到底后，臂达到最长长度。

顺序缩回：先缩臂 4，再将臂 3、4 一起缩回，最后臂 2、5、4 一起缩回。缩回过程因三缸小腔并联，通高压后，哪个缸大腔能回油，哪个缸就能缩回，如换向阀右位工作，三缸小腔同时通高压油，电磁阀 9、8 通电下位工作，则缸 7 大腔经两电磁阀、两缸中心导油管、换向阀回油箱，活塞杆缩回，臂 4 缩回。其他臂缩回原理相同。

采用电磁阀的伸缩机构，结构简单，但电磁阀通流能力有限，影响了伸缩速度，限制了其进一步应用。

具有导油管通油的特殊液压缸结构如图 5-46 所示。

2. 采用电液阀的伸缩机构

图 5-47 表示使用电液阀控制的伸缩机构液压回路。其主要解决电磁阀通油能力不足的问题。因电液阀通油能力较大，可提高伸缩机构的伸缩速度。其结构和连接与图 5-45 相同，不同之处是以电液阀替代电磁阀。为解决液控阀回油和液控阀的控制油源而设置阀组 10。

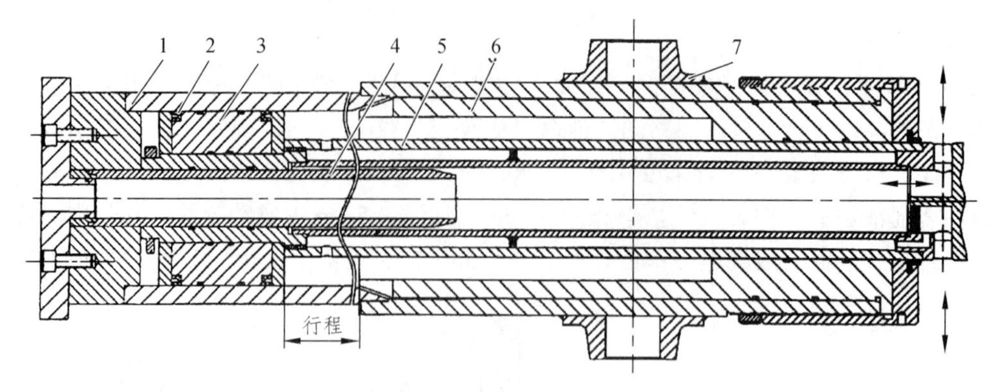

1—缸筒；2—活塞密封；3—活塞；4—中心导油管；5—活塞杆；6—导向套；7—连接支承。

图 5-46　具有导油管通油的液压缸结构图

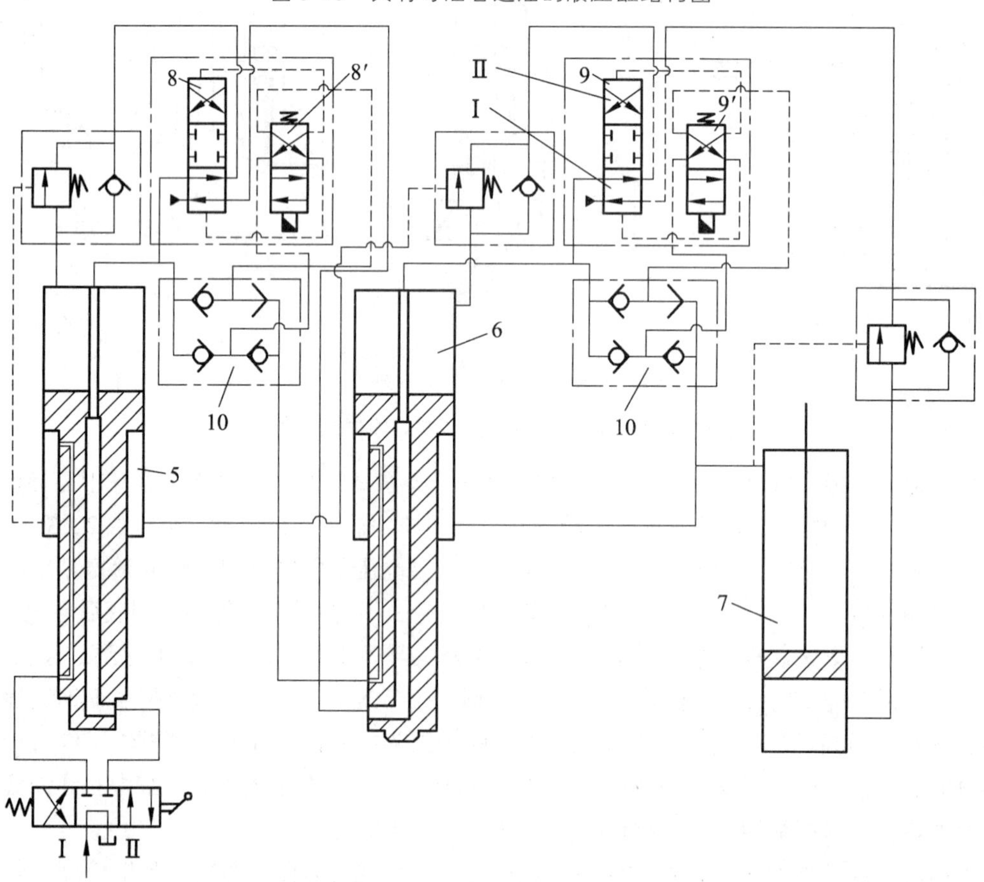

5—臂 2 伸缩缸；6—臂 3 伸缩缸；7—臂 4 伸缩缸；8，9—液控阀；8′，9′—电磁阀；10—单向逆止阀组。

图 5-47　采用电液阀控制的顺序伸缩机构

顺序伸出：换向阀处于Ⅰ位，电磁阀 8′断电处于上位工作时，泵高压油经缸 5 活塞杆中心导油管后分成两路：一路经阀组 10 的交替逆止阀作电磁阀油源，经电磁阀 8′进入液控阀 8 下腔，驱动其Ⅰ位工作；另一路高压油，经液控阀 8 进入缸 5 大腔，驱动活塞杆伸出，使臂 2、3、4 相对基本臂 1 伸出。到底后，电磁阀 8′通电下位工作，一路高压油经其进入液控阀 8 上腔，推动其Ⅱ位工作。另一路高压油经液控阀 8、缸 6 活塞杆中心导油管后分成两路，此时电磁阀 9′断电上位工作，一路高压油经其进入液控阀 9 上腔，使其Ⅰ位工作。另一路高压油经其进入缸 6 大腔，使活塞杆伸出，驱动臂 3、4 相对臂 2 伸出。到底后，电磁阀 9′通电下位工作，一路高压油进入液控阀 9 上腔，驱动其Ⅱ位工作。另一路高压油，进入缸 7 大腔，活塞杆伸出，驱动臂 4 相对臂 3 伸出。到底后，整个臂伸出到最长长度。

顺序缩回：与前述原理相同。

阀组 10 中交替逆止阀的作用是将高压油分出一路，作为电磁阀油源，驱动液控阀。高压油另一路作液压缸驱动油源。阀组 10 中单向阀组的作用是为液控阀提供回油路。

由以上分析可知，电磁阀通过的流量仅是驱动液控阀的流量，流量较小。而通过液控阀的流量才是驱动伸缩机构的大流量，这样既提高了电磁阀的可靠性，又提高了伸缩速度，而且以较小的电线卷筒替代较大的软管卷筒。

3. 利用液压缸的面积差的伸缩机构

图 5-48 表示利用液压缸面积差的顺序伸缩机构，图 5-48（a）为液压缸和臂的结构连接简图，图 5-48（b）为液压回路图。伸缩机构采用两个液压缸驱动两节伸缩臂。这种伸缩机构，既不采用电磁阀、液控阀，也不使用软管卷筒，而是利用液压缸的面积差来完成顺序伸缩，结构简单、可靠。从图 5-48（a）中可知，缸 4 倒置，活塞杆与基本臂 1 铰接，缸筒与臂 2 铰接。缸 4 是活塞杆通油的特殊液压缸。缸 5 是标准液压缸，正置安装，其缸筒与臂 2 铰接，活塞杆与臂 1 铰接。两缸小腔并联连接，无管道伸缩问题。

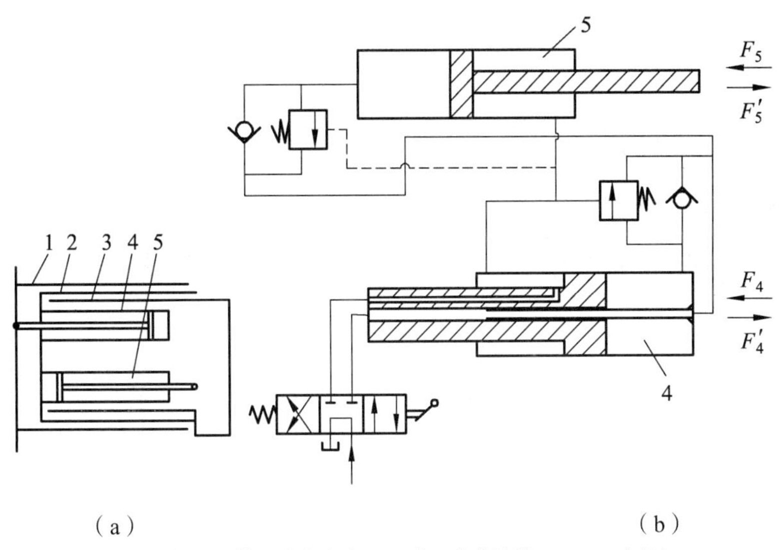

1—基本臂；2—第一节伸缩臂；3—第二节伸缩臂；4，5—液压缸。

图 5-48 利用液压缸面积差的顺序伸缩机构

顺序伸出原理：换向阀右位工作，高压油经缸 4 活塞杆中心导油管并联进入缸 4、5 大腔，小腔回油。根据并联回路原理，回路压力按最小阻力建立。因而，受力小的液压缸先运动，受力大的液压缸不动，要等到受力小的缸限位，压力升高后，受力大的缸再运动。其受力满足下式，即可完成顺序伸出，即缸 4 先动而缸 5 后动：

$$p_4 = \frac{F_4}{A_4} \ll p_5 = \frac{F_5}{A_5}$$

式中，p_4、p_5分别为缸 4 和缸 5 大腔内负载压力；F_4、F_5分别为缸 4 和缸 5 伸出时所受到的轴向外负载；A_4、A_5分别为缸 4 和缸 5 大腔的有效面积。

顺序缩回原理：同样的原理，缩回时满足受力条件时，即可完成顺序缩回。

从以上分析可知，确定伸缩过程中所受到的外负载，按上式确定缸大小腔面积，即可满足顺序伸缩要求。

这种顺序伸缩机构较简单、可靠。但使用单缸，受压面积较大，不好处理。同时要使用导油管式的特殊液压缸。为解决其不足，可使用面积相等的双缸替代缸 4，如图 5-49 所示。图 5-49（a）表示液压缸和臂结构连接简图，图 5-49（b）表示液压回路图。两个面积相同的液压缸 4 和 4′分别安装在基本臂 1 的外侧，正置安装。为通油方便，两缸活塞杆结构稍有不同。为方便供油，不产生管道伸缩，缸 5 倒置安装。只要满足上述受力公式，就能完成顺序伸缩，顺序工作原理与上述分析相同。这种伸缩机构虽然多了一个液压缸，但缸的结构简单，安装维修方便。另外，利用液压缸面积差的顺序伸缩机构，仅适用于三节臂的伸缩机构。

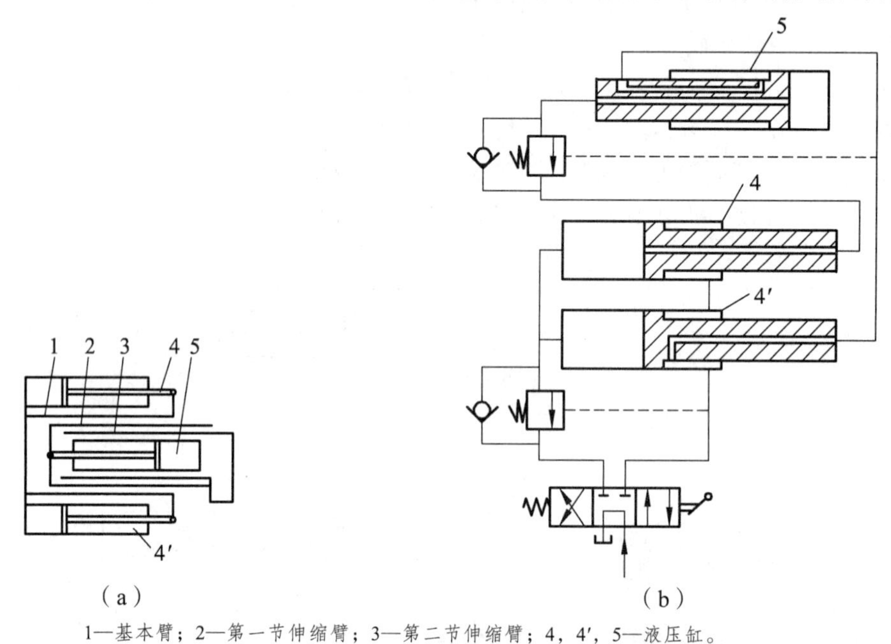

1—基本臂；2—第一节伸缩臂；3—第二节伸缩臂；4，4′，5—液压缸。

图 5-49　利用双缸面积差的顺序伸缩机构

4. 采用软管卷筒的伸缩机构

图 5-50 表示使用软管卷筒供油的顺序伸缩机构。三节伸缩臂 2、3、4 使用三个液压缸 5、6、7 完成伸缩。缸 5、6 倒置安装，缸 7 正置安装。向缸 6、7 大腔供油采用两个软管卷筒 9、10 补偿管道伸缩。三缸小腔之间并联连接，无管道伸缩问题，故可用硬管连接。

顺序伸出：左端换向阀右位，泵高压油进入缸 5 大腔，小腔回油，缸活塞杆伸出，驱动臂 2、3、4 相对基本臂 1 伸出，放长软管以作补偿。到底后，便中间换向位工作，高压油经换向阀、软管卷筒 9 进入缸 6 大腔，缸活塞杆伸出，驱动臂 3 对臂 2 伸出，随着缸 6 的运动，软管卷筒 9、8 转动，放长软管以作补偿。到底后，端换向阀切换至右位，高压油经软管卷筒 8 进入缸 7 大腔，缸活塞杆伸出，驱动臂 4 相对臂 3 伸出，卷筒 8 转动，放长软管。到底后，臂伸到最长长度。从分析可知，软管卷筒 8、9 放长长度是不相等的，前者是后者的两倍。

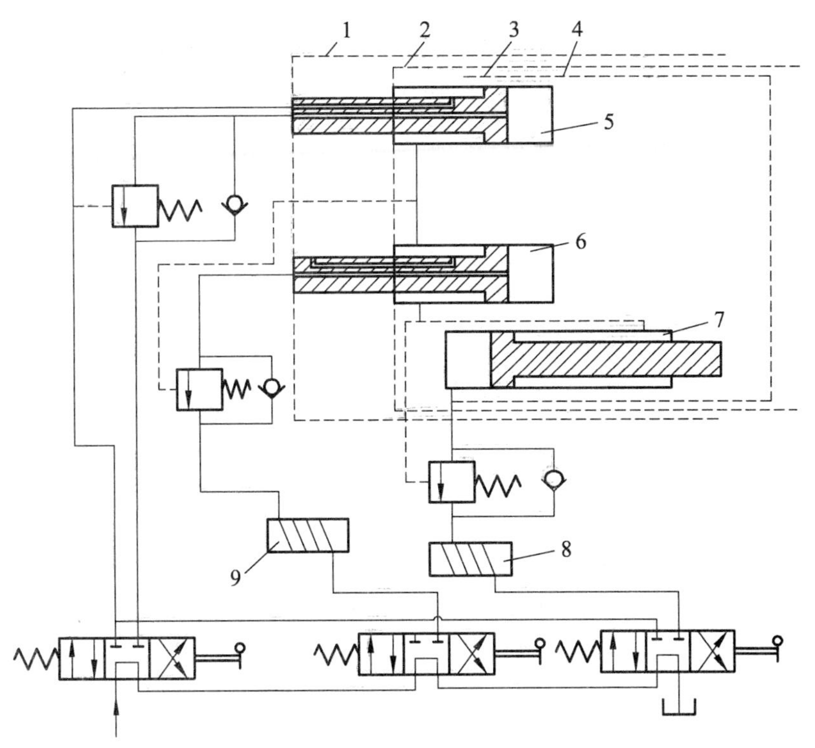

1—基本臂；2—第一节伸缩臂；3—第二节伸缩臂；4—第三节伸缩臂；5，6，7—液压缸；8，9—软管卷筒。

图 5-50 采用软管卷筒的顺序伸缩机构

顺序缩回：原理同上分析。

这种伸缩机构，简化了液压缸结构，但软管卷筒较大，其可靠性取决于软管质量，对长软管质量要求较高。

5.4.3 同步伸缩液压回路

上面介绍的伸缩机构，各节臂按一定的顺序伸出或缩回。下面介绍的是各节臂在伸缩过程中，以相同的行程比率进行伸缩，如图 5-44 介绍的使用钢丝绳同步伸缩机构。采用同步伸缩机构，在相同的工况下，因臂受力较好，各臂质量可轻些。对于起重机，还可提高中等幅度的起重量。因而，同步起升机构具有很大的优越性。但同步伸缩机构较复杂。

1. 采用分集流阀的同步伸缩机构

图 5-51 所示的伸缩机构有三节臂和两个液压缸，是采用分集流阀的同步伸缩机构。分集流阀是液压传动中的流量分配阀，它可将一路流量按一定比例分成两路或两路按一定比例集成一路，而不受复杂变化影响。

伸缩机构三节臂 1、2、3 使用两个液压缸 4、5 驱动臂的伸缩。缸 4 倒置安装，缸 5 正置安装，同时使用分集流阀 7 和软管卷筒 6，两缸大小腔面积相等或成比例。在已知面积条件下，可选择分集流阀的分集流比，可保证同步伸缩。

图 5-51 回路同步伸缩原理如下：假定两缸大小腔对应面积相等，要使用等量分集流阀。换向阀 8 左位，泵高压油经分集流阀 7 分流后，分两路分别进入缸 4 和缸 5 大腔。由于两路

流量相等，两缸大腔面积相等，所以，缸 4、5 移动距离和速率相等，即臂 2 相对基本臂 1 移动距离和臂 3 相对臂 2 的移动距离相等，达到同步伸出要求。两缸到底时，臂达到最长长度。缸 4 运动，软管卷筒 6 转动，放长软管以作补偿。

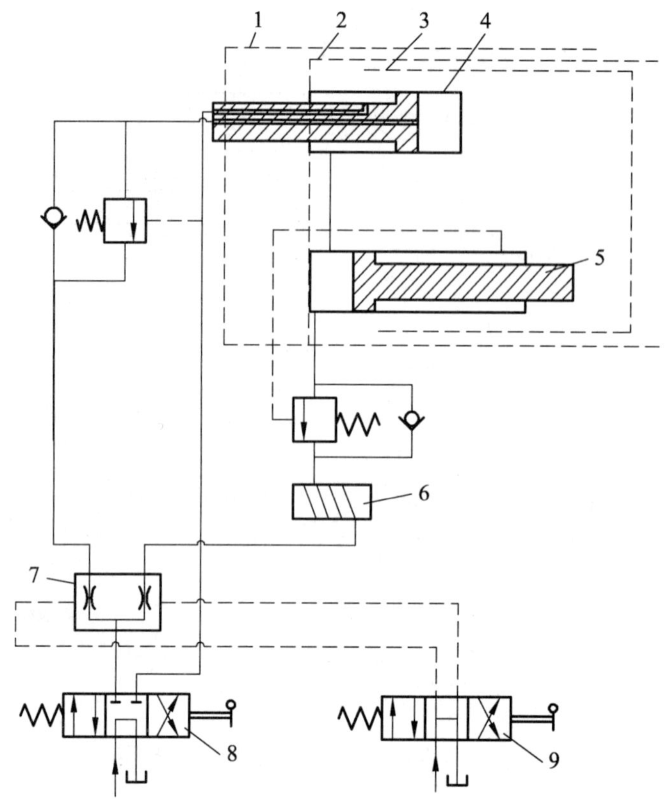

1—基本臂；2—第一节伸缩臂；3—第二节伸缩臂；4，5—液压缸；
6—软管卷筒；7—分集流阀；8，9—换向阀。

图 5-51 采用分集流阀的同步伸缩机构

分集流阀在工作中，会产生分流误差，分流误差为 2% ~ 3%，造成臂的同步伸缩误差。若反复伸缩，会造成更大的积累误差，最终可能造成伸缩机构无法正常工作。因而系统应设置终点误差修正装置。由于分流误差原因，当一缸行程结束时，而另一缸行程未达到终点，分流阀不分流输出流量，此时，可操作换向阀 9，使分流阀强行对未达终点缸供油，使其达到终点，完成终点误差修正。

当换向阀 8 右位工作时，高压油并联进入两缸小腔，两缸大腔回油经分集流阀 7 等量集流，完成缩回同步工作。终点误差同样通过阀 9 来修正。

这种使用分集流阀的同步伸缩机构较简单，但其可靠性和精度受分集流阀的性能影响。

2. 采用分流马达的同步伸缩机构

图 5-52 是采用分流马达的同步伸缩机构。图 5-52（a）是液压缸和臂的连接简图，图 5-52（b）是伸缩机构液压回路图。

伸缩机构有四节伸缩臂 2、3、4、5 和基本臂 1 共五节臂，由四个液压缸 6、7、8、9 驱动臂的伸缩，并使用三个软管卷筒 27、28、29 补偿软管长度的伸缩。采用分流马达 16、17、

18 将输入流量分成三路相等不受负载影响的流量，保证液压缸 7、8、9 同步伸缩。系统可使用双泵 A、B 合流，以提高伸出速度。图中，换向阀 12 作为回转机构的油源控制。电磁阀 31、32、33 是液控阀 21、22、23 的先导控制阀，其油源压力由泵 A 或泵 A、B 提供。伸缩机构中，臂 2、3、4 是同步伸缩，臂 5 是顺序伸缩。四缸小腔全部并联连接，无管道伸缩问题。

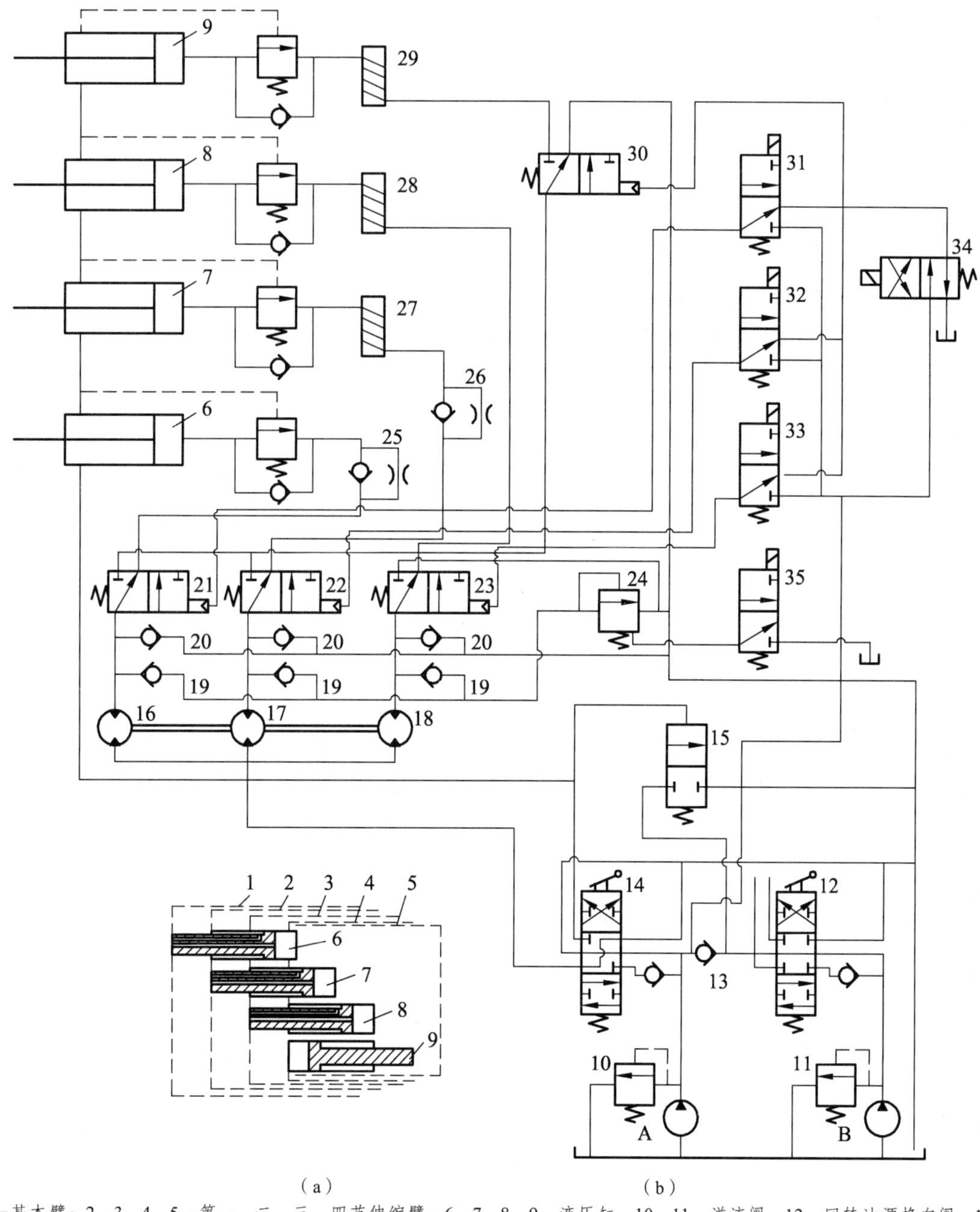

1—基本臂；2，3，4，5—第一、二、三、四节伸缩臂；6，7，8，9—液压缸；10，11—溢流阀；12—回转油源换向阀；13，19，20—单向阀；14—伸缩换向阀；15—合流卸荷阀；16，17，18—分流马达；21，22，23，30—液控阀；24—溢流阀；25，26—单向节流阀；27，28，29—软管卷筒；31，32，33，34，35—电磁阀。

图 5-52　采用分流马达的同步伸缩机构

同步伸出原理：假定液压缸 6、7、8 三缸大小腔面积对应相等。当换向阀 14 移入下位和电磁阀 31、32、33、34 均断电时，液控阀 21、22、23 控制油路回油，使相应液控阀处于左位工作。此时，泵 A、B 合流的高压油，进入三个分流马达 16、17、18 的入口，并经其分成三路相等的流量，分别进入缸 6、7、8 三缸的大腔，小腔回油，驱动三缸等速率伸出，即臂 2 相对基本臂 1，臂 3 相对臂 2，臂 4 相对臂 3 等速率伸出，完成三缸的同步伸出。

臂 5（缸 9）是顺序伸出，其原理如下：电磁阀 34 通电左位工作，电磁阀 31、32、33 断电下位工作，控制油推动液控阀 21、22、23、30 右位工作，分流马达 16、17 分流高压油合流后，经阀 30、软管卷筒 29 进入缸 9 大腔，使其活塞杆伸出，驱动臂 5 相对臂 4 伸出，其伸出速度较快，约为前者两倍。分流马达 18 的流量，经阀 23 回油箱卸荷。到底后，整个臂伸到最长长度。

泵 A 的溢流阀 10 调定压力大于泵 B 的溢流阀 11 调定压力，因而两泵只能在轻载自动合流，重载不合流。

缩回原理：先缩回臂 5，即缸 9 缩回。换向阀 14 上位工作，泵 A 高压油并联进入四缸小腔。电磁阀 31、32、33、34 均通电，使液控阀 21、22、23、30 均处于右位工作，缸 9 大腔经阀 30、21、22，分流马达 16、17 集流后回油箱，缸 9 缩回，臂 5 缩回。分流马达 18 经阀 23 和单向阀 20 吸油补油，在汇合后，经换向阀 14 回油箱。此时，高压油使液控阀 15 处于上位工作，泵 B 卸荷，只有泵 A 供缸 9 缩回，降低了缩回速度和缸大腔回油流量，有利于平衡阀等的工作。

缸 9 缩到底后，电磁阀 31、32、33、34 均断电，使液控阀 21、22、23、30 左位工作，缸 9 大腔回油被阻断，缸 6、7、8 大腔经阀 21、22、23 分流马达 16、17、18 等量集流，并经阀 14 回油箱，三缸同步缩回，即臂 2、3、4 同步缩回。到底后，整个臂缩回到最短长度。在三缸同步缩回过程中，由于液动阀 15 处于上位工作，泵 B 卸荷，只有泵 A 流量供应三缸同步缩回，以防止缸大腔回油流量过大。

由于缩回过程中，缸的负载不同，会引起分流马达泄漏不同，影响分流精度，可通过调节单向节流阀的节流开度，使回油压力接近相等，以提高分流精度，减少误差。单向阀 19、溢流阀 24 和电磁阀 35 是同步误差终点修正装置。

3. 采用等容液压缸的同步伸缩机构

图 5-53 表示使用一个等容液压缸驱动三节臂的同步伸缩机构。等容液压缸 5 是一个特殊液压缸。它是在大缸活塞杆 A 中，再套入一个活塞杆 B，形成两个双作用液压缸。大缸的有杆腔 a 和小缸大腔 b 通过孔 d 沟通。在设计中，保证大缸有杆腔 a 面积和小缸大腔面积相等。这样在大缸大腔通高压油，小缸小腔通回油时，大缸活塞杆伸出，其有杆腔 a 排出的油量经孔 d 进入小缸的大腔 b，驱动小缸的活塞杆伸出。由于大缸有杆腔面积和小缸大腔面积相等，两缸活塞杆以等距离速率伸出。若小缸小腔通高压油，则两活塞杆以等距离速率缩回。

等容液压缸 5 正置，即大缸缸筒与基本臂 1 左端部连接，其活塞杆通过拉杆 4 与臂 2 左端部连接，小缸活塞杆与臂 3 右端部连接。通过软管卷筒 6 补偿小缸运动引起的管道伸缩。

换向阀左位，高压油进入大缸大腔，小缸小腔经软管卷筒回油，大缸活塞杆伸出，通过拉杆 4 驱动臂 2 伸出，有杆腔挤出液压油经孔 d 进入小缸大腔，驱动其活塞杆伸出，并驱动臂 3 同步伸出。

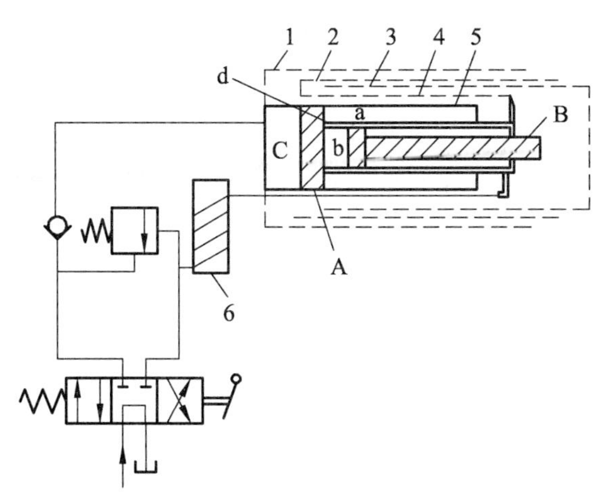

1—基本臂；2—第一节伸缩臂；3—第二节伸缩臂；4—拉杆；5—等容液压缸；6—软管卷筒。

图 5-53　采用等容液压缸的同步伸缩机构

换向阀右位，高压油经软管卷筒 6 进入小缸小腔，驱动小缸活塞杆缩回，其大腔挤出油，驱动大缸活塞杆缩回，驱动臂 2、3 同步缩回。

设计时，只要保证大缸 A 有杆腔的面积和小缸 B 大腔的面积相等，即可完成同步伸缩。这种等容液压缸的同步伸缩机构，布置方便，质量轻，但需拉杆连接，液压缸结构也较复杂；同时由于泄漏等原因，也会产生同步误差，应设置终点误差修正装置。

上述同步方案，使用软管卷筒，为克服软管卷筒的不足，可采用具有导油管的等容液压缸的方案，如图 5-54 所示。

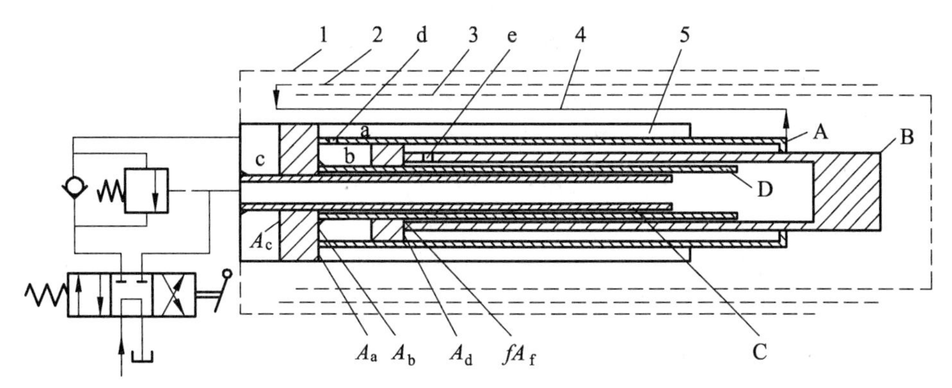

1—基本臂；2—第一节伸缩臂；3—第二节伸缩臂；4—拉杆；5—等容液压缸。

图 5-54　采用带有中心导油管等容液压缸的同步伸缩机构

其回路特点是采用一个带有中心导油管的特殊液压缸 5，驱动三节臂同步伸缩，而省去软管卷筒。其臂和液压缸的连接与图 5-53 相同。液压缸 5 由大缸和小缸组成。在大缸活塞杆 A 内套入一个小液压缸，其活塞杆为 B，在大缸缸筒左端部固定中心导油管 C，其可以在活塞杆 A 和 B 内移动并保证密封。在活塞杆 A 上装有导油管 D，保证活塞杆 B 在运动中通油。两者组成一个双级双作用液压缸。在设计中，要保证大缸有杆腔受压面积和小缸大腔受压面积相等，才能保证两缸同步伸缩。

同步伸出过程：换向阀左位，高压油进入大缸 c 腔，驱动活塞杆 A 伸出，并挤出 a 腔的油，经孔 d 进入小缸 b 腔，驱动活塞杆 B 伸出，两缸活杆同步伸出。小缸有杆腔经孔 e、中心导油管 C 换向回油箱，完成同步伸出。

同步缩回过程：换向阀右位，大缸 c 腔回油，高压油经中心导油管 D 和孔 e 进入小缸有杆腔，驱动活塞杆 B 缩回。b 腔挤出的油经孔 d 进入大缸有杆腔 a，驱动活塞杆 A 缩回，两活塞杆同步缩回。

该同步伸缩机构虽省去软管卷筒，但增加了液压缸的复杂性。图 5-55 表示对回路形式的改进，它使用柱塞式等容液压缸，柱塞回程是靠液压马达驱动钢丝绳卷筒旋转来完成的。

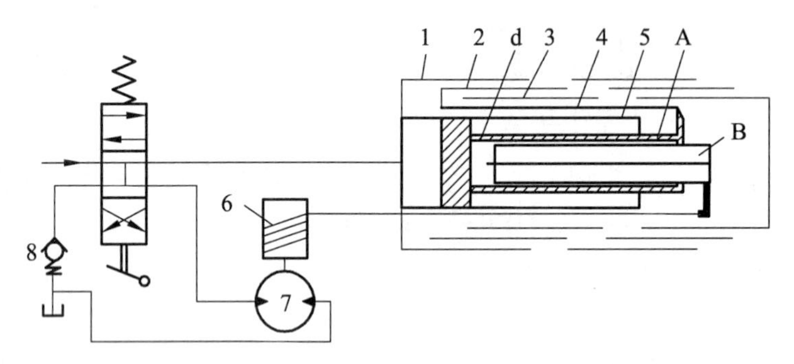

1—基本臂；2，3—第一、二节伸缩臂；4—拉杆；5—柱塞式等容液压缸；
6—钢丝绳卷筒；7—液压马达；8—背压阀。

图 5-55　柱塞式等容液压缸的同步伸缩机构

柱塞式等容液压缸与上述等容液压缸不同的是第二个液压缸是柱塞，是单作用的，只能靠油压伸出，无缩回能力，要借助其他措施缩回。但缸的结构较前双作用等容液压缸简单，只要保证大缸小腔面积和柱塞杆的面积相等，就能保证两缸等容同步伸缩。

同步伸出：换向阀上位工作，高压油进入大缸大腔，驱动活塞杆 A 伸出，其有杆腔排出油经孔 d 进入柱塞杆 B 的腔室，驱动柱塞杆 B 伸出。因大缸有杆腔面积和柱塞 B 的断面积设计相等，所以两活塞缸以等距离速率伸出，臂 2、3 同步伸出，并带动卷筒 6 旋转放长钢丝绳，马达 7 经背压阀回油，使钢丝绳在一定压力下伸长。

同步缩回：换向阀下位工作时，高压油进入液压马达 7 驱动其旋转，从而驱动卷筒旋转，带动钢丝绳缩回，活塞杆 B 缩回。其后腔挤出的油，经孔 d 进入大缸有杆腔，驱动活塞杆 A 缩回，大腔油经换向阀回油箱，完成臂 2、3 的同步缩回。

采用柱塞式等容液压缸同步伸缩机构，液压缸结构简单，质量轻，活塞杆抗弯强度较好。但不足之处，增加了液压马达、卷筒收回机构。

5.4.4　混合伸缩机构回路

一般顺序伸缩机构结构较简单，但臂的受力和工作性能不如同步伸缩机构。而同步伸缩机构，臂受力和工作性能较好，但结构较复杂。尤其在具有三节以上伸缩臂时，同步伸缩结构较难处理。为更好发挥顺序伸缩机构和同步伸缩机构的各自优点，可把二者组合起来，就形成混合伸缩机构。图 5-56 表示一混合伸缩机构，它采用前述液压缸面积差的顺序伸缩和液压缸钢丝绳（或链轮和链条）的同步伸缩机构混合而成。

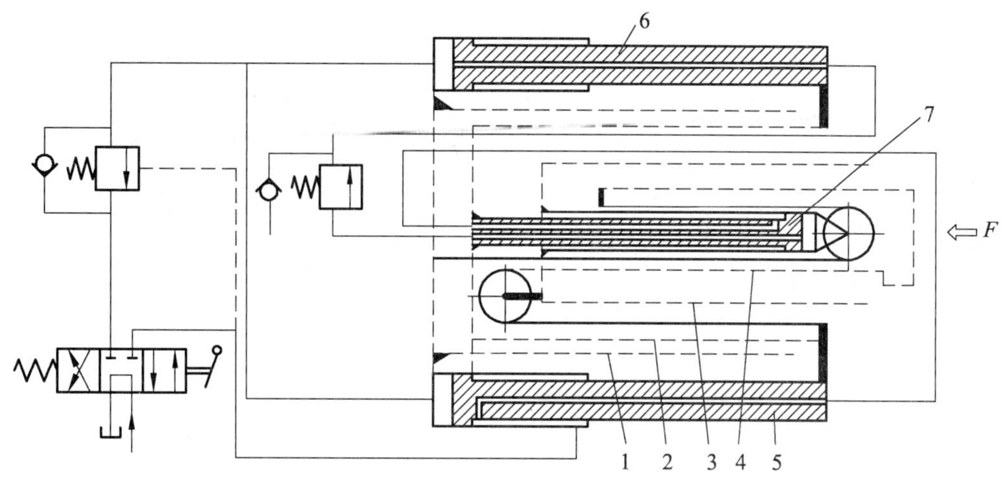

1—基本臂；2—第一节伸缩臂；3—第二节伸缩臂；4—第三节伸缩臂；
5，6—液压缸；7—液压缸和滑轮组。

图 5-56　采用液压缸面积差和液压缸钢丝绳的混合伸缩机构

该伸缩机构有四节臂，基本臂 1 和 2、3、4 三节伸缩臂。液压缸 5、6 置于基本臂 1 的两侧，缸筒与基本臂 1 左端连接，活塞杆与臂 2 右端连接。缸 5、6 的结构和尺寸完全相同，只有活塞杆通油孔道不同。为通油方便和结构安装，缸 7 倒置安装，活塞杆与臂 2 左端连接，缸筒与臂 3 左端连接。通过滑轮和钢丝绳可驱动臂 4 伸缩（结构和原理见前述分析）。两缸 5、6 所受轴向负载和大小腔面积比值与缸 7 所受轴向负载和其大小腔面积比值应符合前述的面积差顺序伸缩机构的要求，才能形成顺序工作。回路中，缸小腔全部并联，无管路伸缩问题。

伸出过程：换向阀左位，高压油经平衡阀单向阀并联进入缸 5、6 大腔，并经缸 6 活塞杆中心孔、平衡阀的单向阀、缸 7 活塞杆中心孔进入缸 7 大腔，三缸处于并联供油状态。因设计时，已确保缸 5、6 的负载压力小于缸 7 的负载压力，缸 5、6 活塞先行伸出，驱动臂 2、3、4 一起伸出，即顺序伸出。到底后，压力升高，缸 7 活塞杆伸出，由于缸 7 和滑轮组、钢丝绳的作用，使臂 3 相对臂 2，臂 4 相对臂 3 同步伸出，即同步伸出，缩回过程相同。这种伸缩机构有利于起重能力的发挥，无须软管卷筒，结构较简单，维护方便。

图 5-57 表示采用分流马达和软管卷筒的混合伸缩机构。机构有四节臂，基臂 1 和伸缩臂 2、3、4，使用三个液压缸 5、6、7 驱动各臂伸缩。使用两个分流马达 14、15 保证缸 5、6 同步伸缩，即臂 2、3 同步伸缩，以保证中等幅度和中等载荷有较好的工作性能。

伸出过程：换向阀 17、16 处于左位，高压油经阀 16，分流马达 14、15 分成两路等量高压油，经缸 5、6 的活塞杆中心孔进入各自的大腔，驱动两缸同步伸出，即臂 2 和臂 3 同步伸出。到底后，使阀 16 右位工作，高压油经阀 16、软管卷筒 8 进入缸 7 大腔，驱动其活塞杆顺序伸出，即臂 4 顺序伸出。伸出过程中，软管卷筒 8、9 转动补偿软管伸长。单向阀 12、13 和电磁阀 11 是分流马达的终点误差修正装置，修正原理前已叙述。缩回原理与前述相同。

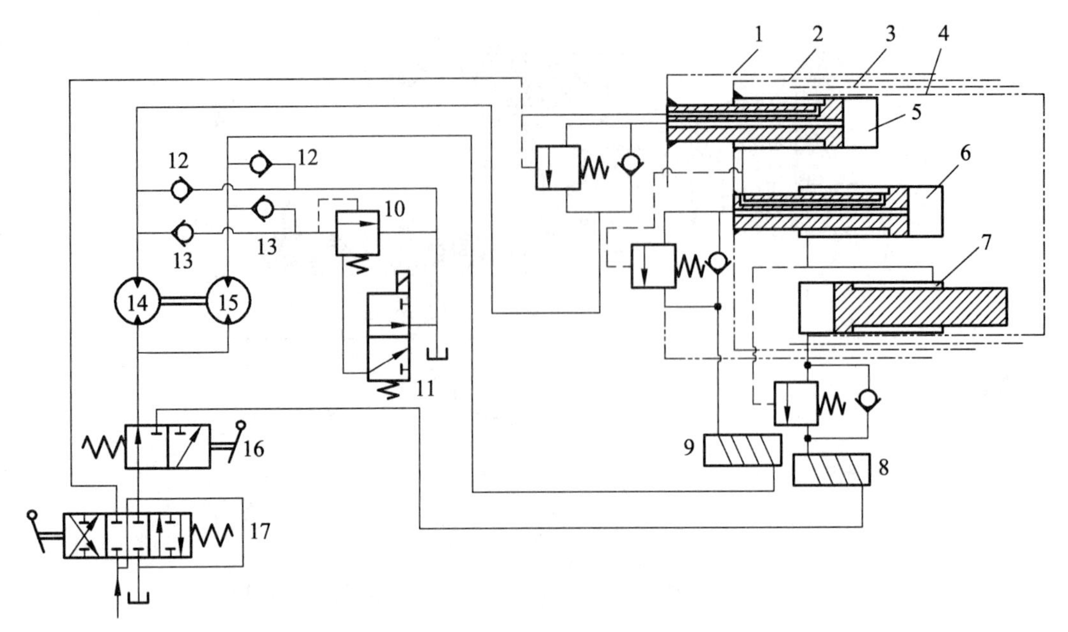

1—基本臂；2，3，4—第一、二、三节伸缩臂；5，6，7—液压缸；8，9—软管卷筒；10—溢流阀；11—电磁阀；
12—补油单向阀；13—终点误差修正单向阀；14，15—分流马达；16，17—换向阀。

图 5-57　采用分流马达和软管卷筒混合伸缩机构

复习思考题

1. 工程机械常用机构有哪些？分别完成什么功能？

2. 液压缸驱动的变幅机构有哪几种布置形式？各有什么特点？

3. 设计变幅机构液压回路时，需注意哪些要点？并说明理由。

4. 绘制全回转机构高速方案和低速方案简图，比较其特点及应用。

5. 设计回转机构液压回路时，需注意哪些要点？并说明理由。

6. 闭式液压传动系统和开式液压传动系统的结构特点分别是什么？并简述其各自存在的优点和不足。

7. 伸缩机构有哪几种类型？各有什么特点？

8. 设计一装载机工作机构，要求：

（1）工作装置最大举升高度 4 020 mm，最大举升高度时的卸载距离 1 260 mm，允许有 5%以内的误差。

（2）绘制机构简图，确定构件几何参数，进行运动分析，确定是否满足工作性能参数。

（3）分析确定液压缸行程。

（4）工作装置液压系统基本回路分析与选择，拟定工作装置液压系统原理图。

9. 设计一个液压回路，执行元件为一个液压马达和一个伸缩液压缸，试绘出液压原理图。要求满足下列条件：

（1）液压马达和液压缸既能同步动作又能单独动作，在单独动作时马达和液压缸不能相互干扰。

（2）液压缸为单出杆立式结构，杆伸出方向为垂直向上，有相应的油路保证其不会自行下落。

（3）执行元件不工作时，系统进行卸荷。

（4）系统有安全保护措施：防止超载。

（5）马达不工作时，泵在卸荷状态下运转。

（6）液压缸速度可实现快进和工进，工进是重负载，快进是轻负载。

（7）马达速度可调节，采用容积调速方式。

第6章 工程机械底盘常用机构液压回路

工程机械液压系统可分为工作装置液压系统和底盘液压系统两大部分，分别独立分析，最后合成整机液压系统。本章介绍底盘常用机构液压回路。工程机械底盘常用机构有：

1. 支腿机构

在工程机械中，如轮胎式起重机、轮胎式挖掘机、轮胎式高空作业车、轮胎式液压凿岩台车等，为提高其工作性能，增加主机工作稳定性，需增加支腿机构，架起整车，不使载荷压在轮胎上，扩大主机的支撑面积，以提高其安全性。

2. 行走机构

工程机械通过行走驱动系统使工程机械产生牵引力，牵引工程机械移动运行。这种移动运行底盘的机构称为行走机构，通过液压马达驱动行走机构运行。

3. 转向机构

轮式工程机械在行驶和作业中，需改变其行驶方向或保持直线行驶，通过液压系统来完成这种功能的机构称为液压转向机构。这种机构是液压伺服加力系统，可减少转向操纵力，操纵方便、省力。

4. 制动机构

制动机构有行车制动机构、驻车制动机构和辅助制动机构，在工程机械运行中完成减速、制动和驻车制动。

5. 变速机构

越来越多的工程机械使用动力换挡变速器，换挡执行元件为多片式离合器、多片式制动器，这些离合器、制动器的接合、分离由换挡液压系统控制，即动力换挡液压系统。

6.1 支腿机构液压回路

6.1.1 支腿机构的作用和类型

支腿机构是某些工程机械为增加整机稳定性而设置的附加支承机构，以扩大作业范围。如轮式工程机械，在其车架上，向外延伸出支腿，并将整机支撑起后进行作业。根据机械类型和作业工况不同，可设置数目不等的支腿。一般支腿动作由液压缸来完成，垂直支腿机构一般通过垂直液压缸支持垂直力，而通过专门内外套结构承受水平力，以防垂直液压缸承受水平力。对支腿机构有如下要求：

（1）支腿液压缸除满足将整机在不作业时升起和下降外，还要求作业时，满足最大闭锁压力的要求。

（2）支腿机构垂直液压缸应具有锁紧作用，以防止因回路泄漏引起垂直液压缸的自然沉降而发生软腿现象，使主机失稳。因而在回路中应设置液控单向阀，以防止泄漏。

（3）支腿应具有调平功能，即每个垂直液压缸应能单独调节。

（4）液压缸一般不能承受水平力，所以垂直支腿应设置套筒结构承受水平力。

工程机械常使用蛙式支腿、H形支腿、辐射形支腿等形式。

1. 蛙式支腿

蛙式支腿如图6-1所示，通常支腿有两个移动方向：一个是水平移动，增加支腿支承距离；另一个是垂直移动，用于升起整机，使整机支在支腿上作业。蛙式支腿使用一个液压缸2和摇臂5的联合运动，完成水平和垂直两个方向的运动。蛙式支腿具有结构简单、质量轻的优点。但支腿跨距小，刚度不足，适用于小型机械。

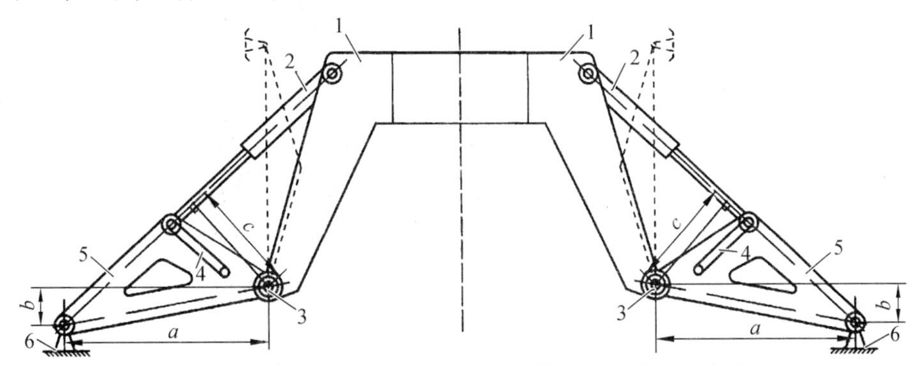

1—车架；2—支腿液压缸；3—铰点；4—滑槽；5—摇臂；6—支承盘。

图6-1　蛙式支腿

2. H形支腿

H形支腿如图6-2所示。支腿外伸后呈H形，故称H形支腿。H形支腿，一般有四条支腿。每条支腿由一个水平液压缸2、一个垂直液压缸3和相应滑套机构组成。水平液压缸完成水平伸缩，而垂直液压缸完成垂直伸缩。其伸出顺序是先伸水平缸，达到最大距离后，再伸垂直缸，待整机离地后，再通过调节垂直缸伸缩完成机架的水平调整。

H形支腿具有支腿跨距较大、刚度较好、对地面适应性好、操作简单、易调平等优点，应用较广泛。

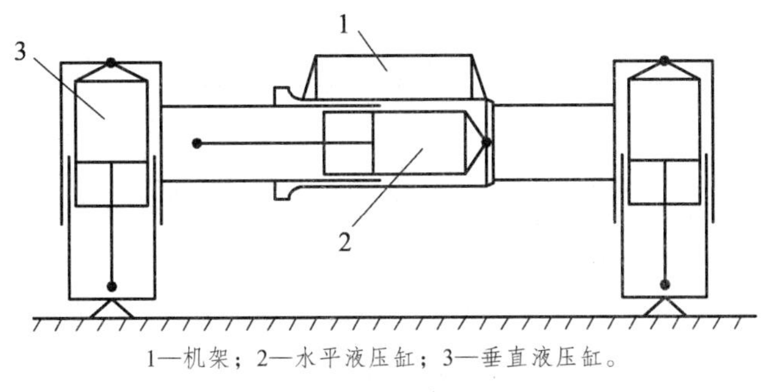

1—机架；2—水平液压缸；3—垂直液压缸。

图6-2　H形支腿

3. 辐射形支腿

如图6-3所示，辐射形支腿有四条支腿，每条支腿由一个水平液压缸3、垂直液压缸、回转支架2和相关套筒组成。水平支腿铰接在机架上，通过回转机架的转动，可将水平支腿移动到工作和机械运行状态。其特点是专用机架承受全部支腿反力，减轻整个底盘的重量。辐射形支腿多用于大型机械的支腿机构中。

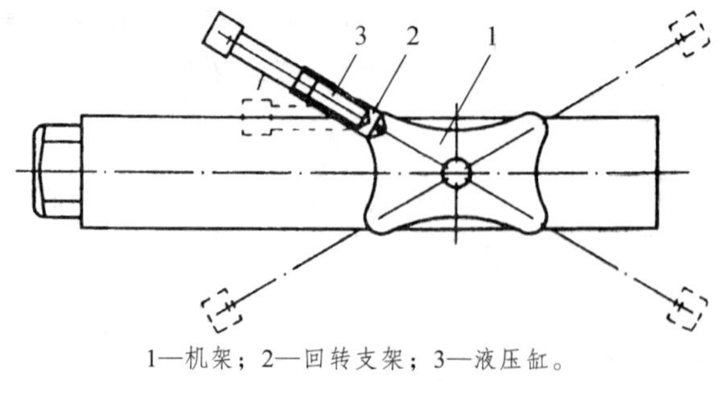

1—机架；2—回转支架；3—液压缸。

图 6-3　辐射形支腿

6.1.2　支腿机构液压回路

因支腿回路所需流量较小，故一般支腿机构液压回路可使用电磁阀或手动阀操纵。调平功能有手动调平和自动调平两种方式。使用电磁阀或手动阀的支腿回路，靠人工调平，麻烦费时。自动调平系统操作方便、调平时间短和调平精度较高。下面仅介绍自动调平回路。

自动调平系统中的关键元件是自动调平仪，有连通器法、水银开关法和重锤法多种。图 6-4 表示利用重锤原理设计的重锤式调平仪。自动调平仪主要由重锤 3、圆盘 4、光敏元件 2 和光源 6 等组成。重锤 3 通过杆、十字铰 1 与固定架铰接，可使重锤 3 在垂直方向自由偏斜，保持重锤杆轴线与水平面垂直。圆盘 4 固定在重锤杆上，其平面与杆轴线垂直。圆盘上开有四条通光窄缝 5，四条窄缝在圆盘上呈十字交叉分布。光敏元件 2 和光源 6 处于圆盘上下方，并固定于固定机架上。重锤 3 浸在硅油中，在调节过程中起阻尼消振作用，有利于调节过程的稳定性。在重锤 3 处于垂直状态时，光源 6 的光可通过窄缝 5 照在光敏元件 2 上，使光敏元件产生电压，经放大器 7 放大后，驱动电磁线圈 8，使电磁阀通电动作。每条窄缝和光敏元件对应控制一个垂直缸的电磁阀。当固定机架倾斜时，重锤和圆盘也产生摆角，相应窄缝将光源遮蔽。

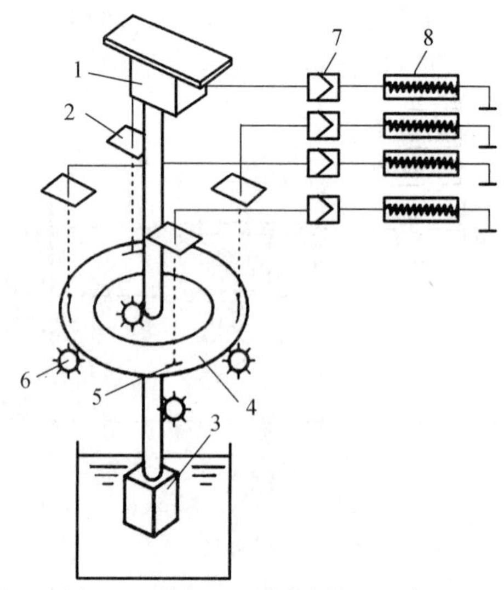

1—十字铰；2—光敏元件；3—重锤；4—圆盘；5—通光窄缝；6—光源；7—放大器；8—电磁阀线圈。

图 6-4　自动调平仪结构原理图

设计时，要保证支腿高侧通光窄缝遮蔽，电磁阀不通电，而低侧通光窄缝继续通电，电磁阀线圈则通电动作。实际上，所有元件均安装在一个壳体内，形成标准的水平仪装置。安装时，要调整重锤与所调整水平机架垂直。四条窄缝与相应四条支腿方向对应。

图 6-5 表示安装水平仪的支腿机构液压回路，支腿机构有四条支腿属 H 形支腿。系统中，由水平仪的窄缝是否通光来控制电磁阀 9 的开关，以接通或断开垂直液压缸的大腔连接，达到自动调平的目的。

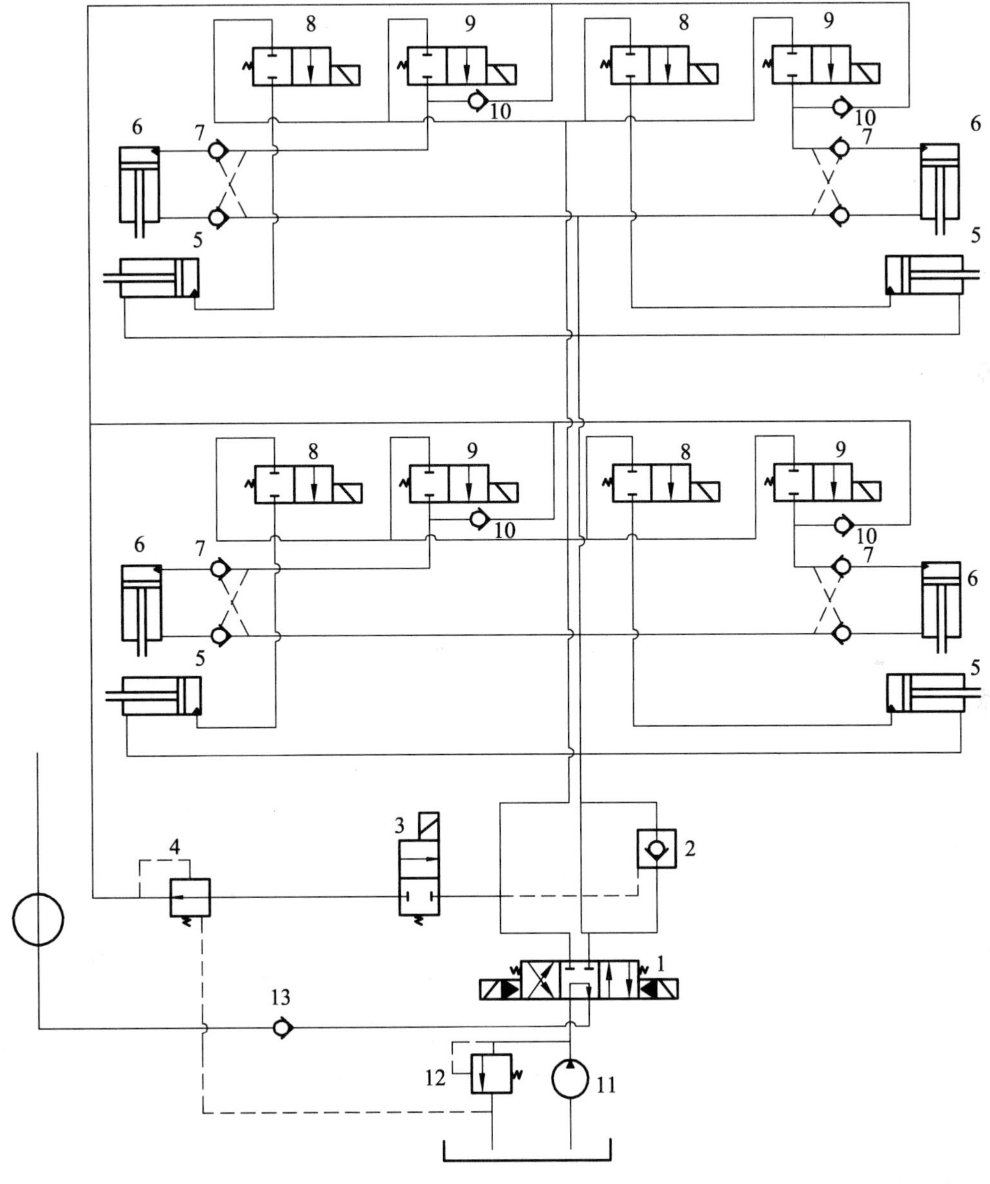

1—电液换向阀；2—液控单向阀；3—电磁阀；4—减压阀；5—水平液压缸；6—垂直液压缸；7—双向液控单向阀；8—水平缸电磁阀；9—垂直缸电磁阀；10，13—单向阀；11—液压泵；12—溢流阀。

图 6-5 自动调平支腿液压回路

1. 回路设计的特点

（1）每缸大腔油路上安装一个两位电磁阀，起开关作用，且八个电磁阀并联，使每个缸可单独工作，以便调平。

（2）使用一个三位电液换向阀，主要起液流换向作用，以便液压缸的伸缩。

（3）八个缸小腔全部并联。

（4）在四个垂直液压缸的大腔油口各安装一个双向液控单向阀（双向液压锁），以防止缸泄漏产生软腿现象。

（5）为防止在自动调平过程中出现三点支承现象，设计专门的低压供油油路。油路由电磁阀 3、定值减压阀 4 和单向阀 10 组成。主油路的高压力经减压变为低压力，经单向阀 10 与垂直缸 6 大腔相通，以保证四条支腿稳定支承在地面上，防止三点支承现象出现。

2. 自动调平回路的工作原理

为说明调平原理，应说明如下几点。

（1）机架水平时，水平仪中窄缝通光，光敏元件受光后，产生电压，经放大驱动电磁阀 9 动作，电磁阀接通垂直缸大腔油路。

（2）机架倾斜时，较高一侧窄缝断光，相应一侧电磁阀 9 断电而不动作，阻断垂直缸大腔通路，缸停止伸出。较低一侧窄缝继续透光，相应电磁阀 9 继续通电，即相应较低一侧支腿液压缸大腔可获得高压油，继续上升，使机架向调平方向运行，达到调平的目的。

（3）在每个垂直液压缸上装有行程限位开关，四个限位开关的电路采用串联设计，只要一个缸到位，电磁阀 9 全部断电，自动调平完成。

先伸水平支腿。此时水平仪不工作，四个水平缸电磁阀 8 全部通电右位工作，电液换向阀 1 右位，泵高压油并联进入四个水平缸 5 大腔，使其伸出，全部伸到底后，电磁阀 8 全部断电，水平伸出完成。

垂直支腿伸出，水平仪工作，电液换向阀 1 仍处于右位，此时四个垂直电磁阀 9 受到水平仪控制。在机架处于水平时，水平仪中圆盘四条窄缝均通光，而使四个电磁阀 9 由通电处于右位工作，泵高压油经电磁阀 9、双向液控单向阀 7 并联进入垂直缸大腔，四条垂直支腿一起上升。在上升过程中，若机架发生倾斜，高侧窄缝断光，使相应支腿液压缸的电磁阀断电，缸停止进油，而处于等待状态。同时低侧窄缝继续通光，使低侧缸大腔继续通高压油，继续上升，趋近高侧缸。达到水平后，四个垂直缸一起上升。在上升过程中，若机架发生倾斜，按以上分析原理继续调平。某缸先行达到终点时，碰到限位开关，电磁阀全部断电，调平过程结束。

防三点支承原理：若在调平过程中，有一个垂直缸电磁阀 9 发生故障不能接通，使该液压缸大腔油路封闭而不能参与调平，其他三缸仍参与调平，根据三点决定一个平面的原理，三缸仍可能使机架维持水平。但故障电磁阀控制垂直缸悬空，支腿不支承地面，整机形成三点支承，机械作业时会因稳定性不够，发生倾翻。此时，另一路高压油经电磁阀 3、定值减压阀 4 减压至 3 ~ 4 MPa，经单向阀 10 直接进入相应缸大腔，跟随其他三缸一起接地，因压力低于主压力，其只跟随而不参与调平。作业时，形成四点支承，保证整机所需的稳定性。

回路中，双向液控单向阀 7 保证缸的锁紧，避免软腿现象发生。

支腿回路的工作是在整机作业之前完成。所以，支腿工作完成后，泵 11 的流量还可通过单向阀 13 向其他工作机构供油，使整机功率分配更合理。

6.2　行走机构液压回路

6.2.1　液压行走机构的作用和特点

移动式机械都有行走运行机构，以便整机在转场和作业中移动。一般地，工程机械主机行走机构有轮式、履带式和步履式三种。轮式行走机构通常使用橡胶轮，其对路面适应性强，运行速度也较快。履带式运行机构通常使用钢质履带，因其接地面积大，接地比压较低，可在路面条件较差工况下运行，但运行速度较低。一般钢质履带不能在沥青等较好路面运行，只能在作业场地内移动。当然也有高速运行履带和使用橡胶履带的行走机构，但其结构复杂、价格昂贵，用于一些特殊场合。步履式行走机构，行走速度极慢，只能适应作业中的移动。

行走机构的传动形式有机械传动、电传动和液压传动三种形式。机械传动，因其传动可靠、传动效率较高、技术成熟、规模生产，在行走机构中广泛应用，但传动系长，调速麻烦。电传动形式需有电源供电场合，否则需专用发电设备。液压传动的行走机构，因其具有独特的优点，在一些工程机械的行走机构中应用较为广泛。

1. 液压传动在行走机构应用中的优点和不足

液压传动的行走机构的优点：

（1）液压传动可采用节流和容积调试方式对行走机构进行无级调速，调速平稳、均匀、准确，加速性能好。

（2）传动性能好，传动高效，范围较宽，设计匹配合理，液压传动较液力传动高效范围更宽，这对能源利用很有意义。

（3）低速性能好。低速液压马达最低稳定转速可达 1 r/min 以下，低速性能极佳。液压传动在静态时对应的外阻力矩，能迅速建立起相应大的工作压力，从而获得足够大的起动力矩，这对牵引作业车辆的带载起动有重要意义。如牵引车型工程机械，除要求较高的加速性能和运行平稳外，还要求大的起动力矩，这就是在这种车辆行走机构采用液压传动的原因。

（4）连接布置和操纵方便。液压传动的另一个显著优点是便于布置，由于液压马达可直接与车轮连接，驱动车轮运转，可省去机械传动的变速箱、差速器、传动轴、驱动桥和轮边减速等，给设计更大的自由。发动机、泵和操纵阀可根据布置要求布置，通过管道连接方便，有利于提高整机性能和降低成本。另外，可通过操纵杆操纵系统完成各种功能，极为方便。

液压传动的行走机构在工程机械上的应用会越来越广泛，如挖掘机、压路机等。

液压传动应用在行走机构中的不足是传动效率、使用寿命、可靠性尚不及机械传动和液力机械传动。

2. 车辆行走机构对液压系统的要求

工程机械作业时牵引力和车速的变化范围大，而且变化剧烈、频繁，工作条件恶劣，对液压传动装置和系统提出更高要求。

（1）要尽量缩短元件之间的管道尺寸，减少压力损失。可能条件下，设计成背靠背传动装置，以使系统在速度和转矩较宽范围内，能够获得总效率的 85% 以上，把发动机的功率充分使用在速度和牵引力的发挥上。

（2）两侧车轮驱动的液压马达应采用并联形式，以满足两轮的差速作用。四轮驱动要采用并联和断开形式，以解决高速滑移和发挥四轮驱动越野的性能。

（3）能利用液压进行制动，为保证更加安全可靠，还应设置机械制动。

（4）系统应具有较宽的调速范围。

（5）行走机构的操纵，要符合一般车辆操纵要求和顺序，以适应一般司机的操纵习惯。

（6）系统结构要简单，液压元件要可靠，使用寿命长，效率高。泵采用双向变量泵，以满足车辆双向运行的要求，并能进行无级调速。

（7）回路应设置功率调节器。为防止变量泵在大流量负载过大时，发动机超载，回路应设置功率自动调节装置，即保证回路的流量和负载压力的乘积大于发动机功率时，自动减少泵流量，以适应发动机的功率要求，使发动机不熄火并在较好的功率下运行。

6.2.2 行走机构液压系统的形式

行走机构液压系统通常采用闭式回路。按调速方式分类，有以下几种液压系统。

1. 变量泵和定量马达的调速系统

如图 6-6（a）所示，该调速系统是由双向变量泵 1 和一个定量马达 2 组成的闭式调速回路，调节变量泵 1 的斜盘角，可调节泵的输出流量，便于定量马达获得不同的转速。改变泵斜盘倾角的方向，可改变马达 2 的转向。两个溢流阀 5 是系统安全阀，用于两个方向保护系统的安全。补油泵 3 是为补充闭式系统泄漏而设置的。液控阀 6 起闭式系统新旧油更换的作用。当泵上面油路是高压时，液控阀 6 在高压作用下处于上位工作，补油泵 3 的补油经单向阀 4 进入泵下面低压油路补充系统中的旧油，经新油更换阀 6、溢流阀 8 挤回油箱。这样，可不断用新鲜冷却的油液更换出系统中发热的旧油，起到闭式系统的冷却和换油作用。此时，溢流阀起控制补油压力作用，而且溢流阀 7 的调定压力要大于保护补油泵的安全压力。溢流阀 8 的调定压力要小于溢流阀 7 的调定压力。

2. 变量泵和定量马达有级变量的容积调速系统

一般变量泵和一个定量马达组成的调速回路，其调速范围还不够宽，可采用定量马达有级变量的形式，以扩大系统的调速范围。如图 6-6（b）所示的系统有两个定量马达 2，可进行全排量和半排量工作，扩大了回路的调速范围，以适用高速小扭矩和低速大扭矩的行驶要求。

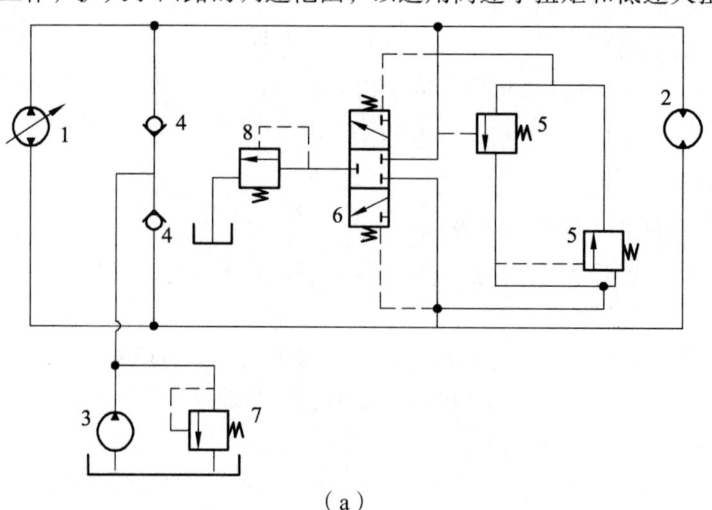

（a）

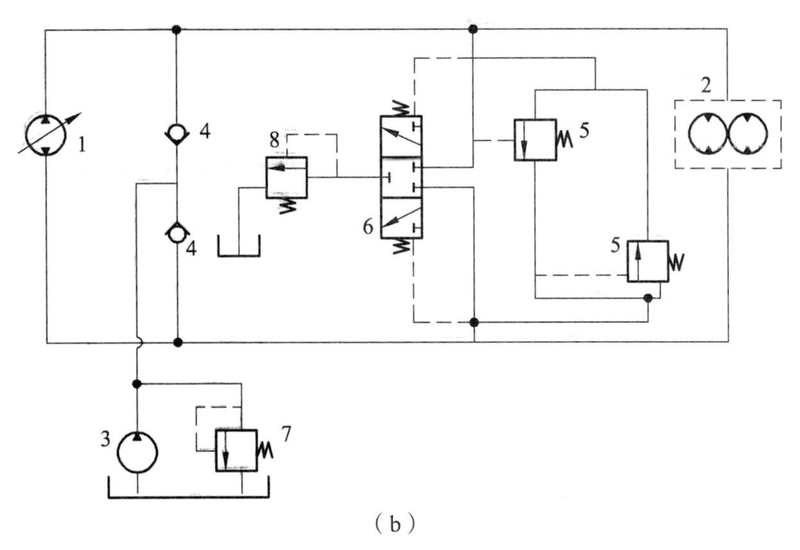

（b）

1—双向变量泵；2—定量马达；3—补油泵；4—补油单向阀；5，7，8—溢流阀；6—新油更换阀。

图 6-6　变量泵和定量马达容积调速系统

3. 功率分流的调速系统

由液压泵和马达组成的调速系统，在车辆行走机构应用具有独特的优点，其应用日渐增多。纯液压系统的调速虽调速方便，但其总效率较机械传动低。机械传动系统的优点是传动效率较高，但其不足是调速麻烦，可将液压系统和机械传动系统有机结合起来，以充分发挥各自的优点。功率分流系统是将发动机功率分成液压功率和机械功率两部分，分别输出，以使输出特性符合行走机构的工作要求。功率分流系统有功率外分流和功率内分流两种。

1）功率外分流系统

图 6-7 表示功率外分流系统。系统由机械系统和液压系统两部分组成。机械系统的行星机构的中心轮 1 与发动机轴相连，行星架 3 与输出轴相连。液压系统的定量液压马达 6 通过齿轮 4 驱动齿圈 2 运动。发动机通过齿轮可驱动变量泵 5 运转，其输出高压油给马达 6，使其运转并驱动齿圈 2 旋转。变量泵 5 斜盘倾角可两个方向调整，使马达 6 两个方向运转。从图 6-7（a）中可知，发动机功率可从两路传给输出轴，一路通过行星机构中心轮 1 传给行星架 3 的输出；另一路通过液压马达 6、齿轮 4 驱动齿圈 2 和行星架 3 传给输出。如果发动机转速认为恒定，改变马达 6 的转速，即可改变齿圈 2 的转速，从而改变输出轴的转速 n_3 和扭矩 T_3。

当控制发动机以转速 n_1 高速运行，使输出转速 n_3 较高运行时，通过减少变量泵的流量，来减小齿圈转速 n_2，减少液压系统的输出。在 n_2=0 时，全部机械功率由机械传递，系统传递效率较高。当 n_2 与 n_1 反向运转时，液压系统输出在负值范围，增大齿圈转速，可降低输出转速，同时可增加液压系统和输出功率。这样可使车辆在低速时，充分发挥车辆的越野性能。

图 6-8 表示功率外分流液压系统，由双向变量泵 2 和定量马达 5 组成。变量泵斜角变化，可对定量马达进行调速和换向，对齿圈进行调速，完成对输出轴的调速。补油泵 1 通过单向阀 4 对马达低压腔补油，以保证低压腔有 0.5 ~ 0.8 MPa 的压力。液动换向阀 6 是新油更换阀，将马达低压腔老油更换出来，经冷却器 11 冷却后回油箱。溢流阀 9 是系统主溢流阀，通过单向阀 3 完成两个方向的限压。通过电磁阀 10 的通电，可使系统卸荷。

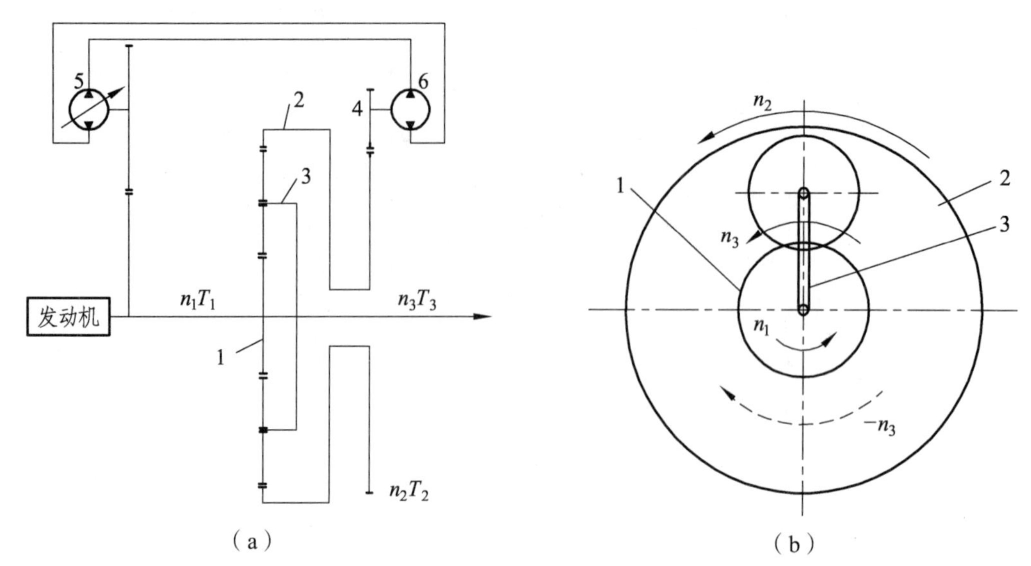

1—中心轮；2—齿圈；3—行星架；4—液压马达齿轮；5—双向变量泵；6—液压马达。

图 6-7　功率外分流系统

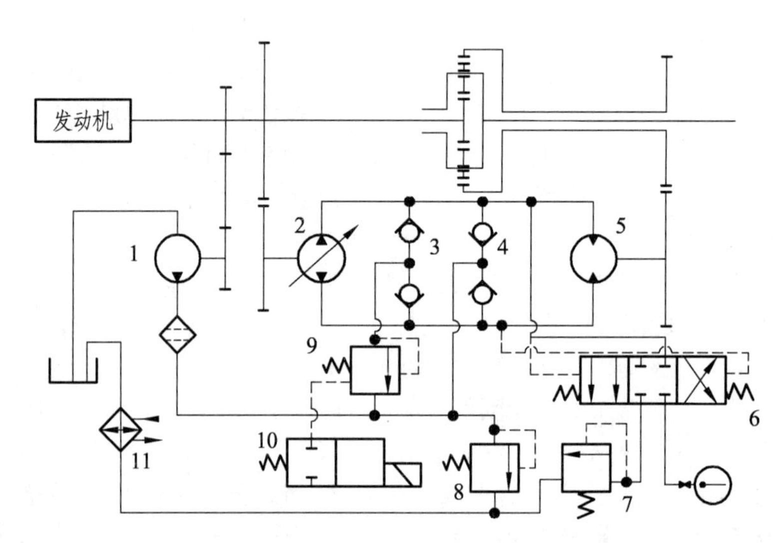

1—补油泵；2—双向变量泵；3—主溢流阀单向阀；4—补油单向阀；5—液压马达；6—液动换向阀；
7—补油压力阀；8—补油泵溢流阀；9—主溢流阀；10—卸荷电磁阀；11—冷却器。

图 6-8　功率外分流液压系统

2）功率内分流系统

图 6-9 表示功率内分流系统。锥齿轮 1 与发动机连接，并与空心横轴 3 上的锥齿轮 2 啮合。空心横轴 3 分别与双斜盘液压马达的缸体 5 和双向变量泵 4 的缸体连接。马达两个斜盘 8、9 空套在空心横轴 3 上。斜盘上分别固定有齿轮 6、7，并分别与车轮从动轴 10、11 上的齿轮 12、13 相啮合。液压泵的进出油口，通过空心轴 3 的中心孔与液压马达的进出油口相连（图中未表示）。从动轴 10、11 是同轴线布置的，以便通过啮合套 14 的移动，使两从动轴脱开或接合，完成两轮强行同步或差速的作用。

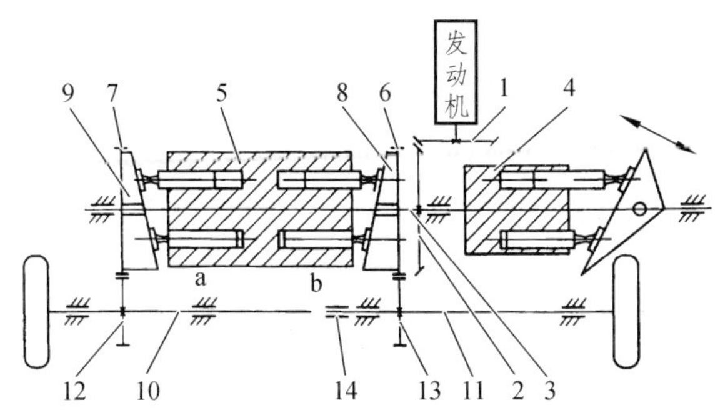

1，2—锥齿轮；3—空心横轴；4—双向变量泵；5—双斜盘马达缸体；6，7—齿轮；8，9—马达斜盘；10，11—从动轴；12，13—从动轴齿轮；14—啮合套。

图 6-9 功率内分流调速机构

发动机功率分两路传给车轮运动：一路机械传动，发动机经齿轮 1、齿轮 2、空心横轴 3、驱动马达缸体 5 转动，并由马达柱塞驱动斜盘 8、9 转动，继而通过齿轮 6、7 和齿轮 12、13 啮合，将功率传给车轮；另一路是液压传动，发动机通过齿轮 1、2 和空心横轴 3 驱动液压泵 4 的旋转，泵输出液压油，进入马达 5，通过油压驱动马达柱塞，继而驱动马达斜盘转动，并通过齿轮 8、9 和齿轮 12、13 啮合，驱动车轮转动。两部分功率都是通过液压马达内部传递的，所以称为功率内分流系统。通过改变双向变量泵的斜角大小和方向，可改变液压马达的转速和方向，即可改变车轮的转速和方向，当然也改变了液压功率在总输出功率中的比例。

正方向增加泵的输出流量，车轮转速线性增加。而反方向增加泵的输出流量，车轮转速线性减少，减少到零后，再反方向增加。

若车轮在弯道或转弯时，由于两斜盘处于并联状态，两轮阻力不等，内侧车轮阻力增加，使相应马达腔内压力升高，泵流量流向外侧轮的马达腔，使外侧车轮转速快，内侧车轮转速慢，形成差速作用，完成转弯工况。若要强行使两车轮同步工作，可移动啮合套 14，使从动轴接合，形成刚性同步，以提高车轮的越野性能。

6.2.3 典型液压行走机构液压系统

图 6-10 为一全液压装载机行走机构液压系统图。该装载机是矿山井下使用的一种低车身铰接式全液压装载机，能在短距离条件下，进行装载、运输和卸载作业。该机斗容量为 1.5 m^3，运行速度为 0 ~ 15 km/h，最大牵引力为 70 kN，行走系统压力为 25 MPa，液压转向系统最大工作压力为 16 MPa，工作装置液压系统压力为 16 MPa。装载机四个车轮分别使用四个内曲线低速液压马达 25、26 直接驱动。

1. 行走机构液压系统原理分析

（1）行走系统使用两个双向变量泵 2 和四个内曲线低速液压马达 25、26 组成两个独立的闭式回路，形成四轮驱动。两个马达 25 为前轮马达，并联连接。两个马达 26 为后轮马达，也为并联连接，以满足车轮的差速要求。四个马达可进行全排量和半排量有级变量，以扩大调速范围。

（2）液压马达的调速靠改变变量泵 2 的斜盘角和马达的有级排量来完成。车辆前进和后退靠变量泵斜角两个方向的变化来完成。车轮的制动靠变量泵斜盘倾角为零来实现。

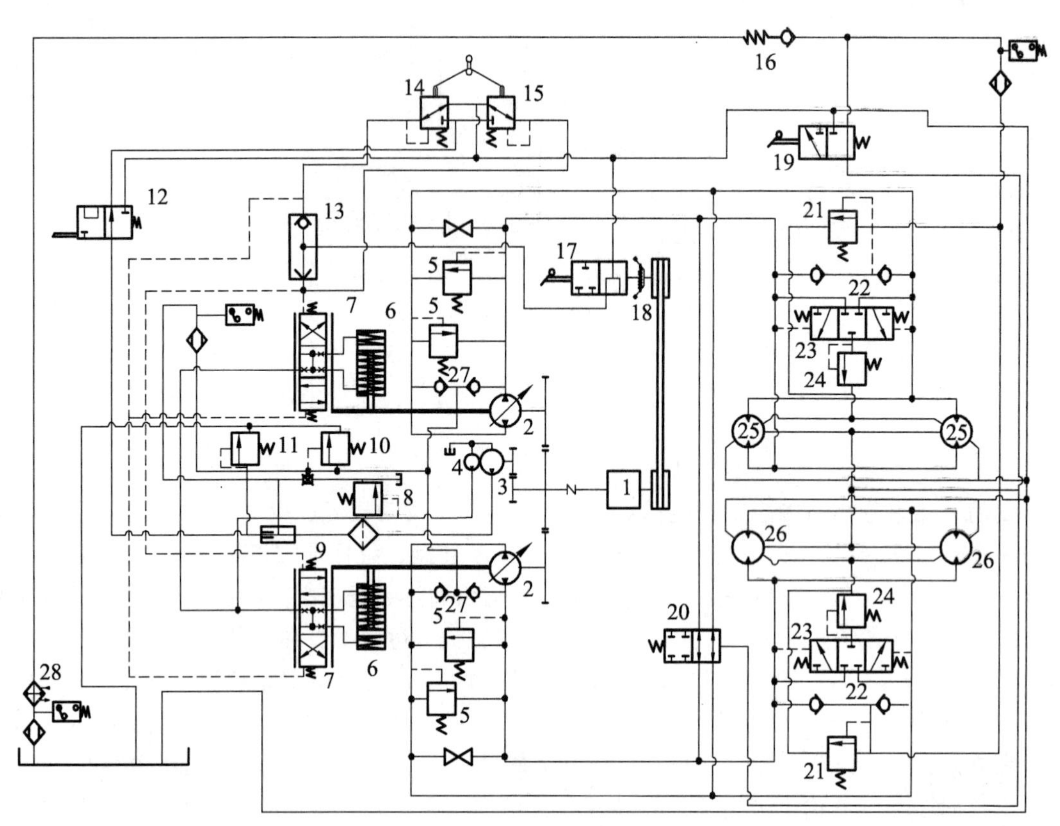

1—发动机；2—双向变量泵；3，4—齿轮泵；5—主溢流阀；6—泵变量缸；7—变量伺服阀；8，10，11，21，24—溢流阀；9—流量阀；12—制动阀；13—交替逆止阀；14，15—减压式先导阀；16—背压阀；17—离心调速阀；18—离心调速器；19—变速阀；20—并联阀；22—补油单向阀；23—新油更换阀；25—前轮马达；26—后轮马达；27—补油单向阀；28—冷却器。

图 6-10　全液压装载机行走机构液压系统图

（3）齿轮泵 3 的输出流量经流量阀 9 分成两路：水平一路经制动阀 12 作为减压式先导阀 14、15 的油源，以控制变量伺服阀 7 的位移；另一路经补油单向阀 27 作两个闭式回路的补油。齿轮泵 4 作为变量泵 2 的变量机构的油源。

（4）系统回油路分为有背压回油和无背压回油两种。背压阀 16 调定压力约为 0.7 MPa，所以背压阀 16 之前的回油油路是有背压回油。从马达壳体内和阀的泄漏引出油路直接回油箱（图中以虚线表示），为无背压回油箱。背压回油路有两个作用：通过补油单向阀 22 作为闭式系统补油的一部分；另一作用作为控制油源使用，主要用于液动并联阀 20 换向，形成四个马达并联和使马达 25、26 进行有级变量。

（5）闭式系统有两路补油：一路由泵 3 经分流阀 9 分出一路油，经单向阀 27 进入两闭式系统补油；另一路由有背压油路，经单向阀 22 进行补油。这样补油泵 3 的参数可小些。

（6）闭式系统油箱较小，散热不足，需附加冷却器散热。通过背压阀 16 的热油经冷却器 28 冷却后回油箱。

（7）系统设置新油更换和冲洗冷却回路。液控阀 23 是闭式回路的新油更换阀，补入闭式回路的新油，将回路中的老油经阀 24 挤入液压马达壳体内，并经壳体另一条油路回油箱，使马达壳体形成循环，起冷却和冲洗的作用。

（8）高速防车轮滑移设计。车轮在低速运行时，两个变量泵和前后轮马达形成两个独立的闭式回路，使车轮形成四轮驱动，提高了车轮的越野性能。但在高速时，由于两个变量泵输出流量的差异，会使前后轮产生转速差增大，这样前后轮中必有两轮在高速运行时产生滑移，形成轮胎的磨损。为解决高速滑移，可将两个闭式回路通过液动阀 20 右位工作，将其连成一个闭式回路，即前后轮四个液压马达全部并联，使四轮同步运行，防止车轮滑移磨损。具体操纵如下：手动变速阀 19 处于左位，液控阀 20 的控制腔经阀 19 与无背压油相通，阀 20 左位工作，两闭式回路各自独立，此时，车轮低速运行，具有良好的越野性。阀 19 移入右位工作时，有背压油路的控制油，经阀 19 进入液控阀 20 控制腔，使其右位工作，将两个独立的闭式系统连成一个闭式系统，四个液压马达处于并联状态，同速运行，防止车辆高速运行时，车轮产生滑移现象。

（9）四个行走马达可进行有级变量。液压马达 25、26 在结构上可进行全排量和半排量工作。通过阀 19 利用背压回油进行控制。当阀 19 处于右位时，背压油进入四个马达内部，控制马达半排量工作，车辆高速运行。当阀 19 处于左位工作时，控制排量的油压为零，马达全排量工作，车辆处于低速运行状态。

两闭式系统的四个马达并联、分离和马达全、半排量控制，均由阀 19 同时控制，即马达半排量工作，同时两闭式系统并联，以简化控制。

双向变量泵 2 的流量和方向控制是通过手动的减压式先导控制阀 14、15 来完成的，主要通过调节泵的斜盘倾角来调节泵的流量和方向。泵的排量调节机构是一个伺服调节机构。

2. 双向变量泵的调节

为分析方便，把图 6-10 中有关变量机构和功率自动调节回路剥离出来进行分析，如图 6-11 所示。泵 2 的变量机构由变量缸 6 和变量伺服阀 7 组成。变量缸 6 的活塞杆与泵的变量杆连接，变量杆右端与变量泵的变量机构连接，其运动可驱动斜盘倾角变化，以改变泵的输出流量。变量杆左端与变量伺服阀的阀体相连，起反馈作用。在变量伺服阀 7 处于中位时，变量缸 6 也处于中位，泵的斜盘倾角为零，泵输出流量也为零。当变量缸上腔通高压，下腔通回油时，泵的斜盘倾角从零正向增大，泵的流量也正向增大。若变量缸 6 下腔通高压，上腔回油，则斜盘倾角反向增大，泵的流量也反向增大。变量缸 6 的通油是由变量伺服阀 7 来控制的，伺服阀 7 的油源是由泵 4 提供的。变量伺服阀 7 的移动和开口大小是由减压式先导阀 14、15 来控制的，其输出油压分别作用在变量伺服阀的上下腔，若有输出压力，则可驱动变量伺服阀上下移动，从而驱动变量缸 6 的移动，使变量泵 2 的斜盘倾角和输出流量发生变化。当减压式先导阀 14、15 均不操纵时，减压式先导阀输出压力为零，变量伺服阀 7 在其弹簧的作用下处于中位，变量缸 6 处于中位，泵斜盘倾角和输出流量为零，四个车轮通过液压马达液压制动。当减压式先导阀 15 下移一定距离，而阀 14 不动时，阀 15 输出一个与位移成比例的压力，该压力作用在变量伺服阀 7 上腔，驱动其下移相应开口量，高压油经变量伺服阀 7 进入变量缸 6 上腔，下腔回油，缸活塞杆下移，驱动泵斜盘倾角由零开始逆时针方向变大，在变量缸活塞下移使泵斜盘倾角增大的同时，变量杆驱动阀 7 壳体下移，趋向关闭阀口，这就是反馈作用。一旦阀口关闭，泵斜盘倾角就稳定在某一定值，泵的输出流量也为一定值。所以，减压式先导阀每一个位移对应一个固定泵的输出流量，而且其位移越大，泵的输出流量越大。这就是利用减压式先导阀进行变泵流量调节的原理。若泵的斜盘倾角处于零位，移动先导阀 14，泵的斜盘倾角和输出流量反向增大。

马达反向运转，行走机构倒车运行和进行速度调节，原理同上分析。

从上述分析可知，通过手柄调节减压式先导阀的位移，即可调节车轮的运行速度和倒车运行，方便而且省力，并可远控。

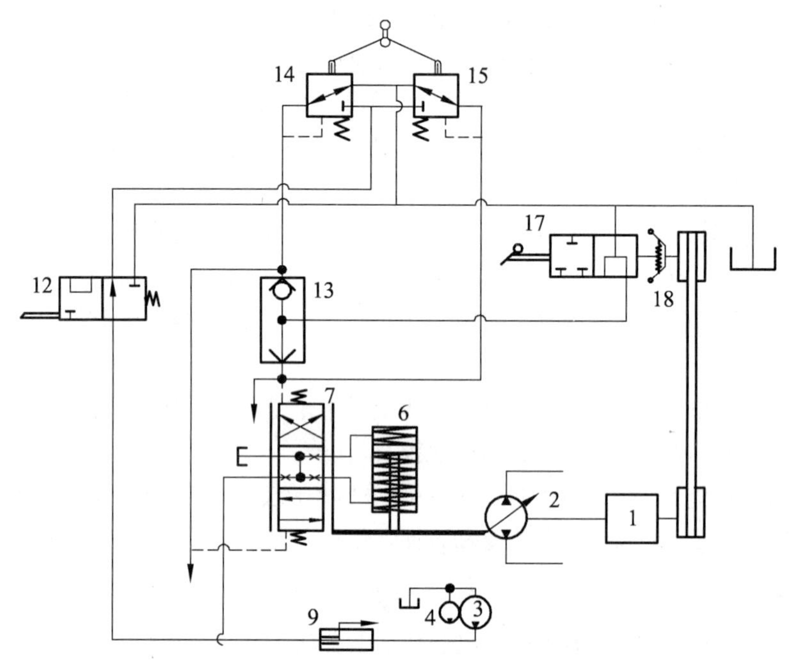

1—发动机；2—双向变量泵；3，4—齿轮泵；6—泵变量缸；7—变量伺服阀；9—流量阀；12—制动阀；13—交替逆止阀；14，15—减压式先导阀；17—离心调速阀；18—离心调速器。

图 6-11 泵变量机构和功率自动调节回路图

3. 功率自动调节回路

一般车辆发动机最大功率是按最大车速和较小阻力设计的，即以变量泵的最大流量和最大车速时的最小负载压力的乘积设计发动机的功率。若车辆在路况较差的路面行驶时，泵负载压力较大，此时，泵的流量调节过大，两者乘积超过发动机的最大功率，发动机会熄火停车。为防止由于超载使发动机熄火现象的发生，系统设计有功率调节回路，如图 6-11 所示。从减压式先导阀 14、15 输出的压力分成两路：一路进入变量伺服 7 控制变量泵 2 的斜盘倾角和输出流量；另一路经交替逆止阀 13 到离心阀 17 的入口。离心调速阀 17 的位移由调速器 18 控制。若发动机因外负载减小而转速升高时，飞轮调速器 18 张开，驱动离心调速阀 17 右移，使其由右位向左位移动，离心调速阀 17 由全开口向全封闭过渡。当由减压式先导阀 14 或 15 调定的泵流量和车辆的负载压力乘积小于发动机最大功率时，离心调速器 18 使离心调速阀 17 处于左位工作，此时，经交替逆止阀 13 的油路被阀 17 封闭，变量泵的输出流量由减压式先导阀 14 或 15 的位移决定。若由先导阀确定的泵流量与车辆负载压力的乘积大于发动机的最大功率，发动机的转速下降，离心调速器驱使离心调速阀 17 左移，使交替逆止阀 13 通油，通过阀 17 与无背压回油相通，使其处于节流状态。因而，变量伺服阀 7 的位移不是受到阀 14

或 15 的输出油压控制，而是受到阀 17 的节流的较低油压控制，泵的输出流量下降，直到发动机的转速稳定为止，表明变量泵的输出功率与发动机功率达到平衡匹配。功率调节回路的设置可自动防止发动机过载，并使其在合理的功率条件下运行。液压行走机构液压回路均应设置功率调节回路，方法有很多种，这里介绍的仅是其中的一种。

4. 快速制动回路

在车辆运行过程中，若将制动阀 12 突然移入左位工作，减压式先导阀 14 或 15 的供油压力为零压，使输出油压变为零，使变量伺服阀 7 快速回到中位，继而使泵斜盘倾角为零，车轮液压马达制动，整车制动。当然使泵斜盘倾角为零，可使用阀 14 或 15 回位完成，但不符合驾驶习惯。快速制动像司机遇到紧急情况踩刹车一样，符合驾驶习惯。

变量泵 2 的斜盘倾角和流量调节、自动功率调节、快速制动称为系统三控制，在车轮运行机构液压系统的设计中有实际参考意义。

6.3 转向机构液压回路

6.3.1 液压转向机构的作用和分类

工程机械在行走和作业过程中，需要通过转向机构改变整车的运动方向。转向机构有机械转向和液压转向两大类。机械式转向机构是司机对方向盘使力，通过机械转向机构驱动车轮或车架克服转向阻力使车轮偏转或车架偏转，达到整车转向的要求。受司机操作力的限制，机械转向机构只适应小型车辆。对于大型车辆，因转向阻力大，人力无法完成转向，而采用液压助力的方式或全液压方式完成转向的机构称为液压转向机构。对于液压转向机构，司机操纵仅是液压阀，驱动车轮或车架是由液压缸来完成，因而操纵省力，其在工程机械上应用较为广泛。

1. 液压转向的要求

（1）液压转向机构应能提供足够的力，以便克服车辆的转向阻力；在完成车轮偏转（车架偏转）外，还需要有足够快的转向速度，以满足快速转向的要求。

（2）液压转向机构应满足车轮的偏转角与方向盘的转角成比例，因而液压转向机构一般是一个闭环反馈系统。

（3）液压转向机构在转向过程中，要求稳定，不能产生振动，即要保证液压闭环反馈系统的稳定性。

（4）液压转向机构应保证转向灵活、可靠、寿命长、省力、维护更换方便。

2. 转向方式的分类

轮式工程机械常用的转向方式有偏转轮式转向、铰接式转向、速差式转向三种。

1）偏转轮式转向

偏转轮式转向是通过偏转车辆车轮完成车辆转向的，在轮式机械中是一种常见的转向方式，常用在整体式车架的轮式工程机械上。按偏转轮的不同，偏转轮式转向有前轮转向、后轮转向、全轮转向等不同形式，如图 6-12 所示。

前轮转向是通过偏转车辆前轮完成车辆转向的。对前轮转向，由于转向时，前外轮的转弯半径最大，在弯道行驶时，司机易于利用前外轮的位置，确定车轮的行驶位，有利于安全驾驶，所以，在车辆转向中前轮转向应用较多。

后轮转向是通过偏转车辆后轮完成车辆转向的。对后轮转向，车辆后外轮的转弯半径大于前外轮的转弯半径，转向时司机不能按一般前轮转向时，通过前轮运动方向来判断车辆的运行方向，因而转向操纵较困难，这是后轮转向的缺点。但对前轮前方装有作业装置的工程机械，如装载机、叉车等机械，若采用前轮转向，不仅车辆偏转角受到限制，而且前轮载荷较大，所以采用后轮转向。

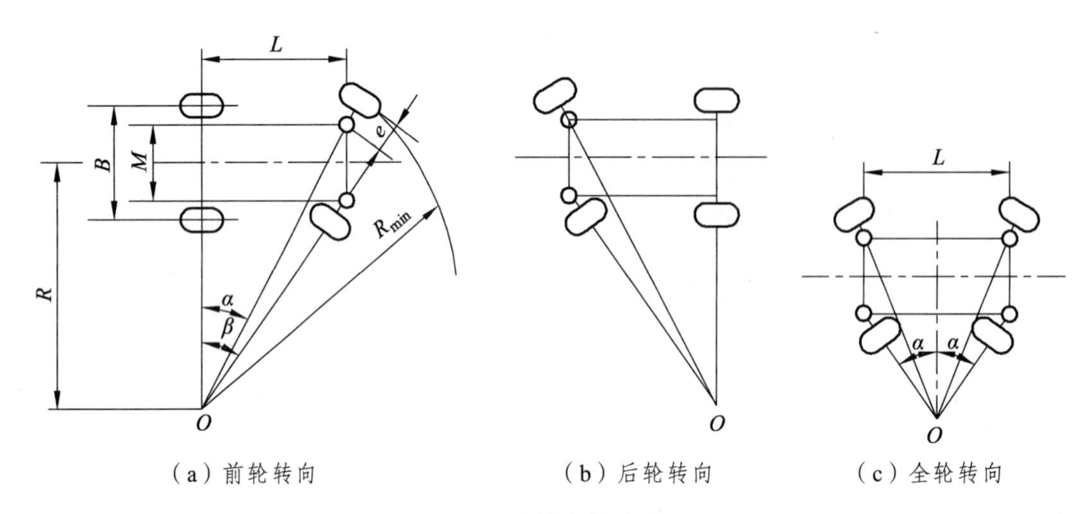

图 6-12　偏转车轮转向

图 6-12 中，瞬时中心 O 为转向中心；L 为前、后轴轴距；M 为主销中心距离；α、β 为外内转向轮偏转角；R 为转弯半径；$R_{\min}$ 为转向中心到外转向轮与地面接触点的距离。

$$\cot\alpha - \cot\beta = \frac{M}{L}$$

即为转向轮的转角关系式，由转向梯形机构来保证。

2）铰接式转向

铰接式转向的车架不是整体车架，而是由前后两段组成，两者用销轴连接，如图 6-13 所示。前后车架之间连接液压缸，通过液压缸的伸缩改变前后车架的夹角来完成车辆的转向，如图 6-14 所示。与偏转轮转向不同，无须采用转向梯形结构来保证各轮轴线的水平投影线交于一点。因此，前后桥的结构较简单。如铰接式装载机，工作装置安装在前车架上，当车架偏转时，工作装置的方向与前车架方向一致，有利于作业时，工作装置迅速对准作业面，从而减少作业辅助的时间，提高了作业效率。与同类型偏转后轮的装置相比，可提高约 20%的生产率，转向阻力较小，转向功率也较小。但铰接式车架抗倾翻稳定性略差。

3）速差式转向

左、右车轮角速度不同，以转速差实现转向（类似于履带式转向），转向半径最小，但轮胎磨损最大，适用于采用整体式车架的机种。

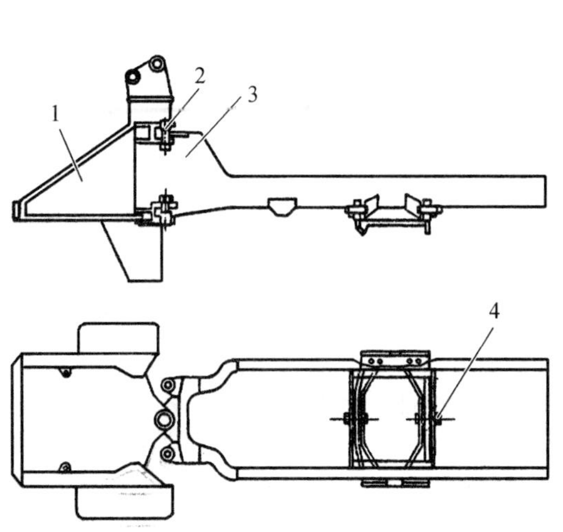

1—前车架；2—垂直销轴；3—后车架；4—摆动桥销轴。

图 6-13　铰接车架示意图

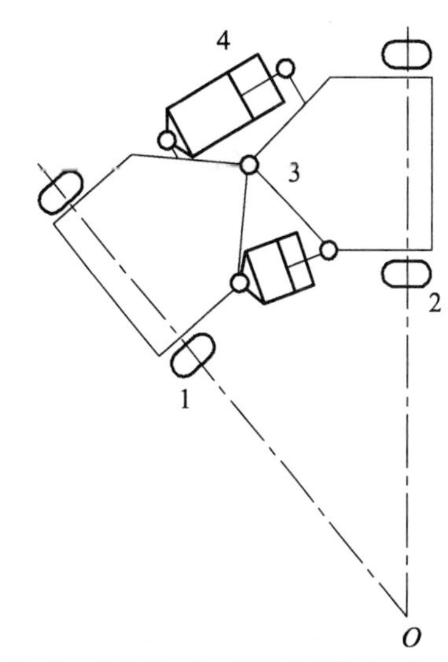

1—前车架；2—后车架；3—前后车架铰点；4—转向油缸。

图 6-14　铰接转向示意图

6.3.2　液压转向器

1. 机械随动式液压转向器

机械随动式液压转向器如图 6-15 所示。

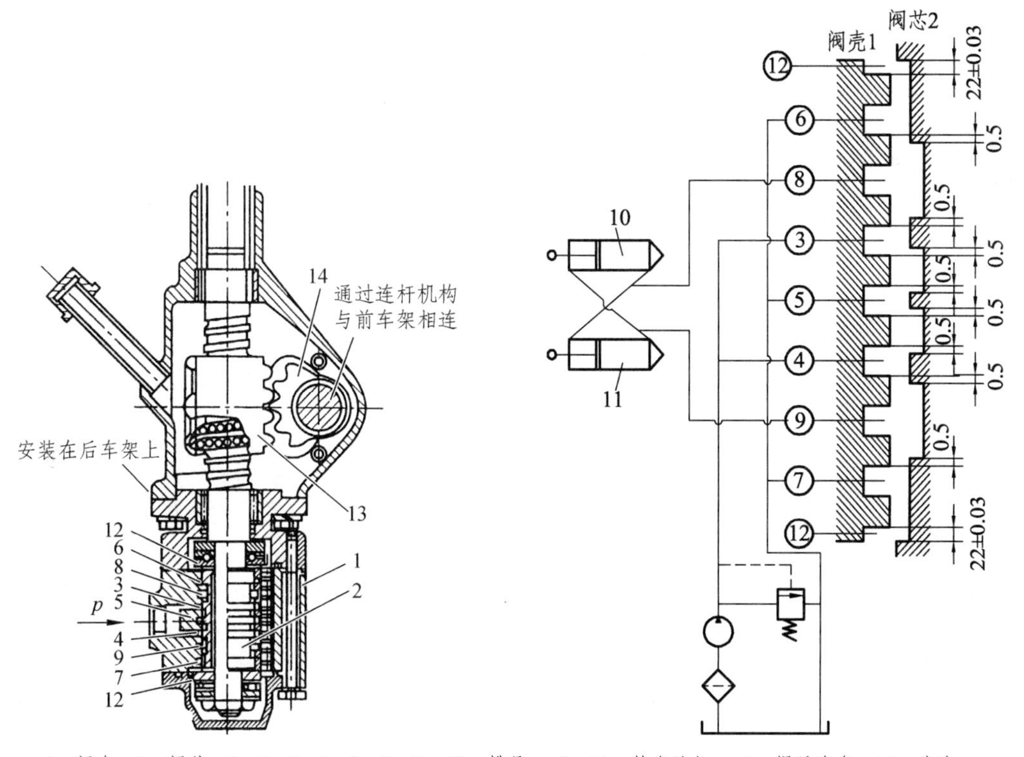

1—阀壳；2—阀芯；3，4，5，6，7，8，9，12—槽号；10，11—转向油缸；13—螺母齿条；14—齿扇。

图 6-15　机械随动液压转向器

2. 全液压转向器

全液压转向器主要由随动转阀和计量马达两部分组成，其结构如图 6-16 所示。随动转阀控制油液方向，定量马达由转子 9、定子 3 组成，实现计量的功能。全液压转向器的工作原理：当转动方向盘时，方向盘带动阀芯 7 转动一个角度，打开阀芯和阀套间的油道，油液进入计量马达，通过转子 9 将油液输送到转向油缸或流量放大阀的先导油入口。同时，一旦转子回转，就会通过连接轴 8 和销子 5 带动阀套 6 与阀芯同向转动，阀套与阀芯无相对转角回到初始位置时，油道关闭，完成反馈控制，这种反馈也叫液压负反馈或液压随动反馈。

如果转向油泵或原动机出现故障，只需转动方向盘带动阀芯转过一个较大的角度，阀芯就会通过横轴带着阀套、计量马达转子轴、转子一起回转，此时计量马达变为一个手动液压泵，可以从油箱吸油为转向系统提供液压油，即应急转向功能，该功能提高了转向的安全性能。

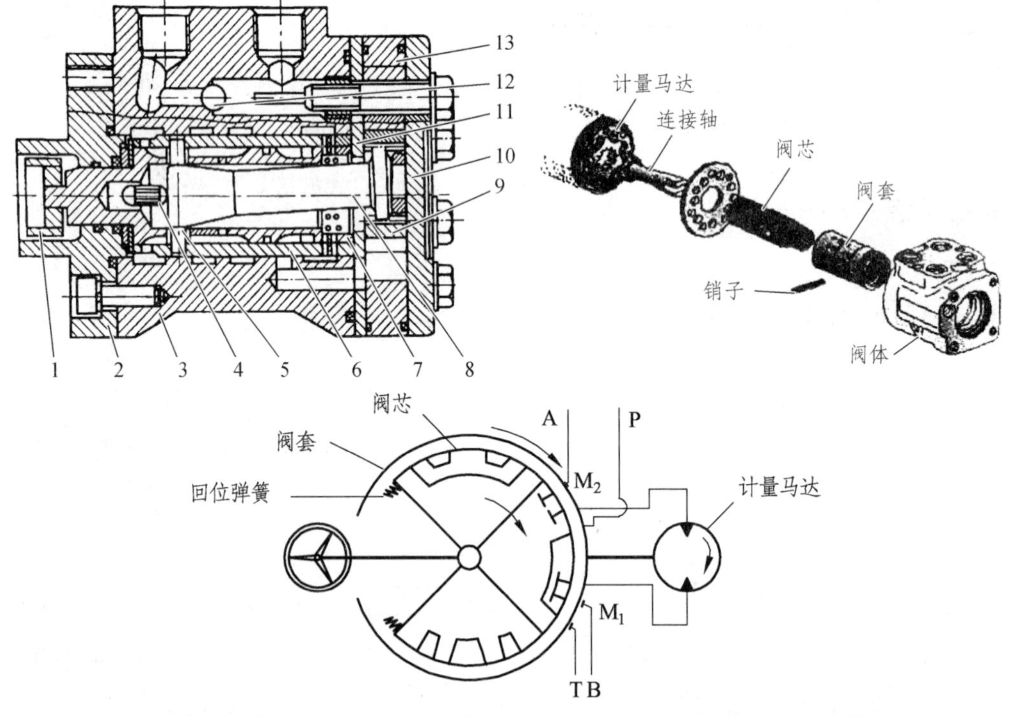

1—连接块；2—前盖；3—阀体；4—弹簧片；5—销子；6—阀套；7—阀芯；8—连接轴；9—转子；10—后盖；11—隔板；12—钢球；13—定子。

图 6-16 全液压转向器

图 6-17 为采用定量泵和全液压转向器组成的转向系统，这种系统比较简单，一般采用开中心转向器，即不转向时，转向泵的油通过转向器回油箱；当转向时，转向泵供油给转向油缸，转向缸回油通过转向器回油箱。

3. 同轴流量放大转向器

由上述机械随动式液压转向器和全液压转向器的工作原理可知，液压转向器的工作都是利用了负反馈原理，在司机转动方向盘之后随着油口的打开马上又自动关闭，根据角速度的定义，方向盘转动的角速度与转向器的开口量成正比。

当中大型工程机械，比如装载机，转向系统需要更大的流量时，单靠全液压转向器通过计量马达输入转向缸这条油路就显得不够，为此发明了同轴流量放大转向器，它的工作原理见图 6-18。转向器与全液压转向器原理基本相同，只是除通过计量马达进入转向缸的油路之外，又多了一条直接从泵到转向缸的通道，而且这条通道的开口量与转向器的转阀角度相关。这样就有两条油路同时给转向缸供油，可以给转向系统提供更大的流量。

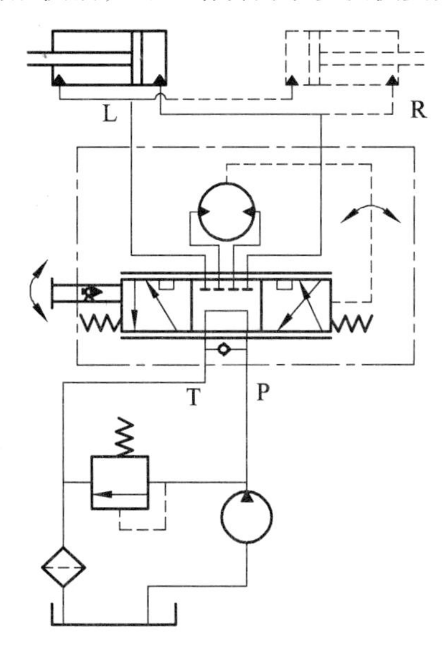

图 6-17　定量泵+全液压转向器的转向系统

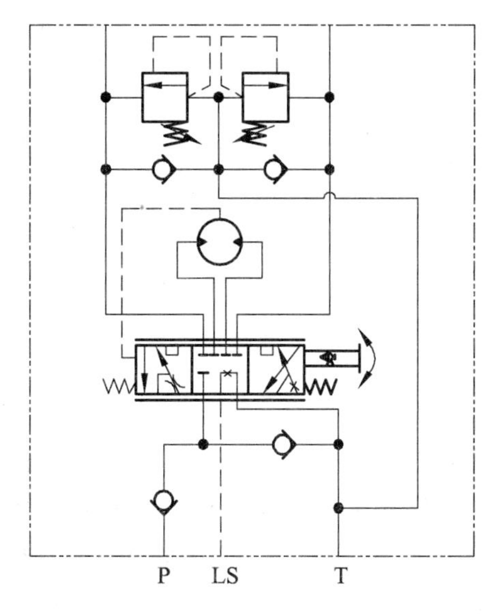

图 6-18　同轴流量放大转向器原理图

6.3.3　液压转向回路

液压转向是液压伺服系统在工程机械上的具体应用，其具有输出力大、结构紧凑、能缓和地面冲击、动作迅速和平稳等优点，因而获得广泛应用。轮式工程机械液压转向系统是一个闭环反馈系统，从反馈形式来分，可分为机械反馈和液压反馈两大类，机械反馈形式可分为机械外反馈和机械内反馈两种，液压反馈形式有液压内反馈和液压外反馈两种。

1. 机械外反馈液压转向系统

图 6-19 表示机械外反馈液压转向系统。系统主要由方向盘 1、控制阀 2、转压缸 3 和油源等组成。方向盘 1 与下螺杆连接，螺杆与螺母啮合传动。

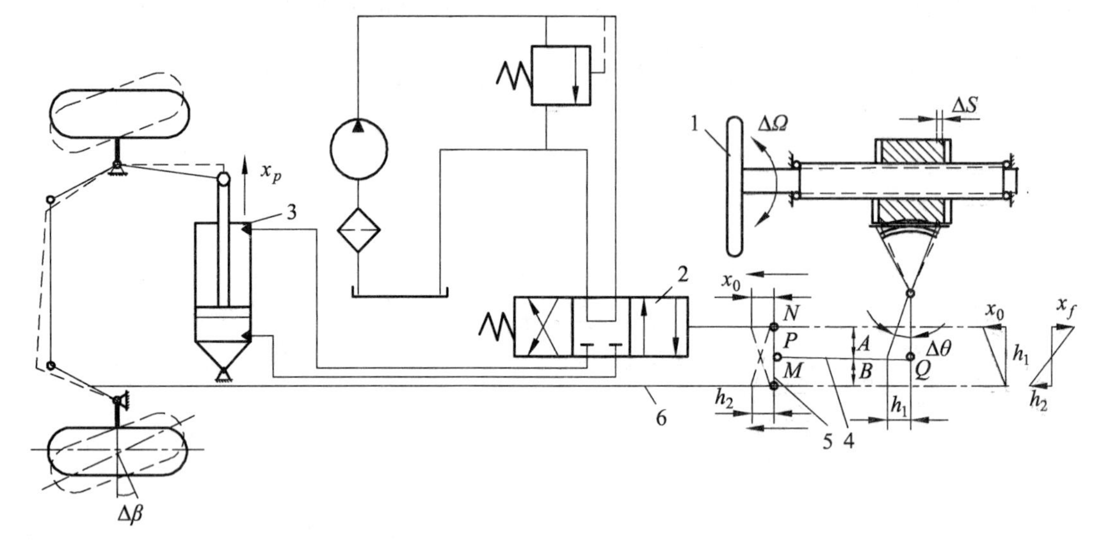

1—转向器；2—控制阀；3—转向油缸；4—纵拉杆；5—杠杆；6—反馈杆。

图 6-19 机械外反馈液压转向原理图

转向原理分析如下：当方向盘沿箭头方向转动 $\Delta\Omega$ 角度，螺母相对螺杆运动 ΔS 距离，与齿盘啮合使摇臂产生摆角 $\Delta\theta$，在其端点 Q 处产生水平位移 h_1，即方向盘有一个 $\Delta\Omega$ 转角，就对应一个 h_1 的值。h_1 作用在杆 4 上，驱车轮转向阻力较大，M 点不动。驱动杆 5 上铰点 N 产生水平位移 x_0，驱动控制阀 2 左移产生阀开口量 x_0（阀 2 移入右位工作），泵高压油进入转向缸 3 大腔，小腔回油，活塞杆伸出，通过转向梯形驱动转向轮逆时转动。在转动车轮的同时，通过转向梯形，使反馈杆 6 在 M 点产生向左的水平位移 h_2，其在 N 点产生水平位移，此位移使阀口关闭，这就是反馈。一旦反馈使阀口关闭，控制阀回到中位，转向缸停止供油，车轮偏转相应的偏转角。要注意的是反馈是动态进行的。从以上分析可知，方向盘每有一个转角 $\Delta\Omega$，由于反馈杆 6 的反馈作用，对应有一个相应的活塞伸出 x_p 和相应的车轮转角 $\Delta\beta$，完成车轮转角 $\Delta\beta$ 与方向盘转角 $\Delta\Omega$ 成比例控制，以利于司机有效操纵车辆的转向。驱动车辆转向的作用力来源于液压缸，而司机操纵方向盘的阻力仅是控制阀和有关传动的摩擦阻力，有力的放大作用，转向操纵省力。方向盘反向转动，车轮反向偏转，原理同上。机械外反馈液压转向的不足是有一个较长的反馈杆，连接不便，而且占用空间。

其传递原理如图 6-20 所示。

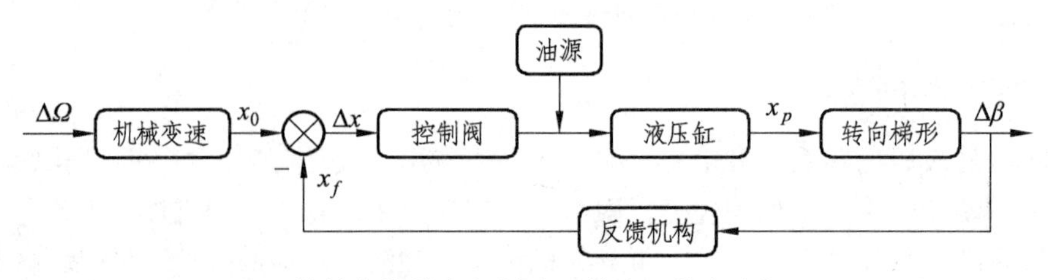

图 6-20 偏转车轮转向机械外反馈液压转向方框原理图

通过上面分析可得出如下传动公式。

由方向盘转角 $\Delta\Omega$ 引起在 P 点水平位移 h_1：

$$h_1 = k_0 \Delta\Omega$$

由图中移动三角形变化可知，由 h_1 产生的阀开口 x_0、由反馈杆产生的阀开口 x_f 分别为

$$x_0 = h_1 \frac{A+B}{B}$$

$$x_f = h_2 \frac{A}{B}$$

控制阀 2 在调节过程的开口量为

$$\Delta x = x_0 - x_f = h_1 \frac{A+B}{B} - h_2 \frac{A}{B}$$

由反馈杆 6 在 M 点引起的水平反馈位移为

$$h_2 = k_2 x_p$$

车轮的偏转角为

$$\Delta\beta = k_1 x_p$$

由阀控液压缸可推出如下传递函数：

$$\frac{X_p(S)}{\Delta X(S)} = \frac{k_q / A}{S(S^2 / \omega_n^2 + 2\zeta / \omega_n + 1)}$$

式中，k_0 为方向盘转角到 Q 点的传动比；k_1 为液压缸活塞杆位移和车轮转角之间的传动比；k_2 为液压缸活塞杆位移和反馈杆位移之间的传动比；x_p 为活塞杆位移；A、B 为杆 5 铰点之间的距离；k_q 为控制阀的流量增益；A 为液压缸面积；S 为拉氏算子；ω_n、ζ 为阀控液压缸的无阻尼固有频率和阻尼比。

由上述推导结果可画出如图 6-21 的传递函数方框图。通过图 6-21 传递方框图，利用自控理论，可解决转向系统的稳定性、响应和误差。

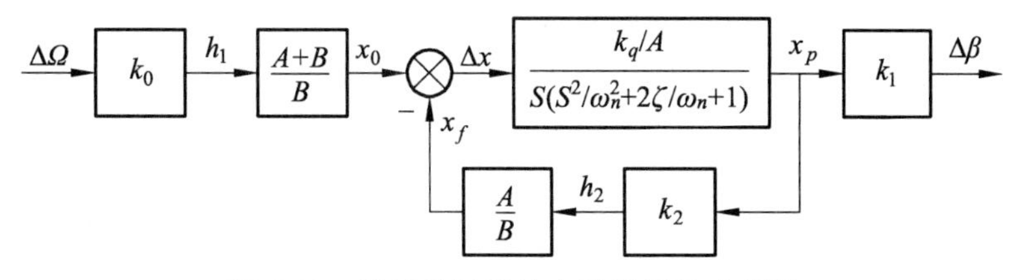

图 6-21　机械外反馈转向传递函数方框图

图 6-22 为铰接式转向机械外反馈式转向回路，前车架 1 与后车架 2 铰接连接，铰接点为 3，转向油缸 7、8 缸体铰接于前车架上，活塞杆铰接于后车架上，大小腔分别互通。反馈随动杆 12 一端铰接于前车架，一端铰接于转向垂臂 11。当转动方向盘打开阀 9 时，比如下位打开时，7 的大腔、8 的小腔进油，一推一拉，前车架相对后车架偏转，同时随动杆 12 移动，使转向器反向转动，螺杆反向位移，阀 9 回到中位，油路截断，车架不再继续偏转。

铰接式转向功率较偏转轮转向的功率要大，特别是大型铰接车辆的转向，更需高压大流量。一般转向缸和转向阀一体的转向方案不能满足要求，需采用转向器、转向阀和转向缸独

立的布置形式，但会带来反馈杆铰点间隙引起不稳定性的缺点。采用全液压转向系统无须反馈杆（前述采用计量马达的转向形式），转向性能好，零部件通用性好。但由于铰接式转向需大流量，则与其匹配的计量马达的排量相应增大，造成转向力增大。若使用较小计量马达，则转向传动比过大，对转向不利。一般计量马达的排量在 200 cm^3/r 以下，为满足铰接转向需大流量的需求，系统需增加全液压流量放大器来满足转向机构的要求。

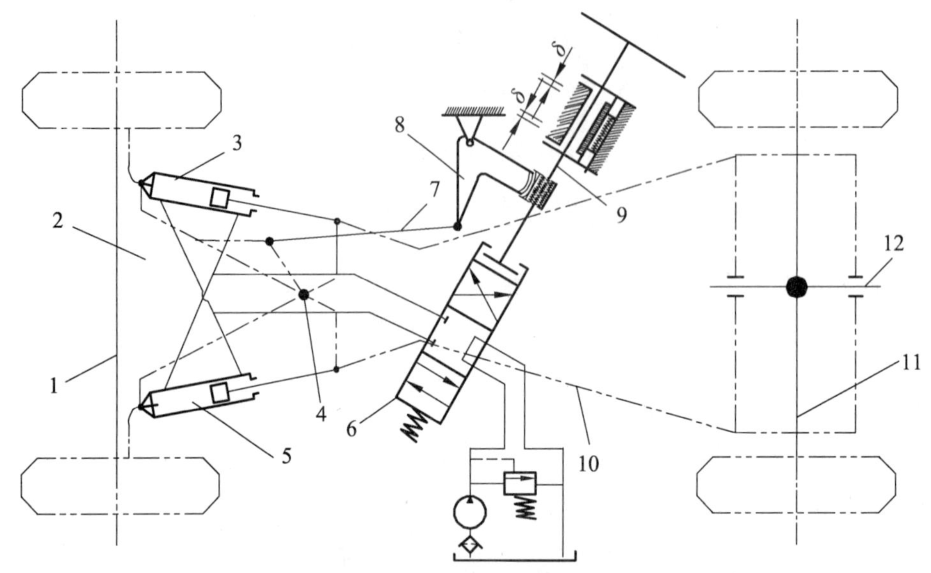

1—前桥；2—前车架；3—右动力油缸；4—铰点；5—左动力油缸；6—随动阀；7—随动杆；8—转向垂臂；9—方向杆；10—后车架；11—后桥；12—后桥摆动轴。

图 6-22 铰接式转向机械外反馈式转向回路

2. 机械内反馈液压转向系统

图 6-23 表示机械内反馈液压转向系统。系统由转向缸 6、方向盘 1、转阀 3、计量液压马达 2 和油源等组成。转向缸 6 与转向梯形相连。方向盘 1 与转阀 3 的阀芯相连，阀套与计量马达 2 输出轴连接。一般地，方向盘 1、转阀 3 和计量马达 2 做成一体，形成标准产品。转向缸有两个，其大小腔连通，转向时形成一推一拉驱动车辆偏转，这样可以增加转向力并保证两个方向转向速率相同。转阀壳体上油口连接：P 口与泵输出口连接，M_2、M_1 口分别与计量马达 2 的上下油口相连，A、B 口分别与液压缸油口相连。O 口与回油口连接。转阀 3 有三个工作位置，上下位完成两个方向转向，中位是停止转向和使泵卸荷。

转向工作原理：当方向盘 1 不转时，在弹簧的作用下，转阀 3 处于中位。计量马达和液压缸的两个油口封闭，泵输出油直接回油箱卸荷，车轮不偏转，车辆直线行驶。当方向盘有一个顺时针转角 $\Delta\Omega$ 时，转阀 3 处于上位工作，处于接通状态，泵高压油与计量马达上口 M_2 相通，计量马达下口 M_1 和油口 B 相通，继而与下缸小腔和上缸大腔相通，液压缸另两腔经 A 口回油箱。此时，计量马达 2 受高压作用旋转，M_1 口排出的油液经 B 口进入液压缸相应腔室，两缸一推一拉驱动车轮逆时针旋转。同时，由于计量马达的转动，带动转阀 3 壳体顺时针旋转，使转阀关闭，阀回到中位，停止对缸供油，车轮偏转停止，偏转角稳定在某一定值，这就是液压内反馈。

方向盘反转，车轮反向偏转，原理同上。

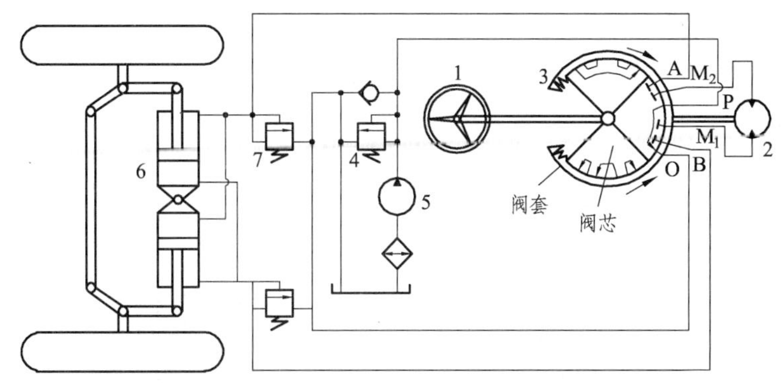

1—方向盘；2—计量马达；3—转阀；4，7—溢流阀；5—液压泵；6—转向缸。

图 6-23　机械内反馈液压转向回路

方向盘输入转角 $\Delta\Omega$，对应一个车轮的偏转角 $\Delta\beta$ 的输出，输出与输入成比例。计量马达 2 起计量作用，而且方向盘转速越快，车轮偏转越快。司机转动方向盘克服的仅是转阀的摩擦阻力和弹簧等力，而克服车轮转向阻力是靠液压缸，起助力作用。这种方式操纵省力；另外，相比于机械外反馈转向，省去反馈杆，布置方便。

机械内反馈液压转向机构，在发动机熄火或液压系统出现故障时，能进行人力转向，以备应急转向使用。司机转动方向盘，驱动计量马达强行转动，此时计量马达作手动泵使用，排出油液供转向缸驱使车轮偏转，达到手动转向的目的。但这种方式转向力较大，只能作辅助使用，如车轮在牵引时的车轮方向的控制。

转向阀有开中心式和闭中心式两种。开中心式是释放方向盘使其回到中位（转阀回到中位）时，泵的输出油路与油箱连通，泵处于卸荷状态，系统一般使用定量泵，如图 6-23 所示；闭中心式是释放方向盘使转阀回到中位时，泵的输出油路被阻断，这种系统一般应使用变量泵。

3. 液压内反馈转向回路

图 6-24 表示液压内反馈转向系统图。系统主要由方向盘 1、计量马达 2、液控换向阀 3、转向液压缸 5 和油源等组成。当方向盘 1 不转，液控阀 3 两端无压差作用，液控阀在弹簧的作用下处于中位工作，转向液压缸 5 两腔油口封闭，缸处于中位，车轮无偏转角，车辆直线行驶。泵 4 经液控阀 3 中位回油箱卸荷。若方向盘 1 转动使计量马达 2 右端排油，而左端吸油时，计量马达右端排油驱动液控阀 3 左移于右位工作。泵高压油经液控阀 3、单向阀进入计量马达左腔和液控阀 3 左腔，驱动计量马达跟随方向盘的转动而转动。计量马达右端排出的油，经液控阀 3 进入液压缸 5 的右腔和液控阀 3 的右腔，缸左腔回油，缸活塞杆左伸，驱动车辆顺时针偏转。只要方向盘不停止转动，液控阀 3 两端压差（由方向盘转动计量马达引起的）一直存在，液控阀继续右位工作，泵对液压缸供油不中断，转向继续。一旦方向盘 1 停止转动，液控阀 3 两端压差消失，液控阀 3 立即回到中位，液压缸的供油停止，车轮偏转停止，稳定在相应偏角，这就是液压内反馈。

方向盘 1 反向转动，车轮反向偏转，原理同上分析。

从上面分析可知，方向盘 1 的转角和计量马达的转角相等，计量马达仅起计量作用，方向盘转动克服仅是液控阀 3 的弹簧力和摩擦力，而驱动车轮偏转的是液压缸的液压力。

当泵损坏无供油时，计量马达变成手动泵，仍可手动转向，以作牵引行驶时应急用。单向阀 7 起补油作用，但操纵费力。

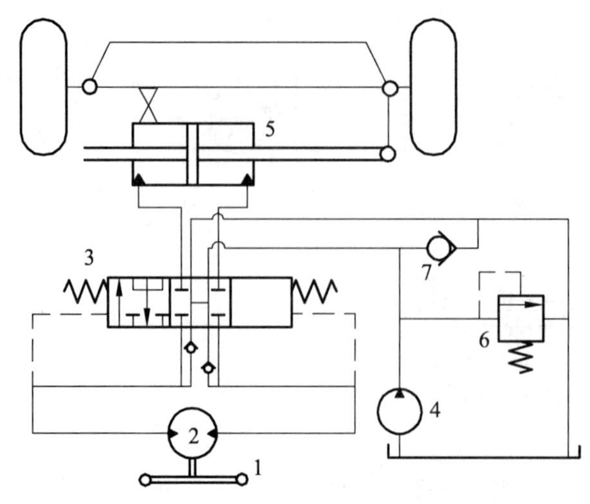

1—方向盘；2—计量马达；3—液控阀；4—液压泵；5—转向缸；6—溢流阀；7—单向阀。

图 6-24　液压内反馈转向系统

4. 液压外反馈转向回路

图 6-25 表示液压外反馈转向回路。其由方向盘 1、计量马达 2、反馈液压缸 3、转向缸 4、液控阀 5 和油源等组成。它的特点是转向液压缸加力转向，而反馈由单独反馈液压缸 3 来完成，形成液压外反馈回路。计量马达 2 仍起计量作用。

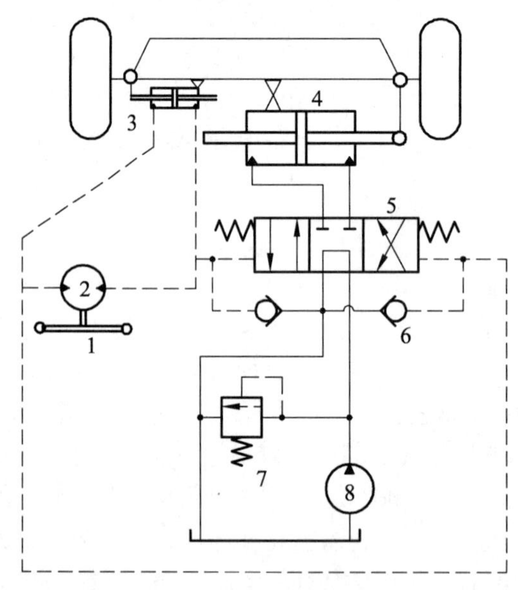

1—方向盘；2—计量马达；3—反馈缸；4—转向缸；5—液控阀；6—单向阀；7—溢流阀；8—液压泵。

图 6-25　液压外反馈转向系统

当不转动方向盘 1 时，计量马达 2 不输出流量，两端油口不产生压差，液控阀 5 在弹簧的作用下处于中位，泵 8 回油箱卸荷。转向缸 4 两油口封闭，车轮无偏转角，车辆直线运行。当转动方向盘时，计量马达 2 转动相同角度。若计量马达右端油口输出油，则左端油口低压。计量马达输出油分别进入反馈缸 3 的右腔和液控阀 5 的左腔，反馈缸负载大，不能动，计量马达以较小的压力驱动液控阀左位工作。泵 8 高压油经阀 5 进入转向缸右腔，左腔回油，活塞杆左移，驱动车轮偏转和转向梯形顺时针运动，并驱动反馈液压缸 3 活塞杆左移，将其左腔的油挤入液控阀右腔使其回到中位，这就是反馈。因为通过反馈缸反馈，称液压外反馈。只要方向盘 1 不停地转动，因手动转向力作用，在液控阀 5 两端产生压差，使液控阀仍处于接通状态，转向缸继续进油，继续使车轮偏转，反馈缸继续挤油反馈。一旦方向盘停止转动，由于反馈缸的反馈作用，液控阀回到中位，车轮偏转结束，车轮偏角稳定在相应值。方向盘转角越大，车轮偏转角越大，两者成比例，方向盘转得越快，车轮偏转得越快。方向盘 1 所克服的阻力是液控阀 5 的摩擦阻力和弹簧力，而驱动车轮的偏转阻力是转向液压缸 4 的油压力，具有力的放大作用，操纵省力。马达 2 起计量作用，称为计量马达。

方向盘反方向转动，车轮反向偏转，原理同上分析。

液压外反馈转向系统有如下特点：

（1）转向角的传动比与液压转向的能力无关。

（2）转向机构传动比与反馈缸的小腔面积有关，因此更换一个特殊的反馈液压缸，可有两种转向角的传动比，即车辆在运输时用大的传动比，转向时用小的传动比，实现转向的稳定性。

（3）独立安装的液控阀具有较大的通流面积和较小的流动阻力损失。选择小型液控阀即可满足要求。

6.3.4 液压转向的供油回路

为保证转向系统转向速度的稳定，供油油源是重要的环节，一般有独立式供油回路和组合式供油回路两种。

1. 独立式供油回路

独立式供油回路由一个齿轮泵供油给转向系统，回路多用于没有液压驱动装置的车辆上，如重型车辆。泵源由齿轮泵和稳流阀组成，由发动机分动箱驱动，齿轮泵的转速和流量随发动机的转速变化而变化。稳流阀前保证不管齿轮泵由于发动机变化引起泵输出流量如何变化，通过稳流阀输给转向系统的流量维持不变，以保证转向速度的稳定。

2. 组合式供油回路

组合式供油回路是指转向机构和主机其他工作装置共用一个泵源，但需保证转向机构流量稳定的共用回路。按泵的不同组合，有如下几种形式。

1）转向机构和工作装置单泵供油回路

图 6-26 表示单泵供油回路。转向机构要求流量稳定，以满足转向速度稳定，工作机构对流量要求不太严格。泵的供油回路，采用一个单路稳流阀，可将泵输出流量分成两路：一路稳定流量供转向机构使用，以保证转向速度稳定；另一路非稳定流量供工作装置使用。即将一个泵通过单路稳流阀变成两个泵使用。

该供油回路通常适用于小型工程机械，如小型轮式装载机。其要求驱动功率较小，并受总体布置的限制，不能安装多个液压泵，采用单泵分流的方法是较好的选择。但单路稳流阀有一不足，不管转向机构是否工作，都要向转向机构供应恒定流量。只有在两个机构同时工作时，能量才能充分利用。但对于工程机械，一般转向机构和其他装置是不同时工作的。如果单路稳流阀能在两条同路之间自动转换，即使受载回路得到较多流量，在系统设计时便可选择较小泵，从而减少功率损耗。

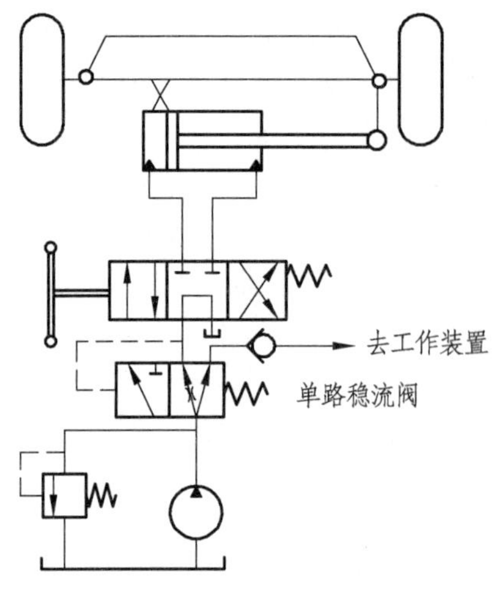

图 6-26　单泵单路稳流阀供油回路

2）三泵组合供油回路

大型工程机械转向机构所需的流量较大，若采用单泵供油，需大流量泵，而且在发动机转速变化时，泵流量较难匹配，经济性不好。为合理利用能源，可采用双泵组合供油回路。图 6-27 表示双泵组合供油回路。系统有两个泵，转向泵 1 输出流量 q_1，通过节流口 B、A 全部供转向机构使用，是转向机构的专用泵。辅助泵 2 输出流量 q_2，通过双泵单路稳流阀将流量分成两路：一路 q_1 与 q_2 汇合成 q_3 供转向机构使用，由于双泵单路稳流阀的作用，不管 q_1 和 q_2 如何变化，使 q_3 保持恒定，即通过调节 q_{21} 的值来恒定 q_3 的值；另一路 q_{22} 与工作泵 3 输出流量合并供其他工作机构使用。这样转向泵 1 可使用较小的泵。

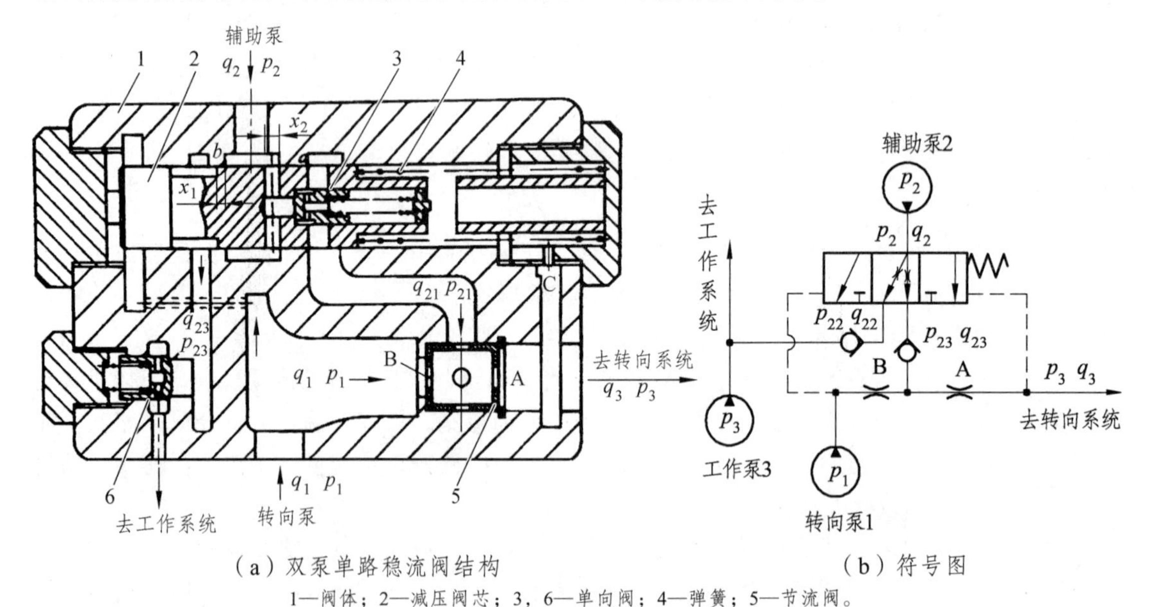

（a）双泵单路稳流阀结构　　（b）符号图

1—阀体；2—减压阀芯；3，6—单向阀；4—弹簧；5—节流阀。

图 6-27　三泵组合供油回路

在发动机转速较低时，转向泵 1 输出流量不足以满足 q_3 恒定值时，由辅助泵 2 输出分流流量 q_{21} 进行补偿，达到恒定流量的目的。当发动机转速上升，使转向泵 1 输出流量 q_1 达到或

超过要求稳定流量 q_3 时，阀口关闭，使分流流量 q_{21} 为零，转向机构所需流量全部由转向泵 1 提供，此时，转向流量不再维持恒定，随发动机转速的升高而增大，辅助泵 2 的输出流量 q_2 全部汇入工作泵 3 回路，一起驱动工作机构。

6.3.5 定量双泵-优先阀-转向器-流量放大阀-转向油缸系统

在定量双泵合流转向系统中，需要完成转向优先和合流功能，在转向时优先完成转向，不转向时液压泵一起给工作系统供油，以使功率充分利用并提高工作系统的作业生产率，这一功能由优先阀完成。

1. 优先阀的工作原理

优先阀根据控制阀芯移动信号的形式可分为静态信号优先阀、静态信号带外部先导优先阀和动态优先阀，各类优先阀的符号如图 6-28 所示。

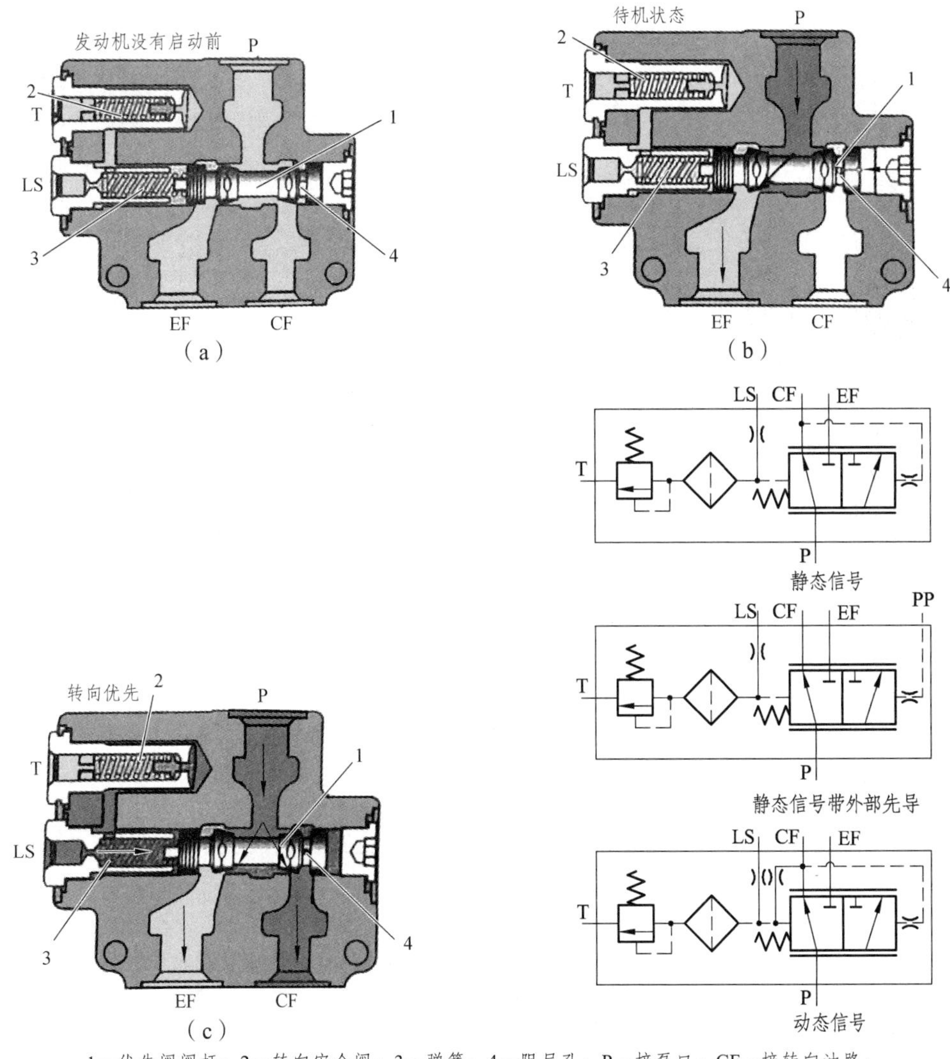

1—优先阀阀杆；2—转向安全阀；3—弹簧；4—阻尼孔；P—接泵口；CF—接转向油路；EF—接工作油路；LS—负载压力信号；PP—外部先导信号；T—接油箱。

图 6-28 优先阀

静态优先阀工作原理：如图 6-28 所示，发动机启动前，阀杆处于图 6-28（a）所示的初始位置，P 口为转向泵来油，T 口通油箱，CF 口通转向回路，EF 口通工作回路，LS 口通转向缸负载压力。启动发动机后转向泵来油，CF 口压力推动阀杆左移，打开 EF 口，除极少量油维持 CF 口压力外，绝大部分的油进入工作系统，如图 6-28（b）所示。转向时待机的 CF 口油进入转向器，于是 LS 口有负载压力，推动阀杆右移，如图 6-28（c）所示，转向泵来油优先供给转向系统，剩余的油继续进入工作系统。

2. 转向系统分析

图 6-29 所示为装载机定量双泵-优先阀-转向器-流量放大阀-转向油缸系统原理图。该转向系统采用定量双泵合流（转向泵与工作泵合流）、优先阀、转向器和流量放大阀组成的转向系统。转向系统的液压油由转向泵 1 单独提供，与转向泵串联的同一转速运转的小泵单独为全液压转向器和分配阀提供低压先导控制油源。

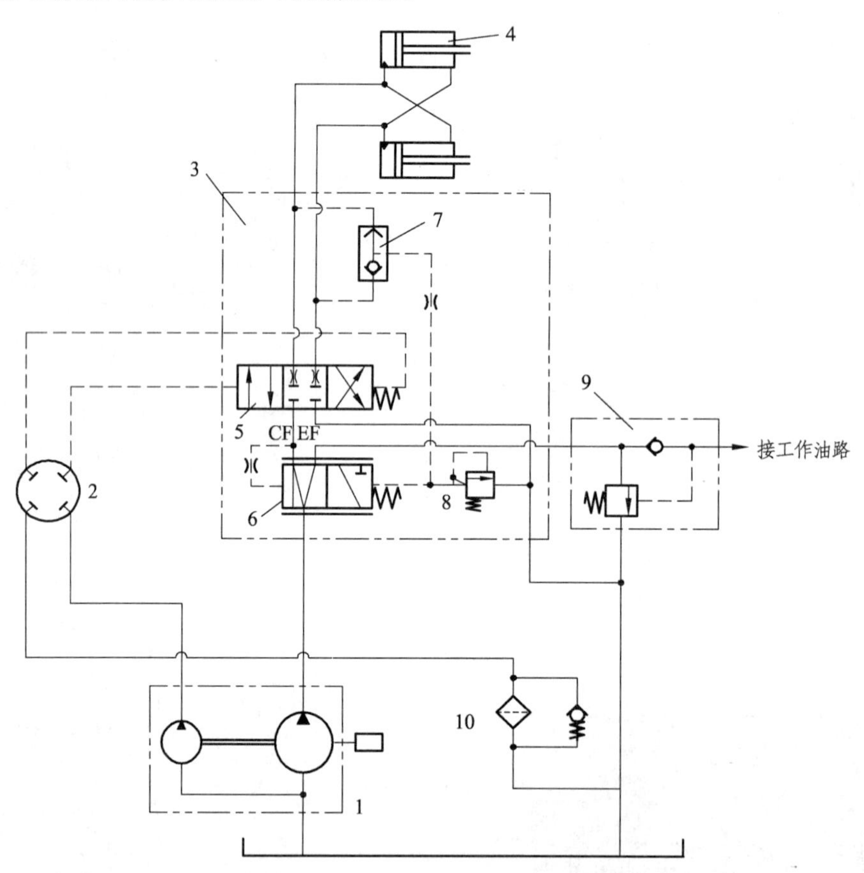

1—转向泵；2—全液压转向器；3—流量放大阀总成；4—转向油缸；5—流量放大阀；6—优先阀；7—梭阀；8—安全阀；9—卸荷阀；10—散热器。

图 6-29 定量双泵-优先阀-转向器-流量放大阀-转向油缸系统原理图

系统通过优先阀 6 优先满足转向功能，不转向时合流供给工作系统使用。流量放大阀总成 3 中集成了优先阀 6、流量放大阀 5、梭阀 7 以及转向安全阀 8。所谓流量放大，是指通过全液压转向器以及流量放大阀，保证控制油路的流量变化与主油路中进入转向缸的流量变化具有一定的比例，达到低压小流量控制高压大流量的目的。

系统工作原理如下：

当方向盘不转动时，中位断开，流量放大阀 5 主阀杆在复位弹簧的作用下保持在中位。发动机启动后，转向泵供油进入优先阀，由于流量放大阀 5 在中位，与转向油缸的油路被断开，压力升高，压力油作用在优先阀的左端使得优先阀阀芯右移，转向泵油源流向工作油路，转向油路仅仅维持少量压力油保持与优先阀右端的弹簧力平衡，优先阀处于待机状态。

当转动方向盘时，转向器排出的油与方向盘的转速成正比，先导油进入流量放大阀后，作用在流量放大阀 5 的主阀杆端控制主阀杆的位移，打开优先阀等待油液与转向油缸的通道，此时梭阀 7 检测到的负载压力作用在优先阀的右侧，使得优先阀向左移动，打开转向泵到转向油缸的油道，转向油缸进油实现转向。同时，优先阀去工作油路的阀口通道被关小，实现转向优先。通过控制转向器转速的快慢，从而控制进入转向油缸的流量，实现转向的快慢控制。

当停止转动方向盘时，转向器停止排油，流量放大阀阀杆在弹簧力的作用下回到中位，重新关闭优先阀到转向油缸的通道，转向停止，优先阀又回到待机状态，转向泵的油源通过优先阀再次合流至工作油路。

在转向过程中，当转向油路压力高时，优先阀阀芯左移，去转向油路的开口（CF 口）增大，去工作油路的开口（EF 口）关小；当转向油路压力低时，阀芯右移，CF 口关小，EF 口增大。当转向系统的压力大于安全阀 8 的设定压力值时，该阀打开溢流，优先阀阀芯右移，随着转向泵的压力继续升高，阀芯向右的位移越大，CF 口越关小，而 EF 口就越增大，直到 CF 口开度仅维持系统压力，绝大多数油进入 EF 口。

6.3.6 变量单泵-优先阀-转向器-转向油缸系统

变量单泵-优先阀-转向器-转向油缸系统原理图如图 6-30 所示。

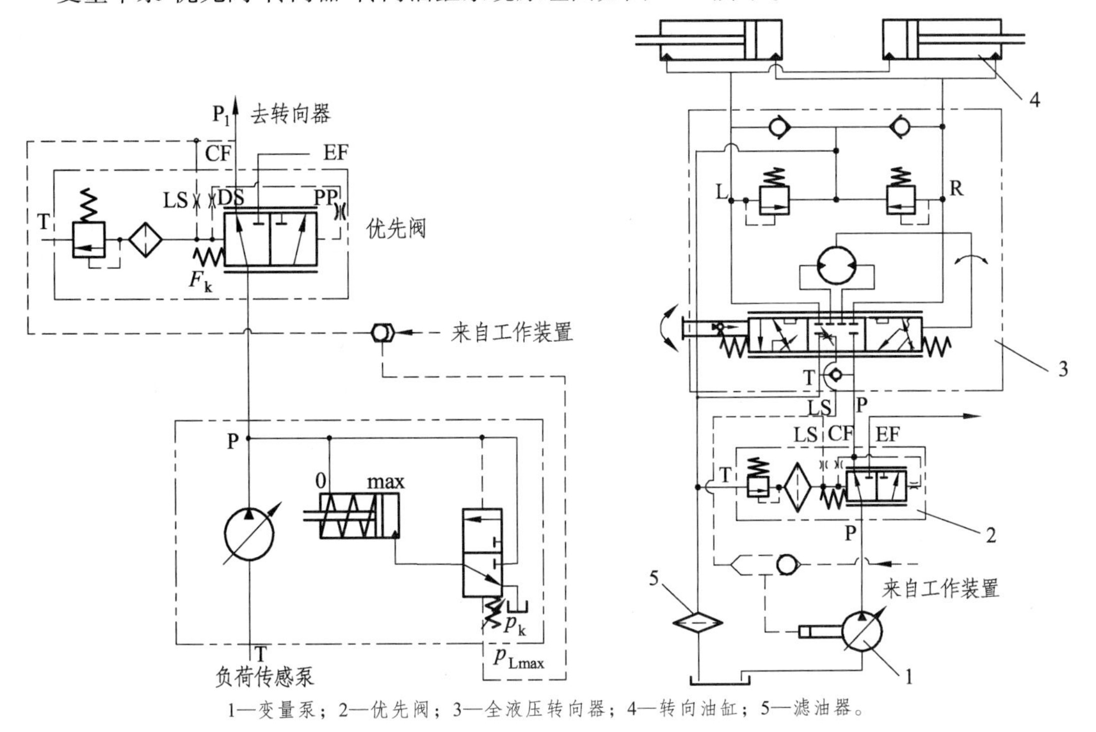

1—变量泵；2—优先阀；3—全液压转向器；4—转向油缸；5—滤油器。

图 6-30 变量单泵-优先阀-转向器-转向油缸系统原理图

图中各元件工作原理在前面章节已有分析，这里不再阐述。

图 6-31 所示为某装载机的转向液压系统，该转向系统采用的是泵转向器和转向阀组成的系统。由于在前面章节中已经详细介绍了转向系统，所以在此只给出液压系统原理图，不再具体分析其工作原理。在此只对行程切断阀 5、6 和转向油缸溢流阀 11 的作用进行说明：当装载机前后车架转向时，位于前车架上的机械限位块 14、15 与位于后车架上的行程切断阀 5、6 碰撞切断了来自供油泵的压力油，使得泵来油不能进入转向阀 12，从而保护液压系统和前后车架钢结构不受大的冲击。

转向油缸溢流阀 11 的作用：当装载机遇到比较大的外载荷时，可导致转向油缸受到很大的力，此时高压侧的转向油缸溢流阀开启，将高压油卸荷到低压的一侧，避免急剧上升的压力导致液压管路或其他部件损坏。

转向系统设置了一个应急转向泵 2，当发动机出现故障熄火或牵引车拖其运行时，应急转向泵能够启动为转向系统提供油源，使得装载机完成转向。应急转向泵为电机驱动的齿轮泵，装载机正常工作时该泵不工作。

6.4 制动机构液压回路

大中型工程机械，如铲斗容量为 4 ~ 5 m^3 的轮胎式装载机等，宜采用全液压式制动驱动系统。

1. 全动力液压制动系统

全动力液压制动系统目前已在国内外装载机等工程机械上广泛应用。下面以此为例介绍全液压制动原理，如图 6-32 所示。

根据工程机械的具体要求，该全动力液压制动系统可以设计成单回路、双回路或其他形式的回路。双回路液压制动可以是前轮制动器和后轮制动器各由一个回路控制，若其中任何一个回路的元件出现故障，另一个回路仍可正常工作，使整机制动更安全可靠，如图 6-32 所示。

对于双回路的液压制动系统，当双路充压阀用于分离式液压制动系统时，每个分回路都由一个踏板制动阀和一个蓄能器单独控制，充压阀同时给两个蓄能器供油，两个蓄能器则在急刹车时，分别给两个回路的制动器供油，既同时工作，又互不影响。

在驾驶员踩下踏板之前，系统压力与蓄能器压力相等，并保持平衡。踩下踏板后，踏板制动阀被打开，液压油通过踏板制动阀的调节流向制动器，制动器动作，产生制动力。根据驾驶员脚踏力的大小，踏板制动阀将调节制动系统的压力，从而使制动力或大或小。

当蓄能器的压力低于调定的下限值时，低压报警开关感知蓄能器的压力而动作，通过音铃或可视信号报警。

该全动力液压制动系统具有以下特点：制动脚踏板下装有制动阀，所以驾驶员只需以较小的脚踏力，便可使制动器得到相当高的制动压力，产生很大的制动力，并且脚踏力与制动压力成正比，驾驶员可以感觉到并正确判断制动力的大小；采用蓄能器和双回路制动系统，可保证行驶的安全性和制动的可靠性。

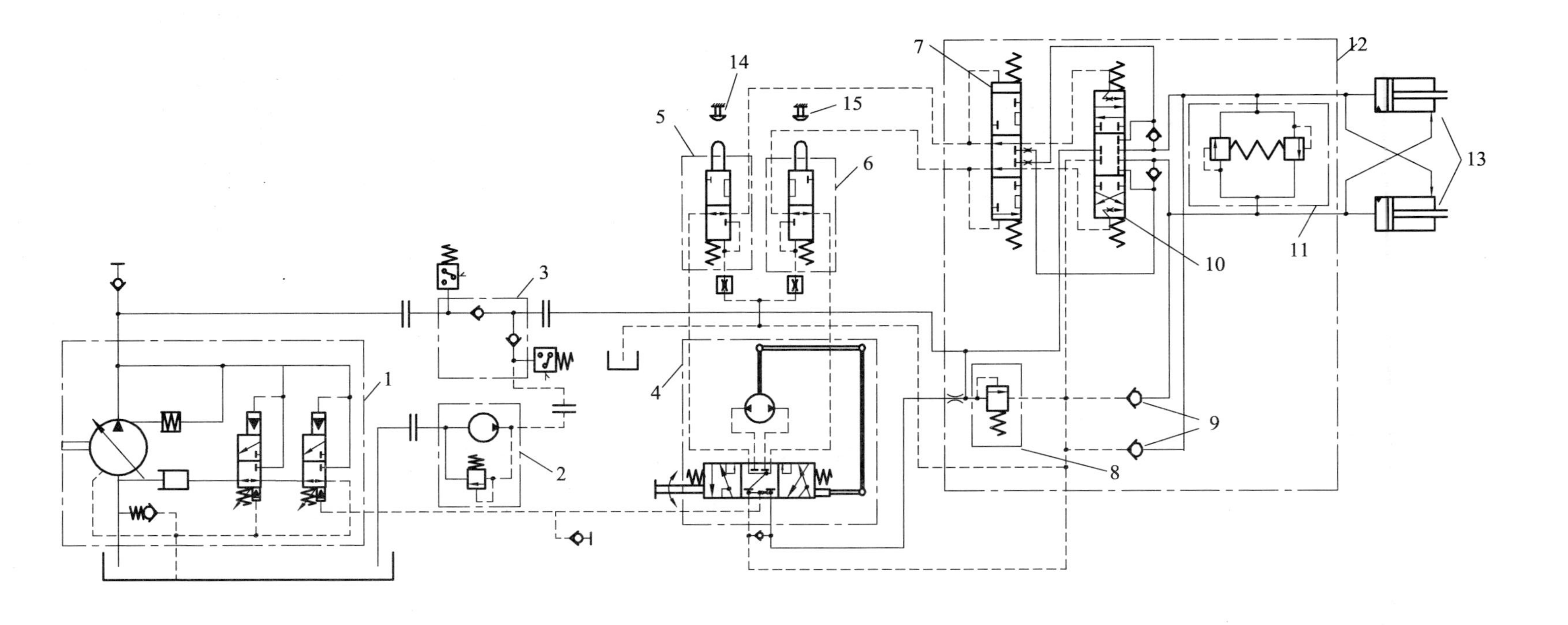

1—转向泵；2—应急转向泵；3，9—单向阀；4—转向器；5，6—行程切断阀；7—方向控制阀；8—过载阀；10—流量控制阀；11—转向油缸溢流阀；12—转向控制阀；13—转向油缸；14，15—机械限位块。

图 6-31 转向系统液压系统原理

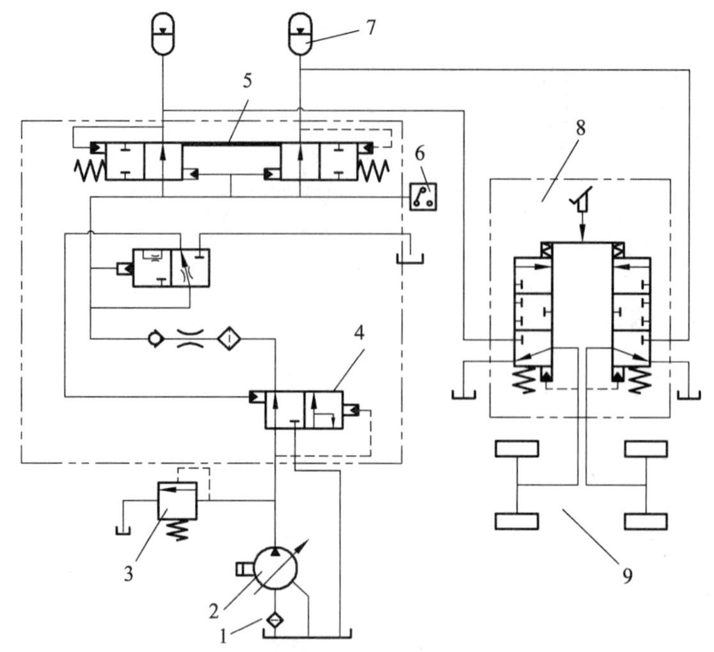

1—滤油器；2—液压泵；3—安全阀；4—充压阀；5—梭阀；6—低压报警开关；
7—蓄能器；8—踏板制动阀；9—液压制动器。

图 6-32 双回路闭式全液压制动系统

2. 某装载机的制动与散热液压系统

图 6-33 为某装载机的制动系统与散热风扇的液压系统原理图，制动与散热共用一个泵 1 供油，正常情况下制动系统流量不大，且蓄能器 8、9 间歇性充液，每次充液很短的时间内就能完成，因此，风扇系统与制动系统共用一个油泵。

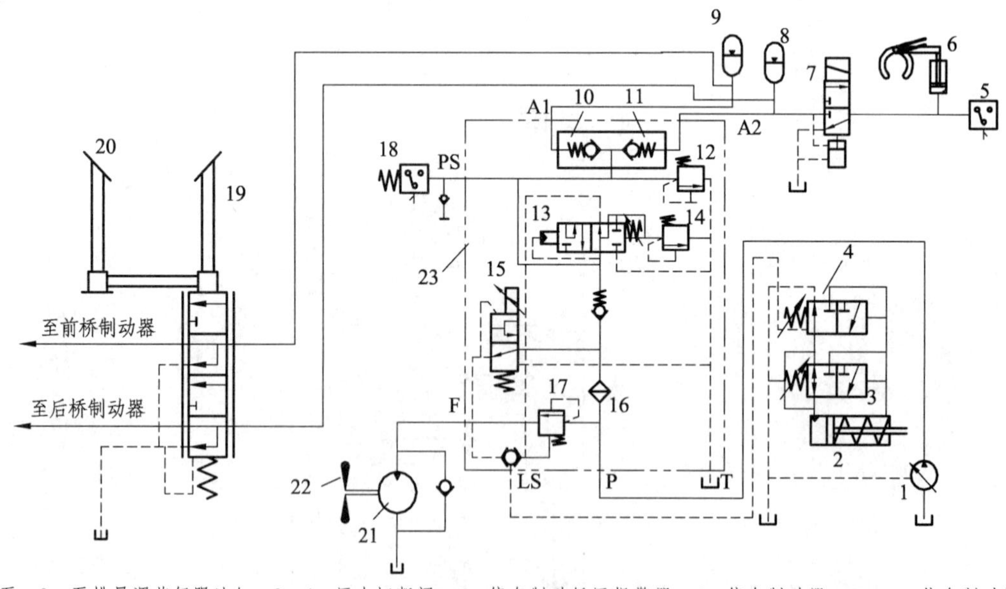

1—泵；2—泵排量调节伺服油缸；3，4—压力切断阀；5—停车制动低压报警器；6—停车制动器；7，19—停车制动阀；
8，9—蓄能器；10，11—单向阀；12，14—溢流阀；13—充液阀；15—电液比例减压阀；16—滤清器；17—顺序阀；
18—压力传感器；20—行车制动灯开关；21—冷却风扇马达；22—冷却风扇；23—双回路充液阀块。

图 6-33 制动系统与风扇系统的液压系统原理图

双回路充液阀 23 的 P 口接泵 1，A1、A2 口分别接行车制动用蓄能器 8、9，PS 口接压力传感器 18，F 口接冷却风扇马达 21，LS 口为负载信号压力输出口，接泵的控制阀弹簧腔，T 口接油箱。

当系统中任何一个蓄能器的压力小于最小设定压力时，例如蓄能器 8 的压力小于设定压力时，则双路充液阀中 A2 侧单向阀 11 开启，泵 1 开始向蓄能器 8 充液，充液时充液阀 13 阀芯处于右位工作，泵出口压力通过阀芯右位的阻尼孔成为一路负载信号压力，该负载压力经过梭阀提取再传至阀 4 的弹簧腔，调节泵 1 的输出流量，使泵的流量与充液工况的所需流量相适应；负载压力同时作用在顺序阀 17 的弹簧腔，使得在蓄能器充液过程中顺序阀 17 始终保持关闭，优先保证制动系统充液以及正常制动时的用油。当蓄能器压力达到最高设定压力时，A2 侧的单向阀 11 关闭，溢流阀 14 溢流，充液阀 13 阀芯在左端液压力的作用下向右移动，这个动作封闭了泵进入充液阀 13 的通道，同时使得顺序阀 17 弹簧腔的控制压力卸到油箱，顺序阀打开，泵来油进入风扇马达回路。溢流阀 14 的溢流动作只要一发生，充液阀 13 阀芯右移，在顺序阀 17 弹簧腔的控制压力卸到油箱的同时，充液阀 13 的弹簧腔也与油箱接通，于是溢流阀 14 就立即关闭，此时充液阀 13 左端的液压力始终压缩着充液阀 13 的弹簧。当连续制动导致蓄能器压力降低到一定程度时（这个压力值由充液阀 13 的弹簧力以及充液阀 13 的阀芯作用面积决定），充液阀 13 阀芯在弹簧力的作用下左移至图示位置，于是顺序阀 17 关闭，切断泵到风扇马达的回路，继续优先保证制动系统用油。如果泵 1 的排量足够供给两个系统同时用油，一般不会发生连续制动后风扇停止转动的情况。

该机采用前后桥双路、双踏板制动，最大限度地确保行车安全。例如，切断变速箱动力的行车制动用制动阀 19，当踩下制动阀 19 的踏板时，通过机械连杆机构带动制动阀 19 阀芯向下移动，同时接通两路蓄能器到前后桥轮边制动器的油道。制动踏板被踩下的同时，给传动系统一个控制信号，动力切断，并开启行车制动灯开关，行车制动灯亮。当制动踏板放松时，行车制动阀 19 阀芯在弹簧的作用下被推至最上端，蓄能器与轮边制动器油路断开，轮边制动器油路通油箱，制动解除。如果司机不切断变速箱动力，可用制动阀 19 的踏板，此时 19 的踏板不动，制动灯亮起，但变速箱动力没有切断。

停车制动过程：停车制动器为弹簧制动、液压释放，拉起停车制动阀 7，把停车制动器内的油卸掉为停车制动；按下停车制动阀 7，接通蓄能器压力油为解除制动。当蓄能器压力没有达到设定值时，停车制动低压报警器 5 灯亮，没有电信号给变速箱和工作装置，必须要等到蓄能器压力达到设定值，停车制动低压报警灯熄灭后才能开动机器，这是必要的安全措施。

风扇冷却系统：风扇冷却系统采用的是变量泵驱动定量马达的开式回路。阀 13 完成充液工作后，顺序阀 17 打开，泵 1 向风扇马达 21 供油。当温度传感器感应水温达到设定温度时，冷却风扇马达 21 带动风扇 22 开始转动，随着水温的升高，电液比例减压阀 15 逐渐向上移动，使其输出的压力信号也逐渐升高，从而使泵的排量增大，供给冷却风扇马达更多的流量，马达转速提高，冷却系统散热能力增强；当水温降低时，调节过程与上述相反。因此，风扇马达的转速随着温度的变化而变化，当系统不需要很强的散热能力时，泵的流量小一些；当系统需要很强的散热能力时，泵及时提供大的流量满足散热要求，这种散热系统根据散热量的需求自动调节泵的流量，从而达到节能的目的。

6.5　动力换挡变速器液压控制回路

动力换挡变速箱有定轴式（WG 系列）和行星式（PW 系列）两种形式，广泛用于各种工程机械中。

下面以定轴式 WG 系列为例介绍变速器动力换挡液压系统。图 6-34 为长中心距式变速器，离合器采用双离合器，所有轴固定不动，只承受弯矩。由于传动机构采用三自由度，因此同时控制两个离合器可得到一个挡位。图中 K_F、K_4 为前进挡离合器，K_R 为后退挡离合器，K_1、K_2、K_3 为前进后退共用离合器，因此理论上可以实现 9 个挡位，具体在产品应用中，可根据需要选择用哪几个挡，由换挡控制液压系统实现。

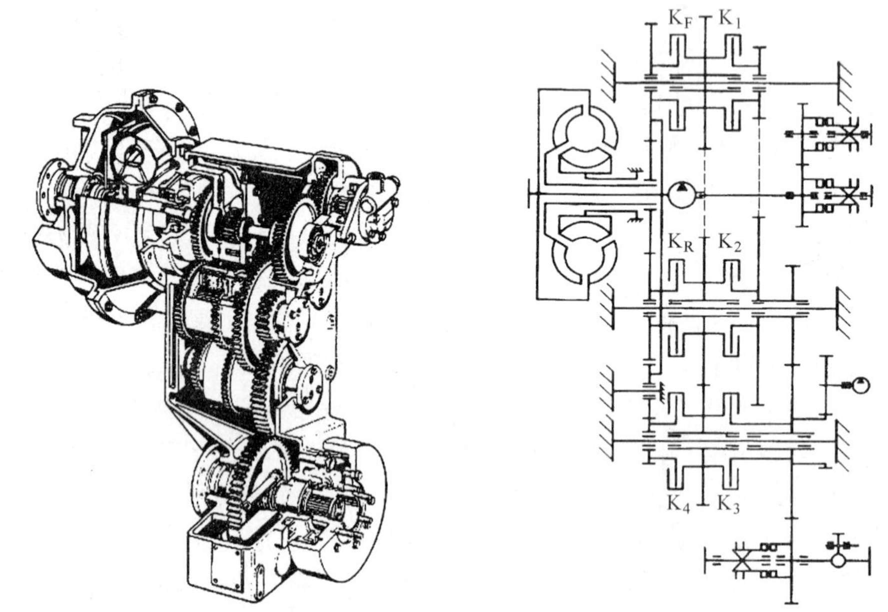

K_1，K_2，K_3，K_4，K_F，K_R—多片全盘离合器。

图 6-34　ZF 定轴式动力换挡变速器

图 6-35 为 ZF-4WG180 型变速器的手控液压系统。

1. 发动机运转，未挂挡

如图 6-36 所示，液压泵 2 的压力油经节流阀 4、调压阀 5 后，在 A6 处分流：一路经单向阀 10 后，因二位阀 11 断路，液流继续通向换挡操纵阀 12，向换挡离合器 K_1 液压缸供油；另一路经单向阀 9、压力油切断阀 14 通向倒顺挡阀 15 而断路。另外，主油路在 A3 处既分液流到变矩器，又经操纵管路到换向阀 8，油液经 B7 管使阀 11 转为通路（图示右位），从而使 A8、A6 管路以至 K_1 均卸载，液压泵 2 空载运行。

2. K_F+K_1 接合，挂前进 Ⅰ 挡

如图 6-37 所示，将倒顺挡阀 15 变换到前进挡（图示上位），压力油经 A7、阀 14、A9、B1 到换挡离合器 K_F；另一路从 B1 分流到操纵油路，从而使换向阀 8 换到图示右位，使 B7 管油液卸载，阀 11 换位而断路，压力油经 A6、单向阀 10、换挡操纵阀 12 使换挡离合器 K_1 接合，K_F+K_1，机器以 Ⅰ 挡前进。

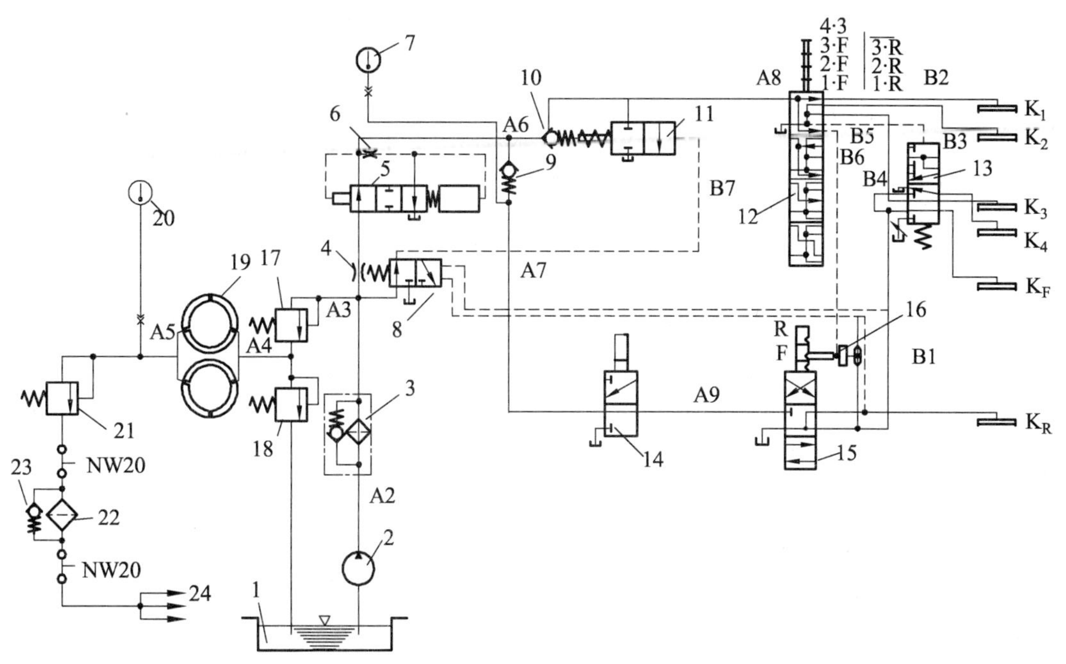

1—油箱；2—液力变矩器与变速器换挡用液压泵；3—滤清器；4，6—节流阀；5—调压阀；7—仪表板上的油压表；8—换向阀；9，10，23—单向阀；11—二位阀；12—换挡操纵阀；13—辅助换挡阀；14—压力油切断阀；15—倒顺挡阀；16—倒挡锁；17—压力阀；18—变矩器溢流阀；19—液力变矩器；20—仪表板上的变矩器出口温度表；21—变矩器控制阀；22—滤油器；24—通向润滑点。

图 6-35 ZF-4WG180 型变速器的手控液压系统

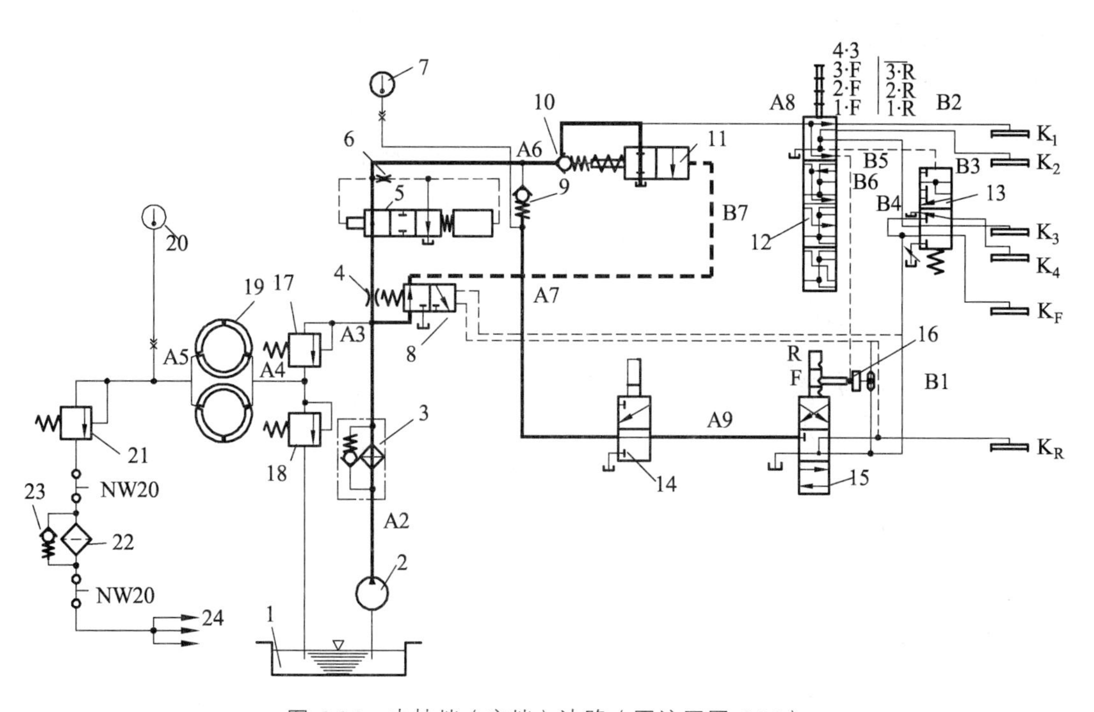

图 6-36 未挂挡（空挡）油路（图注同图 6-35）

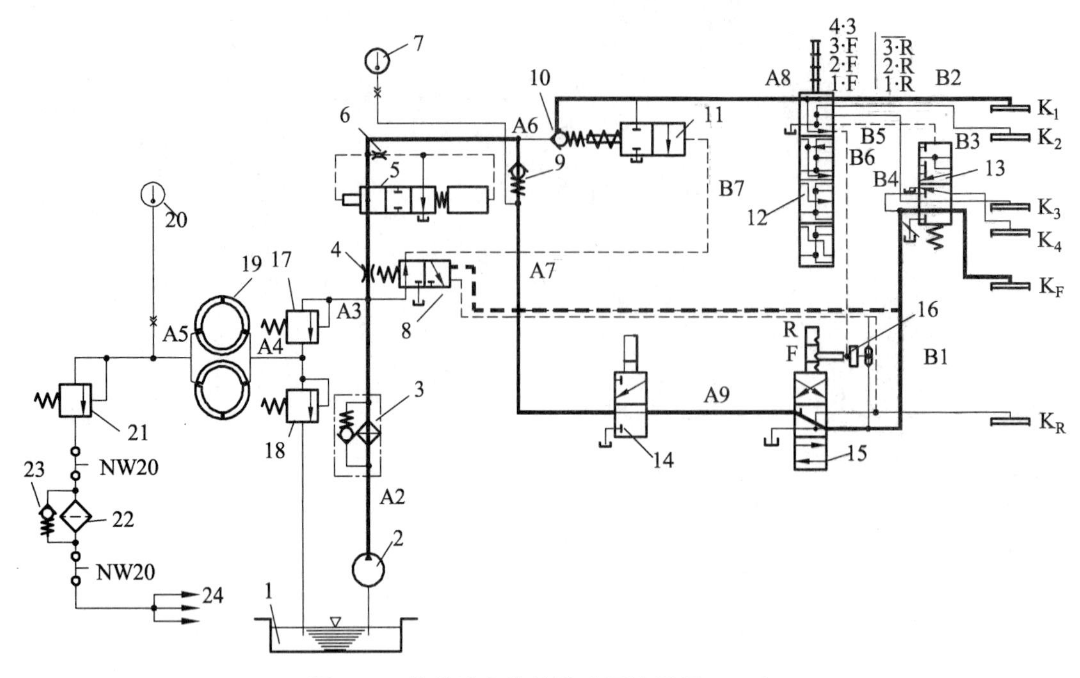

图 6-37 挂前进Ⅰ挡油路（图注同图 6-35）

3. K_4+K_3 接合，挂前进Ⅳ挡

如图 6-38 所示，可类似地依次换入前进Ⅱ挡与前进Ⅲ挡，但前进Ⅳ挡略有不同，压力油从 A8 进入 B5 管，使辅助换挡阀 13 换位（换到图示上位）。B1 管道通向 K_F 离合器的油路被切断，离合器 K_F 中的油排入油箱，K_F 分离；B1 管通向换挡离合器 K_3、K_4 的油路经阀 13 接通，使 K_3、K_4 接合实现前进Ⅳ挡。

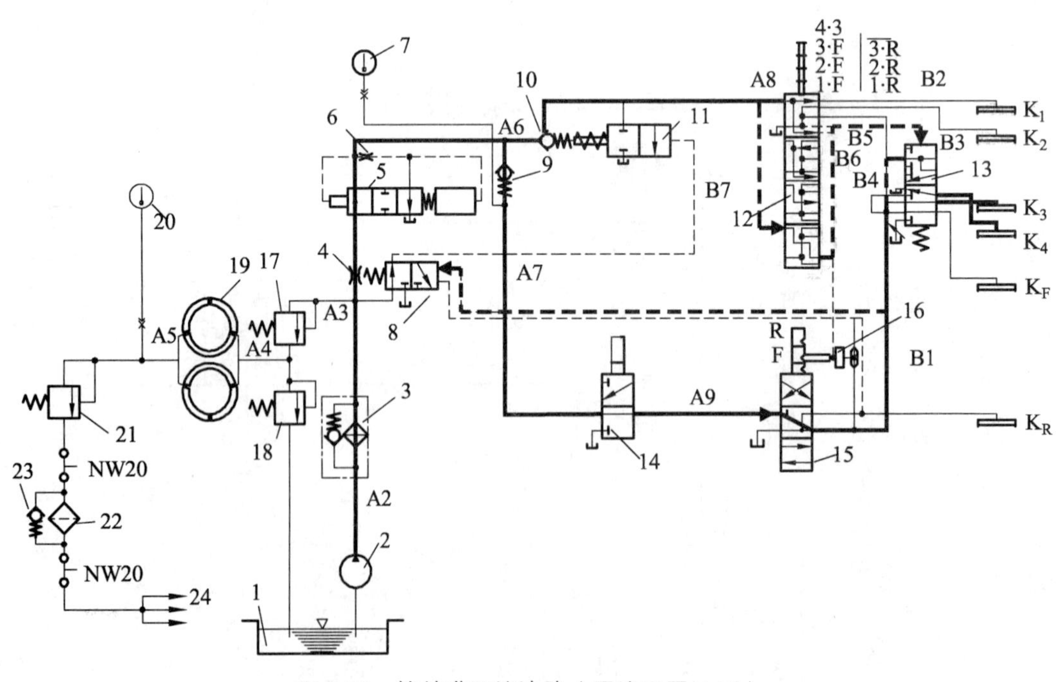

图 6-38 挂前进Ⅳ挡油路（图注同图 6-35）

4. 倒　挡

把倒顺挡阀 15 换至图示下位，换挡阀 12 分别换至 1、2、3 工作位，则可实现三个倒挡。但辅助换挡阀 13 不在系统油路以内，不能实现倒退Ⅳ挡。

复习思考题

1. 工程机械转向有哪几种方式？绘制简图，说明其转向原理及分别适用的机种。

2. 液压转向系统一般是一个闭环反馈系统，其反馈方式有哪几种？各有什么特点？

3. CLG842 型装载机的转向系统的液压原理图如图 6-39 所示，其采用了优先转向和双泵合流技术，请结合工程机械构造学转向系统及液压系统相关基础知识，分别说明此转向系统的工作原理、结构特点，并说明优先转向和双泵合流两项技术的内涵和优点。

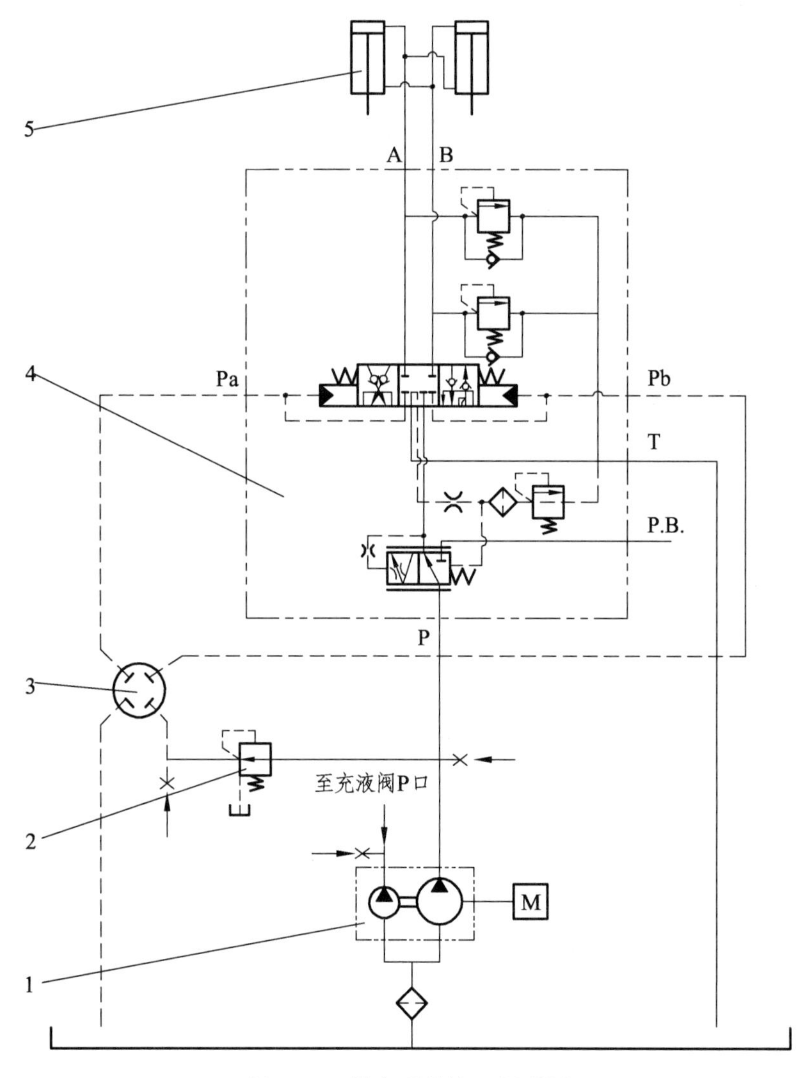

图 6-39　转向系统液压原理图

4. 分析挖掘机行走要求，设计一种液压驱动方案，分析基本液压回路，拟定液压系统原理图。

5. 根据转向系统的结构组成以及转向原理，给 ZL50 型装载机设计一种动力转向方案，分析基本要求，绘出方案图和液压系统原理图。

第7章 挖掘机液压系统

7.1 挖掘机概述

1. 挖掘机的功能及类型

挖掘机类型很多，本书主要介绍单斗液压挖掘机的液压系统。单斗挖掘机不仅作土石方的挖掘工作，而且通过更换工作装置实现一机多用，可以用作起重、装载、抓取、打桩、钻孔等多种作业，在基础工程、建筑、交通运输、水利设施、露天采矿及现代化军事工程中都有着广泛的应用。

根据行走机构的不同，单斗液压挖掘机可分为履带式、轮胎式、汽车式、悬挂式及拖式多种形式。履带式挖掘机应用最广，它在任何路面行驶时，均有良好的通过性，对土壤有足够的附着力，接地比压小，作业时不需设支腿，适用范围大。土质松软或沼泽地带还可采用加宽和加长履带来降低接地比压。轮胎式挖掘机具有行走速度快、机动性好的优点，可在多种路面通行。

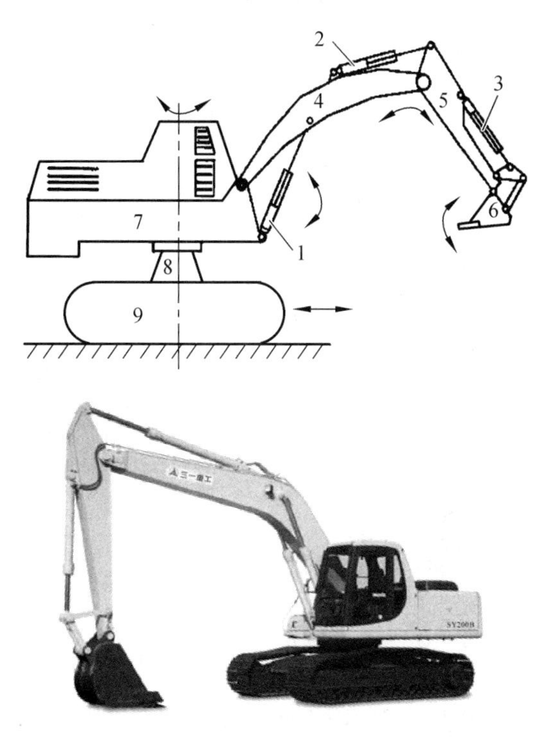

1—动臂缸；2—斗杆缸；3—铲斗缸；4—动臂；5—斗杆；6—铲斗；7—上部机构（转台）；
8—上下部连接机构；9—四轮-履带。

图 7-1 SY200B 履带式单斗液压挖掘机

2. 总体构造

SY200B 型挖掘机如图 7-1 所示，总体由下面几大部分组成：

底盘四轮一带：驱动轮、导向轮、支重轮、托链轮、履带等。通过旋转接头将液压油引入走行液压马达，驱动链轮旋转，每一侧履带分别通过一个液压马达驱动，使整机运行。

工作装置：动臂、斗杆、铲斗。工作装置通常是多自由度连杆机构的应用，为反铲六连杆机构，3 个自由度，由三个液压缸（分别为 1、2、3）驱动动臂 4、斗杆 5 和铲斗 6 动作，在行程范围内完成挖掘作业。

回转装置：驱动上部转台 7 回转，执行元件采用液压马达完成回转，驱动方式为液压马达加减速器，即高速方案。

电控系统：采用 PLC 控制，触摸显示屏。

液压系统：可划为以下四个部分。

（1）液压泵及其控制系统（包括与发动机综合控制）；

（2）多路阀液压系统；

（3）多路阀操纵和控制系统（包括液压操纵和电操纵）；

（4）各液压执行元件液压子系统：包括动臂、斗杆、铲斗、回转和行走液压系统及附属装置液压系统。

目前，挖掘机的液压化程度越来越高。工作装置全液压化，大部分液压挖掘机的行走部分也都采用了全液压传动，这种液压传动形式的机械结构大大简化，因而易于改型和发展新品种。图 7-2 为液压技术在挖掘机上的应用。

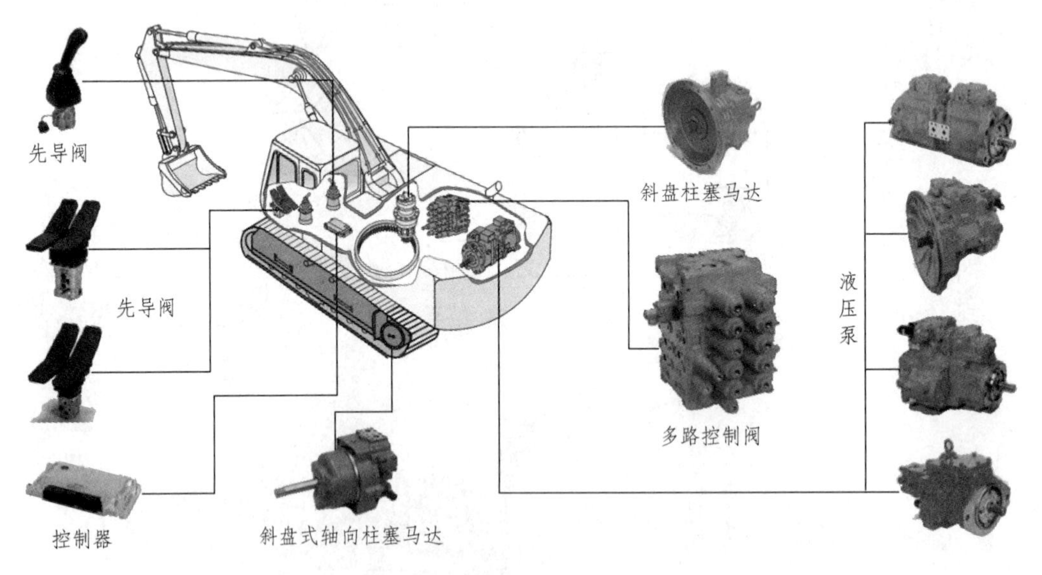

图 7-2　液压传动与控制技术在挖掘机上的应用

挖掘机的能量转换路线（见图 7-3 ~ 图 7-6）是通过柴油机把柴油的化学能转化成机械能，再由液压泵将机械能转化为液压能分配至各执行元件，如液压油缸、回转马达、行走马达和减速机等，最终由各执行元件将液压能转化为机械能，以此来实现工作装置的运动、转台的回转运动和整机的行走运动。

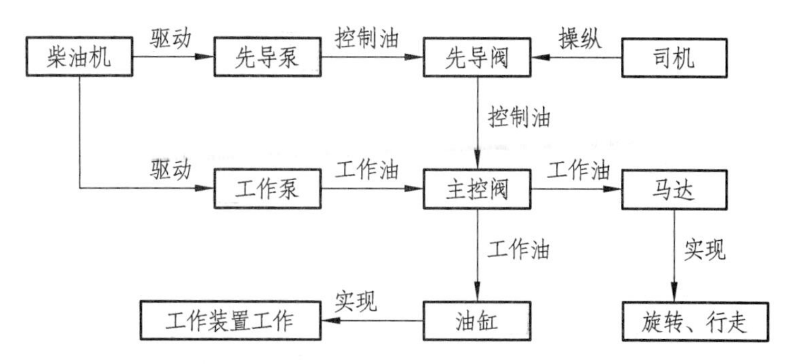

图 7-3　挖掘机液压传动与控制系统组成框图

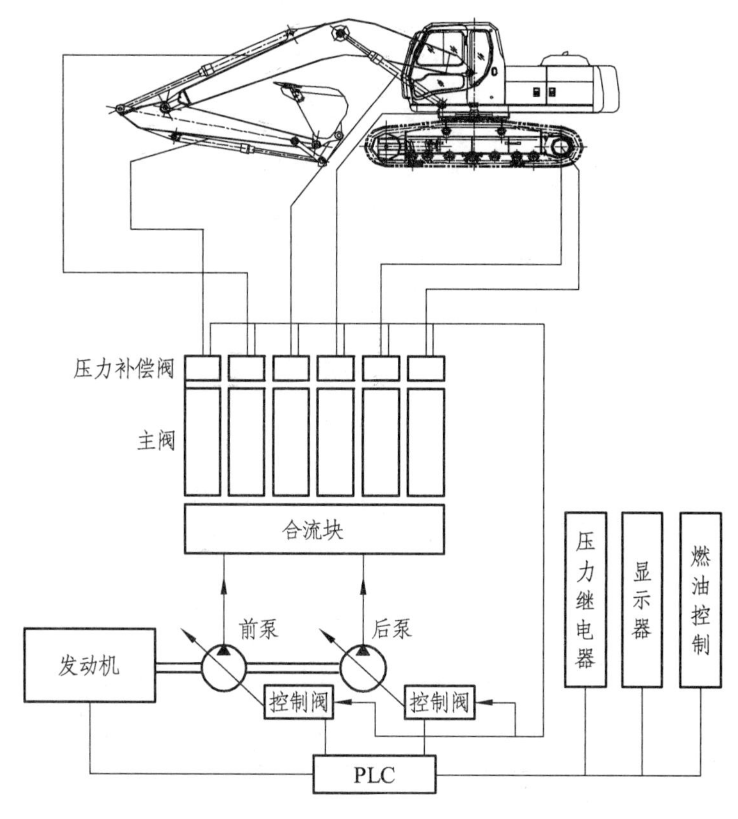

图 7-4　SY200B 型挖掘机动力传递图

图 7-7 为某型挖掘机总体液压系统原理图。系统由主油泵控制回路、转台回转驱动回路、多路阀控制回路、行走驱动回路组成。总系统采用三泵供油系统，小排量泵为先导泵，主泵采用双泵供油，主油泵控制分析详见 7.2 节内容。主泵 1 经 A1 油路直通供油道：按右行走马达、液压镐、动臂、铲斗优先次序供油。主泵 2 经 A2 油路直通供油道：按左行走马达、回转、斗杆优先次序供油，详细分析见 7.3 节多路阀控制系统。转台回转驱动系统和行走驱动系统分析见 7.4 和 7.5 节。

图 7-8 所示的某型挖掘机总体液压系统由主油泵控制回路、先导控制回路、转台回转驱动回路、多路阀控制回路、行走驱动回路组成。主油泵与图 7-7 所示的挖掘机主泵不同，复合控制方式也不同。

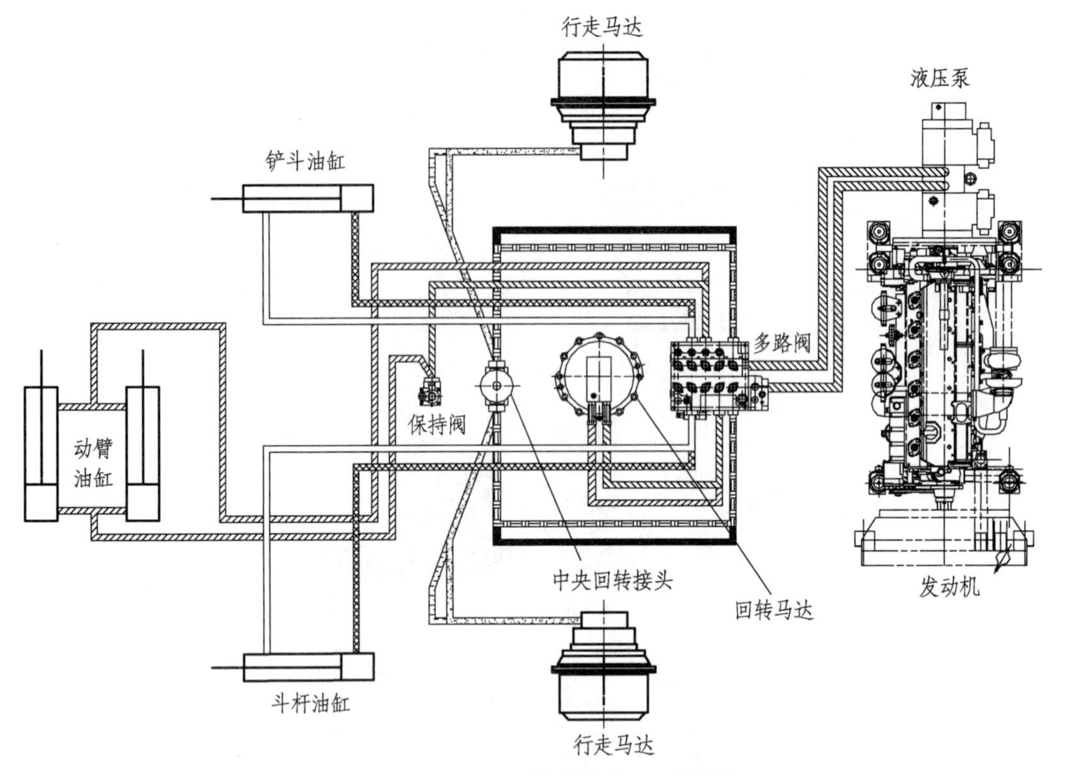

图 7-5　SY200B 型挖掘机液压系统图

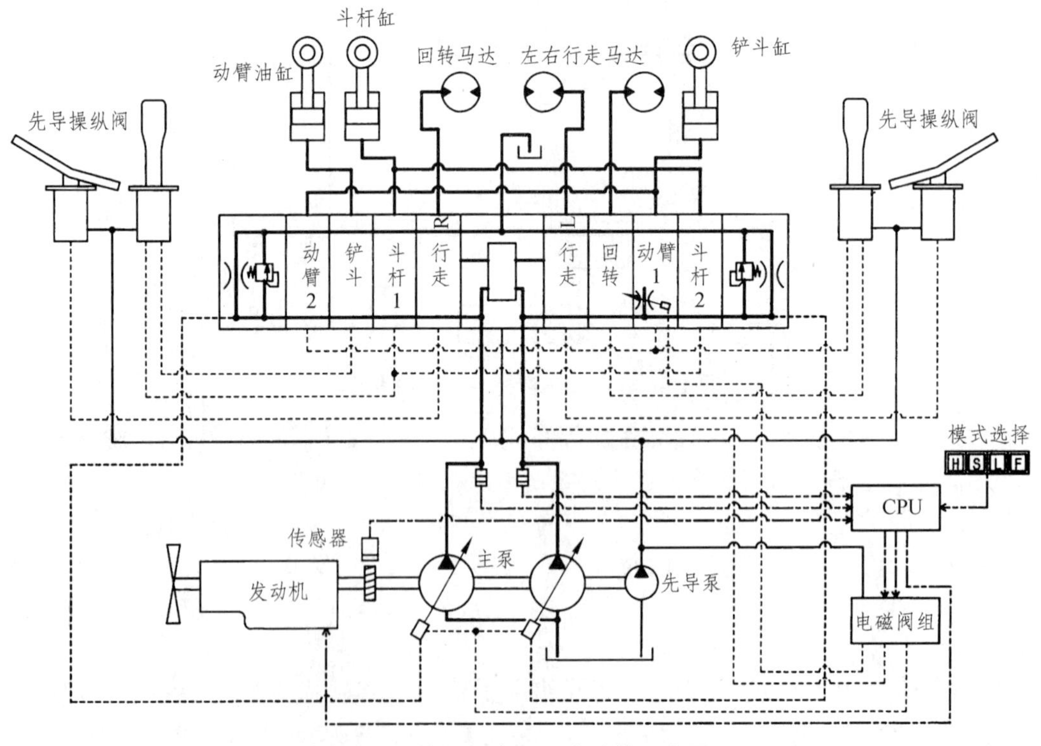

图 7-6　挖掘机液压系统总体示意图

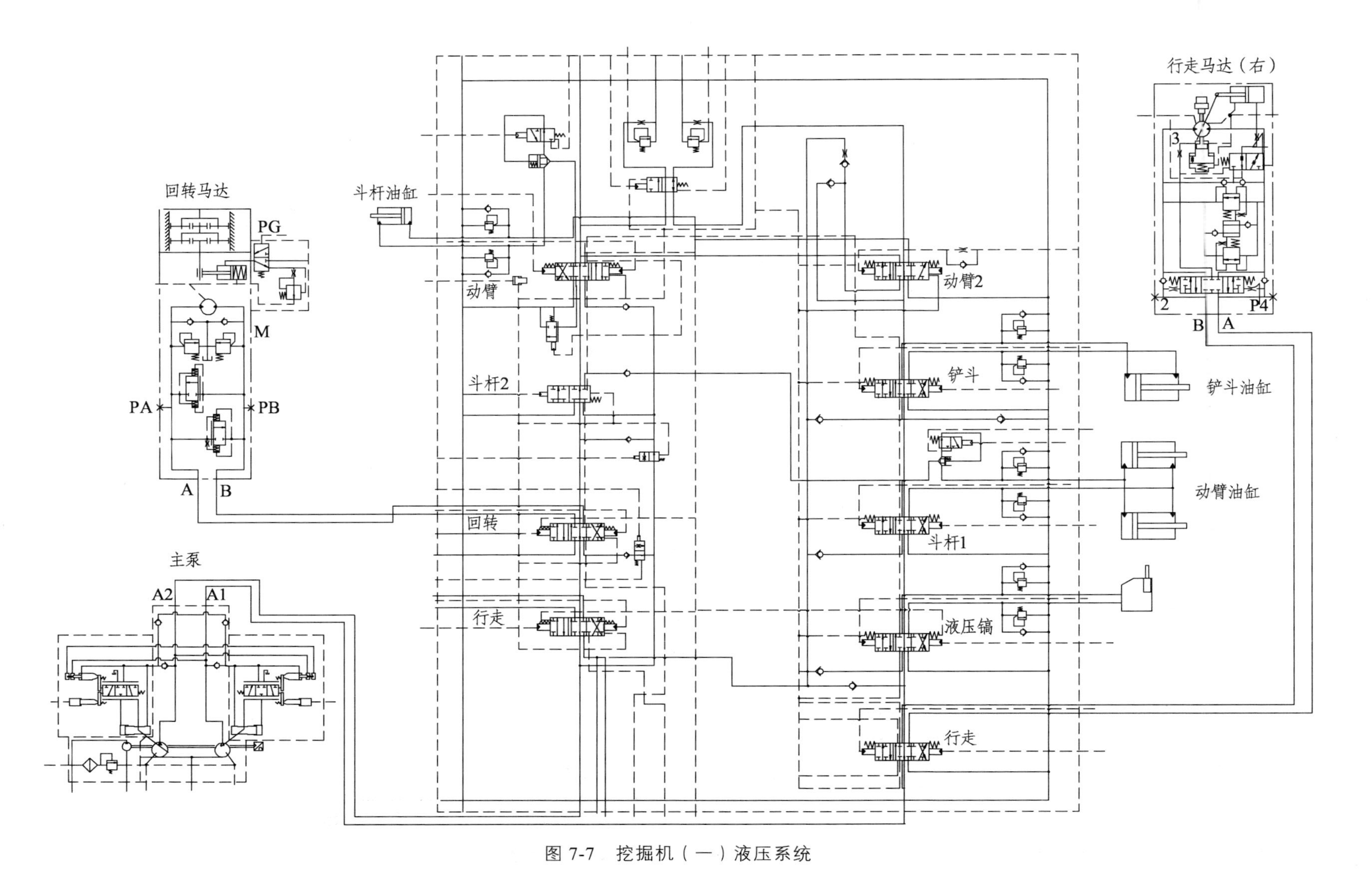

图 7-7　挖掘机（一）液压系统

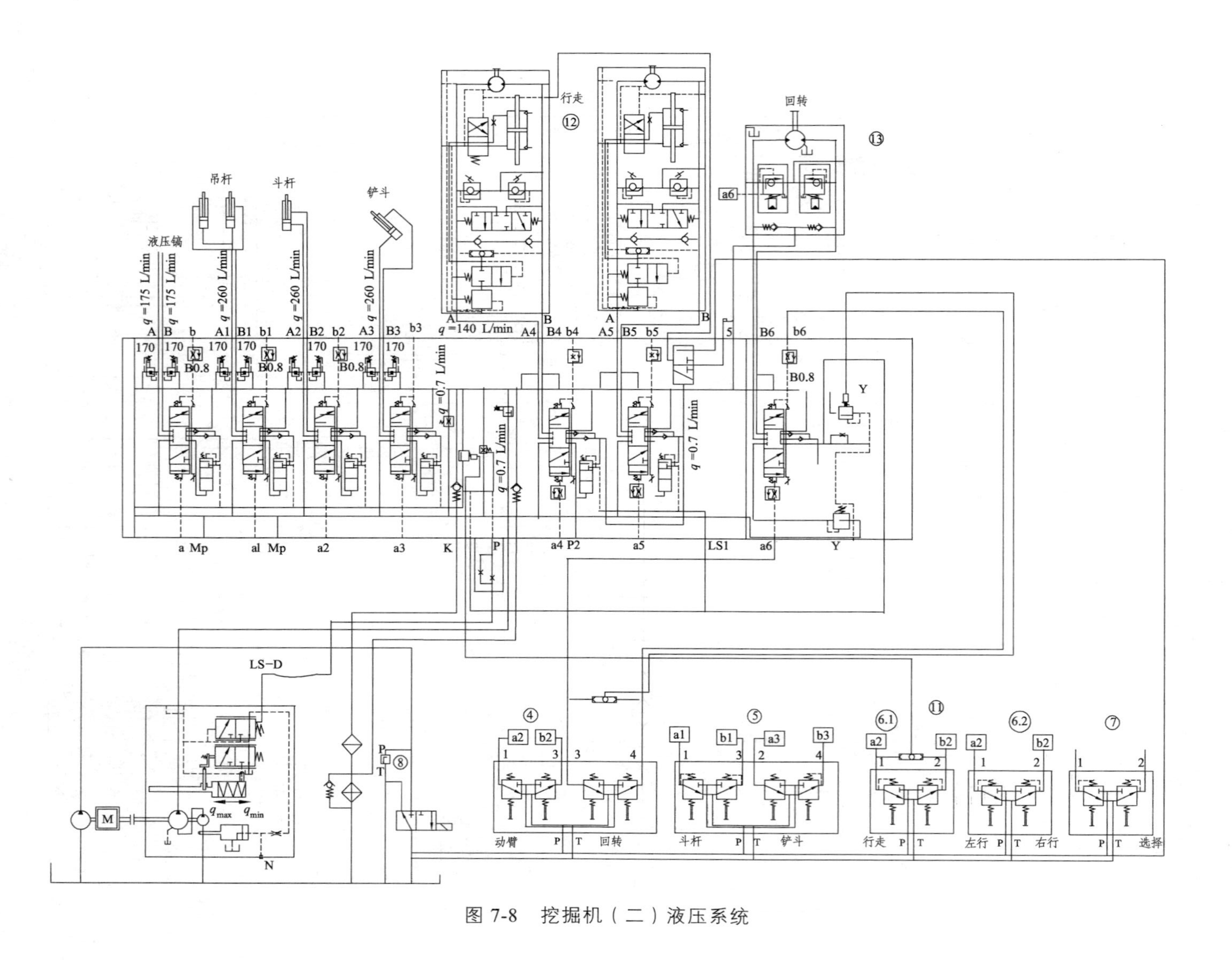

图 7-8 挖掘机（二）液压系统

7.2 主油泵控制分析

下面以图 7-7 所示的挖掘机液压系统为例，对其主油泵控制进行分析。如图 7-9 所示，该挖掘机主油泵采用的是三泵动力系统，其中 P3 为先导泵，P1、P2 为变量双泵，复合了双泵全功率控制、变功率控制、中位负流量控制（工作原理见第 2 章）。全功率变量可以使两泵功率之和保持恒定，主要是当执行单泵动作时，此泵可吸收另一不工作的液压泵功率，充分发挥柴油机的功率。

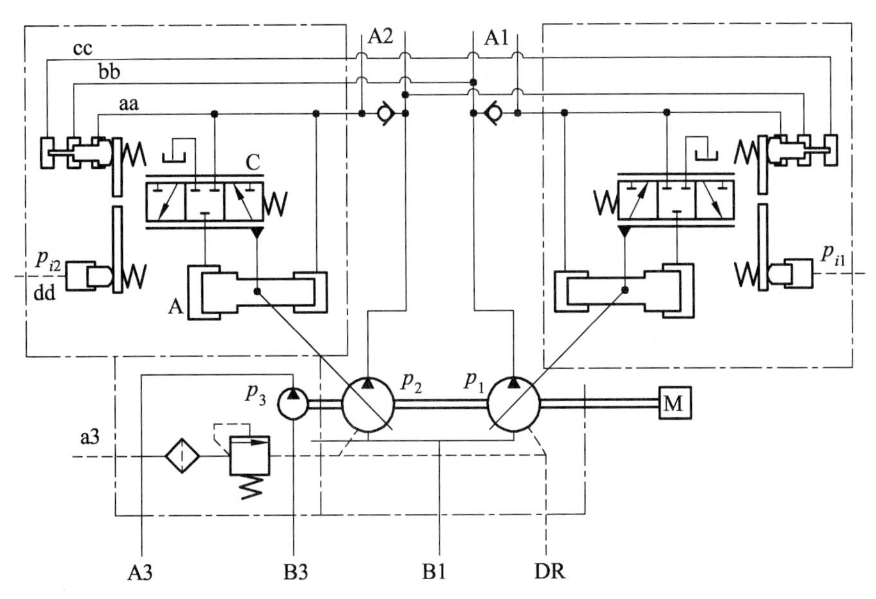

A—变量活塞；B—高压切断阀（图中未画出）；C—功率调节阀；aa—本泵功率控制；bb—交叉功率控制；cc—变功率控制；dd—中位负流量控制；p_{i1}、p_{i2}—压力控制信号。

图 7-9 主油泵控制图

7.2.1 功率控制分析

系统采用的双泵全功率控制和变功率控制原理见第 2 章。

1. 工况模式设定

挖掘机进行的作业内容有挖掘、装载、挖沟、填埋、整修、搬运、破碎和平地等。所遇到的作业对象变化较大，有软性黏土、松沙质土、紧密沙质土、较紧密砂砾混合土、砂砾原石和软岩等。另外，使用方式和要求也不同：有时追求最大作业量，要求发挥最大功率，进行强有力地掘削；有时强调燃料经济性，生产率要求不突出，进行一般挖掘和装载工作；有时则重视精度和安全，进行精细工作和微调作业，在窄小的场地进行操作。为了适应不同作业和使用工况，满足人们的使用愿望，就需要进行分工况控制，根据作业工况和使用要求来对发动机和液压泵进行优化设定，控制发动机油门开度和液压泵排量。同时，还对阀和液压马达进行设定控制，以适应不同作业工况的需要。

在不同的作业内容、作业对象、使用方式和要求下，发动机的动力设定（油门开度）和液压泵的功率设定是不一样的。因此，要求根据需要调节发动机的功率输出（油门开度），同时对液压泵进行变功率控制，如图 7-10 所示。变功率控制有以下几种功率控制模式：

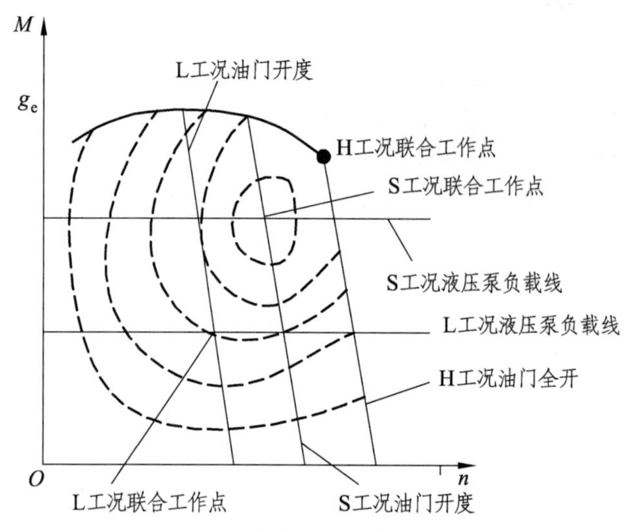

图 7-10 各工况发动机和液压泵匹配情况

1）H 工况模式

H 工况模式为重掘削动力模式（Heavy Digging Mode）和高生产率模式（High Production Mode），是重负荷作业模式，适用于重型挖掘，采用全功率匹配。

2）S 工况模式

S 工况模式为节能模式（Saving Power Mode），为标准作业模式，适用于一般挖掘及装载。发动机减小油门，降低输出功率，液压泵也相应降低吸收功率，使两者工作在发动机和液压泵联合工作的最高效率处。

发动机和液压泵在发动机万有特性曲线上匹配如图 7-10 所示。从图中可见，S 工况联合工作点在万有特性最低 g_e 处附近。

3）L 工况模式

L 工况模式为轻载作业模式（Light Mode），适用于轻型挖掘，如起重、平地作业等。发动机油门关得较小，液压泵的功率设定也较低，其匹配情况如图 7-10 所示。

4）F 工况模式

F 工况模式为精细作业模式（Fine Control Mode），适用于精细操作，使作业装置动作较慢，如铺设管道、整理作业等。

因此，挖掘机工况模式控制是发动机和液压泵的联合控制，是作业工况、发动机和液压泵的匹配设定，其控制系统如图 7-11 所示，可以根据工况选择动力控制模式。

通过工况控制开关选择动力模式，输入控制器，经处理后控制器对电液比例压力阀输出控制电流，不同模式输出不同的控制电流值，通过电液比例压力阀变为不同的控制液压信号，如图 7-9 中的 cc 变功率控制，经液压泵排量控制机构控制，得到各动力模式液压泵控制特性，如图 7-12 所示。

与此同时，按照所选择的模式，控制器对控制油门开度的步进马达输出相应的电信号，按模式要求控制发动机转速（油门开度）。

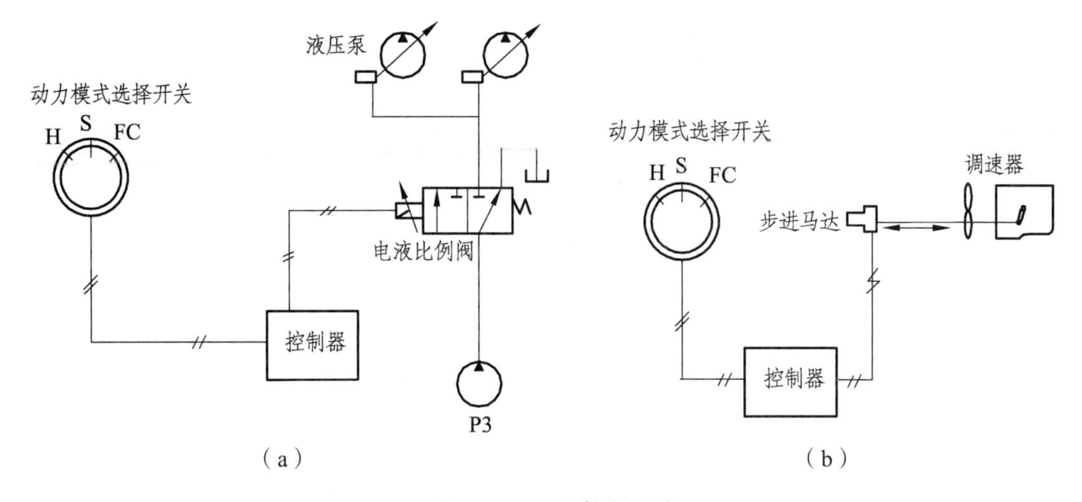

图 7-11　工况控制系统

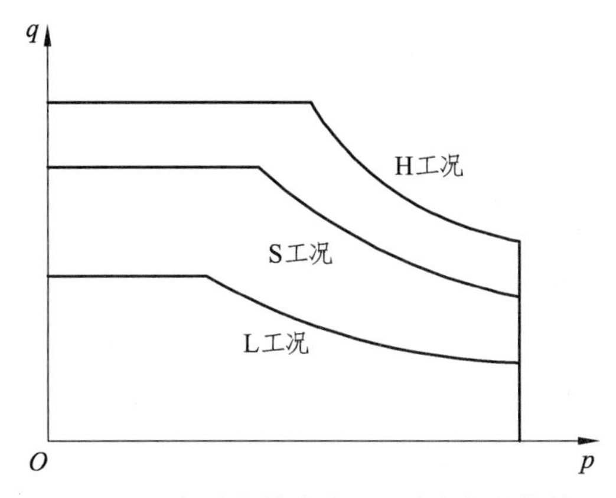

图 7-12　各动力模式液压泵功率控制特性

从图 7-12 液压泵功率控制特性中可知，S 工况和 L 工况液压泵的最大流量因发动机转速而相应下降，有些挖掘机 L 工况通过减小液压泵最大排量进一步使 L 工况液压泵最大流量降低。

恒功率曲线段由于发动机转速的降低，S 和 L 工况恒功率曲线都随发动机转速相应下降。一般在 H 工况有转速感应控制，使发动机保持在最大功率点工作；S 工况也可有转速感应控制，使发动机保持在油耗较低的经济转速工况；L 工况一般不需转速感应控制。

2. 工况控制操纵方式

发动机油门开度采用点操纵，可以司机手动操纵，也可以微机控制自动操纵。油门驱动采用步进马达直流电机或比例电磁铁。

1）发动机油门手操纵

一般采用旋钮或杠杆操纵的电信号器来设定油门开度，输入控制器发出电信号驱动步进马达来操纵油门开度，由油门开度传感器检出油门开度，反馈输入控制器实现位置反馈控制。手油门操纵控制系统框图如图 7-13 所示。

为了使旋钮转角、油门开度转角和发动机转速三者相对应，需要正确标定。

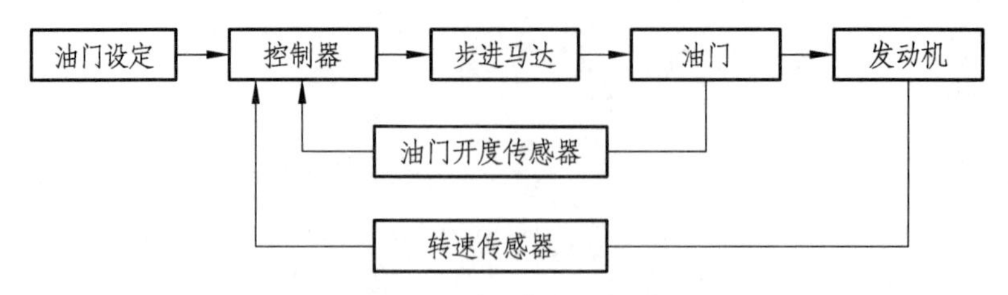

图 7-13　手油门控制系统框图

2）模式开关工况控制

由工况的模式开关自动设定油门开度和液压泵的功率。图 7-14 为工况控制系统框图。

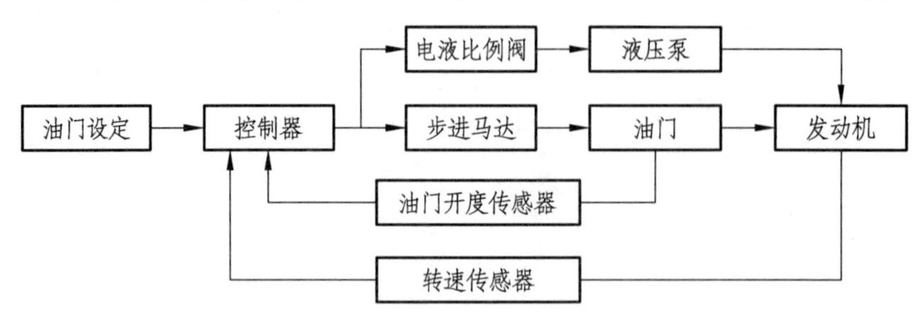

图 7-14　模式开关工况控制系统框图

7.2.2　流量控制分析

挖掘机是大功率长时间工作的机械，能量消耗很大，燃料消耗量涉及使用成本和经济性，同时与环境负荷密切相关，排放已成为世界性的重大问题，不容忽视。

挖掘机存在以下三种工况能量损失。

1. 操纵阀中位时能量损失

工作装置停止作业，各操纵阀处于中位，此时液压泵只需供应很少量液压油冲洗润滑系统，使液压泵处于待命状态，一旦系统要求工作即可快速响应。中位时液压泵供应压力只需克服管道阻力和为防止气蚀而设的背压，系统压力不高，但变量泵由于采用恒功率控制流量却很大，因此有不小的能量损失，如图 7-15（a）所示。

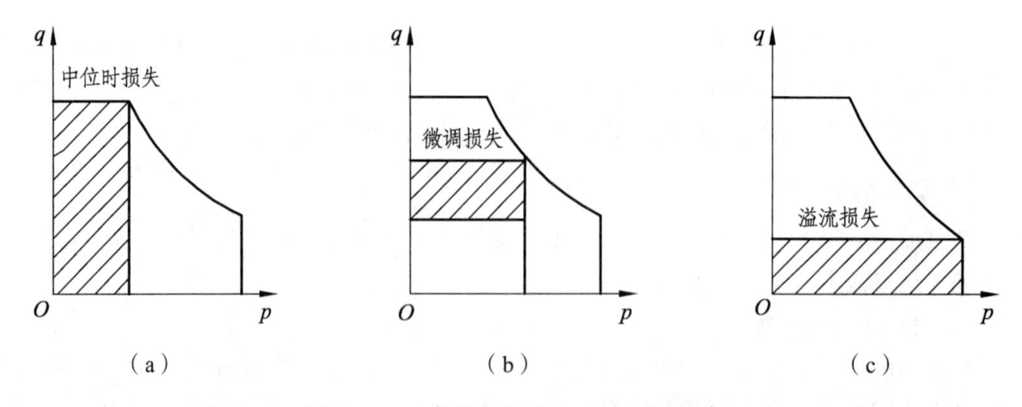

图 7-15　一般挖掘机液压系统能量损失

2. 微动操作时能量损失

液压挖掘机需要精细作业微动操纵控制，一般采用通过控制操纵阀开度进行节流调速，将部分油溢流回油，这部分的能量损失如图 7-14（b）所示。

3. 过载溢流时能量损失

当挖掘机掘削时遇硬石块掘不动，为了防止过载损坏机械，液压安全阀打开，压力油通过安全阀溢流回油箱，产生过载溢流能量损失。其能量损失如图 7-15（c）所示。

以上这些在使用中产生的能量损失主要是流量损失，而油压力是完成工作所必需的，因此为减少上述能量损失的节能控制，实际上是按需流量控制，使泵流量按实际需要输出，避免不必要的流量损失。

因此，在液压泵控制中，设置了负流量控制。图 7-9 中 dd 为泵的负流量控制，以达到按需流量控制，实现节能。

如图 7-16 所示，当多路阀处于中位时，P_1、P_2 通过阀的中位油道，最后经过 NR1、NR2 节流后回油箱，在节流口 NR1、NR2 前取得压力信号 FL、FR，就可以控制主泵的排量。

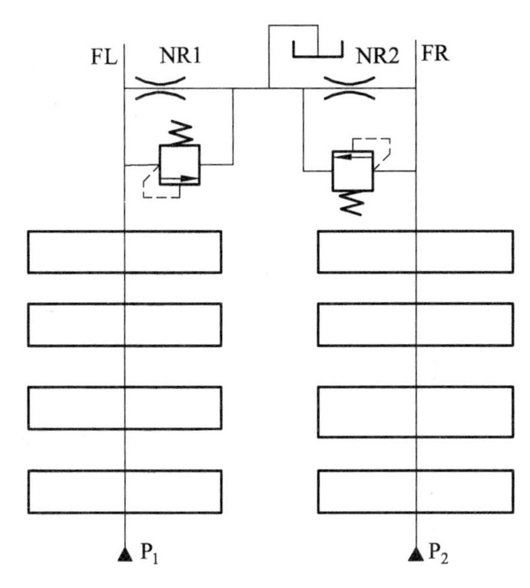

图 7-16　中位负流量控制

如图 7-17 所示，在回油路上设置阻尼孔 6、7，取其入口端压力信号去控制变量泵排量，压力越高，排量越小。

因此，负流量控制的优点集中体现在流量损失控制上，由于旁路流量引起的压力对主泵排量的调节，使负流量系统成为闭环控制系统，当下游的流量需求发生变化时，流量变化信息及时反馈到流量供给元件，并使系统的流量重新达到平衡。与传统的恒功率变量控制相比，负流量控制克服了泵总在最大流量、最大功率、最大压力下工作的极端状态，节能效果明显。

7.2.3　压力控制分析

图 7-7 所示挖掘机液压系统没有设置压力切断控制。

图 7-18 所示在双泵的控制中设置了压力切断控制（原理见第 2 章），当压力超过压力切断阀的控制压力（见图 7-18 的 B 阀）时，B 阀换位，控制变量活塞移动，把排量调小，流量减少，从而避免产生过载溢流损失。

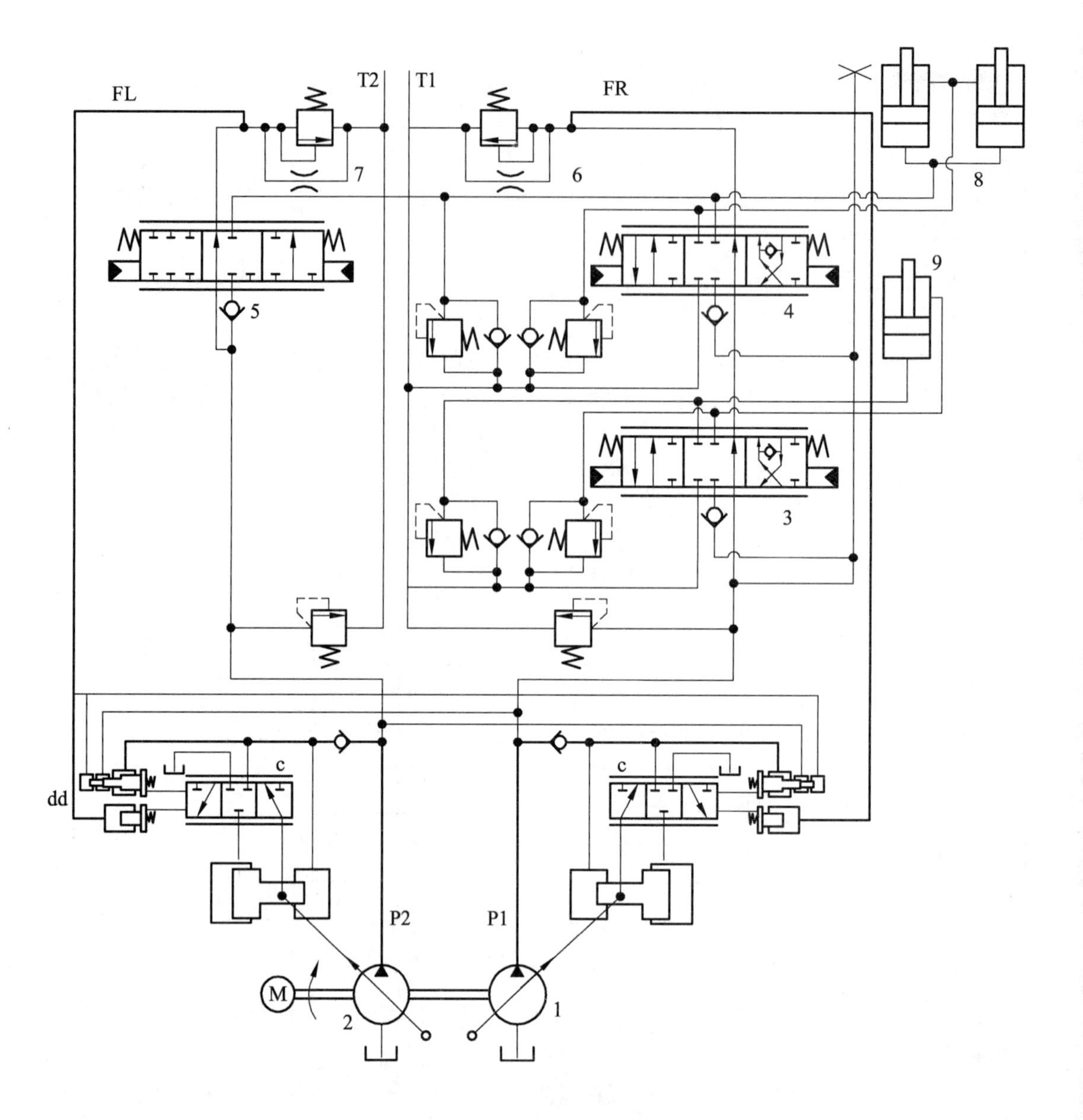

1—变量泵Ⅰ；2—变量泵Ⅱ；3—铲斗阀；4—动臂阀 1；5—动臂阀 2；
6，7—负流量控制阻尼孔 NR1、NR2；8—动臂油缸；
9—铲斗油缸；dd—中位负流量控制油路。

图 7-17　挖掘机液压泵负流量控制

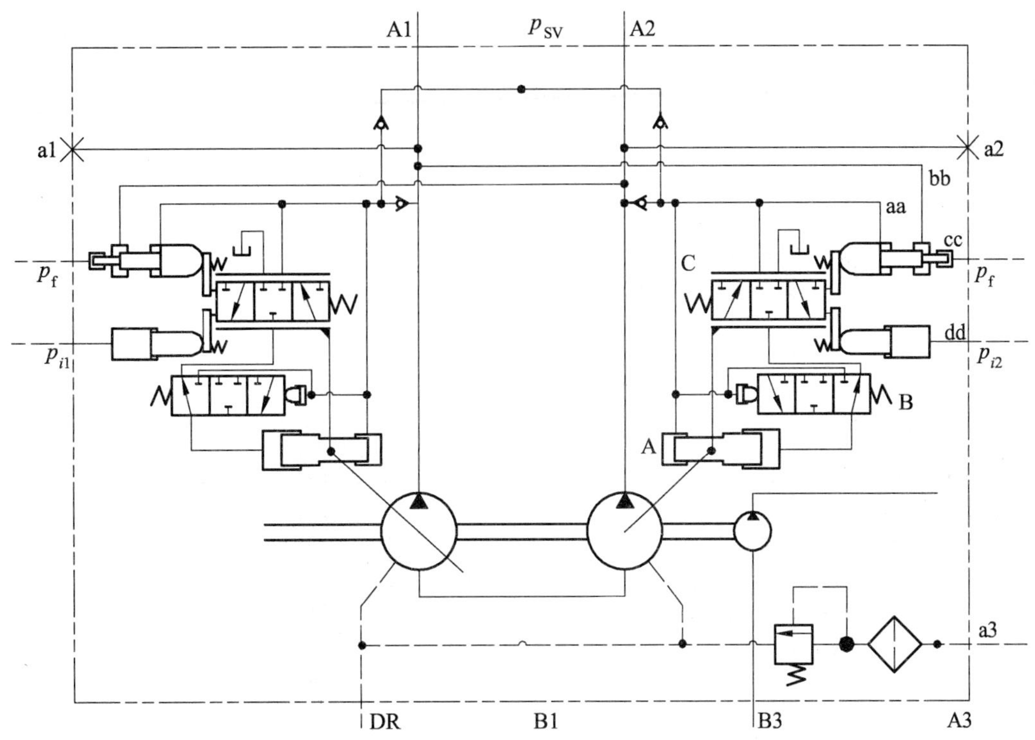

A—变量活塞；B—高压切断阀；C—功率调节阀；aa—本泵功率控制；bb—交叉功率控制；cc—变功率控制；dd—中位负流量控制；p_{i1}、p_{i2}、p_f—控制信号。

图 7-18　双泵控制系统

7.3　多路阀系统

多路阀是挖掘机液压系统的重要部件，它组成挖掘机液压系统的主要部分，确定了液压泵向各液压执行元件的供油路线和供油方式，多液压执行元件同时动作时的流量分配，以及如何实现复合动作，决定了挖掘机作业时运动学和动力学的特性，动作优先和配合，合流供油和直线行走等。它的设计依据是能否更好地满足挖掘机的作业要求和工况要求。

7.3.1　多路阀液压系统的简化

如图 7-19 所示为 UX22 多路阀液压系统图，该图不包含：

（1）液压泵及其控制油路；

（2）各液压执行元件及其油路（动臂、斗杆、铲斗、回转和行走）；

（3）多路阀先导液压操纵系统。

图 7-19 仅表达挖掘机液压系统的核心部分，在图中只画出了与上述三部分的连接口。

为了更加清晰地了解多路阀液压系统，深入理解其设计意图，便于讨论问题，可以把上述这些线条省略。为此，进一步简化后的多路阀系统如图 7-20 所示。

各阀以长方块表达，上面注明该阀控制的液压执行元件，在简图中主要表达液压泵压力油如何通向各液压执行元件，要分析研究在各种操纵情况下，其液压传动的路线和可能的供油方式，其功率分配和流量分配是否符合挖掘机作业要求。

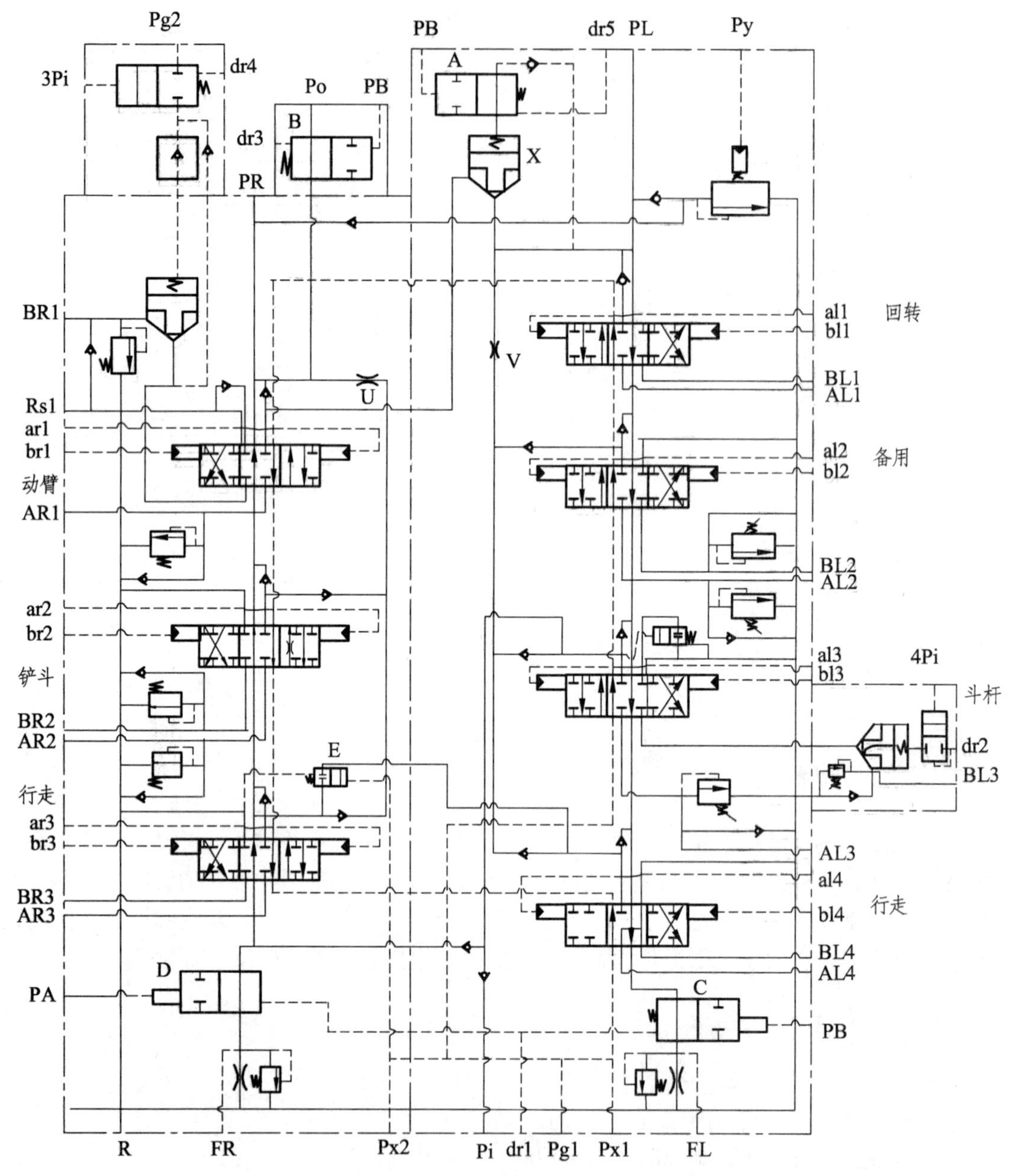

PR，PL—泵的入口；FR，FL—接泵负流量控制的连接口；R—回油箱的连接口；AL1，BL1…和 AR1，BR1…—与各液压执行元件连接口；al1，bl1…和 ar1，br1…—各阀杆先导操纵油连接口；dr1，dr2…—回油口；PA，PB—通向各阀杆的先导控制油压；A，B，C，D，E—二位二通电磁阀；X—插装阀；U，V—节流阀；操纵液控多位阀（7 个）—动臂、铲斗、右行走、左行走、斗杆、回转、备用。

图 7-19　UX22 多路阀液压系统图

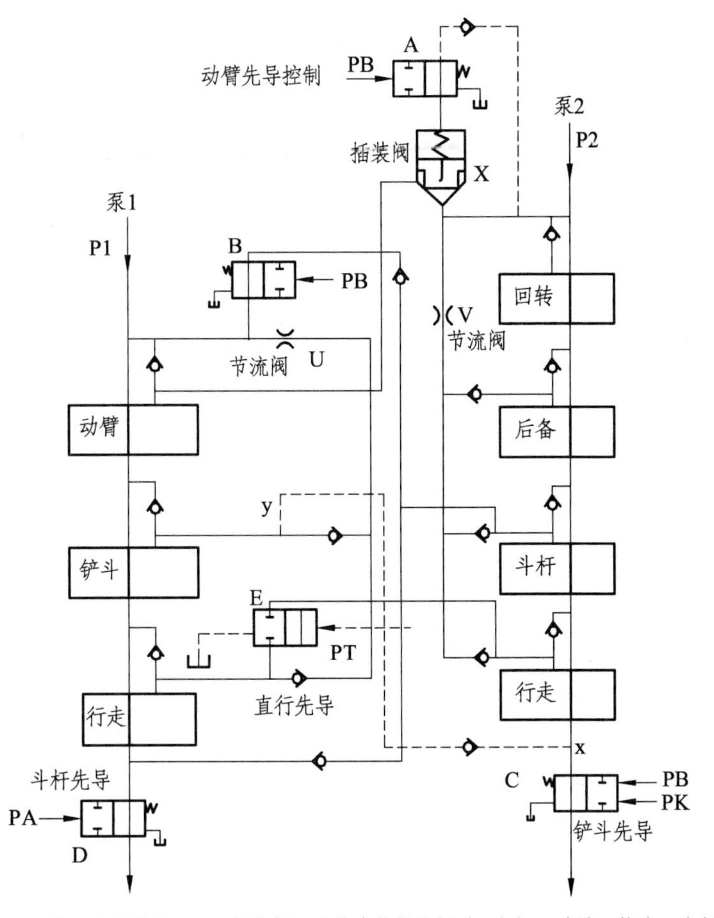

A，B，C，D，E—二位二通液控阀；X—插装阀；液控多位操纵阀（7个）—动臂、铲斗、右行走、左行走、斗杆、回转、备用；U，V—节流孔；PA—斗杆合流先导控制压力信号；PB—动臂合流先导控制压力信号；PK—铲斗合流先导控制压力信号；PT—直行先导控制压力信号。

图 7-20　UX 系列多路阀液压简化图

7.3.2　多路阀系统分析

挖掘机多路阀液压系统一般要求实现的功能：动臂提升合流；斗杆大腔、小腔合流；铲斗大腔、小腔合流；动臂提升优先；回转优先；斗杆再生功能；斗杆闭锁功能等。

1. 泵对阀组的供油路线

如图 7-20 所示，P1 直通供油道：优先供油关系按动臂、铲斗和行走次序供油，由 D 阀控制回油。并联供油道：并联供油关系，优先供动臂，然后经节流孔 U 和单向阀供油给铲斗和行走。

P2 直通供油道：按回转、后备、斗杆、行走优先次序供油，由 C 阀控制回油。

并联供油道：优先供回转，然后经节流孔 V 和单向阀，供油给后备、斗杆和行走。并联供油道的单向阀的作用是阻止引入该阀入口的压力油流出至其他阀杆。

图 7-7 所示挖掘机多路阀系统供油路线如下：

P1 直通供油道：按液压镐、动臂、铲斗和行走优先次序供油。

P2 直通供油道：按行走、回转、斗杆优先次序供油。

2. 动臂举升合流

动臂举升合流量通过先导控制油路，去控制合流阀开启，把 P1 和 P2 的油液供给动臂举升腔，使动臂快速完成提升，以提高作业效率。图 7-21 为挖掘机动臂合流油路，图中是通过动臂合流换向阀进行合流。

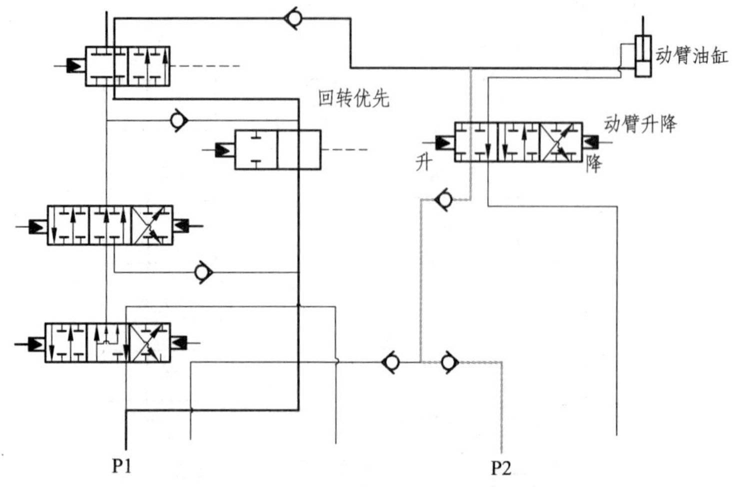

图 7-21　挖掘机换向阀动臂举升合流

图 7-22 所示为 UX 系列插装阀动臂举升合流原理。图 7-21 与图 7-22 的区别在于：UX 系列多路阀采用的是插装阀合流，在合流时冲击小。

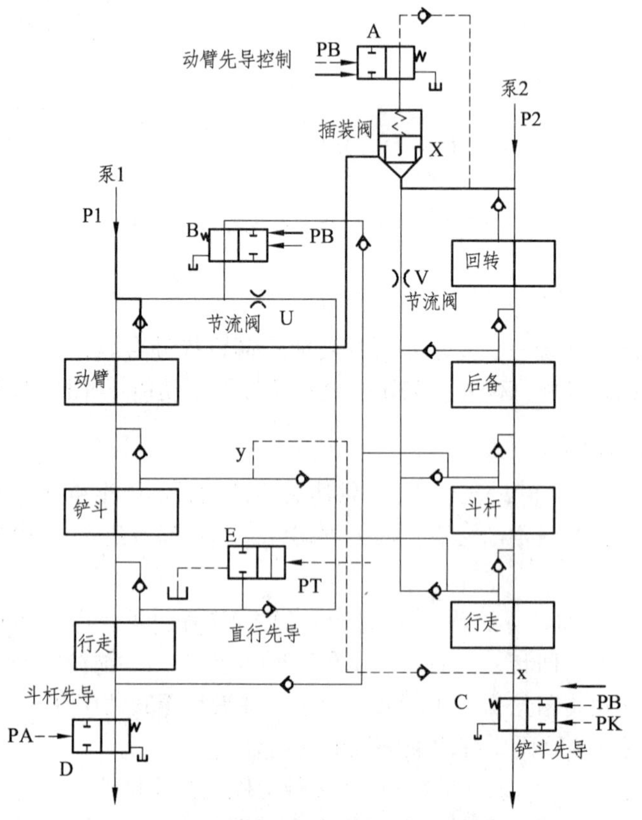

图 7-22　挖掘机插装阀动臂举升合流简化图

在控制动臂阀举升的先导操纵油压 PB 的作用下，使三个二位二通阀 A、B、C 都处在关闭位置，A 阀切断插装阀 X 的压紧油压，使插装阀 X 能打开，P2 泵压力油经插装阀 X 通至动臂阀进行合流。同时 C 阀关闭，使 P2 不能通过直通供油道回油，B 阀关闭，使 P1 泵压力油不能供油给斗杆阀。

3. 斗杆合流

图 7-23 为挖掘机斗杆合流图，先导操纵斗杆合流阀完成合流。

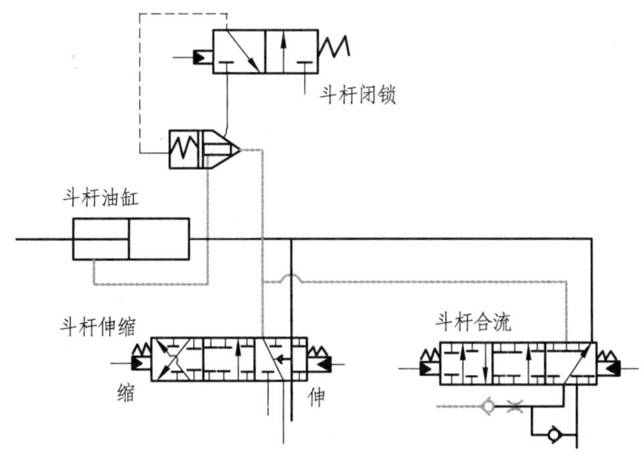

图 7-23　斗杆大小腔合流

图 7-24 为 UX 系列斗杆合流简图。

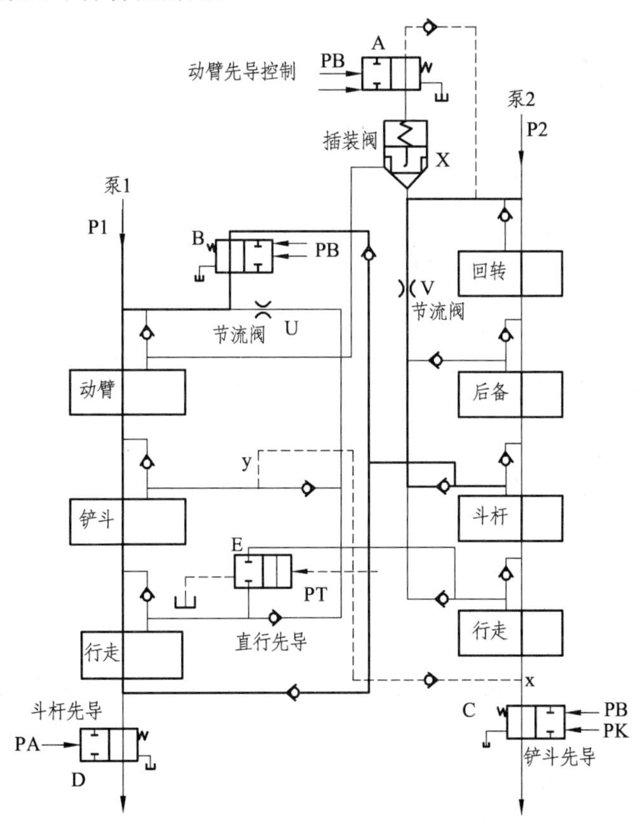

图 7-24　挖掘机斗杆合流简化图

动臂阀无先导操纵油压，B 阀在弹簧的作用下处于打开位置，P1 泵能通过 B 阀，又经单向阀（防止 P2 泵油流至 P1 泵油路）向斗杆阀供油。同时在斗杆阀先导操纵油压 PA（通过梭阀使斗杆两个操纵方向都能引出油压）的作用下，D 阀关闭，使 P1 泵直通供油道不能通过 D 阀回油，可通过单向阀进入斗杆阀，因此 P1 泵向斗杆阀供油有两条途径：通过 P1 的并联供油道和直通供油道都能向斗杆阀供油。

4. 铲斗合流

如图 7-25 所示，在二位二通阀 C 上再加上控制铲斗阀挖掘的先导操纵油压 PK，使铲斗在挖掘时，C 阀关闭，P2 直通供油路的终点 x，通过单向阀引一条油路至铲斗阀，如图中 xy 油路线所示，P2 泵压力油流向铲斗阀合流供油。

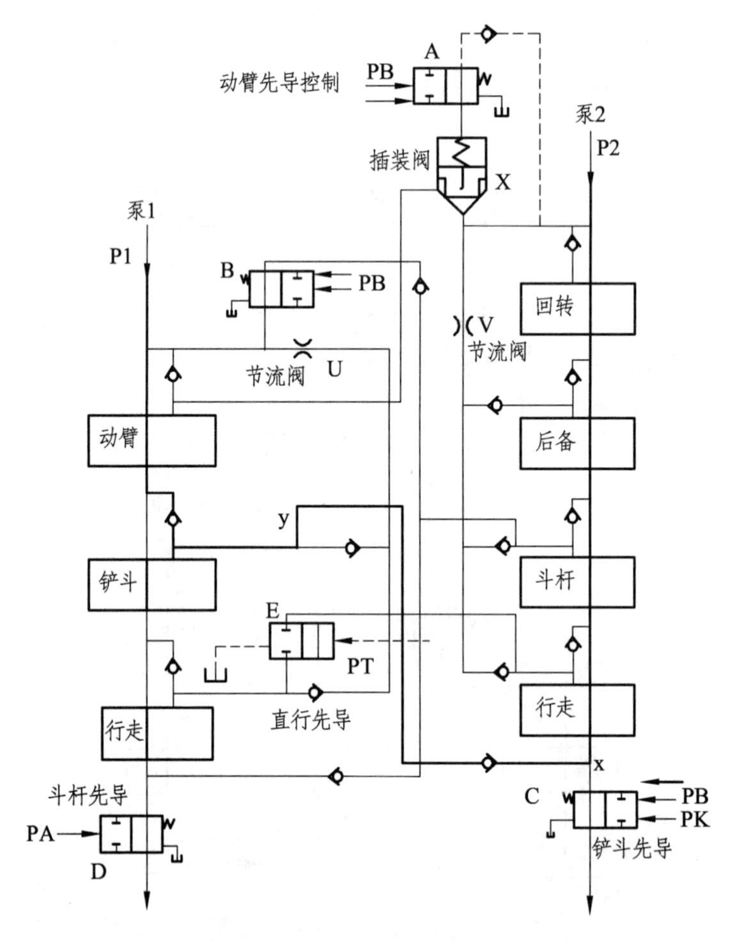

图 7-25　挖掘机铲斗合流简化图

5. 行走直线性

为了保证行走与工作装置同时动作时的直线行驶性，UX 系列挖掘机采取了将两行走阀进油口通过二位二通阀 E 连通，如图 7-26 所示，形成并联供油来实现。E 阀平时在弹簧的作用下处于断开位置，两行走阀进油口不连通。E 阀由先导油压 PT 来操纵。当 PT 建立油压时，两行走阀进油口连通形成并联供油，PT 油压的建立与阀杆操纵是联动的，只要两个行走阀不在中位，同时动臂、斗杆、铲斗和回转中有一个不在中位，就能切断PT的回油路，建立油压（见图7-19中穿过各阀的虚线）。

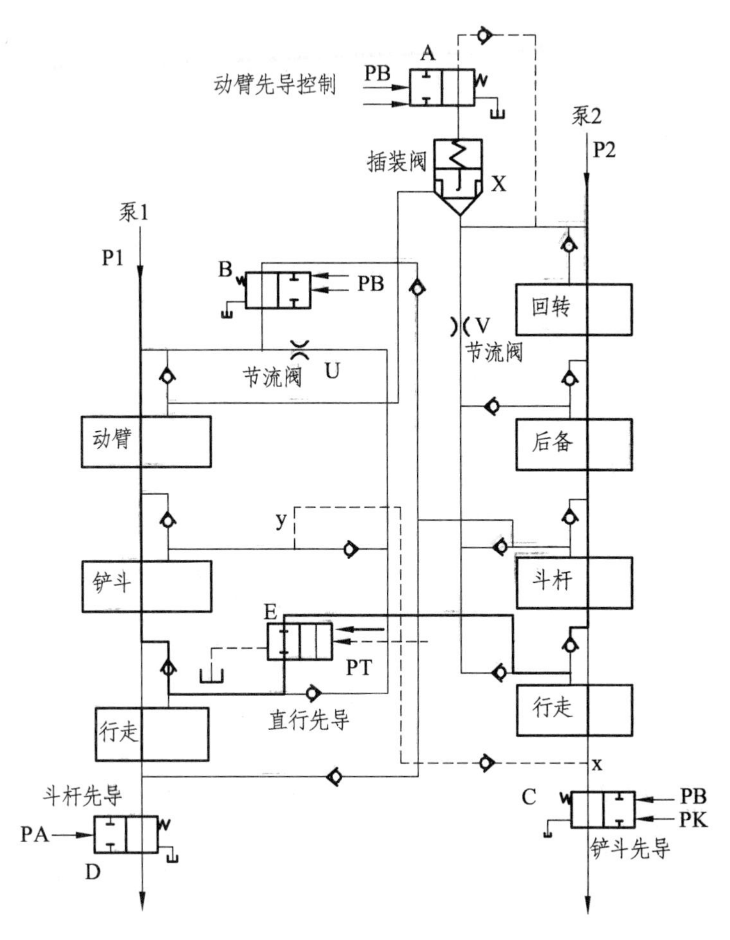

图7-26　东芝挖掘机直行控制

6. 回转优先

当挖掘机回转和斗杆收缩同时动作时，有时需要采用回转优先回路，否则油流向压力低处，使贴紧侧壁掘削困难。回转和动臂同时动作时，回转卸载转角很大时也需回转优先。为此有些挖掘机设置有回转优先控制阀，如图7-27所示为SY200型挖掘机的回转优先控制。当回转与斗杆复合动作时，通过p_{SP}压力信号控制回转优先阀（SP阀）右移，切断斗杆的供油，保证回转起动，实现回转优先（此时斗杆由另一油泵供油）。

7. 动臂提升优先

回转和动臂（或斗杆）联合操纵，为提高工作效率有时需要采用降低回转速度，提高动臂或斗杆速度（特别是重载工况模式），采用动臂优先。图7-28所示为SY200型挖掘机的动臂提升优先控制，联合操纵斗杆合流阀至中位，切断油路，在斗杆阀前端节流，提高其负荷，保证动臂能够提升。同时，操纵动臂升降阀至提升位（左位），动臂油缸进油提升。

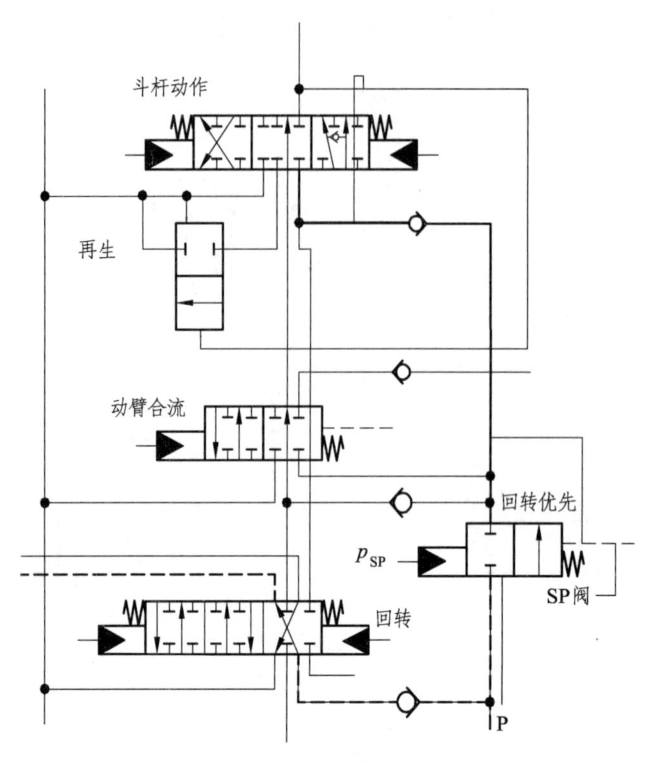

图 7-27　回转优先控制

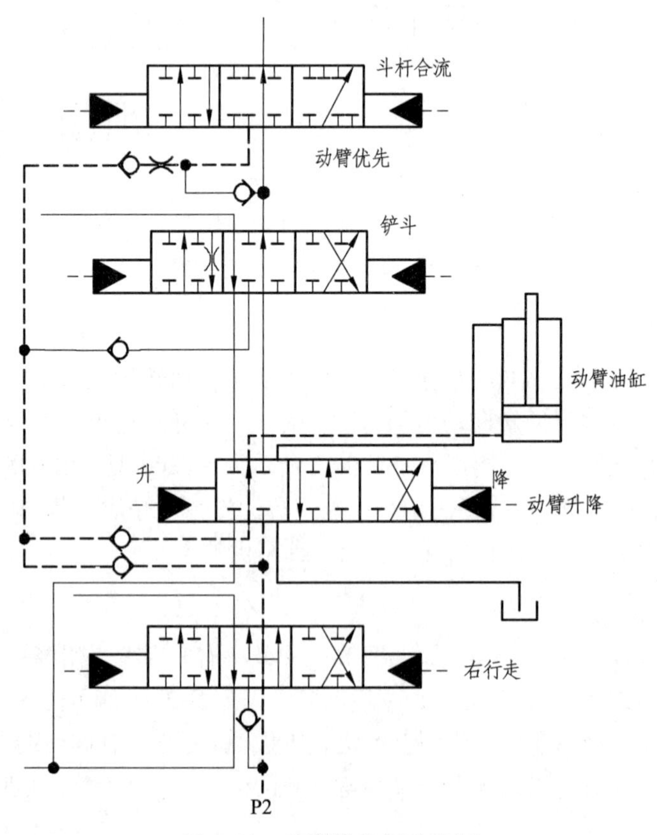

图 7-28　动臂优先提升控制

8. 斗杆再生

当挖掘机斗杆无负载下落时，斗杆油缸大腔压力很小，两位两通阀在弹簧的作用下往下运动，关闭活塞杆腔的回油通道，这样活塞杆腔的油就直接回到油缸大腔，实现活塞杆的快速伸出，即通过阀位完成差动连接。图 7-29 所示为 SY200 型挖掘机的斗杆再生控制。

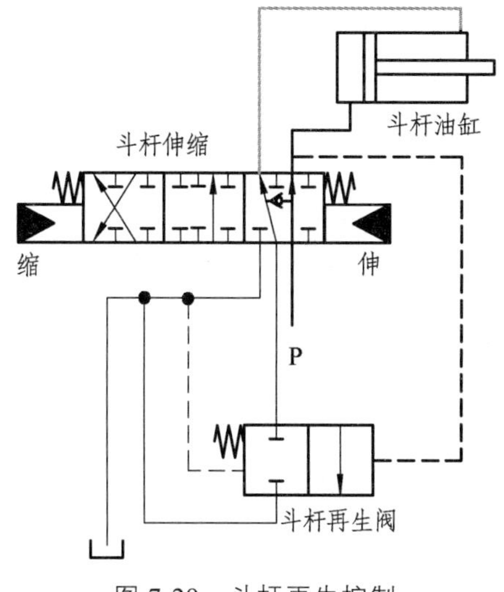

图 7-29　斗杆再生控制

9. 斗杆闭锁

图 7-30 所示为 SY200 型挖掘机的斗杆闭锁控制，阀组内装有斗杆控制阀，它由闭锁阀和插装阀组成。闭锁是为了防止斗杆下掉。

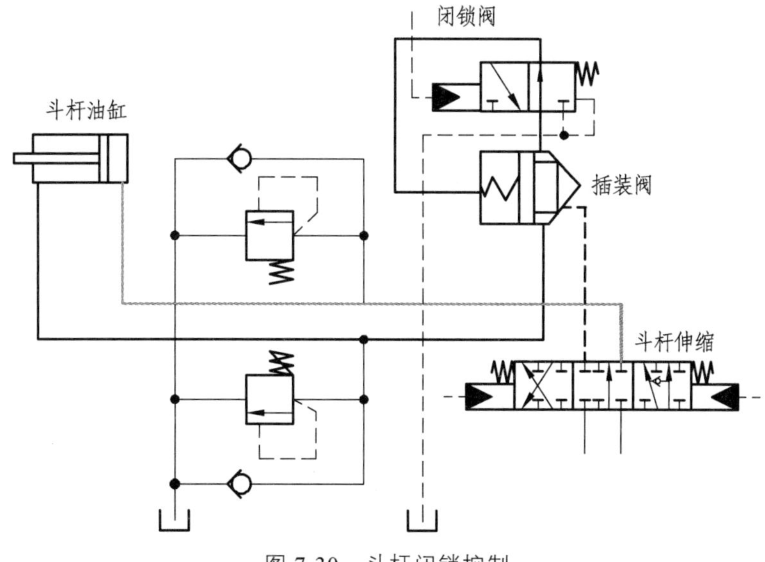

图 7-30　斗杆闭锁控制

7.4　回转机构液压系统及其控制

图 7-31 为一回转马达系统，由停车制动器、制动阀、缓冲阀、延时阀、两级行星减速器、防反转阀、回转控制阀等组成。

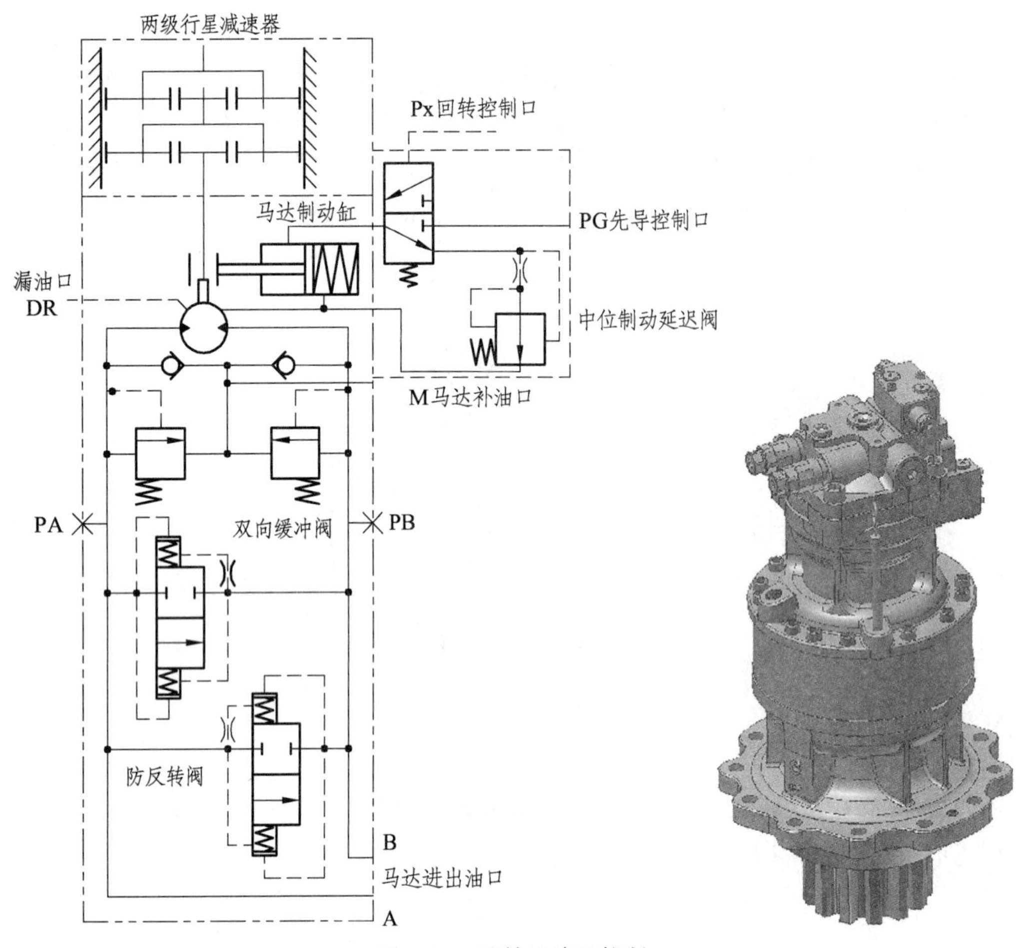

图 7-31 回转马达及控制

1. 双向缓冲安全功能

双向缓冲阀（也称过载阀）的作用是改善升压缓冲特性，降低起动、停止时的液压冲击。比如当 A 口进油对应左侧压力过高，则左侧溢流阀和右侧单向阀打开，将压力油泄到 B 口，如图 7-32 粗线所示。同理，B 侧压力超过缓冲阀调定值时，对应溢流阀和单向阀打开，B 侧向 A 侧泄压缓冲。

2. 防反转功能

挖掘机转台上安装有发动机、散热系统、液压系统、驾驶室和工作装置等，尤其是工作装置作业时铲斗装满料，斗杆远伸，其回转惯性非常大。回转制动是靠液压制动，马达在制动过程中不断地在泵→马达→泵之间转换工况，工作口反复经受高压、低压，尽管有回转制动器和双向缓冲安全阀起作用，但巨大的惯性仍然使回转平台来回晃动。这种晃动不仅对液压系统有害，对钢结构也非常不利，而且影响司机的操作舒适性。

图 7-33 中防反转阀块中安装着两个结构完全相同的防反转阀。防反转阀是利用该阀内部的小孔节流作用，使阀内封闭马达工作口的两根阀杆产生速度差而导通马达的两个工作口，将处于高压端工作口的油泄到低压端，马达的两腔压力可以迅速接近一致，则回转反转（来回摇晃）只有一次。

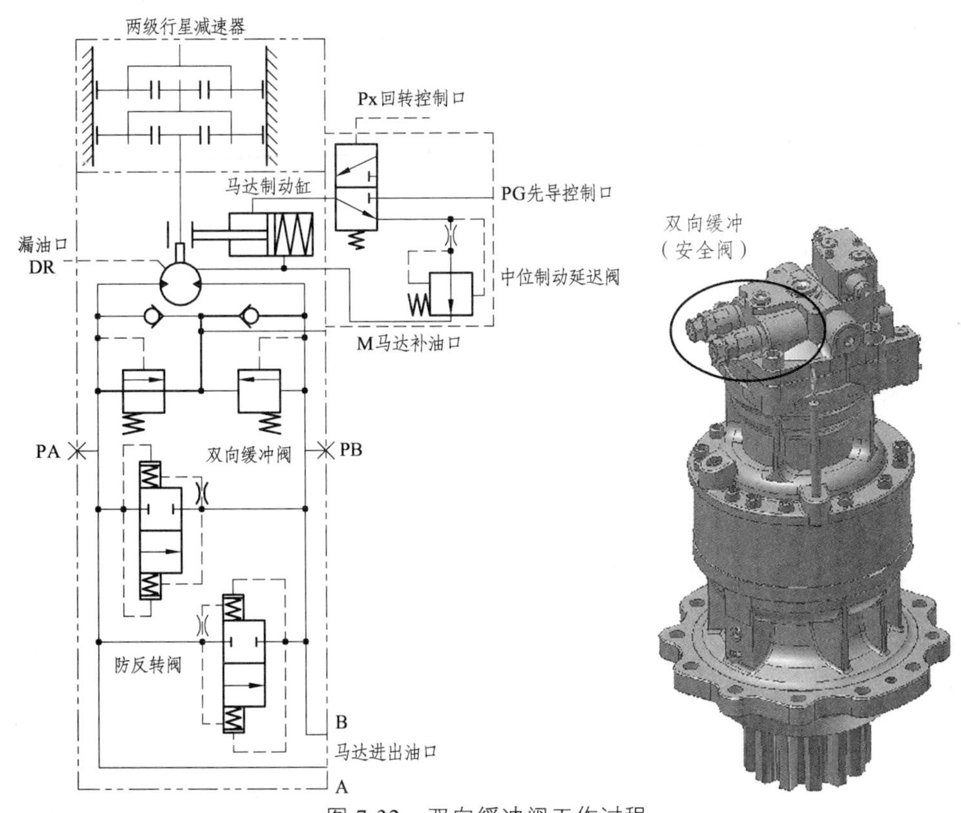

图 7-32　双向缓冲阀工作过程

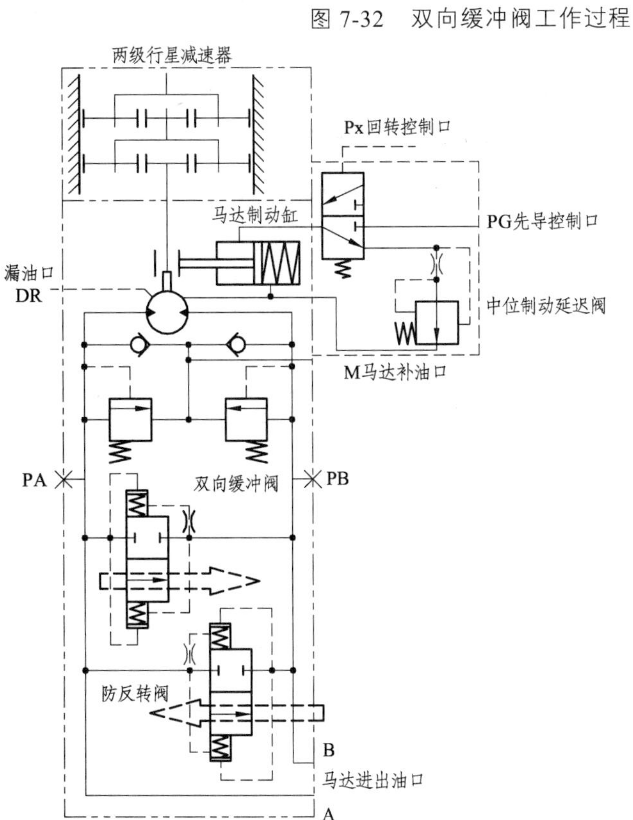

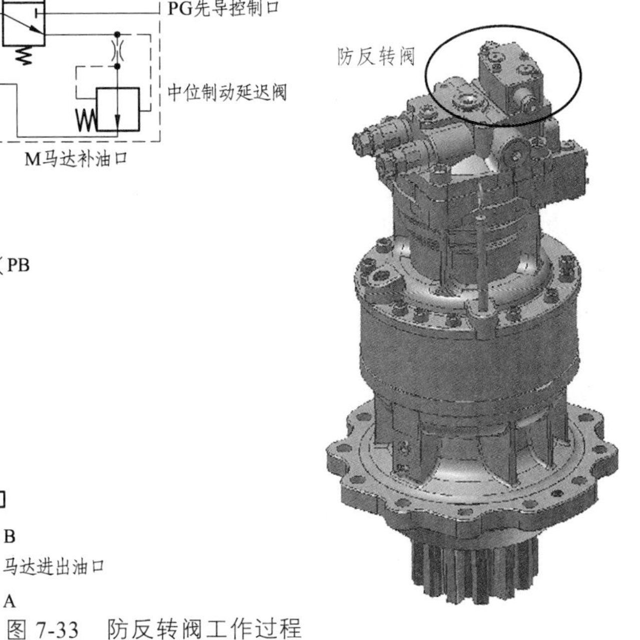

图 7-33　防反转阀工作过程

因此，防反转阀可以有效减小马达制动行程末端的来回晃动，减小冲击，提高挖掘机的操控性能，如图 7-34 所示。

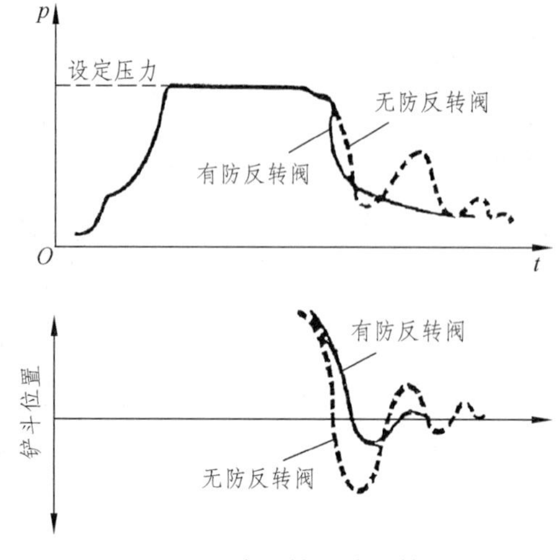

图 7-34　防反转阀使用效果

3. 回转制动延时功能

回转停止时，回转上部体由于惯性继续旋转，回转制动器延迟几秒后起作用。

如图 7-35 所示，Px 口来自回转手柄阀先导压力，PG 口压力为先导油源压力（常压）。回转手柄扳动时 Px 口带压，换向阀换向，PG 口连通制动缸解刹，马达可以正常回转；回转手柄回中位时 Px 卸压，换向阀复位，制动缸内的压力油经延时阀排出，制动缸有一定行程，几秒后才能排完油，然后刹车片才接触，机械制动生效。延时制动是因为延长了制动缸全行程复位时间。中大挖延时阀是一个带压力补偿的流量阀，延时时间较稳定。小挖一般没有延时阀，更准确说，是正常工作过程中马达制动缸常通先导油，只有液压制动生效，不启用机械制动。只有停车时机械制动才生效，防止半坡停车时上车自己偏转。

由于液压制动优先工作，而机械制动延时生效，一方面可以减小制动时的惯性冲击，另一方面，可以避免刹车片磨损过快，提高刹车片的使用寿命。回转马达的刹车片安装在马达壳体内，该刹车片原则上只允许静态制动，也就是要液压制动基本完成后才能机械制动；不允许运行态制动，如果高速旋转中刹车片抱紧制动，将很快磨损，不仅机械制动功能失效，磨损产生的脏物还会损坏马达。

实际上行走马达也需要制动延时，只是挖机行走速度慢，惯性小，行走制动延时要求不高。延时阀只是一个节流器，不带压力补偿功能，延时时间不稳定，并受油液温度的影响。

4. 减速增扭功能

回转机构一般采用高速马达方案，在输出端需要加一减速机构完成减速增扭，以满足回转阻力矩的需要。常用行星减速方案，一是便于布置，二是在同样大小减速比的情况下，行星减速尺寸更紧凑，且可以采用多行星轮分力和平衡径向力。

根据马达转速的大小和对转台转速的要求，一般减速方案有一级行星减速和二级行星减速，如图 7-36 所示。

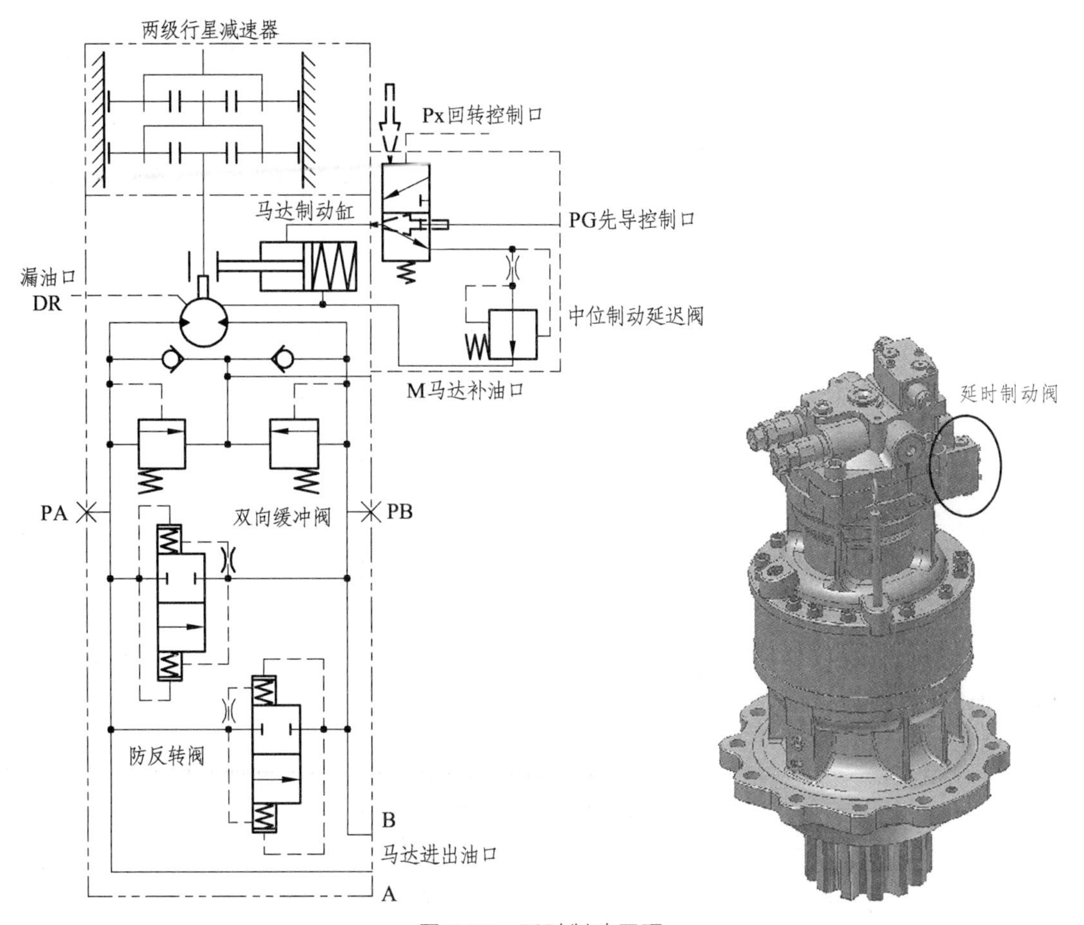

图 7-35　延时制动原理

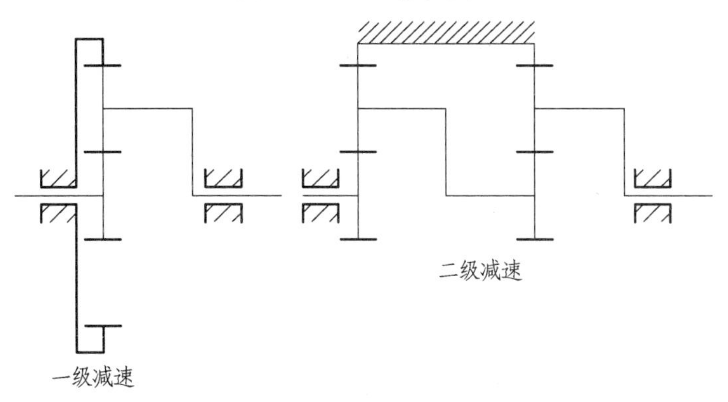

图 7-36　回转马达减速方案

图 7-37 所示有两排行星轮系，为二级行星减速。

减速机构布置齿圈与泵体连成一体固定不动，为太阳轮输入，行星架输出，这种布置方式减速比最大，因此两排均采用。然后第一排的行星架与第二排的太阳轮连在一起，形成串联关系。总的减速比（传动比）为

$$i=(1+k_1)(1+k_2)$$

式中，k_1、k_2 为行星排特性参数；$k=z_q/z_t$，为齿圈齿数除以太阳轮齿数。

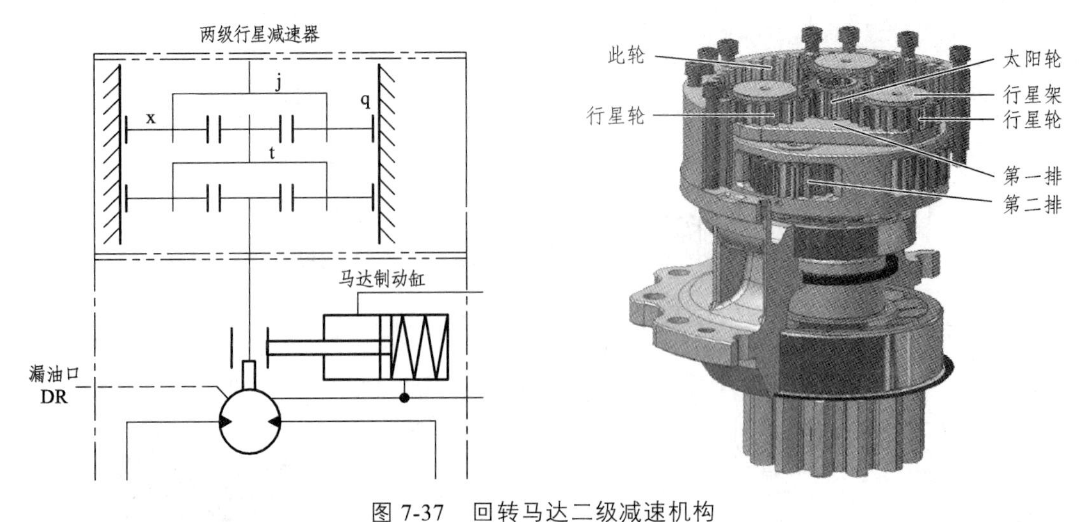

图 7-37　回转马达二级减速机构

7.5　行走机构液压系统及其控制

图 7-38 为一行走马达控制原理图，由行走马达、常闭式制动器、变速阀、过载阀、平衡阀、单向阀、节流阀等组成。

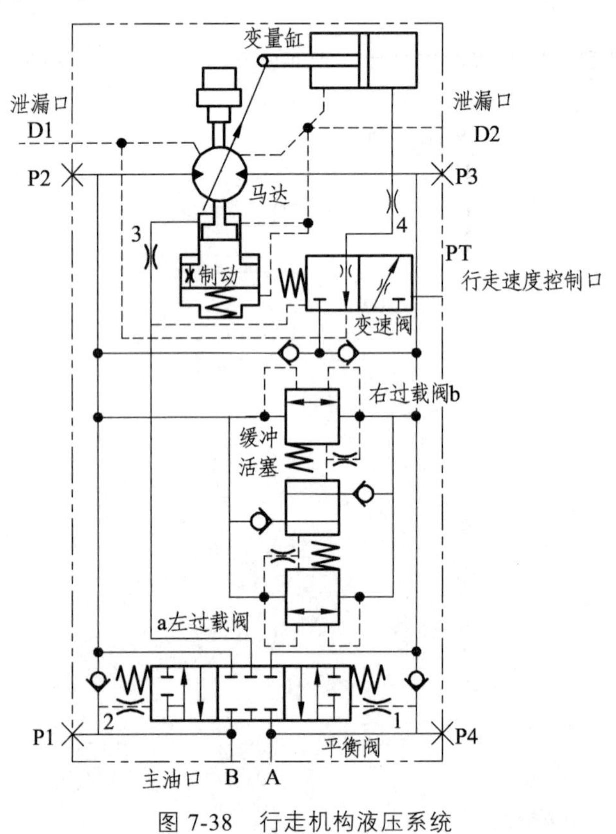

图 7-38　行走机构液压系统

过载阀完全相同，为分析方便，按照图上的位置称之为左过载阀和右过载阀。假设主控阀的行驶阀阀杆换向，A 口进油，马达控制阀动作如下：

（1）泵来油进入阀体后打开右侧单向阀，进入马达右腔，马达旋转。同时 A 口来油通过节流孔 1 进入平衡阀的右控制腔，推动平衡阀左移，接通制动器的油路，使制动器解除制动。另外，还接通了马达 B 口的回油箱通道。

（2）液压油通过右过载阀 b 的阀芯中间节流孔进入缓冲活塞，将缓冲活塞推到下侧，如果 A 口压力超过右过载阀 b 阀芯的设定压力，右过载阀 b 将打开，将压力油泄到 B 口。液压油充满缓冲活塞腔后，其压力随着 A 口的压力一起上升，右过载阀 b 关闭。

（3）A 口压力油同时还进入左过载阀 a 阀套上的孔，并作用在阀芯的环形面积上，如果 A 口压力超过左过载阀 a 的设定压力，左过载阀 a 将打开，将压力油泄到 B 口。

（4）如果马达超速（例如下坡时），泵来不及供油，则 A 口压力降低，平衡阀在弹簧力的作用下向右移动，关小马达的回油通道，从而限制马达的转速。

（5）如果主控阀的行驶阀阀杆回到中位，A 口将不供油，平衡阀回到中位，马达制动，但由于机器惯性的影响马达继续旋转，而平衡阀的封闭导致 B 口压力升高，压力油通过左过载阀 a 的阀芯中间节流孔进入缓冲腔，推动缓冲活塞上移。如果 B 口压力超过左过载阀 a 阀芯的设定压力，左过载阀 a 将打开，将压力油泄到 A 口并兼补油。当缓冲活塞移动到最上端后，随着 B 口压力的继续上升，左过载阀 a 关闭。

（6）B 口压力油同时还进入右过载阀 b 阀套上的孔，并作用在阀芯的环形面积上，如果 B 口压力超过右过载阀 b 的设定压力，右过载阀 b 将打开，将压力油泄到 A 口。

综上所述，如果制动后左边产生高压，先 a 后 b；一级安全阀 a 的调定压力比二级安全阀 b 的调定压力高很多。如果制动后右边产生高压，则一级安全阀为 b，二级安全阀为 a。

如果下坡时马达超速，泵供油来不及使 A 口压力降低，平衡阀阀杆在弹簧力的作用下向右移动，关小马达的回油通道，从而限制马达的转速。

7.6　先导控制

1. 手控先导控制

现代中小型液压挖掘机大量采用液压先导控制方式，即司机扳动先导阀手柄，先导阀输出压力油，推动主控阀阀杆打开一定的开口量来控制执行元件的速度。除此之外，挖掘机还可以采用电-液先导控制方式，即司机扳动一个电控手柄输出电液比例信号，然后通过电液比例减压阀输出先导控制油压。无论采取哪种控制方式，都有一个先导输出压力与主控阀开口量大小的匹配问题。需要指出的是，下面对液压先导阀-主控阀匹配原理的分析方法适用于包括装载机、平地机、推土机等所有采用先导控制的工程机械。

挖掘机的左、右行走阀杆的先导阀为手/脚都可以控制的先导阀，其他阀杆的先导阀均为手控先导阀。一般先导阀对主控阀的控制形式都采用压力-弹簧式，先导阀均为减压阀原理（原理分析见 3.4.3 小节）。图 7-39 为挖掘机减压式手控先导阀操纵和符号图。

图中为减压式先导阀、梭阀、可以控制多条油路的手控先导油路，通过操作手柄不同的角度，即对应着阀杆的不同行程，输出对应的先导压力，去调节主控阀阀杆的开度，使挖掘机按操作者的意图完成各类动作。

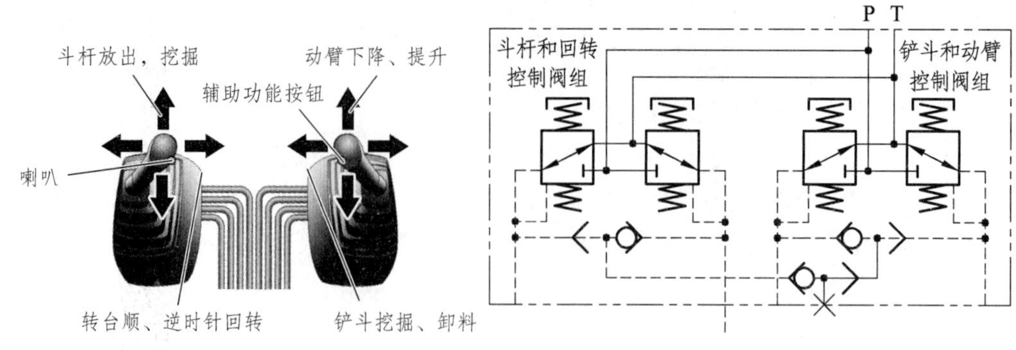

图 7-39　减压式手控操纵先导阀组

2. 脚控先导控制

图 7-40 为减压式脚控先导阀组，与手控先导阀不同之处在于，该阀内设置有液压阻尼器。当操纵机器前进或后退并遇到路面凹凸不平时，容易造成机器振动，这势必会影响司机的操作，司机不能很好地操作又会使机器振动更加严重，形成一个恶性循环。没有设置这种装置的行走先导阀，操纵性比较差，司机往往要停下机器来消除振动。多了这一套阻尼减振器后，司机用脚踏板使推杆上下移动时被阻尼和减振，这样，当司机操纵挖掘机行走时，大大减小了挖掘机行驶不稳定所引起的司机身体和脚部晃动对行驶阀操控稳定性的影响。

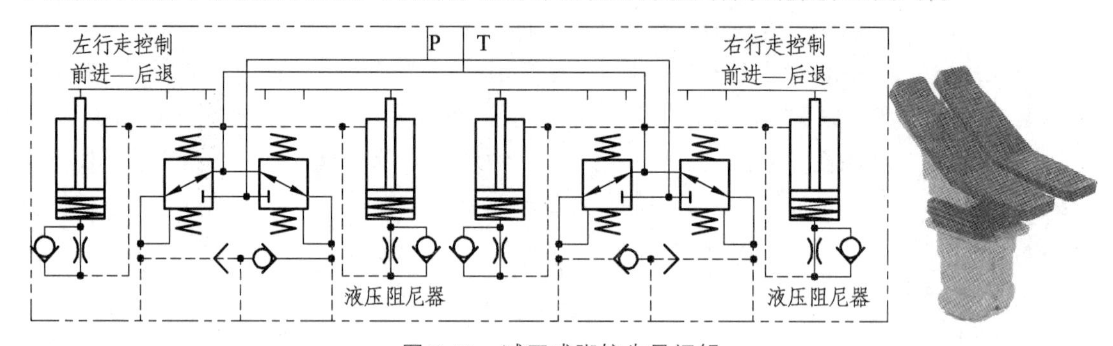

图 7-40　减压式脚控先导阀组

复习思考题

1. 某型工程机械液压泵的原理图如图 7-41 所示，具有压力流量复合调节功能。

（1）试简要分析此液压泵的工作原理。

（2）该泵的压力调节和流量调节功能是否可以同时实现，并说明原因。

2. 分析图 7-7 所示的挖掘机液压系统。

（1）主泵采用哪几种控制方式？分析其控制原理。

（2）简化多路阀控制系统，画出简化图。

（3）分析行走驱动液压回路各阀完成的功能。

（4）分析回转驱动液压回路各阀完成的功能。

3. 设计一挖掘机回转机构液压驱动方案，绘制系统原理图。要求满足：

（1）采用闭式回路。

（2）有防过载功能。

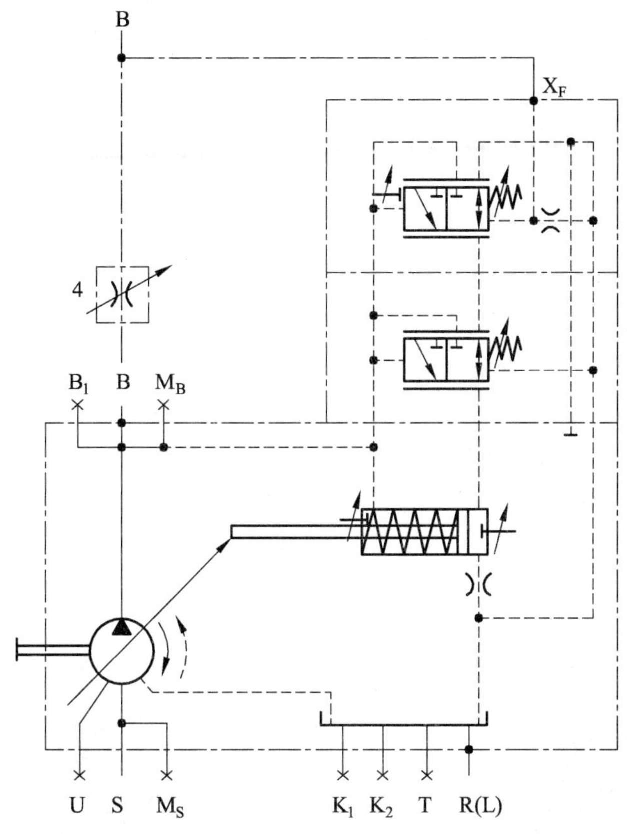

图 7-41　压力流量复合调节变量泵

（3）起动、停止时液压冲击小。

（4）制动平衡，制动时来回晃动小。

（5）采用容积调速。

（6）回转停止时，回转制动器延迟几秒后起作用。

第 8 章　起重机液压系统

8.1　起重机概述

起重机是用来对物料起重、运输、装卸和安装等作业的机械设备。起重机的分类繁杂，按其移动性能可分为固定式与移动式两大类，移动式起重机中含轮式与履带式等，轮式起重机按其性能又可分为轮胎式起重机、汽车式起重机、全路面起重机（见图 8-1）。汽车式起重机是安装在汽车底盘上的起重设备，能在公路上行驶，机动灵活，在建筑、冶金和矿山等领域获得广泛应用，如图 8-2 所示。

图 8-1　XCA1600 全路面起重机

图 8-2　QY70KC-1 汽车式起重机

汽车式起重机除发动机、底盘传动系统外，一般由液压起升机构、变幅机构、吊臂伸缩机构、回转机构以及支腿机构组成，如图 8-3 所示。

1—支腿；2—配重；3—转台；4—起重臂；5—起升（卷扬）机构；6—底盘及下车司机室；7—变幅液压缸。

图 8-3　汽车式起重机

起升机构由起升液压马达、卷筒、钢丝绳和吊钩等组成。液压马达驱动卷筒转动，卷筒上的钢丝绳端部的吊钩上下运动，吊钩带动重物上下运动，完成起重作业。

回转机构由回转液压马达、回转支承、齿圈和小齿轮组成。安装在上车的回转液压马达驱动小齿轮转动，小齿轮与固定在下车的大齿圈啮合转动，使上车和固定的下车相对旋转，让吊钩对准起吊物件，以便进行起吊作业。

支腿机构由四个水平支腿液压缸和四个垂直支腿液压缸组成，水平液压缸可扩大支承点距离，垂直液压缸可垂直收放支腿。

吊臂的伸缩机构由伸缩臂和伸缩液压缸组成，伸缩液压缸伸缩，驱动伸缩臂伸缩，改变臂的长度，以适应不同吊装高度的要求。

变幅机构由变幅液压缸和吊臂组成，变幅液压缸的伸缩可改变臂的幅角和幅度，从而增加起重机的工作范围和灵活度。

由于起重机是间歇工作的机械，具有短暂而重复工作的特征，其工况是经常变化的，各机构的繁忙程度也是不同的，并且起动、制动频繁，经常受到动力冲击载荷的作用，因此起重机液压系统也必须满足这种工作性能的要求。目前，我国起重机液压系统一般采用定量泵开式系统较多，有单泵串联系统、双泵双回路系统和多泵多回路系统。国外起重机大多也采用定量系统，但有的也采用变量液压系统。对于小型起重机，一般用单泵串联系统，中型起重机多用双泵双回路系统，而大型起重机一般用多泵多回路系统。

通常的起重作业顺序是：先将起重机运行到起重作业点，将支腿机构支承于地面，并调整水平，通过回转机构和变幅机构的调整，进行起吊作业。

起重机的液压系统一般由发动机或电动机经取力装置或直接驱动液压泵，液压油从液压油箱（或其他液压元件排油管道）吸入液压泵，按作业需要由控制阀组将压力油分配给相应的机构，或在待命状态时将压力油直接流回液压油箱卸荷，减少功率消耗。汽车（轮胎）和铁路起重机（简称轨式起重机）的各个驱动（传动）装置通常采用液压系统，因为对独立行走式作业主机而言，液压驱动与机械或电力驱动相比，在质量、体积和结构上具有极大的优势。图 8-4 为液压传动与控制技术在起重机上的应用。

通常将装在起重机底盘上的液压系统称作下车（液压）系统，将装在起重机工作装置上的液压系统称作上车（液压）系统。下车系统的作用在于转移起重工作装置的作业场所和起重机作业时支承上车，以保持整机的抗倾覆稳定性，如支腿机构和稳定器。上车系统则用作实现起升（卷扬）、变幅、吊臂伸缩和回转等机构的各种不同的作业要求。起重机的行走和转向也可以用液压方式驱动，这也是近代工程机械发展的重要趋势，它们属于下车液压系统。

中小型轮式起重机为了简化传动系统和减轻自重，上、下车的液压系统都由装在底盘上的发动机作为动力源。因此，液压源（主要是液压泵和液压油箱）布置在下车，压力油经中心回转接头进入上车。

大中型轮式起重机采用液压行走方式时，由于下车的液压走行装置需要大流量、高压力的液压源，其功率较上车的起重作业所需功率大得多，因此，下车的主发动机的功率只能满足行走液压系统的需要，这时就需要在上车专设单独的发动机，作为上车各作业机构液压系统的动力源。这个动力源如果还需同时对下车的支腿、稳定器以及车辆转向机构等液压装置供油，则需要将液压油从上车经中心回转接头送至下车。如果不需要，则上车和下车之间液压油路并无关联，无须使用中心回转接头。

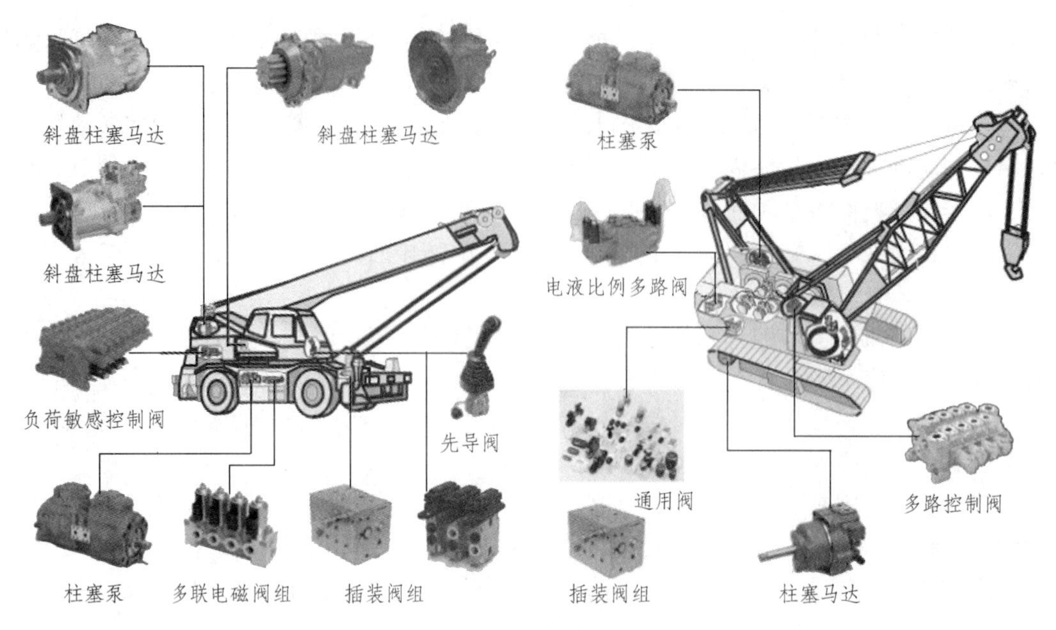

图 8-4　液压传动与控制技术在起重机上的应用

8.2　汽车式起重机液压系统总体组成

下面以 TG1500E 型汽车式起重机为例分析起重机液压系统。

TG1500E 型汽车式起重机的最大起重量为 150 t。汽车底盘由六桥支承，其中 1、4、5 三桥为驱动桥。发动机动力通过三元件综合式液力变矩器、主变速箱驱动车轮运行，使车辆运行时具有自适应性。1、2、3、6 四桥为转向桥，由液压转向机构驱动其转向，驱动车辆曲线行驶或转向行驶。车辆底盘采用油气悬挂。起重机有 5 节主臂，其中 4 节伸缩臂，全伸长度为 45 m。辅臂有 2 节，全伸长度为 19 m。为保证起重时的稳定性，通常除 4 个支腿外，还增加一个前支腿，以承受部分前方载荷，满足全方位 360°范围内的稳定起重作业。

为保证大型液压起重机起重作业的安全，TG1500E 液压起重机还配备有微机、控制 AML（Automatic Moment Limiter）系列全自动力矩限制器。通过自动测量臂长、臂的幅角和起重量，经计算机处理后，将起重倾翻力矩和起重机稳定力矩相比较，实际起重量和起重曲线相比较后，可发出警告或自动停止起重作业，以防止作业过程中起重机倾翻或折臂事故发生，增加了操作安全性。

TG1500E 型起重机分为上车和下车两部分，上车部分主要由上车独立动力油源系统、上车操纵室、起升机构、主臂变幅机构、主臂伸缩机构、回转机构和电控制系统组成。下车部分即底盘部分，主要由下车动力系统、传动系统、行走系统、液压支腿系统、油气悬挂系统、转向系统和电液控制系统组成。

1. 下车液压传动系统

TG1500E 型汽车式起重机下车液压系统如图 8-5 所示。它由支腿液压缸、转向缸及液压油气悬挂 3 个回路组成。系统由 3 个液压泵组成开式定量系统。主泵 1 用于给液压转向系统供油，主泵 8 用于给液压支腿系统及油气悬挂系统供油，辅助泵 5 用于给液压转向回路合流补油。

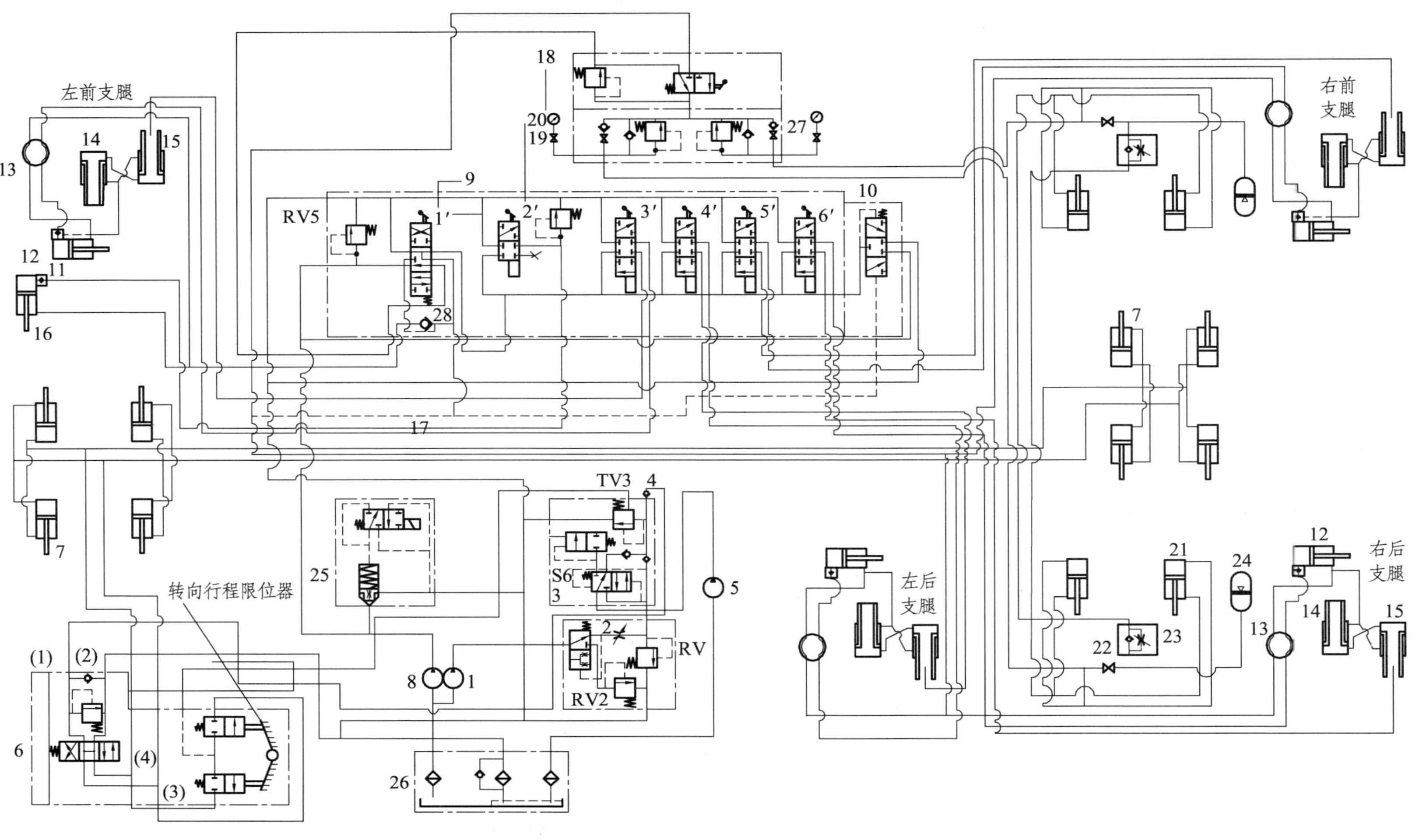

1，5，8—液压泵；2—稳流阀组；3—双泵合流阀组；4，16—单向阀；6—转向组合阀；7—转向缸；9—多路换向阀组；10—三位液控阀；11，28—液控单向阀；12—垂直支腿液压缸；13—软管卷筒；14，15—水平支腿第一、二级液压缸；16—前支腿液压缸；17—管路；18—悬挂控制阀组；19，22—截止阀；20—压力表；21—悬挂液压缸；23—单向节流阀；24—蓄能器；25—流量控制阀组；26—液压油箱；27—分流阀组。

图 8-5 TG1500E 汽车式起重机下车液压系统图

2. 上车液压传动系统

图 8-6 是 TG1500E 汽车式起重机上车液压系统，是起重机的主液压系统，主要由车油源、主副起升机构、动臂变幅机构、上车回转机构、动臂伸缩机构、软管收放机构以及配重装卸等液压回路组成。

上车液压系统的主要特点：

（1）系统有三个液压泵。泵 P1 和 P2 是恒功率变量泵，P3 是定量齿轮泵。泵 P1 对变幅缸、副起升机构液压马达和臂伸缩缸供油，并形成优先回路。泵 P2 主要对主起升液压马达供油。两变量泵形成的变量回路可使泵流量随负载压力变化而变化，以提高作业效率。泵 P3 主要对回转液压马达主机配重机构供油，形成定量回路。

（2）系统设置主、副两套独立的起升机构，分别由主起升和副起升液压马达单独驱动，以适应不同载荷的要求。起升机构液压马达采用变量马达，它可以根据负载自动进行两级排量调节，即最大排量和最小排量两级调节，以扩大起升速度的调节范围。

（3）系统有四节伸缩臂，采用三等分流液压马达完成三节臂的同步伸缩，并使用三个软管卷筒补偿三个伸缩缸的管道伸缩。同时，由专门的终点修正措施保证同步伸缩的终点同步。

（4）回转机构使用两个等排量液压马达，可完成并联连接和串联连接，并可根据回转载荷的不同调节回转速度。

下面分别对上、下车各部分液压回路进行分析。

8.3 汽车式起重机下车液压系统分析

8.3.1 支腿液压回路

如图 8-5 所示，主机共有前支腿、左支腿、左后支腿、右前支腿、右后支腿 5 个支腿。支腿液压缸为并联方式供油，故可实现液压支腿单独或同时伸缩动作，以满足调平要求。支腿液压回路由主泵 8、插装式电磁流量控制阀组 25、手动多路支腿换向阀 9、三位三通液动阀 10 及前、左前、左后、右前、右后 5 个支腿伸缩液压缸等组成。

插装式电磁流量控制阀 25 是一个阀组，在回路中作为控制主油路流量之用。它由一个插装阀和一个二位电磁阀组成。在电磁阀断电时（图示位置），由于插装阀阀芯上腔控制油通过二位电磁阀回油箱，以使主泵 8 全部流入液压油箱，泵卸荷；当电磁阀通电右位工作时，插装阀上下腔均为高压，阀关闭，主泵 8 的高压油全部去支腿多路阀组 9。

支腿多路阀组 9 是一个手动操纵的换向阀组，它由溢流阀 RV5、手动换向阀组 9（其由单片换向阀 1′、2′、3′、4′、5′、6′等组成）以及液控单向阀 28 组成，在回路中主要用于操纵控制前垂直支腿、左前支腿、左后支腿、右前支腿、右后支腿等。

三位液动阀 10 与多路控制阀组 9 相连接。它在各支腿伸出工况时，能自动处于上位工作，使泵高压油能直接进入主回油路中去。当支腿缸小腔进油、大腔回油时，阀 10 处于下位工作，缸大腔过大的回油量，可经阀 10 回油箱，从而减少缸大腔过大的回油流量而引起背压过高的问题。

多路换向阀 2′、3′、4′、5′、6′之间是并联回路，以便能单独控制各支腿液压缸，便于调平。下面具体分析支腿液压回路的工作情况。

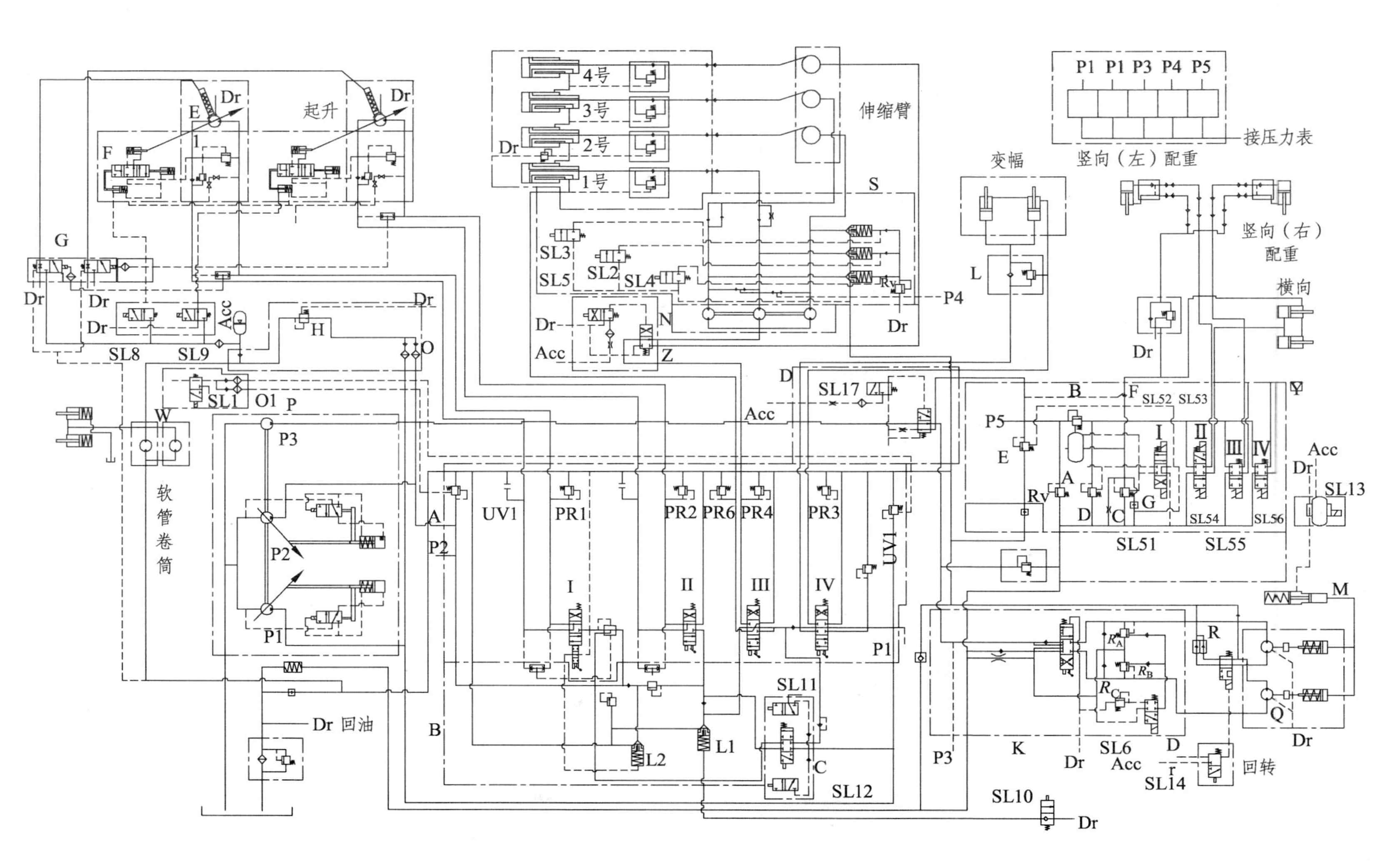

图 8-6　TG1500E 汽车式起重机上车液压系统

在多路阀组 9 中换向阀 1′处于中位时，支腿油路不工作，液压泵流量经阀中位回油箱，泵卸荷。

支腿回路工作工况介绍如下：

1. *前垂直支腿伸出、缩回工况*

前支腿只有垂直液压缸 16，无水平移动液压缸，其伸缩是由换向阀 1′、2′的操纵完成的。

前垂直支腿伸出工况：多路控制阀组 9 中的阀 1′、2′均处于上位，主泵 8 的高压油经阀 1′、2′进入前支腿垂直液压缸 16 大腔，小腔经液控单向阀 28 和阀 1′回油箱，支腿伸出。

前垂直支腿缩回工况：换向阀 2′仍处于上位，将换向阀 1′移入下位工作，前垂直支腿液压缸 16 进、回油方向改变，泵高压油经液控单向阀 28 进入缸小腔，大腔液压油经阀 1′、2′回油箱，前垂直支腿缩回。

2. *左前、左后、右前、右后支腿伸出、缩回工况*

换向阀 3′、4′、5′、6′分别控制左前支腿、左后支腿、右前支腿和右后支腿液压缸。阀上位控制垂直缸伸出，下位控制水平缸伸出，缩回由阀 1 换位完成。四个支腿液压缸为并联油路，可以单独或同时操作伸缩。因其工作原理相同，仅以左前支腿为例介绍其工作原理。

左前水平支腿和垂直支腿伸出工况：

阀 1′处于上位，阀 3 处于下位，泵高压油经阀 1′、3′进入水平支腿的液压缸 15、14 的大腔，缸小腔液压油经液控单向阀 28、阀 1′回油箱，水平支腿缸伸出。水平液压缸到底后，将阀 3′移入上位工作，高压油进入垂直缸大腔，小腔回油，垂直缸伸出。

阀 3′处于下位，将阀 1′移入下位，进回油反向，水平缸小腔高压，而大腔经阀 3′、1′回油箱，水平缸缩回。将阀 3′移入上位，阀 1′下位，泵高压进入垂直缸小腔，缸大腔经阀 1′、3′回油箱，垂直缸缩回。

分别操纵单个垂直支腿缸伸缩，即可完成调平作业。

8.3.2 转向液压回路

TG1500E 型起重机液压转向桥分别是 1、2、3、6 桥，故转向液压缸有 4 对，油路连接也是并联方式供油，如图 8-7 所示。

转向液压回路由主液压泵 1、辅助补油泵 5、稳流阀组 2、双泵合流阀组 3、转向组合阀 6 及转向液压缸 7 等组成。

转向液压回路工作原理如下：

每一个转向机构都由两个缸组成，两缸大小腔并联，形成一推一拉，这样可保证两个方向转向速度相等。液压泵 1 向稳流阀组 2 供油，经双泵合流阀组 3、单向阀组 4 进入转向组合阀 6。压力油首先由进油口（1）进入转向组合阀 6。当转向组合阀内的三位阀处于中位时，泵压力油经阀中位回油箱，泵卸荷，转向液压缸不工作。当三位阀处于右位工作时，压力油经油口（3）向各转向液压缸供油，下面的转向液压缸伸出，汽车式起重机向右转；同理，当三位四通阀处于左位工作时，压力油经油口（4）向各转向液压缸供油，汽车式起重机向左转。

转向组合液压阀 6 内，设有行程终端限制器，与汽车式起重机的人工机械操作转向机构相联锁。当车辆转向盘向右转向时，行程限制器也向右转动，使上面的二位阀在左位工作，使从油口（3）来的压力油阻断。下面的二位阀在右位工作，使双泵稳流阀中溢流阀的远控油口通回油，从而使转向油路卸荷，右转向停止，只有转向盘继续向右转，上述动作又重复。同理，当车辆转向盘向左转，上述动作又重复。可见，行程终端限制器的设置，起到车辆转向时反馈装置的作用，实际上车辆转向机构是两个闭环反馈控制系统，使转向缸位移与方向盘输入成比例，达到稳定转向的要求。

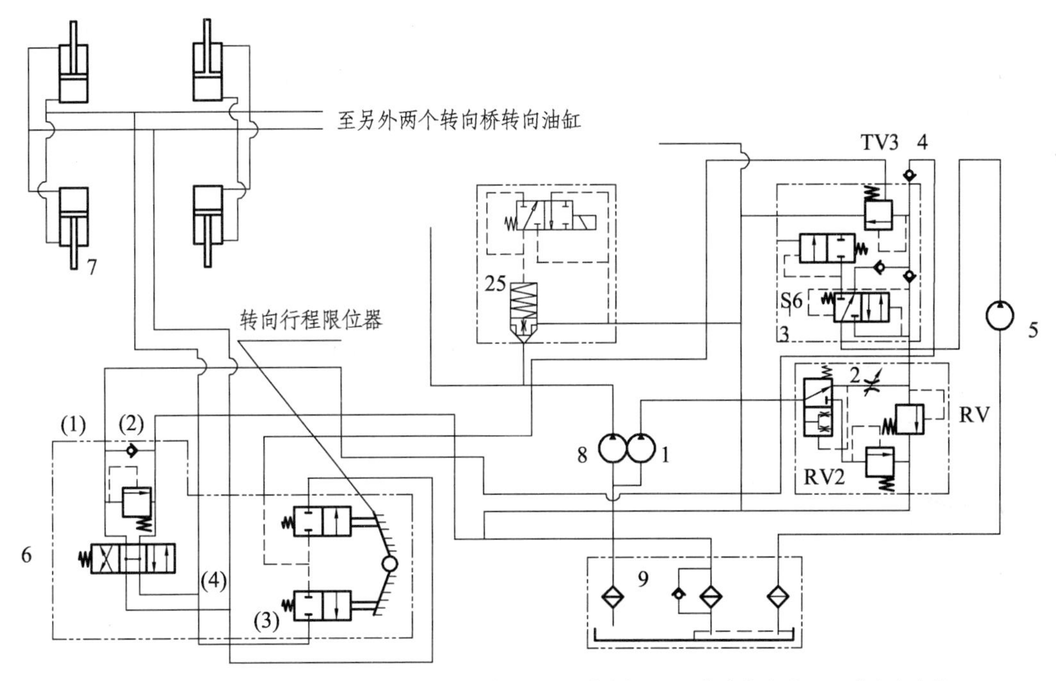

1—转向主油泵；2—稳流阀组；3—双泵合流阀组；4—单向阀；5—辅助补油泵；6—转向组合阀；7—转向缸；8—悬挂回路液压泵；9—液压油箱。

图 8-7 转向液压回路

稳流阀组 2 是一个组合阀，由一个二位三通液控阀、一个可调节流阀及两个溢流阀组成。它是利用节流阀前后的压差来控制二位三通液控阀工作的。当节流阀前后压差不大时，由液压泵 1 来的油液直接通过二位三通阀上位而工作；当节流阀前后压差增大到一定值时，节流阀前油液压力也增大到一定值时，二位三通液控阀处于下位工作，进油被分流，其中一部分压力油至回油路。这样，不论外负荷或进油路压力如何变化，转向油路均能保持一个稳定的压力油。稳流阀内的两个溢流阀作用，它与双泵合流阀组 3 内的固定节流阀相配合，起到液控阀上、下工作时两油路的溢流作用。

双泵合流阀组 3 由一个固定节流阀、三个单向阀、一个二位二通带压力继电器的电磁开关阀、一个二位四通液控阀及一个溢流阀组成。阀组 3 的主要作用是在必要时可以使辅助泵 5 在转向回路需要时给予补油用。两阀的主要作用是在发动转速较低时两泵流量较低，为保证有足够流量供转向，双泵合流供油，随着发动机转速升高，两泵供油流量升高，达到转向要求稳定流量后，随着发动机转速继续升高，泵 1 流量增加，泵 5 分成两路流量，一路补充到泵 1 合流维持稳定流量供转向，另一路多余流量回油箱。当发动机转速继续升高，只有泵 1 流量供转向，泵 5 流量全部回油箱，确保在整个转向过程中，转向流量的稳定，以保证转向速度的稳定。

8.3.3 液压悬挂回路

TG1500E 汽车式起重机的车架（或车身）与车桥（或车轮）之间的传力、减振是由油气悬挂系统的液压悬挂回路来实现的。如图 8-5 所示，整车液压悬挂回路是由液压泵 8、多路换向阀组 9、悬挂控制阀组 18、悬挂液压缸 21（图上仅画出两对 4 个）、截止阀 22、单向节流阀 23、蓄能器 24 等组成。其回路工作原理如下：

当阀组 18 中手动二位换向阀处于右位时，多路换向控制阀组 9 的阀 1′处于下位，泵 8 的高压油经阀 1′、液控单向阀 28、阀组 18 中的二位阀和分流阀组 27，直接进入四个悬挂液压缸大腔。缸的小腔与蓄能器 24 的压力油相通，悬挂液压缸两腔均有压力油，悬挂回路工作。由于所有悬挂缸大腔并联，压力相等，使各支承轮接地并保持接地压力相等，保证车辆正常接地运行。当阀组 18 中二位阀左位工作时，泵高压油不能进入悬挂回路，悬挂回路被单向阀阻断形成封闭回路。

悬挂回路可通过设计形成自动系统，自动控制实现车身悬挂的自动调节。在每桥的两侧悬挂液压缸的液压油管上都装有压力传感器。当两侧车轮的中心不在同一水平面上时，压力传感器就会感应出压力差，感应出的信号通过 A/D 转换送到计算机系统，计算机系统再根据已有的程序对感应出的信号进行修正，并发出电信号到电气系统，再通过电信号控制悬挂液压缸动作，使液压悬挂油缸不断地自动伸缩调节，最终获得车身的水平控制。

8.4 汽车式起重机上车液压系统分析

8.4.1 起升机构液压回路

如图 8-6 所示，液压起重机起升机构有主起升机构和副起升机构，分别由各自变量液压马达驱动，形成独立回路。主起升机构主要吊重物之用。副起升机构作辅助性起吊之用。两起升机构单独使用。主起升机构主要由泵 P2 供油，也可由泵 P1 和 P2 合流供油，以提高起升速度。副起升机构由泵 P1 单独供油。

所有机构均不工作时，电磁阀 SL1 断电，先导式溢流 UV2、UV1 的控制油口经单向阀和电磁阀 SL1 回油箱，主泵 P1 和 P2 卸荷。电磁阀 SL17 断电，相应液控阀下位工作，泵 P3 输出油经选择阀 D 中液控阀和回转阀组 K 中换向阀中位回油箱卸荷。因此，上车所有机构不工作时，三泵均卸荷。

主起升机构工作分单泵供油和双泵合流供油两种工况。单泵 P2 供油为起升机构的低速工况。在操纵起升换向阀 1 时，应同时使电磁阀 SLl 通电解除先导溢流阀 UV1、UV2 的卸荷状态，电磁阀 SL10 断电，泵 P1 可通过逻辑阀 L1 卸荷，在阀 1 处于下位工作时为起升工况，泵 P2 输出的液压油经阀 1、过载补油平衡阀组 E1 的单向阀进入主起升液压马达，同时液压油经主起升回路的交替逆止阀驱动主起升回路液控阀组 G1 左边的二位阀右位工作，蓄能器油压经其进入制动器缸，松开主卷筒液压马达制动器，液压马达旋转。液压马达另一腔经换向阀 1 回油箱。需要双泵供油加速起升速度时，使二位电磁阀 SL12 通电，电磁阀左位工作，使增速阀组 C 中三位阀下位工作。同时，电磁阀 SL10 通电，解除阀 L1 的卸荷，泵 P1 和泵 P2 的流量合流供起升，实现了起升机构的高速运行。

同理，当换向阀 1 处于上位时，泵 P2 压力油可直接进入液压马达另一腔，液压马达反向运转，其回油经平衡阀组 El 和阀 1 回油箱。液压马达制动器的松闸同起升工况原理一样，由进油路上的压力油通过交替逆止阀、二位三通液控阀 Gl 进控制油实现。

下降工况也可实现合流供油以加速运转。同起升工况一样，增速阀组 C 不工作时，即液控阀处于中位时，起升马达由泵 P2 单独供油，起升马达低速运行。当速度选择阀 C 工作时，双泵合流，起升马达高速运行。

平衡阀组 E1 中还有过载补油阀，其作用是：当旋转的液压马达因换向控制阀 1 处于中位不供油制动时，由于起升机构的惯性作用，液压马达原进油侧将出现真空，原回油侧出现高压，由于设有过载补油阀，使液压马达的高压侧可实现缓冲卸载、真空低压侧可进行补油。其平衡阀起下降限速作用。

变量泵和变量马达组成的容积调速系统，调速范围宽，且可根据不同的外负载情况组成多种容积调速。液压马达斜盘角调节阀组 F，可调节马达排量的两级变化。通过控制二位电磁阀 L8 和 L9 的位置变化，以使起升液压马达在最大和最小两个排量工作，以实现轻载高速、重载低速的要求。

副起升液压回路工作原理同主起升液压回路，它由换向阀 2 完成副起升机构上升和下降。

蓄能器回路是低压回路，其主要作辅助油源供控制使用，两主泵高压通过单向阀组并经减压阀组 H 减压后，向蓄能器充油。

8.4.2 变幅液压回路

变幅机构是指用来改变起吊后吊物中心线到起重机旋转中心间的幅度的机构，主要通过变幅液压缸的伸缩改变吊臂俯仰角度来改变幅度值。变幅回路主要指驱动变幅缸的回路。

如图 8-6 所示，TG1500E 变幅机构液压回路由泵 P1、泵 P2、手动换向阀组 A 中的换向阀 4、平衡阀 L、合流增速阀组 C 及两个变幅液压缸等组成。两个变幅缸置于臂的两侧，并联连接，靠臂的刚度保证同步。

变幅缸有单泵供油和双泵合流两种工况。

单泵供油工况：当换向阀 4 处于下位，增速阀组 C 不工作时，泵 P 的液压油经阀 4 平衡阀 L 中单向阀至变幅液压缸大腔，变幅缸小腔内的液压油经阀 4 返回油箱，活塞杆伸出，动臂起仰，臂的幅度增加。当阀 4 处于上位时，泵 P1 高压油经阀 4 进入变幅缸小腔，大腔回油，活塞杆缩回，变幅缸带动动臂下降，臂幅度减小。

双泵合流供油工况：在操作换向阀 4 时，将增速阀组 C 中电磁阀 SL12 通电，使液控阀下位工作，泵 P2 的高压油经增速阀组 C 中液控阀和泵 P1 合流后供变幅缸工作，以提升变幅速度。

平衡阀 L 在变幅机构下降时，起限速作用。因平衡阀的密封效果好，具有闭锁等作用，防止在起重作业中变幅机构自然沉降，确保作业的安全。

8.4.3 回转液压回路

如图 8-6 所示，TG1500E 型起重机为全回转式，其液压回路由 P3 泵、选择阀组 D、回转换向阀组 K、速度选择阀 Q 及回转液压马达组成。回转马达由泵 P3 供油，但要由选择阀组 D 进行分配。当电磁阀 SL17 断电时，使相应二位液控阀下位工作，泵 P3 才能向回转液压马达供油，但当回转换向阀组 K 处于中位时，泵 P3 的压力油经三位换向阀中位直接回油箱，泵卸荷，回转马达不工作。

回转机构使用两个等排量液压马达，根据回转负载不同，可控制双马达串联驱动回转和双马达并联驱动回转两种工况，以满足高速小扭矩和低速大扭矩驱动。两种工况的转换是由电磁阀 SL14 控制速度选择阀 Q 的位置来完成的。

双马达并联驱动工况：电磁阀 SL14 断电，使速度选择阀 Q 的控制油回油箱，处于上位工作，当操作手动三位换向阀处于上位时，泵 P3 的高压油经过阀组 K 的换向阀和速度选择阀 Q 上位，并联进入两液压马达，双马达驱动旋转，实现低速大扭矩回转。换向阀移入下位，进、回油交换，两马达并联反转。

双马达串联驱动工况：当手动换向阀组仍处于上位，但电磁 SL14 通电，使速度选择阀 Q 控制口通蓄能器油压而处于下位工作时，泵 P3 的高压油只进入上回转马达，其回油进入下回转马达，下回转马达另一油口回油，两马达形成串联连接。两个回转马达各承受一半压差，输出扭矩是并联工况的一半，但转速升高一倍，该工况为高速小扭矩工况。串联连接形式两个液压马达排量要相等，否则会产生传动干扰。两马达中间油路由单向阀补油，以防止产生真空。

将换向阀移入下位工作时，回转机构反转，也有并联和串联两种工况。

两个过载阀 RA、RB 是先导式溢流阀，其作用是防止回转机构过载，阀组中单向阀起补油作用。电磁阀 SL6 可控制两个过载阀 RA、RB 的导控压力，使其有两级缓冲压力，如电磁阀 SL6 断电处于上位时，缓冲压力由过载阀本身调定压力确定。而电磁阀 SL6 通电处于下位工作时，缓冲压力由阀 RC 的调定压力确定。

回转液压回路设有制动器回路，主要由制动开关电磁阀 SL13、增压缸 M 和制动缸组成。当电磁阀 SL13 断电时，增压缸 M 的中腔经电磁阀回油，增压缸活塞在弹簧的作用下右移，驱动其小腔油液增压进入制动缸进行制动。当电磁阀通电右位工作时，蓄能器油压进入增压缸中腔，驱动其活塞压缩弹簧左移，制动缸活塞在其弹簧的作用下右移松开制动器。当然回转液压马达工作前要先打开制动器。回转制动器主要用于定位制动。

8.4.4 伸缩液压回路

动臂伸缩机构的作用是改变臂架长度，以获得所需要的起升高度和幅度。伸缩机构液压传动部分称为伸缩液压回路。

如图 8-6 所示，TG1500E 型起重机有基本臂和四节伸缩臂，使用三等分流马达可完成三节臂的同步伸缩和一节臂的顺序伸缩，并有两节桁架式折臂组成的副臂。伸缩臂的伸缩由泵 P1、P2 供油，阀组 A 中的手动换向阀 3 进行控制，三等分流马达 N 完成 1 号、2 号和 3 号臂的同步伸缩。

现分析伸缩原理：

1. 伸出工况

1 号、2 号、3 号臂（缸）同步伸出，回路可进行单泵供油和双泵合流两种工况，三缸大腔进油，三缸同步伸出。为保证足够的伸出速度，需双泵合流，可将增速阀组 C 中的电磁阀 SL11 通电使三位液控阀上位工作，阀组 Z 中的电磁阀 SL5 断电使液控阀下位工作，手动伸缩换向阀 3 上位工作。泵 P 流量经增速阀组 C 中三位阀与泵 P 合流后，经阀 3、阀组 Z 中液控阀到达三等分流马达 N 入口，并经其分成三路等量的流量分别进入缸 1、2、3 三缸大腔，三缸小腔回油，三缸同步伸出。缸 2、3 伸出过程中产生管道伸长由软管卷筒的转动进行补偿。三缸到底后，使电磁阀 SL5 通电驱动液控阀上位工作，两泵流量经液控阀进入缸 4 大腔，驱动缸 4 伸出，完成缸 4（臂）的顺序伸出。切断合流增速阀组 C，可转换成 P1 单泵供油，以降低伸出速度。

2. 缩回工况

首先缩回缸 4，然后再同步缩回缸 1、2、3。也有单泵供油和双泵合流供油两种工况。缩回工况是缸小腔供油，为防止缩回过快而引起缸大腔回油流量过大，一般使用单泵供油，通过增速阀组 C 切断泵 P2 的合流，仅有单泵 P1 供油。换向阀 3 处于下位，泵 P1 的高压油并联进入四个缸的小腔，电磁阀 SL5 通电使液控阀上位工作，缸 4 大腔经液控阀、换向阀 3 回油箱，缸 4 缩回，完成缸 4 顺序缩回。当缸 4 缩回后，动臂顶部检测开关切断阀组 Z 中的电磁 SL5 电源，使液控阀下位工作，三等分流马达下腔经液控阀和换向阀 3 回油箱。缸 1、2、3 在小腔的高压作用下，大腔强行排油，经三等分流马达强行集流同步，三缸同步缩回。三等分流马达在工作中会产生分流误差，通常分流误差在 1% ~ 3%，因而驱动三缸同步工作时会引起缸到底时的积累误差，即有的缸到底，而有的缸未到底。为保证所有伸缩均能到底消除积累误差，回路设置终点误差修正装置。误差修正装置包括 SL2、SL3、SL4 三个电磁阀，两个交替逆止阀，三个逻辑阀，三个单向阀和溢流阀 RV。在伸出工况，若因分流误差使缸 1、2 到底而缸 3 未到底，三个分流马达均不输出流量，此时系统压力升高，受溢流阀 RV 控制的中下两个逻辑阀打开，三个分流马达均有流量输出，使缸 3 运行到底，完成三缸终点同步。下降时，因小腔供油，小腔压力不足以打开溢流阀 RV 来进行终点误差修正，要通过电磁阀 SL2、SL3、SL4 中的两个电磁阀通电，使三个逻辑阀卸荷来完成三缸终点误差修正。

伸缩缸大腔回路中安放两个单向节流阀，主要为调节缸大腔回油压力，使回油进入分流马达入口时压力接近相等，以减少分流误差。

8.4.5 软管收放液压回路

由于起重机动臂在伸缩过程中，软管的长度不断发生变化，故需设置相应的软管收放回路，以配合伸缩臂的动作需要。

如图 8-6 所示，软管卷筒装置一般由液压马达驱动卷筒而成，其液压回路由减压阀 H、液压马达组 W 及一对液压制动缸等组成。

动臂伸出时，软管被强行拉出，此时卷筒液压马达相当于液压泵，其出口与蓄能器油路连接，蓄能器油压使马达具有一定阻力矩，保证软管在伸长过程中有一定拉力，软管不会松弛。在软管收回的过程中，蓄能器油压使马达具有一定的回收力矩，以保证软管顺利收回。制动缸主要保证回路不工作蓄能器失压时，软管卷筒能实现制动定位。在软管卷筒工作时，蓄能器压力打开制动器，软管卷筒正常工作。

8.4.6 配重装卸液压回路

车上装有可移动的平衡配重，平衡配重可根据吊重要求进行移动调节，以保证不同吊重时整机的稳定性。为此而设置了配重装卸液压回路。如图 8-6 所示，配重装卸液压回路设有竖向和横向装卸机构，竖向配重装卸又有左、右两部分液压回路。配重的移动是由阀组 Y 中换向阀操纵来完成的。

当电磁阀 SL17 通电时，从蓄能器的控制油经滤油器、阀 SL17，使阀组 D 中液控阀上位工作，泵 P3 的压力经此阀后进入配重装卸换向阀组 Y，控制阀 Y 内相应的电磁阀，即可驱动配重缸工作。

复习思考题

1. 汽车式起重机上车液压系统一般由哪些液压回路组成？下车液压系统由哪些液压回路组成？分别完成什么功能？

2. 图 8-8 为某起重机起升机构液压回路，分析回路。

（1）序号（1～8）对应的元件名称是什么？分别完成什么功能？

（2）阀 3 采用 H 型中位机能的作用是什么？还可以用哪些中位机能？

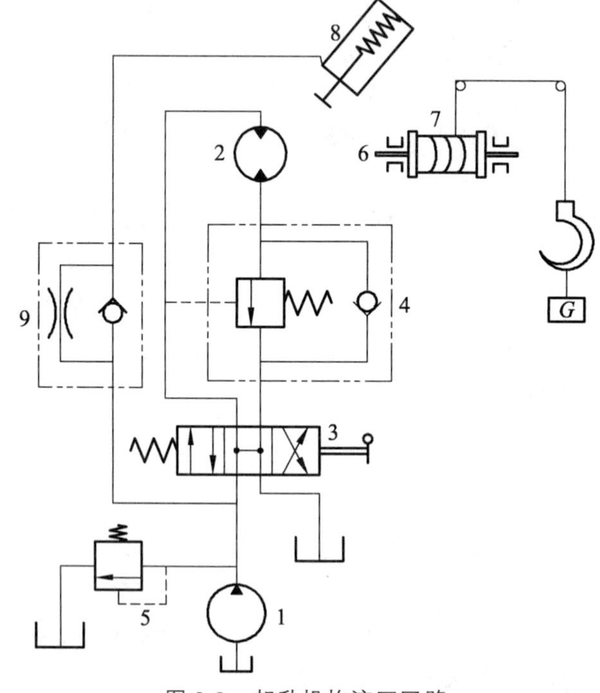

图 8-8 起升机构液压回路

3. 试设计某起重机上车回转机构方案和变幅机构方案，绘制液压系统原理图。要求满足下列条件：

（1）液压马达和液压缸既能同步动作又能单独动作，在单独动作时马达和液压缸不能相互干扰。

（2）液压缸为单出杆立式结构，杆伸出方向为垂直向上，有相应的油路保证其不会自行下落。

（3）执行元件不工作时，系统进行卸荷。

（4）系统有安全保护措施：防止超载。

（5）马达不工作时，泵在卸荷状态下运转。

（6）马达速度可调节，采用容积调速方式。

参考文献

[1] 初长祥，马文星．工程机械液压与液力传动系统[M]．北京：化学工业出版社，2022.

[2] 杜海若．工程机械概论[M]．成都：西南交通大学出版社，2012.

[3] 高殿荣，王益群．液压工程师技术手册[M]．2 版．北京：化学工业出版社，2016.

[4] 张海平．液压速度控制技术[M]．北京：机械工业出版社，2022.

[5] 蔡伟，等．液压气动图形符号和回路图绘制与识别[M]．北京：机械工业出版社，2021.

[6] 吴晓明，高殿荣．液压变量泵（马达）变量调节原理与应用[M]．北京：机械工业出版社，2018.

[7] 李丽霞．杨宗强，何敏禄．图解液压技术基础[M]．北京：化学工业出版社，2013.

[8] 成大先．机械设计手册（第 5 卷）[M]．5 版．北京：化学工业出版社，2008.

[9] 石景林．液压柱塞泵马达维修[M]．徐州市艮贞教育科技咨询有限公司，2021.

[10] 唐经世．工程机械底盘学[M]．成都：西南交通大学出版社，2011.

[11] 张海平．液压螺纹插装阀[M]．北京：机械工业出版社，2011.

[12] 吴晓明．液压多路阀原理及应用实例[M]．北京：机械工业出版社，2022.

[13] 李万莉．工程机械液压系统设计[M]．上海：同济大学出版社，2011.

[14] 张海平．流体技术的过去和将来[J]．液压气动与密封，2010（5）：1-2.

[15] 张海平．测试是液压的灵魂[J]．液压气动与密封，2010（6）：1-5.

[16] 黄宗益，杨颖子．东芝负载敏感压力补偿挖掘机液压系统[J]．建筑机械化，2005（5）：29-31.

[17] 张海平．国外液压研发动态介绍[J]．液压气动与密封，2012（1）：9-15.

[18] 张海平．2013 汉诺威工业博览会见闻[J]．液压气动与密封，2013（10）：1-4.

[19] 吴根茂，邱敏秀，王庆丰．新编实用电液比例技术[M]．杭州：浙江大学出版社，2006.

[20] 李宏，张钦良．最新挖掘机液压和电路图册[M]．北京，化学工业出版社，2011.

[21] 王兴元，李丽．常见挖掘机液压图和电路图[M]．北京，人民交通出版社，2011.

[22] 王红兵．节能回路的对比分析[J]．液压气动与密封，2010（9）：33-35.

[23] 权龙．工程机械多执行器电液控制技术研究现状及其最新进展[J]．液压气动与密封，2009（1）：40-43.

[24] 刘钊，张珊珊．变量泵控制方式及其应用[J]．中国工程机械学报，2004，2（3）：304-306.

[25] 杨球来，许贤良，赵连春．大扭矩液压马达的发展现状与展望[J]．机械工程师，2004（3）：5-9.

[26] 胡燕平，彭佑多，吴根茂．液阻网络系统学[M]．北京：机械工业出版社，2003.

[27] 胡军科，王华兵．闭式液压泵的种类及选型注意事项[J]．建设机械技术与管理，2000（3）：33-34.

[28] 冯刚，江峰. 负载感应系统原理发展与应用研究[J]. 煤矿机械，2003（9）：26-29.
[29] 黄新年，张志生，陈忠强. 负载敏感技术在液压系统中的应用[J]. 流体传动与控制，2007（5）：27-30.
[30] 莫波，雷明，曹泛. 恒功率恒压泵变量机构的调节原理[J]. 液压与气动，2002（6）：5-5.
[31] 董伟亮，罗红霞. 液压闭式回路在工程机械行走系统中的应用[J]. 工程机械，2004（5）：37-40.
[32] 陈忠强，芮丰. A10VSO 变量泵节能技术及应用[J]. 流体传动与控制，2004（6）：10-13.
[33] 李晶洁，贾跃虎，孙志慧. 负载敏感变量泵在装载机液压系统上的应用与节能分析[J]. 流体传动与控制，2010（1）：5-8.
[34] 代平之，张作龙. 液压泵回路的节能措施[J]. 流体传动与控制，2007（1）：51-55.（4）：53-55.
[35] 耿令新，刘钊，吴仁智. 工程机械负载敏感技术节能原理及应用[J]. 机械传动，2008，32（5）：85-87.
[36] 范俊. 带 DA 控制 A4VG 变量泵在工程机械上的应用[J]. 液压气动与密封，1995（3）：25-27.
[37] 任剡. 负载敏感泵与比例多路阀在大机上的应用[J]. 流体传动与控制，2008，5（3）：30-31.